Dieter Korp

BMW 320 / 323i

Sechszylinder
bis November '82

Jetzt helfe ich mir selbst

Unter Mitarbeit von
Thomas Haeberle und
Thomas Lautenschlager

Motorbuch Verlag Stuttgart

Umschlagentwurf und Buchgestaltung: Peter Werner/Siegfried Horn.
Titelbild: Thomas Haeberle

ISBN 3-87943-785-8

Auflage Nr. 105 981

Idee und Gestaltung des Störungsfahrplans in der vorderen Buchklappe: Verfasser.
Manuskriptbearbeitung: Redaktion Dipl.-Ing. Dieter Korp, Zeisigweg 1, 7250 Leonberg 7.
Fotos: Baur 1, BMW 7, Faigel 1, Haeberle 29, Lautenschlager 196.
Zeichnungen: Archiv Verfasser 1, Augros 1, BMW 8, Haeberle 1, Lautenschlager 2, Pierburg 2, Pirelli 1.
Schaltplan: BMW.
Satz und Druck: Schwabenverlag AG, 7302 Ostfildern 1.
Buchbinderische Verarbeitung: Verlagsbuchbinderei Wilhelm Nething, 7315 Weilheim.
Printed in Germany.

Sie finden in diesem Buch

Das Stichwortverzeichnis finden Sie in der hinteren Buchklappe

So bleibt Ihr Auto mobil

Die deutschen Autofahrer achten wieder mehr als früher auf den technischen Zustand ihrer Autos. Dieses gestiegene Wartungsbewußtsein hat sich mit einem weiteren Zuwachs auf dem Gebiet des Do-it-yourself ausgewirkt. Das stellte das Infratest-Institut im Auftrag der Deutschen Automobil-Treuhand (DAT) fest. Insgesamt wurden mehr kleine und größere Wartungsarbeiten sowie Reparaturen von den Autofahrern selber ausgeführt.
Dieser Trend darf niemanden – auch nicht die Autohersteller mit ihrer Kundendienstorganisation – verwundern. Denn wenn Anschaffung, Reparaturen, Ersatzteile und nicht zuletzt Benzin und Öl ständig teurer werden, muß man Eigeninitiative zeigen, sofern der Wagen bei vertretbarem finanziellem Aufwand weiterhin mobil bleiben soll. Selbsthilfe kann z. B. auch bei Auslandsfahrten notwendig werden, wenn kein Werkstatt-Stützpunkt in der Nähe ist.
Mit unserem Handbuch wollen wir die Lust zum »Selbst-Hand-anlegen« noch etwas unterstützen. Es soll Ihnen dabei nicht nur helfen, sich besser über Ihren Wagen zu orientieren, sondern auch genaue Anleitungen für Instandsetzungsarbeiten liefern. Andererseits zeigen wir aber auch, wo die Grenzen der Selbsthilfe liegen, um die Fahrsicherheit nicht zu gefährden.
Nicht zuletzt wollen wir Ihnen mit diesem Buch helfen, auch einen in die Jahre gekommenen BMW immer noch rüstig und bei guter Verfassung zu halten und seinen Alterungsprozeß so lange wie möglich hinauszuzögern.
Auch wenn Sie überhaupt kein Werkzeug in die Hand nehmen wollen, soll Ihnen unser Buch mit Rat zur Seite stehen. Sie finden darin viele technischen Zusammenhänge erläutert und die Funktion der einzelnen Teile erklärt. Durch das Beschäftigen mit Ihrem Wagen können Sie so Ihr technisches Verständnis erweitern und schärfen. Von Nutzen kann Ihnen das beispielsweise sein, wenn Sie wissen wollen, was in der Werkstatt für Ihr gutes Geld gemacht wird. Damit das Buch aber seinen Zweck erfüllen kann, gehört es ins Handschuhfach, nicht zu Hause ins Bücherregal.
An dieser Stelle wollen wir uns bei jenen vielen hilfsbereiten und verständnisvollen Menschen bedanken, die uns bei der Abfassung des Manuskripts mit Rat* und Tat beigestanden haben.

Die Verfasser

---

* Falls Sie übrigens noch spezielle Erfahrungen mit Ihrem BMW gesammelt haben oder einen ergänzenden Hinweis wissen, können Sie sich schriftlich direkt ans uns wenden. Unsere Redaktionsadresse finden Sie im Impressum auf Seite 4.

Fahrspaß abseits der Straße: Der BMW wird in forciertem Tempo den Feldweg entlangbewegt. Wer solcher Art der Fortbewegung nur gelegentlich frönt, wird dabei kaum einen Schaden am Fahrzeug feststellen. Das hält der BMW schon aus. Problematisch kann es jedoch werden, wenn solche Geländetouren – möglicherweise beruflich bedingt – tagtäglich unternommen werden müssen. Dann liegt es am Autofahrer selbst, durch verstärkte Eigenkontrollen von Fahrwerksteilen, wie Achsgelenke, Radlager, Stoßdämpfer und Lenkung (auf den Seiten 120, 123 und 125 nachlesen!), den Wagen in verkehrssicherem Zustand zu halten. Auch ist der Motor dann für einen zeitigeren Luftfilterwechsel (siehe Seite 89) dankbar.

Scharfer Blick

Kleine Geschenke erhalten die Freundschaft – dieses alte Sprichwort kann durchaus auch auf das Auto angewandt werden. Allerdings müßte es dann etwas umgewandelt werden: »Kleine Kontrollen erhalten die Betriebssicherheit«. Und das entspricht wirklich den Tatsachen, denn es sind fast immer die kleinen Defekte, die zu einem ungewollten Zwischenhalt Anlaß geben – durch einen undichten Schlauch, einen abgefallenen Kabelstecker oder ähnliches.

Prüfen im Stand

Nehmen Sie doch einmal einen Notizblock und Schreibzeug zur Hand und gehen Sie rund um Ihren Wagen. Wenn Sie einen Mangel entdecken, schreiben Sie ihn gleich auf, damit Sie ihn alsbald beheben (lassen) können.

- Neue Kratzer im Lack? Beulen? Rostansatz durch Steinschlag? Sonstige Unterrostungen?
- Unter der Motorhaube: Motorölstand (Seite 31)? Stand der Kühlflüssigkeit (Seite 66)? Bremsflüssigkeitsstand (Seite 128)? Scheibenwaschwasserbehälter gefüllt?
- Alle Scheinwerfer und Leuchten in Ordnung? Lampengläser beschädigt oder beschlagen? Reflektoren angerostet?
- Sind alle Reifen einschließlich des Reserverads richtig aufgepumpt (Luftdrucktabelle auf Seite 144)? Da der Reifendruck bei kalten Reifen gemessen werden soll, empfiehlt sich als erstes Werkzeug ein eigener Luftdruckprüfer. Alle Ventilkappen vorhanden?
- Reicht das Reifenprofil noch aus? Reifen ungleichmäßig abgefahren (Seite 145)?

Die folgenden Punkte können Sie leichter kontrollieren, wenn der BMW aufgebockt ist – etwa zum Ölwechsel bei der Tankstelle.

- Rost an der Unterseite, insbesondere an Bremsleitungen?
- Motor oder Getriebe ölfeucht? Dunkle Öl-Schmutz-Krusten weisen auf Undichtigkeiten hin. Ein wenig ist kein Grund zur Beunruhigung, der Motor »schwitzt« gern ein wenig Öl aus, vor allem vorn und hinten an der Kurbelwelle.
- Bremsleitungen an den Anschlußstellen feucht? Erheblicher Ölverlust an den Stoßdämpfern (in den Federbeinen) sichtbar?
- Schleifgeräusche durch die Trommelbremsen beim Durchdrehen der Hinterräder beim 320? Geräusche in den Radlagern (siehe Seite 120)? Räder schwergängig beim Durchdrehen von Hand?
- Auspuffanlage beschädigt oder durchgerostet? Ein zusammengequetschtes Auspuffrohr – durch Aufsetzer in unebenem Gelände – hemmt die Abgasströmung und mindert die Motorleistung. Sind Auspuff-Haltegummis ausgehängt oder gerissen, kann es zu stärkeren Schwingungen der Auspuffanlage und möglicherweise zu Bruchstellen kommen.

Probefahrt

Werkstätten haben heutzutage oft nicht mehr die Zeit für eine Probefahrt, oder der Versuchsfahrer wird durch dichten Verkehr behindert. Da man sich an allmähliche Veränderungen beim eigenen Auto leicht gewöhnt, sollten Sie entweder einen Bekannten einmal eine Probefahrt mit Ihrem BMW machen lassen oder selbst ganz konzentriert auf die nachfolgend genannten Punkte achten. So können Sie manchen sich ankündigenden Schaden rechtzeitig erkennen und beheben (lassen). Andererseits muß aber nicht jedes neuartige Geräusch ein Hinweis darauf sein, daß Ihr Auto demnächst zusammenbrechen wird.

■ Sprang der Motor willig an? Mangelnde Startfreudigkeit kann an der Zündanlage (ab Seite 169 beschrieben) oder am Vergaser (ab Seite 87) bzw. an der Einspritzanlage (ab Seite 101) liegen.

■ Ist der Leerlauf bei warmgefahrenem Motor gleichmäßig? Unrunder Leerlauf kann von verbrauchten Zündkerzen (Seite 186) kommen oder durch falsche Zündeinstellung oder verstellten Vergaser bzw. von defekter Einspritzanlage verursacht sein.

■ Dreht der Motor sauber und ohne Verzögerung hoch, beschleunigt er ruckfrei? Sonst ist ebenfalls die Zünd- oder Vergasereinstellung bzw. die Einspritzanlage zu überprüfen.

■ Sind ungewöhnliche Motorgeräusche zu hören? Ein schnatterndes Rasseln kann auf zu großes Ventilspiel (Seite 52) oder auf lose Gleitsteine an den Kipphebeln hinweisen. Ein zischelndes oder leicht pfeifendes Geräusch kann von Wasserpumpe, Lichtmaschine oder vom Keilriemen ausgehen.

■ Dröhnt es im Innenraum bei bestimmten Drehzahlen? Dann sitzen Motor und Getriebe verspannt in den Gummi-Metall-Lagern oder aber der Auspuff wurde nicht spannungsfrei eingebaut (siehe Seite 63).

■ Hören Sie beim Beschleunigen oder Bergauffahren (Seitenfenster geöffnet) dumpfes Grollen von der Wagenunterseite her? Dann ist meist der Auspuff irgendwo durchgerostet und entläßt den Schall teilweise ungedämpft. Patscht der Auspuff beim Gaswegnehmen? Dann ist er undicht.

■ Trennt die Kupplung einwandfrei beim Schalten (kein Kratzen im Getriebe beim Einlegen des ersten Gangs)? Rutscht die Kupplung bei scharfem Gasgeben im höchsten Gang durch? Dann ist die Kupplungsscheibe abgenutzt oder verölt (siehe Seite 109 bzw. 114).

■ Hören Sie ein Pfeifen, Mahlen oder Rauschen, wenn das Kupplungspedal durchgetreten wird? Das ist gewöhnlich das Zeichen für ein abgenutztes Ausrücklager (siehe Seite 113).

■ Mahlende oder singende bis heulende Geräusche in manchen Gängen? Das deutet auf abgenutzte Zahnräder. Treten diese Geräusche in allen Gängen auf, ist das Ausgleichsgetriebe der Hinterachse verschlissen.

■ Ein klackendes Geräusch oder ein Schlag beim Gaswegnehmen weist darauf hin, daß die Zahnräder im Achsantrieb zu viel Spiel haben oder daß die Kardanwelle ausgeschlagen ist.

■ Schaltet das automatische Getriebe ohne zu schleifen in den nächsthöheren Gang? Sonst fehlt es an Getriebeflüssigkeit (siehe Seite 39 und 116), oder die Bremsbänder der Automatik sind schadhaft. Beim Durchtreten des Gaspedals bis zum Anschlag (Kickdown) muß das Getriebe in Geschwindigkeiten unterhalb von 120 km/h zurückschalten.

■ Einseitige Bremswirkung? Voraussetzung für diese Prüfung ist eine völlig ebene Straße. Dann bei losgelassenem Lenkrad (aber griffbereiten Händen) aus mäßiger Geschwindigkeit scharf bremsen bis zum Stillstand. Zieht der BMW dabei etwa nach links, ist gewöhnlich eine der rechten Radbremsen nicht in Ordnung. Unterschiedliche Bremswirkung erkennen Sie an ungleich langen Bremsspuren. Die Ursachen für ungleichmäßiges Ziehen der Bremsen haben wir im Störungsbeistand auf Seite 139 zusammengestellt.

■ Federt das Bremspedal beim Treten oder kann man es ohne Verstärkung der Bremswirkung tiefer durchtreten und wird durch »Pumpen« der Pedalweg kürzer, dann ist Luft in der Bremsanlage. In diesem Fall muß das gesamte System sorgfältig überprüft und anschließend entlüftet (Seite 137) werden.

■ Zieht die Handbremse gleichmäßig? Arretiert sie nach 6 Rasten?

■ Lassen Sie den Wagen ein schwaches Gefälle im Leerlauf hinunterrollen, um festzustellen, ob die Räder freigängig sind. Nach der Probefahrt machen Sie die Handprobe: Ist eine Felge auf der einen Wagenseite wärmer als auf der anderen Seite? Ursachen können sein ein verklemmter Bremssattel, schwergängige hintere Trommelbremsen (nur 320) oder zu stramm eingestellte bzw. schadhafte Radlager.

■ Ist die Lenkung leichtgängig und stellt sie sich nach Kurvenfahrt von selbst wieder geradeaus? Fährt der BMW auf ebener Fahrbahn auch bei losgelassener Lenkung sauber geradeaus? Mängel an der Lenkung deuten auf schwere Fahrwerksfehler (Lenkgeometrie) hin.

■ Spüren Sie bei bestimmten Geschwindigkeiten Vibrationen im Lenkrad? Besonders kritisch ist der Bereich zwischen 80 und 120 km/h. Hierfür sind meist schlecht ausgewuchtete Räder (Seite 146) verantwortlich, manchmal auch defekte Stoßdämpfer (siehe Seite 123).

Fingerzeig: *Selten hat man eine völlig ebene und zudem noch unbefahrene Straße für die Probefahrt zur Verfügung, wo man auch keine anderen Verkehrsteilnehmer etwa durch plötzliche Bremsmanöver in Bedrängnis bringt. Sicherer ist ein am Wochenende verwaister großer Parkplatz im Industriegebiet, wo Sie in Ruhe Ihre Runden drehen können und niemanden durch quietschende Reifen aus seiner Wochenendruhe reißen.*

Kraftstoffverbrauch messen

»Normverbrauch«

Wenn die Rede auf den Kraftstoffverbrauch kommt, fällt vielfach die Bezeichnung »Normverbrauch«. Dieser wird nach den DIN (=**D**eutsches **I**nstitut für **N**ormung)-Prüfbedingungen 70 030 ermittelt:
Die Verbrauchswerte werden unter drei unterschiedlichen Fahrbedingungen gemessen. Im Stadtverkehr ist ein sogenannter Fahrzyklus vorgeschrieben, der aus 25 Einzelvorgängen besteht – u. a. Leerlauf, Beschleunigen, Schalten, Bremsen und verschiedene Geschwindigkeiten von 10, 15, 32 und 50 km/h. Dann kommt eine Fahrt mit konstant 90 Stundenkilometern und eine weitere mit konstant 120 km/h.
Die bei konstanter Geschwindigkeit gemessenen Verbrauchswerte sind in die Praxis nur mit Einschränkungen zu übertragen, denn der heutige dichte Verkehr verhindert vielfach ein gleichmäßiges Fahren. Trotzdem kann man die neuen DIN-Verbrauchswerte als ausreichend praxisnah bezeichnen.

Verbrauchsmessung mit dem Fahrtenbuch

Für die laufende Verbrauchsbeobachtung eignet sich am besten ein ordentlich geführtes Fahrtenbuch (kostenlos bei der Tankstelle). Die Verbrauchsmessung geht dann so: Jeweils getankte Benzinmengen eintragen, alle paar tausend Kilometer zusätzlich nach dem Volltanken den genauen Kilometerstand eintragen. Alle Nachfüllmengen zwischen zwei km-Eintragungen addieren und den Gesamtverbrauch durch die gefahrenen km (mindestens 2000 km!) teilen und mit 100 multiplizieren – das ergibt den Liter-Verbrauch auf 100 km.
Rechenbeispiel: Letzte km-Notierung 47 582, vorletzter Stand 44 875 km, ergibt 2707 km Meßstrecke. Getankt wurden nach Kilometerstand 44 875 (ohne die damalige Volltankung!) bis einschließlich km-Stand 47 582 insgesamt 306,81 Liter Benzin. 306,81 : 2707 = 0,1133 (das ist der Liter-Verbrauch auf 1 Kilometer). Mit 100 multipliziert erhalten Sie 11,33 Liter Verbrauch je 100 km.
Falls Ihnen die Fahrtenbuchführung zu umständlich ist, sollten Sie wenigstens die Tankquittungen sorgfältig aufbewahren und bei Volltankungen darauf den jeweiligen Kilometerzählerstand notieren. Dann können Sie nach der eben beschriebenen Me-

thode von Zeit zu Zeit mit den Tankquittungen prüfen, ob Ihr BMW ein Schluckspecht ist.

Erfahrungswerte

In der folgenden Tabelle haben wir den von uns ermittelten Praxisverbrauch den Normverbrauchsangaben gegenübergestellt. Interessant ist übrigens auch der Einfluß der Getriebeabstufung auf den Kraftstoffverbrauch.

Modell	320			323i		
Getriebe	Viergang	Spargetriebe	Sportgetriebe	Viergang	Spargetriebe	Sportgetriebe
Verbrauch nach Normbedingungen						
Stadtverkehr	13,0	13,0	14,0	14,3	14,3	14,9
90 km/h konstant	7,5	7,2	7,5	7,7	7,2	7,7
120 km/h konstant	10,1	9,6	10,1	10,5	9,5	10,5
Verbrauch in der Praxis						
Stadtverkehr	14,5	14,4	14,3	12,1	11,3	11,8
Landstraße	12,5	12,1	12,7	11,2	11,0	11,5
Autobahn	14,1	13,7	14,1	13,0	11,7	13,1

Fahrzeuge mit Getriebeautomatik verbrauchen allgemein etwa 1 l/100 km mehr als solche mit Seriengetriebe

Zu hoher Benzinverbrauch

Wenn Ihr BMW mit den in der Tabelle angegebenen Praxiswerten auskommt, ist alles in Ordnung.

Liegt Ihr Durchschnittsverbrauch etwa 1 l/100 km höher, dann müssen Sie unterscheiden, ob dieser Wert im Vergleich zum seitherigen Verbrauch außergewöhnlich ist, oder ob er auch nach einer sorgfältigen Motoreinstellung den bisherigen Verbrauchswerten gleichkommt. Meist lassen unbeeinflußbare, ungünstige Fahrbedingungen den Kraftstoffkonsum ansteigen.

Auf jeden Fall sollten Sie die nachstehend aufgeführten Einflüsse auf den Verbrauch genau studieren und durchdenken, bevor am Motor geschraubt wird. Vielleicht finden Sie eine einleuchtende Erklärung für den höheren Kraftstoffdurst oder einen Weg, ihn erfolgreich zu reduzieren.

Unbeeinflußbare Bedingungen

■ Stop-and-go-Verkehr zu Zeiten des Arbeitsbeginns bzw. -schlusses mit ständigem Anhalten und Anfahren. Lange Leerlaufzeiten wirken erheblich verbrauchssteigernd, da das Triebwerk dann mit Kraftstoffüberschuß arbeitet.

■ Der Straßenzustand beeinflußt den Verbrauch. Kraftstoffverzehrend wirken rauher Fahrbahnbelag, Kurven, Regenwasser oder Schneematsch.

■ Fahrten im Gebirge kosten etwa 10 bis 15% mehr Kraftstoff.

■ Unwirtliche Witterung treibt den Verbrauch in die Höhe. Gegenwind hemmt das Fortkommen. Kälte läßt den Motor später betriebswarm werden, und kältesteife Schmierstoffe in Motor, Getriebe und Radlagern leisten höheren Widerstand.

Fahrzeugursachen

■ Gewicht kostet Treibstoff. Je 100 kg Zuladung müssen Sie mit etwa $^1/_2$ bis $^3/_4$ Liter Mehrverbrauch rechnen. Deshalb nicht ständig gebrauchte Gegenstände aus dem Kofferraum nehmen.

■ Dachträger mit aufgeschnalltem Gepäck oder Skiern verursachen auf der Autobahn durch höheren Luftwiderstand bis zu 1 Liter zusätzlichen Verbrauch. Im Stadtverkehr oder auf geschwindigkeitsbegrenzter Landstraße ist der Einfluß geringer. Dennoch sollten Dachgepäck- bzw. Skiträger oder Rückspiegel für Wohnanhänger nicht dauernd am BMW montiert bleiben.

■ Wohnwagen oder Bootsanhänger am Zughaken erhöhen die Benzinrechnungen. Bei Einhaltung der erlaubten 80 km/h auf Autobahnen wird das allerdings wieder einigermaßen ausgeglichen.

■ Schwergängige Räder durch schleifende Bremsen oder defekte Radlager verlangen mehr Kraftstoff (den stehenden Wagen einmal von Hand schieben), ebenso eine verstellte Achsgeometrie – die kostet auch zusätzlich Reifen.

■ Zu niedriger Reifendruck erhöht den Rollwiderstand. 0,5 bar Luftdruck zu wenig erhöht den Treibstoffkonsum um 10 bis 15%.

■ Unterschiedlichen Kraftstoffverbrauch bewirken die verschiedenen Reifenbauarten. Sommergürtelreifen sind verbrauchsgünstig, grobstollige Winterreifen und erst recht aufgelegte Schneeketten verursachen höheren Rollwiderstand und Benzinkonsum.

Motorursachen

■ Während der Einlaufzeit (in ungünstigen Fällen bis zu 7000 km) braucht der neue Motor etwas mehr Kraftstoff.

■ Ständig ansteigender Durchschnittsverbrauch bei höherem Motoralter läßt auf nachlassende Kompression (siehe Seite 50) in den Zylindern schließen.

■ Ausgeschlagene Ventilsitze, falsches Ventilspiel oder klebende Kolbenringe können den Treibstoffkonsum steigern.

■ Durch Bodenberührung zusammengequetschte Auspuffrohre hemmen durch den schmaler gewordenen Rohrquerschnitt den Abgasfluß, verschlechtern damit die Motorleistung und heben den Benzinverbrauch an.

■ Zu hoch eingestellter Leerlauf frißt Benzin und setzt außerdem die Motorbremswirkung bei Gefällefahrt herab.

■ Störungen am Vergaser; defekte Startautomatik (Seite 93), verstellte Einspritzmengen der Beschleunigungspumpe und unsachgemäße Einstellung kosten Treibstoff.

■ Sinngemäß dasselbe gilt für die Einspritzanlage: z. B. tropfendes Kaltstartventil, verstellte Stauscheibe.

■ Ein verschmutztes Luftfilter behindert das Ansaugen von Luft und steigert so den Kraftstoffverbrauch.

■ Abgenutzte Unterbrecherkontakte bei der herkömmlichen Zündanlage verschieben den Zündzeitpunkt, der Kraftstoff kann nicht mehr voll ausgenutzt werden. Das gleiche geschieht, wenn die automatische Zündzeitpunktverstellung (Seite 179) verschlissen ist.

■ Wenn Sie im Motor Einbereichsöl (siehe Seite 35) fahren, muß dies den Außentemperaturen angepaßt sein. Ein »30er«-Öl im Winter hemmt den Motor und erhöht damit den Benzinverbrauch, vor allem bis zum Erreichen der Betriebstemperatur.

Fahrerursachen

Aber nicht nur äußere Umstände beeinflussen den Verbrauch eines Automobils –, auch Wesen und Stimmungslage des Fahrers wirken sich erheblich aus. Auf Kurzstrecken oder kurvenreichen Landstraßen differiert der Verbrauch je nach Fahrstil bis zu 30%. Die Praxis zeigt, daß ein schneller Fahrer nicht immer den höchsten Verbrauch hat. Eine angepaßte Fahrweise mit ruhigem Fuß läßt den Benzindurst des BMW sinken, ein nervöser, aufgeregter oder von Streß bedrängter Mensch bewirkt höheren Verbrauch. Selbst das Schuhwerk spielt eine Rolle: Mit leichten Turn- oder Gymnastikschuhen läßt sich gefühlvoller Gas geben und so Treibstoff sparen. Zu empfehlen bei Langstrecken oder Urlaubsfahrten.

■ Das »Warmlaufenlassen« des Motors kostet nicht nur unnötig Kraftstoff, sondern schadet auch dem Triebwerk. Denn der im Leerlauf nicht weiter belastete Motor wird nur sehr langsam warm. Das bedeutet zusätzlichen Verschleiß und unnötige Lärmbelästigung der Umwelt. Am besten fahren Sie gleich nach dem Kaltstart mit mittleren Drehzahlen los, ohne zunächst stark zu beschleunigen.

■ Untertouriges Fahren war lange Zeit verpönt. Für heutige Motoren sind aber 2000 Kurbelwellenumdrehungen in der Minute eine völlig normale Fahrdrehzahl. Nur wenn scharfes Beschleunigen wirklich notwendig ist (z. B. beim Überholen), sollten Sie zurückschalten. Beschleunigen mit hohen Drehzahlen steigert den Benzinkonsum erheblich.

Im unteren Drittel des Drehzahlbereichs ist der Kraftstoffverbrauch besonders niedrig. Daher sollten Sie im Stadtverkehr, wenn immer möglich, im 3. Gang fahren und auf einer längeren ebenen Strecke mit 50-km/h-Tempolimit auch ruhig in den 4. schalten.

■ Der Motor des BMW 320 ist bereits ab 1900/min und das 323i-Triebwerk ab 2150/min ausreichend durchzugskräftig. Lassen Sie deshalb den Motor möglichst nur so weit drehen, daß Sie im nächsthöheren Gang aus 1900 bzw. 2150/min weiterbeschleunigen können. Daraus ergeben sich folgende Hochschaltmarken (in km/h bzw. 1/min):

	320 Viergang-Getriebe	320 Fünfgang-Sportgetriebe	320 Fünfgang-Spargetriebe	323i Viergang-Getriebe	323i Fünfgang-Sportgetriebe	323i Fünfgang-Spargetriebe
1.–2. Gang	29/3500	26/3100	30/3500	35/3950	31/3500	36/4000
2.–3. Gang	45/2950	37/2700	45/2850	54/3300	44/3100	54/3250
3.–4. Gang	60/2500	49/2500	60/2550	72/2850	58/2800	71/2850
4.–5. Gang	–	60/2350	74/2350	–	71/2650	88/2650

■ Bei jedem längeren Halt vor einer geschlossenen Bahnschranke, einer Baustellenampel oder im Verkehrsstau den Motor abstellen.

■ Ersparnisse bringt das Fahren bergab mit herausgenommenem Gang und das Ausrollenlassen des Wagens vor Stoppstellen und roten Ampeln (aber nicht die übrigen Verkehrsteilnehmer behindern).

■ Wer immer viel bremsen muß, ist vorher zu stark aufs Gaspedal getreten. Das kostet unnötig Kraftstoff.

■ »Bleifuß«-Fahren auf der Autobahn quittiert der BMW mit deutlich höherem Verbrauch. Ab etwa $^3/_4$ der Höchstgeschwindigkeit steigt der Spritkonsum vor allem deshalb steil an, weil dann der Luftwiderstand erheblich höher ist.

■ Im Sommer den Tank nicht »kragenvoll« füllen, wenn der Wagen anschließend gleich in der prallen Sonne abgestellt wird. Der in den Erdtanks kühl gelagerte Treibstoff dehnt sich bei Erwärmung aus und kann bis $^3/_4$ Liter Mehrvolumen einnehmen. Die so entstandene Mehrmenge an Benzin geht durch die Tankentlüftung verloren und verbreitet unnötig Gerüche.

■ Und noch ein letzter Tip: Suchen Sie sich, wenn möglich, einen Weg und eine Zeit aus, bei der Sie nicht in den Hauptverkehr geraten. Eine etwas weitere Strecke ist oftmals wirtschaftlicher als eine kürzere, aber überfüllte.

Nur, falls Geld Sie interessiert

Unser Buch ist eigentlich der Selbsthilfe gewidmet, doch manchmal wird an unserem BMW eine Reparatur fällig, die über die Kenntnisse und Möglichkeiten des Heimwerkers hinausgeht. Entweder wird dann Spezialwerkzeug gebraucht oder es ist ein Fahrzeugteil instand zu setzen, das unmittelbar an der Verkehrssicherheit des Wagens rührt, wie z. B. Radaufhängung oder Bremsen. Auch beim Vergaser und der Einspritzanlage kommt man in Eigenregie nicht immer sehr weit. Es wird also ein Besuch in der Werkstatt fällig, und als kostenbewußter Fahrer fragen Sie: »Wer macht das gut und preiswert?«

Fingerzeig: *BMW hat einen Hilfsdienst organisiert, der Ihnen bei einer Panne am Wochenende oder an einem Feiertag zur Seite steht. Welche Werkstatt in der Nähe dienstbereit ist, können Sie einem Verzeichnis entnehmen, das Ihr BMW-Händler bereithält, oder rund um die Uhr bei der zentralen Auskunftsstelle im Werk München erfragen, die unter der Telefonnummer (089) 38 95 43 43 zu erreichen ist.*
Sollten größere Schwierigkeiten auftauchen, steht der BMW-Kundendienst in München bereit (089 / 38 95 31 79), der – bei Bedarf auch in englischer oder französischer Sprache – entsprechende Hilfe vermittelt.

Die Vertragswerkstatt

Als 3er-Fahrer fühlen Sie sich natürlich zuerst zu jenen Werkstätten hingezogen, die das weiß/blaue BMW-Zeichen im Schilde führen. Das sind entweder die Vertragshändler oder die in acht Großstädten angesiedelten Werks-Niederlassungen. Dort ist man mit dem BMW naturgemäß gut vertraut, hat alle wichtigen Ersatzteile am Lager und ist auch über die neuesten Einstelldaten informiert, so daß die Reparatur bald und zur Zufriedenheit des Besitzers ausgeführt sein kann.

Spezialisten bieten sich an

Es muß aber gar nicht immer die Vertragswerkstatt sein. Zahlreiche Spezialwerkstätten bieten auf ihrem Sondergebiet der Autoreparatur ihre Hilfe an. Sie sind oft nicht so überlaufen und auch nicht so anonym wie die Vertragswerkstätten. Auf ihrem Gebiet sind solche Werkstätten mit jedem Automodell vertraut, und Sonderwünsche lassen sich dort zumeist leichter erfüllen. Viele Vertragswerkstätten schicken ohnehin ihre Kundenwagen bei einer entsprechenden Reparatur in solche Spezialbetriebe. Diesen Weg können Sie abkürzen und direkt hinfahren.

Autoelektrik, Einspritzung, Vergaser und Instrumente

Zahlenmäßig an der Spitze der Spezialwerkstätten stehen die Autoelektrik-Betriebe, von denen die meisten die Firma Bosch vertreten, die auch die wesentlichsten Elektroteile zu unserem BMW geliefert hat. In gut ausgerüsteten Bosch-Diensten beschränkt man sich keinesfalls nur auf Batterie, Zündung und Scheinwerfer, sondern ist z. B. auch in der Lage, mittels Motortestgeräten die Vergasereinstellung zu kontrollieren. Nicht zuletzt kann auch die Einspritzanlage des BMW 323i (K-Jetronic) von Bosch-Werkstätten betreut werden. Allerdings ist nicht jeder Bosch-Dienst darauf eingerichtet. Es empfiehlt sich also, vorher nachzufragen, ob die nächstgelegene Bosch-Werk-

statt auch die K-Jetronic versorgen kann. Im Telefonbuch sind die umliegenden Bosch-Dienste verzeichnet, ein komplettes Verzeichnis erhält man auf Anfrage von der Kundendienstabteilung der Robert Bosch GmbH, Postfach 50, 7000 Stuttgart 1. Vergaser-Spezialwerkstätten sind hierzulande meistens mit der Pierburg GmbH & Co. KG (früher Deutsche Vergaser-Gesellschaft) vertraglich verbunden, die auch die Vergaser für unseren BMW 320 liefert. Solche Vergaserdienste sind vor allem in größeren Städten zu finden. Die Anschriften erhalten Sie auf Anfrage von der Kundendienstabteilung der Pierburg GmbH & Co. KG, Postfach 838, 4040 Neuss 13.
Die Instrumente des BMW stammen entweder von Moto Meter oder von VDO. Ist ein Moto-Meter-Gerät ausgefallen, können Sie es selbst ausbauen und direkt an die Moto Meter AG, Daimlerstraße 6, 7250 Leonberg 1, schicken. Von dort erhalten Sie dann zu einem Reparaturpreis ein neues Instrument im Austausch, wobei z. B. im Tachometer auch der bisherige km-Stand eingestellt wurde.
Für VDO-Instrumente und -Geräte sind die VDO-Tachometerdienste zuständig. Deren Anschriften können Sie von der Kundendienstabteilung der VDO Adolf Schindling AG, Postfach 6140, 6231 Schwalbach, bekommen.

Karosserie, Lack, Innenausstattung und Verdeck

Schäden an Lack und Karosserie kann man auch selbst wieder ausbügeln (das ist z.B. ganz ausführlich im Sonderband Nr. 45 dieser Buchreihe beschrieben), wenn aber an der Karosserie geschweißt werden muß oder eine große Fläche einwandfrei lackiert werden soll, geht es kaum ohne Spezialwerkstatt. Karosserieblechnerei und Lackiererei sind oft unter einem Dach vereint; die Anschriften finden Sie im (Branchen-) Telefonbuch. Karosserie- und Lackarbeiten sind Kunstfertigkeiten bei der Autoreparatur. Es lohnt sich daher, einmal umherzufragen, in welcher Karosseriewerkstatt oder Lakkiererei ein in Fachkreisen besonders anerkannter Mann arbeitet (nicht immer ist das der Werkstattinhaber!) und im Bedarfsfall diesen Mann aufzusuchen.
Auto-Sattlereien sind heutzutage leider eine Seltenheit geworden. Wenn Sie aber eine finden, werden Sie erstaunt sein, wie preiswert die Reparatur eines verschlissenen Sitzpolsters ausgeführt wird. Dazu haben Sie eine interessante Polsterstoffauswahl oder können den entsprechenden Stoff gleich mitbringen. Auch für sonstige Arbeiten im Autoinnenraum sind Sie in der Autosattlerei am besten aufgehoben: Neue Bodenteppiche verlegen, schadhafte Deckenbespannung (»Himmel«) ersetzen und – wichtig für BMW-Cabrio-Fahrer – Reparatur oder Ersatz des Verdecks.

Reifen

Daß sich um die Reifen spezielle Reifendienste bemühen, dürfte allgemein bekannt sein. Man hat dort in der Regel mehr Auswahl als bei der Vertragswerkstatt, und da der Umgang mit Reifen dort einzige Beschäftigung ist, kann man damit rechnen, daß das Reifenauswuchten sorgfältiger vorgenommen wird.

Motor

Auf Motorreparaturen haben sich einige Betriebe spezialisiert, und dort werden auch komplette Austauschmotoren angeboten. Die Preisunterschiede zum Original-BMW-Motor liegen zwischen 15 und 20 %. Auf diese Motoren geben die Instandsetzer die gleiche Jahresgarantie wie BMW. Wie gut die Arbeit ausgeführt wurde, läßt sich bei einem Motor meist erst einige Zeit nach Ablauf der Garantiefrist feststellen. Vertrauenswürdige Reparateure haben sich im Verband der Motoreninstandsetzungsbetriebe e.V., Goldene Pforte 1, 5800 Hagen zusammengeschlossen. Von dort kann man ein Anschriftenverzeichnis erhalten. Allerdings sind manche Firmen auf bestimmte Marken spezialisiert, so daß der nächstgelegene Instandsetzer vielleicht nicht helfen kann.

Auch Tankstellen können helfen

Suchen Sie sich eine gut geführte Stamm-Tankstelle, wo man noch Zeit für den Kunden hat. Das ist im Zeitalter der Selbstbedienungs-Tankstellen nicht mehr so ganz ein-

fach, aber beispielsweise für kleine Hilfeleistungen wichtig, die man an einer gut geführten Tankstelle erwarten kann. Denn die technische Ausstattung einer modernen Zapfstation bietet mehr als nur Benzin und Öl für den Motor. Einige Aral- und Esso-Tankstellen haben auch Motor-Prüfgeräte, mit denen zumindest die Zündung und eventuell auch der Vergaser von geschulten Leuten geprüft und eingestellt werden kann; auch Unterbrecherkontakte kann man dort beispielsweise austauschen lassen. Regelrechte Reparaturen werden aber nicht angenommen.
Tankstellen, die sich für Instandsetzungsarbeiten an Ihrem BMW anbieten, sind mit Vorsicht zu genießen. Wenn der Chef kein Kraftfahrzeugmeister ist und mit seinem Betrieb demgemäß auch nicht der Kfz-Handwerksinnung angehört, reichen seine Haftpflicht- und Betriebsversicherung nicht für Reparaturen an Motor, Bremsen, Lenkung, Fahrwerk usw. Auch liegen dort nicht die neuesten Wartungs- und Reparaturhinweise des BMW-Kundendienstes vor. Das kann teurer Pfusch werden, und ein vernünftiger Tankstellenhalter wird daher von sich aus solche Reparaturen ablehnen.

Umgang mit der Werkstatt

Die Zeiten, da man wochenlange Anmeldefristen vor der Reparatur seines Wagens in Kauf nehmen mußte, sind zwar vorüber, aber trotzdem kann die Werkstatt einmal überlastet sein. Im Umgang mit der Werkstatt gibt es bisweilen Differenzen, die sich durch Nachdenken vermeiden lassen. Die nachstehenden Punkte sollen das Zusammenleben erleichtern und Sie über Ihre Rechte informieren.

■ Kündigen Sie vorhersehbare Reparaturen oder Wartungsarbeiten möglichst frühzeitig persönlich oder telefonisch an, und vereinbaren Sie einen festen Termin mit Uhrzeit. Zur Voranmeldung sollten Sie nicht frühmorgens an der Reparaturannahme auftauchen, nach 10 Uhr und vor 15 Uhr ist es dort wesentlich ruhiger, und man hat für spezielle Fragen oder Sonderwünsche offenere Ohren als im Morgentrubel oder kurz vor Feierabend.

■ Bei einer kurzfristig fällig gewordenen Reparatur sollten Sie wirklich nur den betreffenden Schaden instand setzen lassen. Strapazieren Sie die Mechaniker nicht noch mit dieser und jener Kleinreparatur, denn deren weitere Arbeiten sind zuvor schon eingeteilt worden.

■ Mit einer vorbereiteten Liste (legen Sie sich einen Notizblock ins Handschuhfach) können Sie einen ganz genauen Reparaturauftrag geben. Wollen Sie nicht, daß bei einer 15000-km-Inspektion etwa die Zündkerzen und das Öl gewechselt werden – was sonst automatisch geschieht –, müssen Sie das bei der Auftragsannahme schriftlich festhalten lassen.

■ Lassen Sie die Telefonnummer, unter der Sie tagsüber zu erreichen sind, auf den Reparaturauftrag schreiben mit der Anweisung, daß man Sie anrufen muß, wenn sich zusätzliche Reparaturen empfehlen.

■ Setzen Sie eine Preisgrenze nach oben für eventuell notwendige Zusatzarbeiten.

■ Vor dem Werkstattaufenthalt sollten Sie Ablagefächer, Handschuhfach und Kofferraum ausräumen einschließlich Werkzeug, Reservekanister und Abschleppseil. Die Werkstatt übernimmt keine Haftung, wenn Ihnen derartige Dinge abhanden kommen.

■ Es erhöht nicht gerade die Arbeitsfreude des Mechanikers, wenn er das Auto unter dicken Schmutzkrusten erst freilegen muß. Gönnen Sie dem BMW je nach der fälligen Reparatur eine Wäsche oben, im Motorraum oder an der Unterseite.

■ Am besten das Fahrzeug am Vorabend des Reparaturtags zur Werkstatt bringen, damit am nächsten Morgen gleich damit begonnen werden kann. Andernfalls das Auto frühmorgens bringen.

■ Vereinbaren Sie schriftlich den Abholungstermin. Wird dieser Zeitpunkt um mehr als 24 Stunden überschritten, muß die Werkstatt ein gleichwertiges Ersatzfahrzeug stellen oder 80% der Mietwagenkosten tragen.

■ Den reparierten Wagen sollten Sie möglichst während der Geschäftszeit abholen, damit Sie noch vor »Ladenschluß« auf dem Werkstatthof möglichst viele Funktionen Ihres Wagens prüfen (wenn es geht, zusammen mit dem Kundendienstberater) und erforderlichenfalls notwendige Beanstandungen unverzüglich anbringen können. An einem der folgenden Tage kann sich der Werkstattmann auf den Standpunkt stellen, der Grund Ihrer Unzufriedenheit sei erst nach Verlassen der Werkstatt eingetreten.

■ Autowerkstätten müssen für mangelhafte Reparaturen geradestehen: 6 Monate Garantie ohne Kilometerbegrenzung; nur bei Firmenfahrzeugen ist die Laufzeit auf 10000 km begrenzt. Zum späteren Nachweis einer eventuell notwendigen Mängelhaftung (Garantie) müssen Sie deshalb Reparaturrechnungen nicht nur äußerst sorgfältig aufbewahren, sondern auch darauf achten, daß auf der Rechnung die Reparatur genau beschrieben und das Datum der Fahrzeugaushändigung eingetragen ist. Bei der Nachreparatur haben Sie übrigens allenfalls das zu bezahlen, was sich als zusätzlich erforderliche Instandsetzung herausstellt.

■ Bei grober Fahrlässigkeit der Werkstatt haben Sie sogar Anspruch auf Schadenersatz und ein Ersatzfahrzeug bzw. 80% der Mietwagenkosten, falls sich etwa eine nachlässig montierte Bremsleitung löst und dadurch ein Unfall passiert.

■ Reklamationen an der Rechnung sollten Sie so schnell als möglich anbringen, aber sie sind noch bis zu vier Wochen nach der Reparatur möglich.

■ Wenn Sie einmal anderer Meinung als die Leute von der Werkstatt sind, hilft ein sachliches Gespräch mit dem Werkstattleiter mehr als Schimpfen an der Kasse. Lassen Sie sich seine Gründe so erklären, daß Sie sie auch als Laie verstehen können. Und wenn die Meinungsverschiedenheiten über Arbeitsausführung oder Höhe des Rechnungsbetrags unüberwindbar sind, kann man sich – kostenlos – an die nächstgelegene Schiedsstelle wenden. Deren Sitz erfährt man von der Kfz-Innung, den Handwerkskammern, den Automobilclubs oder vom TÜV. Sagen Sie es der Werkstatt, daß Sie zur Schiedsstelle gehen. Vielleicht kommt man Ihnen doch entgegen.

Was wird das wohl kosten?

Die am häufigsten gestellte Frage in der Werkstatt lautet: »Was kostet das?« Drei Arten der Beantwortung sind dann möglich:

■ Der Reparaturannehmer oder Meister schätzt über den Daumen. Die hierbei genannte Zahl ist völlig unverbindlich, und der tatsächliche Rechnungsbetrag kann wesentlich höher ausfallen.

■ Der genaue Zeitaufwand einer Routinereparatur wird aus dem nachfolgend genannten Arbeitswertekatalog herausgesucht und im Aufgtragsformular – von dem Sie eine Kopie erhalten müssen – neben der jeweiligen Reparatur aufgeführt. Diese Methode hat sich in der Praxis eingebürgert, und die Preise sind für die Werkstatt verbindlich, sofern sich keine Zusatzarbeiten ergeben.

■ Ein verbindlicher, schriftlicher Kostenvoranschlag – an den sich die Werkstatt übrigens drei Wochen lang halten muß – lohnt sich nur bei umfangreichen Reparaturen. Wir denken dabei an einen Unfallschaden oder die Beseitigung von Durchrostungen.

Der Meister schaut sich den Wagen dazu genau an und sucht die Preise für die Arbeiten und Ersatzteile heraus. Diesen Zeitaufwand darf die Werkstatt nur dann in Rechnung stellen, wenn dies zuvor ausdrücklich mit dem Kunden vereinbart wurde. Ein derartiger Kostenvoranschlag kann bei einem Schadensfall auch als Nachweis gegenüber der Versicherung gelten.

Überschreiten des Kostenvoranschlags

■ Nach den bisherigen Kfz-Reparaturbedingungen durften die Reparaturkosten ohne Rückfrage beim Besitzer auch um 15–20 % höher ausfallen. Diese Klausel gilt nicht mehr. Sind entsprechende Überschreitungen der bei Auftragserteilung festgehaltenen Zirka-Preise zu erwarten, muß die Werkstatt den Kunden hierüber vorab unterrichten. Allerdings muß er dann kurzfristig erreichbar sein, sonst kann die

Werkstatt nach eigenem Gutdünken weiter verfahren. Daher empfiehlt es sich, am Reparaturtag wenigstens telefonisch erreichbar zu sein, um bei der Fahrzeugabholung keine Überraschung zu erleben.

■ Der schriftlich erstellte und unverbindliche Kostenvoranschlag darf keinesfalls überschritten werden. Hier muß der Wagenbesitzer in jedem Fall gefragt werden, ob er Zusatzarbeiten und damit einem höheren Preis zustimmt.

Fingerzeig: *Bei Reparaturen an der Karosserie, sei es das Ausbügeln eines Unfallschadens oder der Ersatz durchgerosteter Bleche, können die Kosten schnell den Zeitwert des Fahrzeugs überschreiten. Für derartige Arbeiten ist deshalb ein verbindlicher Kostenvoranschlag unerläßlich. Will sich Ihre Werkstatt darauf nicht einlassen, sollten Sie sich nach einem anderen Reparateur umsehen.*

Berechnung nach »Arbeitswerten«

Für die BMW-Werkstatt ist es kein Problem, den Preis für eine Arbeitsleistung herauszusuchen. Das Werk hat für alle häufiger vorkommenden Arbeiten in einem Katalog sogenannte Arbeitswerte festgelegt. Ein solcher Arbeitswert entspricht bei BMW etwa 5 Minuten Arbeitszeit. Eine Reparatur, für die 12 Arbeitswerte ermittelt wurden, soll demzufolge von einer durchschnittlich ausgerüsteten Werkstatt in einer Stunde erledigt sein. Wenn sie länger braucht, ist es ihr Schaden und umgekehrt ihr Gewinn. An die Arbeitswerte sind alle BMW-Werkstätten gebunden, aber den Preis, den sie für einen Arbeitswert fordern, müssen sie selbst kalkulieren.
Dieser Arbeitswert enthält nicht nur den Stundenlohn für den an Ihrem Wagen beschäftigten Monteur, sondern auch einen entsprechenden Anteil der Unkosten des Werkstattinhabers, z.B. Angestelltengehälter, Gebäude- und Geräteabschreibung, Steuern, Versicherung, sonstige allgemeine Kosten und nicht zuletzt auch noch etwas Unternehmergewinn. So kann ein Werkstattbesitzer auf ererbtem Boden in der Kleinstadt mit wenig Personal seinen Stundenarbeitspreis niedriger ansetzen als der Inhaber einer modernst eingerichteten Großstadt-Werkstatt mit großem Personalstab.
Für jede Arbeit hat eine Werkstatt daher ihre eigenen Festpreise, von denen vierzig in der Reparaturannahme ausgehängt sind. Sie können also die Kosten für die gleiche Arbeit (z. B. Kupplung aus- und einbauen) in verschiedenen BMW-Werkstätten miteinander vergleichen und die günstigste aussuchen.
Allerdings sagt der Preis nichts über die Qualität der Arbeit aus – das muß man selbst herausfinden.

Ersatz- oder Austauschteile?

Nicht in jedem Fall müssen es Neuteile sein, die Sie bei einer fälligen Reparatur in Ihren BMW einbauen lassen. Denn für Fahrzeugteile, die erfahrungsgemäß nicht ein ganzes Autoleben aushalten, aber vom Werk wieder aufbereitet werden können, hat BMW ein spezielles Austauschteile-Programm. Dazu gehören natürlich nicht zerknitterte Kotflügel oder Türen und auch keine durchgerosteten Auspufftöpfe, wohl aber mechanische Teile. So beispielsweise:

■ Anlasser
■ Gelenkwellen
■ Getriebe
■ Hinterachsgetriebe
■ Kardanwelle
■ Kupplung
■ Kurbelwelle
■ Lichtmaschine
■ Motor
■ Vergaser
■ Wasserpumpe
■ Zündverteiler

Verschleißteile

Ölfilter, Luftfilter, Glühlampen, Zündkerzen, Unterbrecherkontakte, Auspuffanlagen, Bremsbeläge und Stoßdämpfer für die Federbeine kann man auch im Zubehörhandel, Großmarkt und Waren- oder Versandhaus erwerben, wobei die Preise bis zu 50 % unter dem jeweiligen Werkstattpreis liegen können. Falls Sie günstige Einkaufsquellen nutzen wollen, dann mit Einschränkungen:

■ Nur Bremsbeläge aus der Vertragswerkstatt sind entsprechend getestet worden und versprechen bestmögliche Bremsverzögerung; Eigenversuche mit Billigware können lebensgefährlich werden.

■ Preisgünstige Stoßdämpfer sollten Sie auch nur von bekannten Herstellern kaufen, wobei allerdings die großen Versand- und Warenhäuser auch unter eigenem Namen Markenfabrikate vertreiben.

■ Billige Auspuffanlagen passen bisweilen nicht so exakt wie Originalteile, auch kann

Gebrauchte Ersatzteile

Unsere 3er-BMW wurden von 1975 bis 1982 gebaut, da können Sie schon ein reichhaltiges Angebot an funktionstüchtigen Gebrauchtteilen bei einer Autoverwertung finden.

Aber innerhalb der Weiterentwicklung wurden Teile bisweilen mehrfach geändert und passen daher vielfach nicht für spätere Baujahre. Überzeugen Sie sich erst, ob das gebrauchte Ersatzteil überhaupt für Ihren Wagen richtig ist, bevor Sie beim Autoverwerter Geld hinblättern, oder lassen Sie sich ein Rückgaberecht einräumen.

Fingerzeig: *Im Laufe der Produktionszeit des BMW wurden viele Einzelteile im Detail geändert. Beim Ersatzteilkauf kann es deshalb oft Schwierigkeiten geben, weil nicht klar wird, welche der verschiedenen Ausführungen gebraucht wird. Um unnötige Wege zu sparen, empfiehlt es sich deshalb, immer die Fahrgestell- bzw. die Motornummer und das Datum der Erstzulassung bei sich zu haben. Nach diesen Daten sucht dann der Lagerist das jeweils passende Teil aus.*

Noch besser: gleich das Altteil mitnehmen und vergleichen. Dann kann nichts schiefgehen.

TÜV und DEKRA

Die bekanntesten Organisationen, die »Hauptuntersuchungen nach § 29 der Straßenverkehrs-Zulassungsordnung« vornehmen dürfen, sind TÜV und DEKRA. Die Überprüfungen beider Institutionen unterscheiden sich im Grunde nicht.

Vorzug beim DEKRA: Die Überprüfung kann auch in der BMW-Werkstatt vorgenommen werden, wo Sie sich allerdings rechtzeitig anmelden müssen.

Prüfungen vor der Untersuchung

Bevor Sie Ihren Wagen in Richtung Prüfbahn steuern, empfiehlt es sich, erst einmal die wichtigsten Fahrzeugfunktionen durchzuprüfen, denn mit augenfälligen Mängeln sollten Sie nie zur Überprüfung aufkreuzen:

Beleuchtungsanlage: Defekte Glühlampen zeugen von Nachlässigkeit, ein trüber oder angerosteter Reflektor sollte vor der Kontrolle ersetzt werden.

Hupe oder Scheibenwischer müssen funktionieren, das läßt sich ja auch leicht selbst feststellen.

Auspuff auf Durchrostungen prüfen.

Reifen dürfen natürlich nicht zu weit abgefahren sein, und sie müssen der vorgeschriebenen Bauart entsprechen.

Bremsen müssen gleichmäßig ziehen; auch die Handbremse muß beidseitig gleich ansprechen.

Bremsleitungen mit sehr leichten Anrostungen (Flugrost) werden blankgeschliffen und eingefettet, rostnarbige müssen ersetzt werden.

Rost ist der einzige Schaden, dem Sie nicht so leicht beikommen. Mit Durchrostungen am Wagen hat es gar keinen Sinn, vorzufahren.

Ist jedoch der übrige technische Zustand Ihres BMW noch einwandfrei, lohnt sich eine Reparaturschweißung meistens. Aufschluß über die Rentabilität der Schweißarbeiten gibt ein Kostenvoranschlag, wobei die BMW-Werkstatt sicher an der Obergrenze liegen wird.

Günstiger sind Werkstätten, die sich auf »TÜV-Schweißungen« spezialisiert haben.

Präsentation des Wagens
Gesamteindruck

Prüfer sind auch nur Menschen, und so reagieren sie auf ein äußerlich gepflegtes Fahrzeug natürlich positiver als auf eine »Gammelkiste«, bei der wohl mehr versteckte Mängel zu erwarten sind. Einige Märker für die Fahrt durch die Waschanlage sind also gut investiertes Geld.

Motor- und Unterwäsche

Mit einem Dampfstrahlgerät (oft gibt es sie zur Selbstbedienung an größeren Tankstellen) ist diese Arbeit schnell gemacht. Motor- und Fahrgestellnummer kommen bei dieser Gelegenheit auch unter der Dreckkruste zu Tage. Beide müssen natürlich bei der Überprüfung lesbar sein. Zumindest die Fahrgestellnummer will der Prüfer mit der Zahl im Kraftfahrzeugschein vergleichen.

Vor oder nach der Untersuchung reparieren?

Der TÜV versteht sich natürlich nicht als Diagnose-Institution. Deshalb wird es vom Prüfer eher ungern gesehen, wenn ein total unvorbereiteter Wagen vorgeführt wird. Die Überprüfung muß er jedoch trotzdem durchführen.
Diesen Umstand kann man sich zunutze machen, und erst anschließend, also nach Erstellung des Prüfberichts, die Reparaturarbeiten gezielt in Angriff nehmen. Teilen Sie dem Prüfer Ihre Entscheidung mit. Vielleicht hat er Verständnis dafür.

Fingerzeige: *Winters ist das Gedränge vor den TÜV-Prüfbahnen längst nicht so groß wie während der warmen Jahreszeit, in der lange Wartezeiten oder langfristige Voranmeldungen in Kauf genommen werden müssen. Wenn Ihre TÜV-Plakette einen Frühlings- oder Sommermonat als Termin für die nächste Untersuchung anzeigt, brauchen Sie sich trotzdem nicht ins größte Getümmel zu stürzen. Sie können schon früher zur Hauptuntersuchung (wie die TÜV-Kontrolle amtlich genannt wird) vorfahren und so auch die späteren Überprüfungen in einen Monat mit weniger Andrang verlegen.*
Auch braucht die Untersuchung keineswegs nur bei der dem Wohnort nächstgelegenen TÜV-Stelle zu erfolgen, sie kann ebenso überall in der Bundesrepublik durchgeführt werden. Sie können also durchaus bei einer Reise einen durch irgendwelche Umstände »verlorenen« Tag zur Fahrt zu einer beliebigen TÜV-Stelle ausnützen.

Operationsbesteck

Wenn Sie sich intensiv mit Ihrem BMW beschäftigen wollen, so ist gutes Handwerkszeug vonnöten. Falls Sie nun aber tatenfroh zu dem vom Werk mitgelieferten Bordwerkzeug greifen wollen, müssen wir leider Ihren Elan etwas bremsen. Zwar sind die Werkzeuge im Extrafach in der Kofferraumhaube recht appetitlich aufgereiht und es dürfte sich hierbei auch um eine der reichhaltigsten Serien-Werkzeugausstattungen bei Personenwagen handeln, doch – leider – reicht die Qualität für den Edel-Bastler nicht aus. Der umsteckbare Schraubenzieher dürfte kaum das Lösen einer verrosteten Schraube überstehen, und auch mit den wenig paßgenauen Gabelschlüsseln werden Sie im Ernstfall nicht viel Freude haben. Es muß also anderes Werkzeug her, und dazu wollen wir Ihnen gleich einen Tip geben: Nehmen Sie zu Anfang lieber weniger Teile, aber dafür beste Qualität. Die oft in Versandhäusern angebotenen kompletten Werkzeugsätze sind zwar billig, aber damit sind ihre guten Eigenschaften bereits aufgezählt. Schlecht passende oder schnell verbogene Schraubenschlüssel verderben die Arbeitslust ebenso wie Schraubenzieher, deren Klingen schon bei geringer Beanspruchung ausbrechen.

Empfehlenswerte Grundausstattung

In der nachfolgenden Liste haben wir zusammengestellt, was uns als vielseitig verwendbare Grundausstattung empfehlenswert erscheint. Davon brauchen Sie nicht gleich alles zu kaufen (oder manches haben Sie vielleicht schon in Ihrer Heim-Werkstatt); bei den Arbeitsbeschreibungen in diesem Handbuch ist vielfach erwähnt, welches Werkzeug dabei benötigt wird, und nur wenn Sie diese oder jene Arbeit auch selbst erledigen wollen, sollten Sie das entsprechende Handwerkszeug anschaffen.

4 Doppel-Gabelschlüssel, 6x7, 8x10, 13x15, 17x19;
2 Gabel-/Ringschlüssel kurz, SW 10 bzw. 13 beidseitig;
2 Ringschlüssel gekröpft, 10x13 und 17x19;
1 Innensechskantschlüssel, 5 mm (320) bzw. 4 mm (323i);
1 Zündkerzenschlüssel, SW 20,8, ausziehbar;

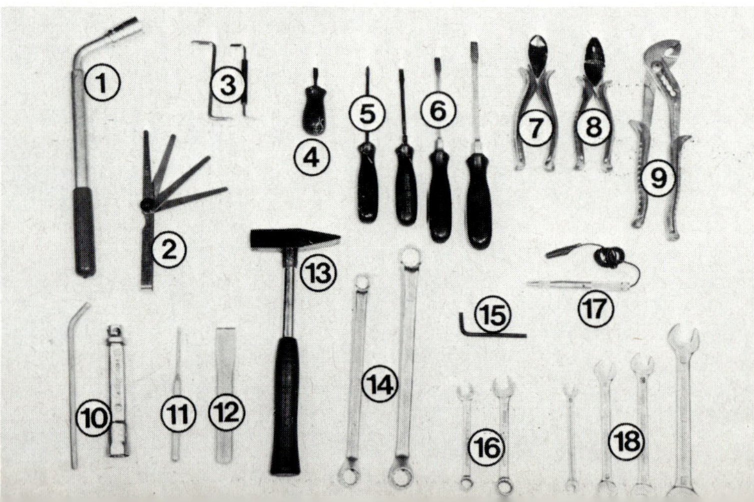

Mit der hier gezeigten Werkzeug-Grundausstattung können Sie die Mehrzahl der hier im Handbuch beschriebenen Arbeiten bewerkstelligen: 1 – ausziehbarer Radschraubenschlüssel (Vertrieb: Fachhandel oder Karadium-Werkzeuge, Postfach 1351, 5632 Wermelskirchen); 2 – Fühlerblattlehre; 3 – Winkelschraubenzieher; 4 – kurzer Querschlitzschraubenzieher; 5 – Kreuzschlitzschraubenzieher; 6 – Querschlitzschraubenzieher; 7 – Seitenschneider; 8 – Kombizange; 9 – Rohrzange; 10 – Zündkerzenschlüssel (Hazet 2505-1); 11 – Durchschlag; 12 – Flachmeißel; 13 – Hammer; 14 – gekröpfte Ringschlüssel; 15 – Inbusschlüssel; 16 – Gabel-/Ringschlüssel; 17 – Elektrik-Prüflampe; 18 – Gabelschlüssel.

1 Radschraubenschlüssel, SW 17;
3 Schraubenzieher für Querschlitzschrauben, 3, 5 und 8 mm breit;
1 Schraubenzieher für Kreuzschlitzschrauben, mittlere Größe;
1 Schraubenzieher für Querschlitzschrauben, kurz mit kräftigem Griff;
2 Winkelschraubenzieher für Kreuzschlitze und Querschlitze;
1 Kombizange;
1 Rohrzange, 240 mm lang;
1 Seitenschneider;
1 Schlosserhammer, 300 g schwer;
1 Satz Fühlerblattlehren, 0,05 – 0,7 mm;
1 Flachmeißel;
1 Durchschlag, 3 mm Durchmesser;
1 Elektrik-Prüflampe.

Was die Größenangaben bedeuten

Werkzeuge und Maschinenteile werden in vielen Ländern nach dem metrischen Maßsystem (in Millimeter oder Zentimeter) gemessen.
Bei Schraubenmuttern mißt man den Abstand der einander gegenüberliegenden Flanken und schreibt auf den jeweils dafür passenden Schraubenschlüssel die entsprechende Schlüsselweite (Kurzbezeichnung: SW). Ein Doppelgabelschlüssel (man nennt den Gabelschlüssel vielfach auch Maulschlüssel) mit der Bezeichnung 10x13 hat also eine Gabel oder ein Maul für eine 13 mm breite und auf der anderen Seite für eine 10 mm breite Schraube.

Weitere Werkzeuge

Zum eigentlichen Werkzeug der Grundausstattung kann sich der Selbsthelfer je nach Bedarf noch zusätzliche Hilfsgeräte anschaffen. Im Bild unten haben wir einige davon zusammengestellt:

- Batterisäureprüfer; wozu er gebraucht wird, steht auf Seite 150.
- Frostschutzprüfer; wie er angewandt wird, steht auf Seite 66.
- Schlagschrauber; er hilft, Quer- und Kreuzschlitz-Schrauben zu lösen, wenn alle anderen Mittel versagen. Wie man ihn richtig einsetzt, steht im nächsten Absatz.
- Drehmomentschlüssel; unerläßlich zur Zylinderkopfmontage, aber auch wichtig bei anderen Schrauben, die mit dem richtigen Drehmoment angezogen werden sollen (Drehmomentwerte finden Sie, wo nötig, hier im Buch).
- Kleiner Rätschenkasten: ein praktisches Werkzeug, wenn mit kleinen Schrauben gearbeitet wird. Manche Kästen haben noch zusätzlich Einsätze für Schlitz- und Kreuzschlitzschrauben. Die allerbeste Qualität braucht dabei nicht gekauft zu werden, denn die kleinen Schrauben zieht man ja nicht mit aller Kraft an.
- Für größere Schlüsselweiten oder einfach zum schnelleren Arbeiten empfehlen

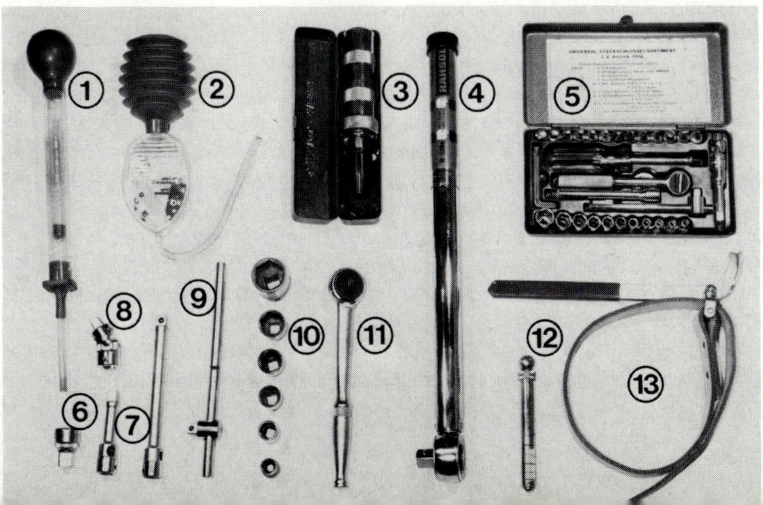

Als Ergänzung würden wir – je nach Bedarf – folgende Werkzeuge vorschlagen: 1 – Batteriesäuremesser; 2 – Frostschutzprüfer; 3 – Schlagschrauber; 4 – Drehmomentschlüssel; 5 – kleiner Stecknußkasten mit $^{1}/_{4}$"-Antrieb; 6 – Adapterstück für $^{3}/_{8}$"-Vierkant auf $^{1}/_{2}$"-Vierkant; 7 – Verlängerungen $^{3}/_{8}$"; 8 – Gelenkstück; 9 – Hebel $^{3}/_{8}$"; 10 – Stecknüsse SW 10, SW 13, SW 15, SW 17, SW 19 jeweils mit $^{3}/_{8}$"-Antrieb und eine Stecknuß SW 24 mit $^{1}/_{2}$"-Antrieb; 11 – Rätsche (Knarre) für $^{3}/_{8}$"-Antrieb; 12 – Luftdruckprüfer; 13 – Spannbandschlüssel.

sich »Stecknüsse« mit den dazugehörigen Verlängerungsstücken und den Betätigungswerkzeugen, wie Knarre und Hebel. Einen kompletten Kasten brauchen Sie dabei nicht zu kaufen. Die wirklich benötigten Schlüsselweiten reichen vollkommen. Wir ziehen die Sechskant- den Zwölfkantnüssen vor, da zwölfkantige Nüsse leichter auf einer beschädigten Schraube weiterrutschen können. Zum Einstecken des Betätigungswerkzeugs haben die Steckeinsätze ein Vierkantloch mit $^1/_2$" (Zoll) oder $^3/_8$" Kantenlänge. Günstiger finden wir die $^3/_8$"-Ausführung, die handlicher beim Autobasteln und trotzdem stabil ist. Für Stecknüsse ab SW 24, die es nur mit $^3/_8$"-Vierkant gibt, kann man ein Adapterstück kaufen, das den $^3/_8$"-Vierkant auf $^1/_2$" vergrößert.

■ Reifendruckprüfer; welche Vorteile ein eigener Reifendruckprüfer hat, steht auf Seite 144.

■ Spannbandschlüssel zum Lösen der Ölfilterpatrone; diese Schlüssel sind heute so preisgünstig zu haben, daß sich die Anschaffung durchaus lohnt, wenn der Ölwechsel mit Filterwechsel öfters selbst gemacht wird.

■ Wer sich besonders der Elektrik widmen will und dieses oder jenes Zusatzgerät einbauen möchte, ist mit der Spezialquetschzange von Hella gut bedient. Sie trägt die Bestell-Nr. 8 KW 002 733-001 (komplett mit 60 Verbindungsteilen).

Schrauben lösen

Schon nach relativ kurzer Zeit können Schrauben so fest sitzen, daß sie sich nicht einfach mit einem Schraubenzieher herausdrehen lassen. Bei Kreuzschlitzschrauben kommt erschwerend hinzu, daß sich der Schraubenzieher auch bei starkem Druck auf den Schaft aus dem gekreuzten Schlitz herausdreht. Nach wenigen erfolglosen Versuchen ist der Kreuzschlitz »vermurkst«, und Sie stehen vor einer unlösbaren Verschraubung.

Wenn sich eine Schraube nicht gleich losdrehen läßt, sollten Sie einen passenden, stabilen Schraubenzieher ansetzen und dem Griffende einen trockenen Hammerschlag versetzen. Das bricht normalerweise die mit ihrem Kopf leicht festkorrodierte Schraube los, sie läßt sich nun ganz normal herausdrehen.

Hilft das nichts, brauchen Sie einen Schlagschrauber. Bei jedem Hammerschlag auf das Griffende des Schlagschraubers dreht dieser den Schraubeneinsatz unter Druck ein klein wenig weiter. Das löst praktisch jede Schraube.

Ist in einem Schraubenkopf kein Werkzeug mehr einzusetzen, hilft gewöhnlich nur noch Ausbohren. Erst wird mit einem entsprechend großen Bohrer der Schraubenkopf entfernt (notfalls mit einem kleineren Durchmesser vorbohren). Das Gewindeteil einer Blechschraube läßt sich manchmal nun durchstoßen oder mit einer Zange von der Rückseite her abnehmen. Andernfalls mit einem dünnen Bohrer das Gewindeteil ausbohren. Wenn Sie hierfür einen zu großen Bohrerdurchmesser wählen, wird entweder das Gegengewinde beschädigt oder das Loch für eine Blechschraube so vergrößert, daß später nur eine stärkere Schraube hält.

Flüssige Hilfen

Rostlöser und Isolierspray

Als Rostlöser für festgerostete Schrauben haben sich beispielsweise das sofort wirkende »Caramba Rasant«, »mo Schnellrostlöser« von Teroson, »LM Liqui Multi« von Liqui Moly oder »Multigliss« von Molykote bewährt. Mit den letzteren muß man ein wenig Geduld haben und die Flüssigkeiten lange genug einwirken lassen. Anders ist das bei den sogenannten Schnellrostlösern, wie »Caramba Rasant« oder »mo Schnellrostlöser« von Teroson. Nach dem Einsprühen kann die festsitzende Schraube bzw. Mutter gleich losgedreht werden, ggf. zwischendurch nachsprühen.

Mit diesen Rostlösern verwandt durch ihre außerordentliche Kriechfähigkeit sind die »Isoliersprays«. Vielfach sind die Rostlöser zugleich solche Isoliersprays, die bei Feuchtigkeit in der Autoelektrik den feinen Wasserfilm unterwandern und dadurch verhindern, daß Batteriestrom über den leitenden Wasserfilm als Kurzschluß oder »Kriechstrom« abgeleitet wird. Zu den bereits genannten Rostlösern wären als Spe-

zial-Isoliersprays beispielsweise zu nennen »Aral Intact« oder »4xSilikon-Spray« von Molykote.
Die Vielseitigkeit dieser Sprays erweist sich auch an den Türschlössern des Autos: Sie halten das Schloß als Schmiermittel leichtgängig und verhindern im Winter durch ihre Feuchtigkeitsverdrängung das Einfrieren.

Kaltreiniger und Korrosionsschutzwachs

Der Motorraum des BMW ist im Lauf der Zeit vom Straßendreck gezeichnet. Auch können die Motorteile ölverschmiert sein. Dagegen helfen sogenannte Kaltreiniger (etwa der »Spezialreiniger« von Aral). Damit werden die Teile eingestrichen oder eingesprüht; nach einigen Minuten kann man mit einem Pinsel den Schmutz abwaschen und anschließend mit Wasser – oder besser noch – mit einem Dampfstrahlgerät abspritzen. Manche Tankstellen bieten Dampfstrahlgeräte mit Münzeinwurf zur Selbstbedienung für ihre Kunden an. Aus Gründen des Umweltschutzes darf die Motorwäsche ohnehin nur über einem Wasserablauf mit Ölabscheider, wie ihn Tankstellen und Werkstätten besitzen, geschehen.
Damit es nach der Wäsche nicht zu Korrosionserscheinungen kommt, sollten Motorraum und Aggregate mit einem Korrosionsschutzwachs eingesprüht werden.

Spezial-Schmierstoffe

■ Haushaltsöl in kleinen Spritzkännchen ist dünnflüssiges Universalöl, das man überall verwenden kann, wo keine besonderen Schmieransprüche gestellt werden. Aber es hält Motorwärme aus, ist also beispielsweise zur Schmierung des Motorhaubenschlosses geeignet.
■ Graphitöl enthält den »Festschmierstoff« Graphit, der die Schmierkraft des Öls erhöht. Besonders gut ist die Graphitöl-Sprühdose von BP, die einen meterweiten nadelfeinen Ölstrahl versprüht und dadurch vor allem für schwer erreichbare Schmierstellen sehr geeignet ist.
■ Schmierstoff-Suspensionen liegen an der Grenze zwischen Öl und Fett und sind für seltener beanspruchte Gleitflächen (z. B. Sitzschienen, Heizungshebel) sehr vorteilhaft. Nach dem Auftragen bilden sie auf der behandelten Gleitfläche einen wachsähnlichen Schmierfilm, der auch gegen Rost schützt und erst bei Druckbeanspruchung flüssig wird (z. B. »MO-Gleitspray« von Teroson, »Paste U-n« von Molykote oder »LM Schmierfix« von Liqui Moly).
■ Heiß-Schrauben-Compound möchten wir nicht mehr missen, denn eine einmal damit eingeriebene Verschraubung rostet nie mehr und läßt sich auch nach Jahren wieder ohne weiteres lösen. Das gilt vor allem für Auspuffrohr-Verschraubungen und Federbeinhalterungen. Diese meist kupferfarbene Spezialpaste gibt es in kleinen Tuben, z. B. als »Kupfer-Paste« von Molykote oder »ASC-Paste« von Liqui Moly. Die Paste ist hitzefest bis über 1000° C!
■ Säureschutzfett, auch Polfett genannt, ist ein gegen elektrische Ströme, Säure und Feuchtigkeit isolierender Spezialschmierstoff, der vor allem die Batteriepole sauber hält. Konkurrenzlos ist hierbei das Säureschutzfett »Ft 40 v 1« von Bosch.

Hilfsmittel unterwegs

Mit folgenden Dingen sind Sie auch unterwegs gut gerüstet:

- Abschleppseil oder -stange (Seite 224)
- Alleskleber (z. B. Uhu-plus)
- 2 m Autoelektrikkabel 1,5 mm² (keinesfalls Haushaltskabel!)
- 1 m kräftigen Draht
- Ersatzglühlampen (Seite 189)
- Keilriemen (Seite 156)
- 1 m Zündkabel
- Klebeband
- Lappen
- Reservekanister
- Sicherungen
- Starthilfekabel (Querschnitt der Metallseele mindestens 10 mm²!)
- Taschenlampe
- Zündkerzen (Seite 187)

Doppeltes Suchspiel

Hier präsentiert sich der Motorraum des BMW 320. Was es darin zu sehen gibt, haben wir mit Zahlen versehen und nachstehend erläutert: 1 – rechtes Federbein; 2 – Kühlflüssigkeits-Ausgleichsbehälter; 3 – Zündleitungsrohr; 4 – Zylinderkopfhaube (Ventildeckel); 5 – Drosselklappen-Ansteller; 6 – Rückschlagventil im Unterdruckschlauch zum Bremskraftverstärker; 7 – Vergaser; 8 – Deckel der Startautomatik; 9 – Bremsflüssigkeits-Vorratsbehälter; 10 – Gaszug; 11 – Schaltgerät der Transistorzündung; 12 – Hauptbremszylinder; 13 – Ölpeilstab; 14 – Stromverteilerkasten; 15 – Batterie; 16 – Motorhaubenschloß; 17 – Lichtmaschine; 18 – Thermostatgehäuse; 19 – Kühlerventilator; 20 – Öleinfüllstutzen; 21 – Kühler; 22 – Wasserpumpen für Scheibenwaschanlage und Scheinwerfer-Reinigungsanlage; 23 – Wasserbehälter für Scheibenwaschanlage und Scheinwerfer-Reinigungsanlage.

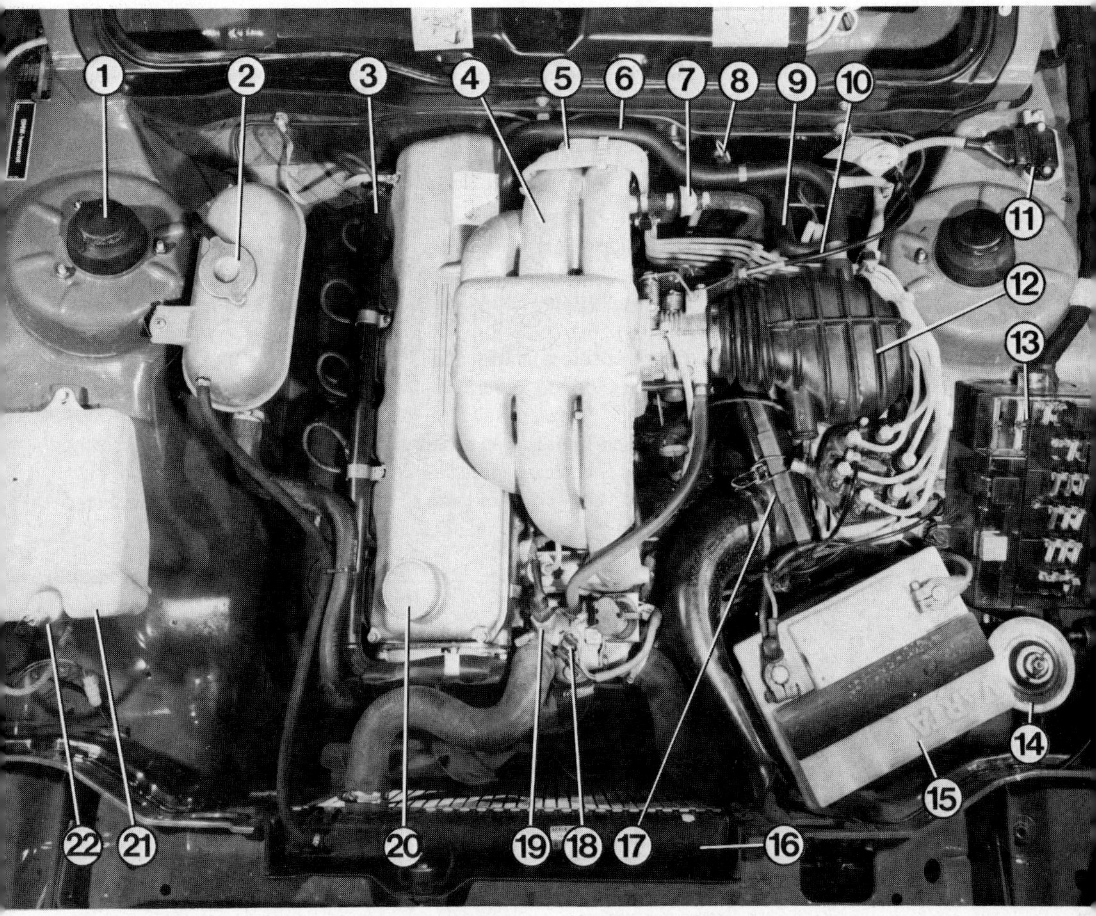

Der frisch geputzte Motorraum eines 323i zeigt hier die folgenden Teile: 1 – rechtes Federbein; 2 – Kühlflüssigkeits-Ausgleichsbehälter; 3 – Zündleitungsrohr; 4 – Ansaugrohr-System; 5 – Einspritzleitungen; 6 – Luftschlauch der Kurbelgehäuse-Entlüftung; 7 – Rückschlagventil im Unterdruckschlauch zum Bremskraftverstärker; 8 – Peilstab für Getriebeflüssigkeit im automatischen Getriebe; 9 – Luftschlauch zum Zusatzluftschieber; 10 – Gaszug; 11 – Schaltgerät der Transistorzündung; 12 – Ansaughutze; 13 – Stromverteilerkasten; 14 – Flüssigkeitsbehälter der Servolenkung; 15 – Batterie; 16 – Kühler; 17 – Luftfilter; 18 – 0 °C-Schalter; 19 – Temperaturzeitschalter; 20 – Öleinfüllstutzen in der Zylinderkopfhaube; 21 – Scheibenwaschwasserbehälter; 22 – Scheibenwascherpumpe.

Boxenstop

Ähnlich unbeliebt wie beim Rennfahrer der Boxenstop ist beim Alltags-Autofahrer die regelmäßige Kontrolle und Wartung seines Fortbewegungsmittels. Doch da von diesen Prüfungs- und Instandsetzungsarbeiten entscheidend die Betriebssicherheit des Wagens abhängt, fügen sich die meisten Autobesitzer still leidend in ihr Schicksal.

Wartungsplan für den Selbsthelfer

Im Service-Heft, das dem neuen BMW mit auf seinen Lebensweg gegeben wurde, wird die Wartung aufgeteilt: Ölservice alle 7500 km, wobei gleichzeitig auf Wunsch und gegen entsprechenden Mehrpreis ein »Sicherheitstest« durchgeführt werden kann; für die BMW-Inspektion sind 15 000-km- oder Halbjahres-Abstände vorgesehen. Besonders günstig erscheint uns für den letzteren Fall der Beginn und das Ende der kalten Jahreszeit, so daß der BMW entsprechend gerüstet in die kommende Saison gehen kann.
Lassen Sie sich durch unsere nachfolgende Liste und die Aufzählung in der Betriebsanleitung nicht erschrecken, denn bei näherer Betrachtung sehen Sie schnell, daß man viele Punkte ohne Schwierigkeiten selbst erledigen kann. Sparsame BMW-Besitzer führen daher die einfacheren Arbeiten selbst aus und geben nur für solche Wartungspunkte der Werkstatt einen gezielten Auftrag, die dem Selbstpfleger etwa mangels speziellem Werkzeug nicht möglich sind. Davon ist die Werkstatt zwar kaum begeistert, aber für Sie bedeutet es manche gesparte Mark.

Ölservice und Sicherheitstest alle 7500 km

		Nähere Hinweise Seite
S/T	1. Motoröl wechseln	36
S/T	2. Ölfilterwechsel	37
S/W	3. Bremsanlage auf Dichtheit und Beschädigungen prüfen	129
S/W	4. Spurstangengelenke kontrollieren	125
S	5. Belagstärke der Scheibenbremsen prüfen	131
S/W	6. Zustand der Bremsscheiben kontrollieren	131
S	7. Reifenzustand prüfen	145
S	8. Reifendruck prüfen	144
S/W	9. Ölstand in der Servolenkung kontrollieren	40
S	10. Hydraulikflüssigkeit der Bremse prüfen	128
S/T	11. Stand der Kühlflüssigkeit und Frostschutz prüfen	66
S	12. Batterie-Säurestand kontrollieren	149
S	13. Keilriemenspannung prüfen	73, 125, 155
S	14. Zündkerzen kontrollieren	186
S/T	15. Luftfiltereinsatz ausblasen	88
S/W	16. Lenkungsspiel prüfen	125
S/W	17. Handbremse prüfen	136
S	18. Beleuchtungsanlage kontrollieren	188
S/T/W	19. Scheinwerfereinstellung prüfen	190
S	20. Blink- und Warnblinkanlage kontrollieren	194
S	21. Bremsleuchten prüfen	195
S	22. Hupen prüfen	196
S	23. Lichthupe kontrollieren	197
S	24. Scheibenwischer und -wascher prüfen	208
S	25. Kontrollinstrumente und -leuchten prüfen	202
W	26. Abgastest	87

Zusätzliche Arbeiten bei der Inspektion alle 15 000 km

		Nähere Hinweise Seite
S/T	27. Getriebeölstand prüfen	38
S/T	28. Ölstandskontrolle im Hinterachsantrieb	40
S	29. Manschetten der Achsgelenke kontrollieren	120
W	30. Antriebs- und Kardanwellengelenke prüfen	118
S/W	31. Zustand und Befestigung der Auspuffanlage kontrollieren	63
W	32. Schrauben und Muttern am Fahrwerk nachziehen	126
W	33. Muttern und Schrauben am Motor nachziehen	62
S/W	34. Bremstrommeln abnehmen und reinigen (nur 320)	134
S/W	35. Trommelbremsen einstellen (nur 320)	135
S/W	36. Radlagerspiel prüfen	120
W	37. Radeinstellung kontrollieren	122
S/T/W	38. ATF-Stand im automatischen Getriebe kontrollieren	39
S	39. Kühlmittelschläuche auf Dichtheit prüfen	69
S	40. Luftfiltereinsatz wechseln	89
S/W	41. Ansaugluft-Vorwärmung kontrollieren	90
S/T/W	42. Ladezustand der Batterie prüfen	150
S/W	43. Ventilspiel prüfen	52
S/W	44. Kompressionsdruck messen	50
S	45. Unterbrecherkontakte prüfen	182
S	46. Zündverteiler schmieren	41
S/W	47. Schließwinkel einstellen	177, 183
S/W	48. Zündzeitpunkt einstellen	177, 184
S	49. Gasbetätigung schmieren	42
W	50. Leerlauf einstellen	96, 106
S/W	51. Stoßdämpfer prüfen	123
S	52. Türschlösser kontrollieren	218
S	53. Gelenke, Scharniere und Schlösser schmieren	42
S	54. Heizung und Luftgebläse prüfen	75
S/W	55. Sicherheitsgurte kontrollieren	221

Zusätzlich alle 30 000 km

T/W	56. Getriebeöl wechseln	38
W	57. ATF im automatischen Getriebe wechseln	40
T/W	58. Öl im Hinterachsantrieb wechseln	40
W	59. Verschleiß der Kupplung prüfen	112
S	60. Kraftstoffsiebe reinigen	84, 86
S	61. Kraftstoff-Hauptfilter erneuern (nur 323i)	86

Zusätzlich alle 60 000 km

W	62. Fettfüllung und Spiel der Radlager kontrollieren	42
W	63. Filterwechsel und Funktionsprüfung der Servolenkung	125
W	64. Stärke der Handbremsbeläge prüfen (nur 323i)	137

Zusätzlich jedes Jahr

W	65. Bremsflüssigkeit wechseln	138

Zusätzlich alle zwei Jahre

W	66. Überdruckventil im Verschlußdeckel des Ausgleichsbehälters prüfen	70
S/T	67. Kühlflüssigkeit wechseln	67

Was kann man selbst machen?

Vor jeder einzelnen Wartungsarbeit unserer Liste finden Sie Kennbuchstaben, die Ihnen andeuten sollen, was Sie selbst machen können, was die Tankstelle erledigen kann und was der Werkstatt überlassen bleiben soll. Es bedeuten:

S – Selbstmachen ohne besonderes Werkzeug und ohne spezielle Fachkenntnisse möglich, wenn man den erläuternden Abschnitt auf der jeweils ganz rechts in der Tabelle angegebenen Stelle gelesen hat.

S/T – Selbstmachen oder Tankstelle, ebenfalls ohne spezielle Fachkenntnisse, aber vielleicht fehlt es am notwendigen Gerät, und die Tankstelle hat es.

S/W – Selbstmachen oder Werkstatt. Erfahrung und gute Fachkenntnisse, die aber auch dieses Buch vermittelt, sind Voraussetzung, andernfalls überläßt man die Arbeit besser der Werkstatt.

S/T/W – Selbstmachen lohnt sich in diesem Fall nur, wenn Sie das entsprechende Gerät verfügbar haben. Andernfalls werden diese Arbeiten schnell und für wenig Geld an der Tankstelle oder in der Werkstatt erledigt.

T/W – Tankstelle oder Werkstatt verfügen über die notwendigen Einrichtungen, die man als Eigenpfleger nicht zur Verfügung hat. Selbstmachen lohnt sich hier kaum.

W – Werkstatt. Diese Arbeiten erfordern spezielle Fachkenntnisse, aufwendige Meß- und Arbeitsgeräte, die nur die Fachwerkstatt besitzt. Nur in Notfällen und bei besonderer Fachkenntnis sollte man sich selbst damit befassen. Trotzdem sind auch diese Arbeiten im Buch beschrieben, damit Sie wissen, was die Werkstatt macht.

Der Pflegeplatz

Falls Sie glücklicher Besitzer einer Garage sind, die ausreichend breit und gut beleuchtet ist, gibt es kaum Probleme. Oft ist ein freier Platz mit festem Boden günstiger, wo auch ohne Hand- oder Taschenlampe die Fahrzeugunterseite gut einzusehen ist. Vorsicht mit Benzin und Öl auf Asphaltboden, er wird von diesen Flüssigkeiten angegriffen. Auf der grünen Wiese sind montierende Heimwerker nicht gern gesehen, vor allem deshalb, wenn dort auch mit Öl hantiert wird. Es ist aber überdies auch nicht sinnvoll, auf unebenem oder gar grasbewachsenem Boden zu arbeiten, da dort Kleinteile unwiederbringlich verlorengehen. Besser ist da eine Do-it-yourself-Werkstatt, die sich vielleicht in der Nähe Ihres Wohnorts befindet.

Hochgebockten Wagen absichern!

Wenn Sie an der Unterseite Ihres BMW arbeiten wollen und keine Hebebühne zur Verfügung steht, muß das Fahrzeug stabil und sicher aufgebockt werden. Hüten Sie sich, unter ein Auto zu kriechen, das nur vom Wagenheber einseitig hochgehalten wird und dessen Räder nicht gegen Abrollen gesichert sind. Beim Rütteln am Wagen, etwa beim Lösen einer Schraube, kann der Wagenheber leicht abgleiten oder verrutschen. Das ist also lebensgefährlich, vor allem weil ein vom Heber kippendes Fahrzeug zusätzlich noch durchfedert!

Nach unseren Erfahrungen haben sich Hohlblocksteine zum Aufbocken noch am besten bewährt. Sie dürfen aber nicht feucht sein oder gar Risse zeigen, dann könnten sie nämlich in sich zusammenbrechen. Das Brett zwischen Stein und Wagenbauch darf nicht vergessen werden, es soll die Last gleichmäßig über den ganzen Stein verteilen. Der Hohlblockstein muß auch selbst auf ebenem Boden gut aufliegen, z. B. auf Beton oder Asphalt, aber nicht auf weichem Boden oder Rasen. Zwei Hohlblocksteine übereinander sind ein zu hoher wackeliger Stapel und praktisch auch nicht notwendig.

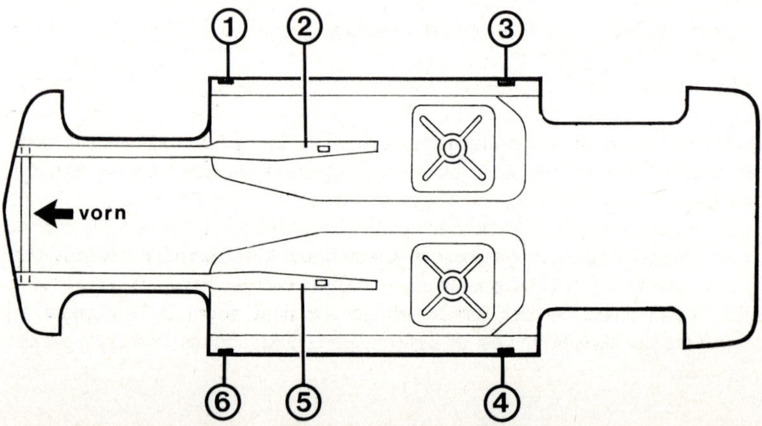

An den hier gezeigten Stellen kann der BMW sicher aufgebockt werden, ohne daß die Karosserie Schaden leidet: 1, 3, 4, 6 – hier sind unten am Schweller (das ist die untere, seitliche Karosseriekante) Verstärkungs-Bleche angeschweißt, die stabiles Aufbocken ermöglichen. An diesen Stellen wird auch der Bord-Wagenheber angesetzt. 2 und 5 – auch die Längsträger erlauben stabiles Aufbocken. Sehr zu empfehlen, wenn die Schweller schon etwas morsch geworden sein sollten.

Ein besonderes Säftchen

Öl besitzt Eigenschaften, die in dieser Zusammensetzung an keinem anderen Produkt denkbar wären:
Öl friert und verdunstet nicht wie Wasser, es schmilzt nicht wie Wachs, es gerinnt nicht wie Blut, es gärt nicht wie Wein, es schimmelt nicht wie Saft und es säuert nicht wie Milch. Ein besonderes Säftchen also, das Öl, und wir tun gut daran, unser teures Auto mit einem so hochwertigen Schmierstoff vor Verschleiß zu schützen.
Kein Wunder also, daß Öl bisweilen etwas pathetisch als das »Blut des Motors« bezeichnet wird. Denn dort hat es seine schwierigste Aufgabe im Automobil zu erfüllen. Was es da für das Öl alles zu tun gibt, beschreibt der nächste Abschnitt.

Aufgaben des Motoröls

Allgemein bekannt ist die reibungsvermindernde Wirkung des Motoröls, damit Kolben und Zylinder nebst Kurbelwellenlagern, Ventiltrieb und sonstige Lagerstellen mit möglichst geringem Verschleiß über die Runden kommen. Das Motoröl muß aber auch abdichten: Zwischen Kolben und Zylinderwand bleibt trotz der Kolbenringe noch ein gewisser, nur tausendstel Millimeter breiter Spalt. Das Öl muß hier die Feinabdichtung schaffen zwischen Kolben, Kolbenringen und Zylinderlaufflächen. Nur so kann der durch die Verbrennung entstehende hohe Druck weitestgehend ohne Verlust auf den Kolbenboden übertragen und in Bewegungsenergie umgesetzt, der Motor also »voll in Schwung gebracht« werden.
Weiter wird das Öl zur Kühlung herangezogen. Bei der Verbrennung des Kraftstoffs können nur rund 25 % der anfallenden Energie für die Fortbewegung nutzbar gemacht werden. Der Rest verläßt den Motor als Wärme durch den Auspuff bzw. über das Kühlwasser und Öl. So kann z. B. ein Kolben nur durch das Motoröl gekühlt werden. Zum einen wird die Wärme vom Kolben über die Kolbenringe und das abdichtende Öl an die Zylinderlaufflächen und weiter an das Kühlmittel geleitet, und zum andern kühlt das im Kurbelgehäuse umherspritzende Öl den Kolben direkt. Aber auch jedes einzelne Lager von Kurbelwelle, Nockenwelle usw. wird durch das Öl gekühlt. Die vom Motoröl aufgenommene Wärme wird dann über die Ölwanne an den Fahrtwind abgeleitet.
Die Motorenbauer haben noch spezielle Wünsche an das Öl: Es soll bei den hohen Temperaturen, wie sie an den Zylinderlaufbahnen auftreten, nicht verdampfen. Es darf bei diesen ungünstigen Bedingungen den Schmierfilm nicht abreißen lassen. Wenn es verbrennt, soll dies ohne Rückstände geschehen – Ölverbrauch bedeutet im Grund genommen, daß das Öl verbrannt wird. Das Öl soll Ruß und Schmutz binden, damit sie sich nicht im Motor ablagern. Es soll alterungsbeständig sein und noch einiges mehr.

Motorölstand prüfen

Der wegen seiner dunklen Färbung leider sehr schlecht ablesbare Ölpeilstab sitzt bei unseren Sechszylindermotoren in Fahrtrichtung gesehen links vorn am Motor. Zu ihm sollten Sie etwa bei jedem zweiten (bei alten Motoren bei jedem) Tankstellenaufenthalt greifen, um den Ölstand zu prüfen.

So wird's gemacht: Den Meßstab herausziehen und mit einem sauberen Lappen oder Papiertaschentuch – keine Putzwolle oder Watte nehmen – abwischen. Wieder hineinstecken und nochmals herausziehen. Die Peilstabspitze muß mindestens bis zur unteren Kerbe mit Öl benetzt sein.
Reicht die Ölfüllung nur noch bis zur unteren Markierung, ist es an der Zeit, frisches Öl nachzugießen. Die Ölmenge zwischen oberer und unterer Marke beträgt **1,5 Liter**; 0,5 oder 1 Liter Nachfüllmenge genügen aber durchaus (siehe nächsten Abschnitt). Wenn Sie den Ölverbrauch auf den Hundertstelliter genau messen wollen, muß der Wagen jeweils auf einer absolut waagrechten Stelle stehen, der Motor mindestens fünf Minuten stillstehen und die Grifföse des bis zum Anschlag eingeschobenen Ölpeilstabs in Fahrtrichtung nach links zeigen. Am einfachsten geht das vor dem ersten Start. Dann wird der Ölstand ganz genau angezeigt, und Sie müssen nicht einmal den Peilstab abwischen, da über Nacht alles Öl in die Ölwanne zurückgesickert ist.

Fingerzeig: *Lassen Sie sich nicht verunsichern: Hochwertiges Motoröl wird schon nach kurzer Laufzeit dunkel. Das beweist nur, daß es richtig »arbeitet« und den anfallenden Schmutz in der Schwebe hält. Es ist jedoch kein Zeichen dafür, daß das Öl gewechselt werden müßte.*

Öl nachfüllen

Falls der Ölstand einmal bis 0,25 Liter unter die Minimum-Marke gefallen ist, droht dem Motor noch kein Unheil. Fehlt mehr Öl und pflegt der Fahrer einen flotten Fahrstil mit Kavalierstarts und Kurvenumrundung in den höchstmöglichen Geschwindigkeiten, kann es zu Lagerschäden kommen, weil der Schnorchel der Ölpumpe Luft ansaugt und der Öldruck stark abfällt. Dabei braucht die Ölwarnlampe noch nicht einmal aufzuleuchten.
Steht das Ölniveau an der unteren Peilstabkerbe, reichen im Normalfall 0,5 Liter Nachfüllmenge. Nur wenn der BMW häufig voll belastet wird (Autobahn-Dauervollgas, Hochgebirgs-Paßfahrten), sollte der Ölstand im oberen Peilstabdrittel gehalten werden. Das Mehr an Öl kann die Kühlungsaufgaben besser erfüllen.
Andererseits tun Sie dem Motor aber keinen Gefallen, wenn Sie über die obere Peilstabmarke hinaus Öl einfüllen. Die Kurbelwelle »planscht« dann vermehrt im Öl, was spürbar Leistung verzehrt. Wenn das Öl dabei schaumig geschlagen wird, kann sogar die Motorschmierung beeinträchtigt werden. Außerdem wird zu viel Öl bei hohen Drehzahlen über die Kurbelgehäuse-Entlüftung aus dem Motor gepumpt, gelangt ins Luftfilter und verschmutzt und verstopft den Papierfiltereinsatz.
Wenn Sie unterwegs Motoröl nachfüllen müssen, nehmen Sie am besten das Öl jener Marke, die Sie zum Ölwechsel gewählt haben. Sie haben dann das beruhigende Gefühl, bei einem überraschenden Motorschaden bei der treu beanspruchten Ölfirma anklopfen zu können, um feststellen zu lassen, ob vielleicht mit der Motorschmierung oder gar dem Öl irgend etwas nicht stimmte (Quittungen aufheben!). Das ist allerdings nur wirklich sehr selten der Fall, und in diesen seltenen Fällen zeigen die Mineralölfirmen auch zweifellos Kulanz. Diese Vorsorge für den Ausnahmefall ist aber auch der einzige Grund, weshalb das Werk empfiehlt, man solle eine Mischung verschiedener Ölsorten vermeiden.

Darf man Öle mischen?

Gelegentlich hört man, daß sich verschiedene Ölsorten nicht miteinander vertragen würden und es sogar zu Motorschäden kommen könne. Das trifft nur für manche synthetische Öle (siehe Seite 36) und speziell legierte Rennöle zu. Ansonsten lassen sich die Ölsorten aller Marken fröhlich durcheinandermischen. Diese Mischbarkeit ohne schädliche chemische oder sonstige Folgen ist nämlich eine Grundforderung der internationalen Öl-Normen. Wieso BMW dagegen ist, steht im vorigen Abschnitt. Die spezifischen Eigenschaften eines Öls können zwar durch Mischung ein bißchen ab-

gewandelt werden, aber Schaden gibt es nicht. So bremst man die Mehrbereichsfähigkeit eines Mehrbereichsöls, wenn man Einbereichsöl zufüllt, aber die überwiegende Viskosität ist immer noch gegeben. Das ist eine kleine Sparmöglichkeit, wenn in Kürze ein Ölwechsel fällig ist, aber noch mal Öl nachgefüllt werden muß. Dann kann man natürlich auch vom billigen nehmen.
Das Nachfüllen mit einer anderen Ölsorte ist sogar zu empfehlen, wenn bei Frost noch »Sommeröl« SAE 30 im Motor ist, aber eigentlich schon SAE 20 W/20 am Platze wäre. Dann wird am besten Einbereichsöl SAE 20 W/20 oder ein Mehrbereichsöl nachgefüllt.
Und im Sommer kann man umgekehrt verfahren. Mehrbereichsöl erhält man dadurch zwar nicht, aber die Ölfüllung ist besser den Starttemperaturen angepaßt.

Ölverbrauch

Da bei der Schmiertätigkeit ein Teil des Öls verbrannt wird, ist Ölverbrauch ganz natürlich. Wieviel Öl Ihr BMW braucht, hängt von folgenden Umständen ab:

- Wer zu viel Öl nachfüllt, hat mehr Ölverbrauch, denn die Kurbelgehäuse-Entlüftung bläst die Überfüllung wieder zum Motor hinaus.
- Dünnflüssiges Öl verbrennt schneller als dickflüssiges. Wenn das Einbereichsöl sehr heiß wird, fließt es »dünn wie Wasser«. Mehrbereichsöl bleibt dagegen dickflüssiger und kann so vor allem bei Langstreckenfahrern den Verbrauch senken.
- Motoröl (vor allem Mehrbereichsöl), das zu lange im Motor bleibt, hat einen höheren Nachfüllbedarf.
- Scharfe Fahrweise treibt nicht nur den Kraftstoffkonsum in die Höhe. Nach unseren Erfahrungen hängt auch der Ölverbrauch stark von der Fahrweise ab. Wer die Motorleistung gleich auf den ersten Kilometern voll ausgenutzt hat, sollte sich später nicht über sein öldurstiges Auto wundern; darauf reagiert der Motor recht empfindlich. Im Werk hält man einen Ölverbrauch von 1,5 Litern auf 1000 km für die Alarmgrenze, im Normalfall verbraucht der BMW **0,4 bis 1,2 Liter** Öl auf 1000 km.
- Weitere Ursachen für erhöhten Ölverbrauch: Einlaufvorgang noch nicht abgeschlossen (mindestens 5000 km), Abdichtkappen der Ventilschäfte schadhaft, Kolbenfresser, Kolbenringe falsch eingebaut, verschlissen oder gebrochen, Laufspiel zwischen Ventilschaft und Ventilführung zu groß. Bei zunehmendem Öldurst des Motors sollten Sie den Kompressionsdruck der Zylinder messen lassen (siehe Seite 50). Wenn der Druck auf allen Zylindern gleichmäßig ist, kann man sich Motor-Reparatur oder -Tausch noch sparen – Nachfüllöl ist billiger. Erst bei einem größeren Schaden – einem gebrochenen Kolbenring etwa – wird man als sparsamer Autofahrer eine Reparatur oder bei höherem Motoralter den Austausch in Betracht ziehen.

Bevor Sie dem Motor zu hohen Ölverbrauch anlasten, muß sicher sein, daß der Schmiersaft nicht durch undichte Stellen verloren geht. Folgende Stellen sollten Sie kontrollieren: Zylinderkopfhaube, Ölfilterflansch, Öldruckschalter, vordere Abdichtung von Kurbelwelle, Nebenwelle und Nockenwelle (von der Zahnriemen-Schutzhaube verdeckt) und den hinteren Kurbelwellen-Dichtring. Man kann diese möglichen Leck-Stellen selbst im Auge behalten, wobei die betreffenden Motorpartien vorher am besten mit Kaltreiniger gesäubert werden.

Fingerzeig: *Bei älteren Wagen der Marke BMW kann auf der Autobahn häufig starkes Auspuffrauchen im Schiebebetrieb festgestellt werden. Vornehmlich davon betroffen sind jedoch die Vierzylinder-Modelle, weniger unsere Sechszylinder. Den genannten Mangel bezeichnet BMW als konstruktionsbedingt, obwohl der starke Qualm oft nicht nur lästig, sondern bisweilen auch gefährlich sein kann. Ursache dafür sind in vielen Fällen verschlissene Ventilschaftabdichtungen, über die der Motor im Schiebebetrieb – also bei hoher Drehzahl und nicht getretenem Gaspedal – Öl aus dem Zylinderkopf in die Brennräume zieht. Das verbrannte Öl zeigt sich dann als* *blauer Auspuffschleier mit lästigem Geruch. Doch – wie gesagt – die Sechszylindermodelle sind davon nicht so häufig betroffen.*

Die richtige Ölsorte

BMW schreibt Marken-HD-Öl vor, das nach dem API-System mit »SE« oder »SF« bezeichnet wird. Damit Sie aus dieser Kennzeichnung etwas herauslesen können, wollen wir zunächst auf die Ölspezifikationen eingehen.
Ende der 40er-Jahre wurden vom **A**merikanischen **P**etroleum-**I**nstitut (API) Motoröle erstmals nach ihren Eigenschaften eingeteilt. Heute noch bekannt sind die Bezeichnungen »Regular« für unlegiertes Öl, das aber höchstens noch für die Schmierölkanne taugt, und »Heavy Duty« (HD) für legiertes Öl. Unter Legierung versteht man den Zusatz chemischer Wirkstoffe – Additive –, die z.B. das Öl alterungsbeständig halten, anfallende Säuren neutralisieren, Verbrennungsrückstände in der Schwebe halten und die Motorenteile vor Korrosion schützen.
Diese vermehrten Aufgaben in einem modernen Motor schafft ein einfaches HD-Öl nicht mehr, es muß weitergehende Anforderungen erfüllen. Die nachfolgend genannten Spezifikationen stammen vom Amerikanischen Petroleum-Institut (eingeführt 1970), dem Committee of Common Market Automobile Constructors, dem US-Militär, von Ford und von General Motors. Motoröl für den BMW sollte eine der nachfolgenden Angaben tragen:

- API SE;
- API SF;
- CCMC-G1 bzw. CCMC-G2 (entspricht API SF);
- MIL-L-46 152 A bzw. MIL-L-46 152 B
- Ford SSM-2C-9001-AA;
- GM-6136 M.

Bei solcherart gekennzeichnetem Öl können Sie unbesorgt zugreifen, auch wenn es wesentlich billiger ist als ein gleichartiges bekanntes Markenöl. Dagegen sind Hinweise wie »Erfüllt alle Anforderungen der Motorenhersteller« oder »Von allen großen Autowerken anerkannt« für sich allein kein Qualitätsbeweis. Auch Öle mit den geringerwertigen API-Spezifikationen »SA, SB, SC, SD« genügen nicht für den BMW-Motor.
Spezielle Öle für Dieselmotoren, erkennbar an den Spezifikationen »API CC« bzw. »CD«, »MIL-L-2104 C« oder »Serie-3-Öl« haben für den BMW-Motor eine zu starke Reinigungswirkung. Sie können die Kolbenringnuten so sauber auswaschen, daß der Kompressionsdruck etwas nachläßt.
Bei manchen Ölen findet man auch die Doppelangabe »API SE/CC«, solches Öl ist sowohl für Benzin- als auch für Dieselmotoren geeignet. Derartiges Motorenöl können Sie unbesorgt im BMW verwenden, es entspricht den Anforderungen des Werks.

Die Zähflüssigkeit des Öls

Damit der Anlasser den kalten Motor durchdrehen kann, darf das Öl keinen großen Widerstand dagegen setzen, außerdem soll es schnellstmöglich an die Schmierstellen gelangen; dazu muß es dünnflüssig sein. Bei hohen Temperaturen und Drehzahlen muß der Schmierstoff dagegen ausreichend zäh sein, damit der Schmierfilm nicht abreißt. Das Mineralöl ist leider umgekehrt veranlagt: Bei Kälte ist es zäh wie Honig, mit zunehmender Erwärmung dagegen leichtflüssig. Das Öl und die vorherrschenden Betriebstemperaturen des Motors müssen daher genau aufeinander abgestimmt werden. Es gibt Öle, die bei Zimmertemperatur dick wie Sirup oder dünn wie Saft sind. Das Fließverhalten, also die Dick- oder Dünnflüssigkeit, wird durch die Viskositätsklasse angegeben. Die entsprechenden Klassen wurden von der amerikanischen **S**ociety of **A**utomotive **E**ngineers (SAE) festgelegt. Die Viskositätsklassen reichen von den **W**interölen SAE 5 W, 10 W, 15 W über die Übergangsstufe SAE 20 W/20 zu den Sommerölen SAE 30, 40 und 50.

Einbereichs- und Mehrbereichsöle

Motoröl einer einzigen Viskositätsklasse nennt man Einbereichsöl. Damit läßt sich natürlich nicht das ganze Jahr über fahren, sondern im Frühjahr muß dickes und im Herbst dünneres Öl in den Motor gefüllt werden.
Wenn nun aber im Frühling noch einmal Nachtfröste kommen oder im Oktober das Thermometer ein letztes Mal in sommerliche Höhen klettert? Da droht dem Motor noch keine Gefahr, aber ein Öl mit größerer »Bandbreite« im Viskositätsverhalten wäre natürlich besser.
Wesentlich aufwendiger ist das Mehrbereichsöl: In ein dünnes Grundöl wurden neben den üblichen Additiven noch Viskositäts-(VI–)Verbesserer gemischt. Das sind lange Molekülketten, die beim Erhitzen quellen und bei Abkühlung wieder schrumpfen. Das Öl paßt sich nun den Temperaturen elastisch an und kann mehrere Viskositätsklassen überspannen. Ein Öl SAE 15 W-50 liegt dann z. B. bei –18° C in der Klasse SAE 15 W und bei 100° C in der SAE-Klasse 50.
Problematisch ist bei den Mehrbereichsölen, daß die Molekülketten der Viskositäts-Verbesserer im Motor regelrecht kleingehackt werden können, so daß von einem Öl SAE 10 W-40 nach entsprechend langer Laufzeit nur noch die Zähflüssigkeit 10 W-20 übrig bleibt, was natürlich für den Motor nicht immer positiv ist. Auch deshalb ist der termingerechte Ölwechsel wichtig.

Viskosität und Temperatur

Bei welchen Temperaturen welche Ölviskosität im Motor sein soll, beschreibt unsere nachfolgende Tabelle.

Bezeichnung	Viskosität bei Dauertemperaturen unter + 10° C	Viskosität bei Dauertemperaturen zwischen – 10° C u. + 30° C	Viskosität bei Dauertemperaturen über + 30° C
Einbereichsöle	SAE 20 W/20	SAE 30	SAE 40
Erweiterte Einbereichsöle	SAE 20 W/30	SAE 20 W/30	–
Mehrbereichsöle	SAE 10 W-40 SAE 10 W-50* SAE 15 W-40 SAE 15 W-50 SAE 20 W-50	SAE 15 W-40 SAE 15 W-50 SAE 20 W-40 SAE 20 W-50	SAE 15 W-40 SAE 20 W-50

* Trotz seines breiten Viskositätsbereichs darf dieses Öl laut BMW wegen des sehr dünnen SAE-10-Grundöls nur im genannten Temperaturbereich gefahren werden

Welches Öl ist das beste?

Motoröl gibt es ab 2,50 DM je Liter im Supermarkt bis zu einem Literpreis von knapp 20 Mark für synthetische Öle. Auch das billigste verfügbare Öl kann für den BMW-Motor voll ausreichen. Viele Motoröle mit unbekannten Namen stammen vom selben Hersteller wie die aufwendiger verpackten Markenöle der großen Mineralölfirmen. Lassen Sie sich nicht vom Preis irreleiten, sondern achten Sie auf die richtige Ölspezifikation, die bei Billigölen weit häufiger angegeben ist als bei den allseits bekannten Firmen. Die Frage, ob man das teurere Mehrbereichsöl nehmen müsse oder auch mit dem preiswerteren Einbereichsöl auskommen kann, läßt sich nach unseren Erfahrungen so beantworten: Wer seinen BMW im Sommerhalbjahr zügig, aber ohne sportliche Ambitionen fährt, kommt ohne weiteres mit dem Einbereichsöl SAE 30 aus. Es ist beim Start durch die Außentemperatur nicht zu zäh und bei der richtigen Betriebstemperatur besteht auch kein Grund zur Sorge. Mehrbereichsöl ist dagegen bei starken Temperaturdifferenzen günstiger. Ein mit SAE 10 W oder 15 W beginnendes Öl setzt dem Anlasser weniger Widerstand entgegen als das Winter-Einbereichsöl SAE 20 W/20 oder das erweiterte Einbereichsöl SAE 20 W/30. Mehrbereichsöl ist auch im Frühjahr vorteilhaft, wenn das Thermometer doch noch einmal unter den Gefrierpunkt sinkt. Damit ist der Kaltstart sicherer gewährleistet als mit dem vielleicht schon eingefüllten Sommeröl SAE 30. In der warmen Jahreszeit genügt Einbereichsöl dagegen durchaus.

Lohnt sich Synthetik-Öl?

Zu den Mehrbereichsölen zählen auch die synthetischen Öle. Sie bestehen zwar noch aus Erdöl, doch sind ihre Kohlenwasserstoff-Moleküle (die Grundbausteine des Rohöls) im Labor zertrennt und neu zusammengesetzt worden. Der synthetische Aufbau macht Viskositäts-Verbesserer überflüssig. Solches Motoröl ist völlig scherstabil, behält seine oberste Zähflüssigkeitsklasse also immer bei, und hat sehr gute Schmiereigenschaften. Doch im Alltagsgebrauch machen sich diese Vorteile nicht so stark bemerkbar, daß der ausgesprochen hohe Preis gerechtfertigt wird. Auch die Verwendung eines sogenannten Leichtlauföls bringt unter dem Strich keine wirkliche Kostenersparnis, denn der etwas geringere Benzinverbrauch wird durch die beachtlichen Öl-Literpreise wieder aufgewogen.

Ölzusätze verwenden?

Es gibt zwei grundsätzlich unterschiedliche Ölzusatz-Sorten, die man einfach zum frischen Öl in den Motor kippen kann: Öllösliche Chemikalien und ölunlösliche »Festschmierstoffe«.
Vorsicht vor öllöslichen Mitteln! Sie greifen in die Öl-Legierung ein und verändern so unkontrollierbar die Eigenschaften des vom Hersteller sorgfältig abgestimmten Motoröls. Vielfach erhöhen solche Zusätze auch nur die Viskosität, worunter die Schmierung gleich nach dem Kaltstart leiden kann.
Anders ist es mit den ölunlöslichen Zusätzen, dem »Festschmierstoff« Molybdändisulfid (Liqui Moly und Molykote). Das ganz fein pulverisierte MoS_2 stört die Ölzusammensetzung nicht, aber es kann bei Ölmangel oder Überbeanspruchung des Öls bis zu 450° C noch einen Gleitfilm bilden, wenn Öl schon längst verbrannt oder verkokt ist. Allerdings können wir uns nicht für das eigene Beimischen des Konzentrats erwärmen – besser ist da schon die bereits werksseitig vorgenommene Mischung von Liqui Moly oder Molykote.

Wie oft Öl wechseln?

Wenn Sie mit Ihrem Wagen hauptsächlich Langstrecken fahren, brauchen Sie die 7500-km-Ölwechselintervalle nicht so kilometergenau zu nehmen. Da dürfen zur Not auch einmal 10 000 km zusammenkommen, zumal beim laufenden Nachfüllbedarf der Ölwanneninhalt ohnehin aufgefrischt wird. Dagegen können kürzere Wechselabstände angebracht sein, wenn Sie Ihren Wagen ausschließlich im Kurzstreckenbetrieb (z.B. Einkaufs- und Besorgungsfahrten in der Großstadt) fahren. Wenn der Motor wegen der nur kurzen Fahrtstrecken nicht auf volle Betriebstemperatur kommt, ist der Anfall von Verbrennungsrückständen und Kraftstoffkondensaten höher – speziell im Winter. Der »jahreszeitliche« Ölwechsel – vor und nach den Wintermonaten – hat vor allem für Autofahrer Bedeutung, die ein preiswertes Einbereichsöl im Motor haben, das für die bevorstehende Jahreszeit in seiner Zähflüssigkeit nicht paßt. Aber selbst bei der Verwendung von Mehrbereichsöl sollte ungeachtet der jeweiligen Beanspruchung und unabhängig von den gefahrenen Kilometern die Ölfüllung nicht länger als 6 Monate im Motor bleiben.

Motoröl wechseln

Wartungspunkt Nr. 1

Den Motorölwechsel kann man in der BMW-Werkstatt und an der Tankstelle machen lassen oder zu Hause selbst durchführen. Wir ziehen für den Ölwechsel die Tankstelle vor, denn

- das Motoröl soll warm gewechselt werden, damit aller Schmutz gut ausläuft. In Werkstätten muß der Wagen oft lange warten, bis er drankommt. Inzwischen ist das Motoröl kalt geworden und schwemmt nicht allen Schmutz heraus. An Tankstellen hat man dagegen oft schon nach wenigen Minuten Zeit für diese Arbeit.
- Wenn Sie Motoröl nicht im Zubehörhandel, Großmarkt, Warenhaus oder durch

Die Ölablaßschraube (Pfeil) sitzt – in Fahrtrichtung gesehen – rechts hinten an der Ölwanne. Zum Heraus- und Hineinschrauben ist ein Ringschlüssel SW 19 das beste Werkzeug, da er die Flanken der Schraube nicht beschädigt. Beim Festziehen der Ablaßschraube sollten Sie Gefühl walten lassen, denn ihr leicht konisches Gewinde (vorne schmaler als hinten) könnte sonst die Gewindebohrung in der Ölwanne beschädigen.

gute Beziehungen billiger kaufen können, sondern es von der Tankstelle beziehen, ist in deren Verkaufspreis die Ölwechselarbeit durch den Tankwart eingeschlossen. Ausnahme: »Öle zum Mitnehmen«.

■ Das beim Ölwechsel anfallende Altöl dürfen Sie nicht in die Wiese versickern lassen oder in die Kanalisation schütten; das Grundwasser würde zu tausenden von Litern verseucht. Bei einer Strafanzeige müssen Sie mit 10000 DM Bußgeld rechnen. Bei der Tankstelle ist das Altöl besser aufgehoben. In vielen Städten gibt es auch Altölsammelstellen, bei denen das verbrauchte Öl kostenlos abgegeben werden kann. Die entsprechenden Adressen erfahren Sie von der Gemeindeverwaltung, der örtlichen Polizei oder auch von der nächsten ADAC-Geschäftsstelle.

■ Wirbt Ihre Stammtankstelle mit Ölwechsel zur Selbstbedienung mit einem Ölabsauggerät und verkauft sie dazu preisgünstiges »Öl zum Mitnehmen«, so ist das eine preiswerte Ölwechselmöglichkeit, zu der auch BMW den Werks-Segen gegeben hat. Nicht vergessen werden darf allerdings der Ölfilterwechsel (siehe unten). In diesem Fall ist besonders praktisch, daß das Ölfilter auch von oben zu erreichen ist. Vorsicht bei heißem Auspuffkrümmer!

Öl selbst wechseln

Wer unbedingt den Ehrgeiz zum Selbermachen besitzt, braucht:

■ **4,25 Liter Motoröl** (beim Ölwechsel zwischen den normalen Intervallen, also ohne Filterwechsel, nur **4 Liter**);

■ Ölfilter;

■ Ringschraubenschlüssel SW 19 für die Ölablaßschraube.

Fahrzeug aufbocken, Wanne oder sonstiges Gefäß zum Auffangen des Altöls unterschieben, Ablaßschraube öffnen und Öl auslaufen lassen. Da das Öl nur dann restlos auslaufen kann, wenn der BMW gerade steht, muß man den Wagen eventuell vor dem Wiedereinschrauben der Ablaßschraube noch einmal abbocken. Wenn alles Öl ausgelaufen ist, wird die Ablaßschraube wieder eingedreht, aber nicht mit Gewalt festgezogen, da ihr Gewinde aus Sicherungsgründen leicht konisch ist.

Ölfilter wechseln

Wartungspunkt Nr. 2

Gleichzeitig mit dem Ölwechsel schreibt das Werk den Wechsel des Ölfilters vor. Da das Ölfilter im Ölhauptstrom des Motors liegt und das gesamte Motoröl ständig hindurchfließen muß, darf seine Durchflußfähigkeit nicht durch Ablagerungen gestört sein. Notfalls wird zwar ein verschmutztes Ölfilter durch ein Kurzschlußventil umgangen, wodurch jedoch ungefiltertes Öl an die Schmierstellen gelangt. Da kann man sich den Filtertausch nur mit schlechtem Gewissen ersparen. Bei vornehmlichen Langstreckenfahrten hat man in diesem Wartungsintervall – wie beim Ölwechsel – allerdings noch etwas Spielraum.

Am leichtesten läßt sich das Ölfilter – hier von vorn unterhalb des Wagens gesehen – mit einem sogenannten Bandschlüssel (Pfeil) lösen. Der Schlüssel kostet nicht viel, aber erspart eine Menge Ärger, denn die Wegwerffilter sitzen nach einiger Zeit ordentlich fest und lassen sich kaum noch von Hand losdrehen. Wer die geringen Kosten für den Bandschlüssel scheut, kann sich auch mit einem Keilriemen und einer Rohrzange behelfen. Der Keilriemen wird dabei eng um das Filter geschlungen, mit der Rohrzange faßt man nun die beiden Riemenenden nahe am Filter, und Sie können dann die Zange als Hebel benutzen, um das Filter loszudrehen. Hilft das alles nicht, können Sie von der folgenden Rabiat-Methode Gebrauch machen: Mit einem kräftigen Schraubenzieher oder Nagel durchstoßen Sie das Blechgehäuse des Filters (Vorsicht, es läuft heißes Öl aus). Das überstehende Ende verwenden Sie als Hebel und drehen daran. Danach den eventuell noch am Ölfilterflansch haftenden Dichtring abziehen, denn er darf nicht wieder verwendet werden.

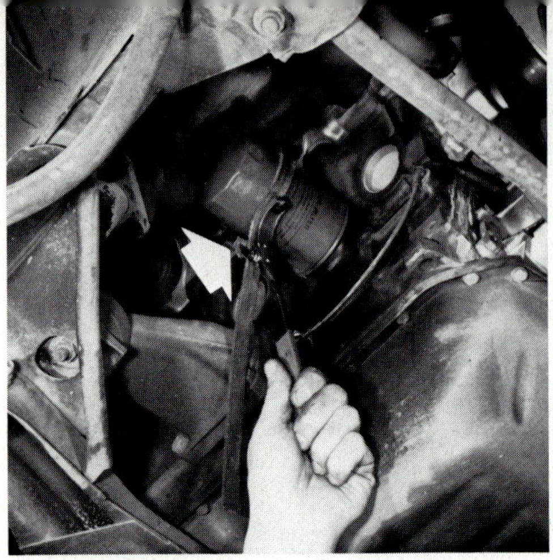

Das sogenannte Wegwerffilter wird lediglich abgeschraubt. Es ist in Fahrtrichtung rechts vorn am Motor unterhalb der Auspuffkrümmer angebracht (Vorsicht, Verbrennungsgefahr!). Das Filter sitzt nach längerer Fahrzeit sehr fest am Motor, so daß man es in der Regel nur mit einem speziellen Bandschlüssel (siehe Bild Seite 23) lösen kann. Am neuen Filter wird der neue Dichtring leicht mit Fett eingestrichen – nicht mit Öl, wie BMW empfiehlt, weil man dann nach dem Festdrehen nicht feststellen kann, ob das Filter öldicht sitzt – und das Filter mit der Hand festgedreht. Tatsächlich darf das Filter nur mit der Hand und auf keinen Fall mit einem Werkzeug angedreht werden, es läßt sich sonst nicht mehr lösen.
Für unsere BMW passen – neben den im BMW-Ersatzteillager erhältlichen – beispielsweise die folgenden Wegwerffilter: Bosch 0 451 103 033; Hengst H 14/1 W; Mann W 719/4; Purolator PC 253.

Fingerzeig: *Das alte Ölfilter wird zunächst über der Altölwanne ausgeleert, darf dann aber nicht einfach in die Hausmülltonne geworfen werden. Sie müssen es – wie auch alte ölgetränkte Lappen – zum Sondermüll geben. Wo sich eine Annahmestelle befindet, sagt Ihnen die Stadt- oder Kreisverwaltung.*

Getriebeölstand prüfen

Wartungspunkt Nr. 27

Die Ölkontrollschraube – sie ist zugleich der Verschluß für die Einfüllöffnung – sitzt rechts (in Fahrtrichtung) oben am Getriebe. Zur Ölstandskontrolle die Innensechskantschraube 17 mm öffnen. Läuft etwas Öl heraus, ist alles in Ordnung. Wenn nicht, mit einem hineingestreckten Finger kontrollieren, ob das Öl wenigstens bis zur Unterkante der Kontrollöffnung steht.
Ölmangel im Getriebe ist an sich ungewöhnlich, er ist jedoch bei einem außen ölverschmierten Getriebegehäuse bereits zu vermuten. In diesem Fall hat Nachfüllen allein nicht viel Zweck, die Undichtigkeit kann sich verschlimmern und das Getriebe trockenlaufen. Hier muß die Werkstatt helfen.

Getriebeöl wechseln

Wartungspunkt Nr. 56

Alle 30 000 km soll das Getriebeöl gewechselt werden, am besten bei warmgefahrenem Wagen. Für diese Arbeit sind Sie an der Tankstelle oder in der Werkstatt am besten aufgehoben, denn dort verfügt man über die notwendige Einfüllvorrichtung. Das für das BMW-Getriebe vorgeschriebene **Getriebeöl SAE 80** (keinesfalls Hypoidöl!) gibt es auch nicht in Liter-Dosen zu kaufen, sondern wird nur aus dem Faß abgefüllt, dessen Anschaffung sich für den Heimwerker keinesfalls lohnt. Das verwendete Öl soll der Spezifikation **MIL-L-2105** bzw. **API GL 4** entsprechen.
Im Notfall kann man allerdings auch ein Einbereichs-Motoröl der Viskositätsklasse SAE 30 nehmen.

Die Ölkontrollschraube (Innensechskant SW 17) sitzt – in Fahrtrichtung gesehen – an der rechten Seite des Schaltgetriebes. Sie ist mit der Zahl »2« bezeichnet. Zur Kontrolle nur herausdrehen und beobachten, ob ein wenig Öl ausläuft. Wenn nicht, mit einem hineingesteckten Finger kontrollieren, ob das Öl wenigstens bis zur Unterkante der Kontrollöffnung steht. In diesen beiden Fällen stimmt der Ölstand. Wenn der Finger erst weiter unten Öl oder gar nichts ertastet, muß nachgefüllt werden, wobei aber unbedingt die Ursache des ungewöhnlichen Ölmangels zu ergründen und zu beseitigen ist. Ganz hinten am Getriebe sitzt die Ölablaßschraube (1). Sie kann ebenfalls mit einem Inbusschlüssel SW 17 geöffnet werden.

Wer den Ölwechsel dennoch selbst machen will, braucht:

- Getriebeöl SAE 80, jedoch keinesfalls Hypoidöl; **1 Liter** bei Vierganggetriebe, **1,4 Liter** (bis 8/80) bzw. **1,5** (seit 9/80) bei Fünfganggetriebe.
- Inbusschlüssel 17 mm für die Innensechskant-Einfüll- und Ablaßschraube.
- Gefäß zum Auffangen des auslaufenden Öls.
- Schlauch, möglichst lang, mit ca. 20 mm Außendurchmesser, auf den ein passender Trichter gesteckt wird.
- Viel Geduld beim Einfüllen des Öls.

Wagen waagrecht aufbocken, Gefäß für Altöl unterschieben, Einfüll- und Ablaßschraube herausdrehen. Warten bis alles Altöl abgelaufen ist. Derweil die Magnete der beiden Verschlußschrauben von Metallabrieb reinigen. Ablaßschraube wieder eindrehen, aber nicht zu fest »anknallen«, da konisches Gewinde. Schlauch fest in die Einfüllöffnung stecken, nach oben führen und das Öl in den Trichter gießen. Damit es leichter fließt, kann man es vorher auf dem Heizkörper oder an der Sonne anwärmen. Läuft das Öl an der Einfüllöffnung über, ist der richtige Ölstand erreicht; Bedingung ist natürlich, daß der Wagen genau waagrecht aufgebockt ist. Zuletzt Einfüllschraube eindrehen.

ATF-Stand im automatischen Getriebe kontrollieren

Wartungspunkt Nr. 38

Zwar erspart das automatische Getriebe das Schalten, aber die Kontrolle seines Schmiermittels darf trotzdem nicht vergessen werden. Wir sprechen hier bewußt nicht von Getriebeöl, denn die Getriebeautomatik ist mit einer synthetischen Flüssigkeit befüllt, die vor allem bei verschiedenen Temperaturen gleich dünnflüssig bleibt und »Automatic Transmission Fluid« (= ATF) heißt. Der BMW-Kundendienst hat eine große Anzahl ATF-Flüssigkeiten mehr oder minder bekannter Hersteller »freigegeben«, eine Liste finden Sie in Ihrer Betriebsanleitung zum BMW. Den jeweils neuesten Stand können Sie bei Ihrer BMW-Werkstatt erfragen, und dort hat man auch diese Sorte vorrätig. ATF gibt es allerdings auch in $^1/_4$- oder 1-Liter-Dosen zum Nachfüllen für den Selbstpfleger.

BMW empfiehlt die ATF-Kontrolle beim Prüfen des Motorölstands. Das ist nicht so ganz praxisgerecht, denn zur Motorölkontrolle muß der Motor einige Minuten gestanden haben, bei der ATF-Messung muß er dagegen im Leerlauf drehen. Auch sollen Motor und Getriebe betriebswarm sein (Fahrzeit mindestens 15 Minuten). Gemessen wird in Wählhebelstellung »P«. Der ATF-Peilstab – zwischen Motorrückseite und Karosseriestirnwand – darf nur mit einem absolut sauberen und fusselfreien Tuch abgewischt werden; selbst geringste Verschmutzung oder Stoffasern können die Schaltvorgänge der Automatik stören. Der Peilstab muß zwischen seinen beiden Markierungen mit klarer ATF benetzt sein. Ist die Flüssigkeit dunkelbraun oder schwarz, liegt ein

Für die Ölkontrolle im Hinterachsantrieb und für die Ablaßschraube (Pfeil rechts) wird ein Inbus-Steckschlüssel SW 10 gebraucht. Läuft bereits beim Herausdrehen der oberen Kontrollschraube (Pfeil links; dort wird auch das Öl eingefüllt) etwas Öl heraus oder fühlen Sie am hineingesteckten Finger, daß die Schmierflüssigkeit bis an die Unterkante der Einfüllöffnung reicht, ist alles in Ordnung. Falls der Ölstand aber beträchtlich gesunken ist und das Gehäuse vielleicht auch noch eine starke Öl-Schmutzschicht zeigt, reicht Nachfüllen allein nicht aus. Das Hinterachsgetriebe sollte von der Werkstatt abgedichtet werden.

größerer Getriebeschaden vor; reicht der ATF-Stand nur an die untere Kerbmarke, darf nicht nur Flüssigkeit nachgefüllt werden, sondern die Werkstatt muß nach der Ursache für den Verlust forschen. Die Flüssigkeitsmenge zwischen oberer und unterer Peilstabmarke beträgt etwa **0,4 Liter**.

ATF im automatischen Getriebe wechseln

Wartungspunkt Nr. 57

Den alle 30 000 km fälligen Wechsel der ATF sollten Sie unbedingt einer BMW-Werkstatt überlassen, denn eine kleine Unachtsamkeit kann hier schnell ein neues Getriebe kosten. Die ATF wird bei warmem Getriebe und waagrecht aufgebocktem Fahrzeug abgelassen, wobei der Wählhebel in Stellung »P« stehen muß. Nach Eindrehen der Ablaßschraube wird zunächst nur ein Liter frische ATF eingefüllt, dann der Motor gestartet. Während er im Leerlauf dreht, füllt man die weitere Flüssigkeitsmenge durch das Peilstabrohr ein, bis das Feld zwischen den Peilstabmarkierungen zu etwa zwei Dritteln benetzt ist. Da nicht die gesamte ATF beim Ölwechsel herausfließt, beträgt die Nachfüllmenge nur rund 2 Liter.

Ölstandskontrolle im Hinterachsantrieb

Wartungspunkt Nr. 28

Sehen Sie am Wagenstandplatz Ölspuren im Bereich des Hinterachsgetriebes und zeigt sich das Gehäuse ölverschmiert, sollten Sie schon vor dem nächsten Wartungsintervall nach dem Ölstand sehen, wie im Bildtext oben beschrieben. Bei abgesunkenem Ölstand wird eine Fahrt zur Werkstatt fällig, bevor größerer Schaden entstehen kann. Das erforderliche Nachfüllöl für das Normal- und Sperrdifferential – ein sogenanntes Ein- und Weiterlauf-Hypoid-Getriebeöl SAE 90 – sollten Sie nur in der BMW-Werkstatt einfüllen lassen, damit bestimmt kein falscher Saft in die Hinterachse kommt. Gleichzeitig können Sie bei möglichen Undichtigkeiten für Abhilfe sorgen lassen.

Öl im Hinterachsantrieb wechseln

Wartungspunkt Nr. 58

Auch der Wechsel des Hinterachs-Getriebeöls alle 30 000 km ist keine rechte Heimwerkerarbeit; in der BMW-Werkstatt sind Sie hierbei am besten aufgehoben. Damit das sehr zähflüssige Öl SAE 90 auch richtig herausfließt, sollte der Wagen gut warmgefahren sein. Dann werden die Ablaßschraube und die Öleinfüllschraube von eventuell anhängenden Metallspänen gesäubert und wieder fest eingeschraubt. Das vorgeschriebene Hypoid-Getriebeöl wird bis zum Überlaufen eingefüllt, was nicht ganz 1 Liter entspricht.

Ölstand der Servolenkung kontrollieren

Wartungspunkt Nr. 9

Mit der Servolenkung ist man bei BMW besonders vorsichtig und verlangt deshalb eine Kontrolle des Flüssigkeitsstands bei jeder Motorölkontrolle und bei jedem Wartungsdienst. Zu Ihrer eigenen Sicherheit sollten Sie die Ölstandskontrolle zumindest alle 1500 km vornehmen, denn eine wegen Ölmangel ausfallende Servolenkung kann

Zur Kontrolle des Flüssigkeitsstands der Servolenkung wird die Flügelmutter (3) losgedreht und der Deckel (4) abgenommen. Die Flüssigkeit (2) muß jetzt etwa 5 mm über der Markierung (1) am Gehäuserand stehen. Motor anlassen und Flüssigkeitsstand beobachten: Der Flüssigkeitsspiegel muß jetzt bis zur Markierung absinken. Gegebenenfalls die nötige Menge an freigegebener ATF (siehe Betriebsanleitung) auffüllen.

während der Fahrt eine böse Überraschung bereiten! Bei abgestelltem Motor die Flügelmutter für den Deckel des Vorratsbehälters (links in Fahrtrichtung vor dem Sicherungskasten) lösen und den Deckel abnehmen. Etwa 5 mm über der Markierung an der Behälterwand soll sich der Stand der Schmierflüssigkeit abzeichnen. Wenn Sie jetzt den Motor anlassen, sinkt die Flüssigkeit genau bis zur Markierung ab.
Falls jedoch Flüssigkeit fehlt, muß – wie beim automatischen Getriebe – ATF nachgefüllt werden. Da von BMW hierfür nur ganz bestimmte Sorten freigegeben sind, lassen Sie das Nachfüllen am besten in der BMW-Werkstatt besorgen. Ganz wichtig ist auch, daß bei geöffnetem Deckel kein Schmutz in den Vorratsbehälter gelangt, sonst kann es zu Funktionsstörungen in der Servolenkung kommen.

Zündverteiler schmieren

Wartungspunkt Nr. 46

Zumindest alle 15000 km will der Zündverteiler geschmiert werden; dazu Verteilerdeckel, -läufer und Kondenswasser-Schutzdeckel abnehmen. Der Filz in der Verteilerwellenbohrung soll zwei Tropfen Öl erhalten – einfach vom Ölpeilstab abtropfen lassen –, mehr kann zu Zündstörungen führen.
Bei der herkömmlichen Zündung erhält außerdem das Unterbrecher-Lager einen weiteren Tropfen. Auch wird der Unterbrecherhammer von der Verteilerwelle abgehoben, die Nockenbahn der Welle sorgfältig von altem Fett gereinigt und hauchdünn mit

Nach Abnahme des Verteilerdeckels, des Verteilerläufers sowie des Kondenswasser-Schutzdeckels wird die hohlgebohrte Verteilerwelle sichtbar, in der sich ein kleiner Schmierfilz befindet. Er soll alle 15 000 km etwa zwei Tropfen Öl erhalten. Beim 320 bis 8/78 (noch ohne kontaktlose Zündung) erhält auch die Lagerwelle des Unterbrecherhammers einen Tropfen Öl. Und nicht zu vergessen: Die sechskantige Nockenbahn der Zündverteilerwelle und das kleine Gleitstück des Unterbrecherhebels werden hauchdünn mit dem Bosch-Spezialfett Ft 1 v 4 eingefettet.

frischem Bosch-Spezialfett Ft 1v 4 eingerieben. Zu viel Fett an dieser Stelle kann zwischen die Unterbrecherkontakte geraten und schwer erkennbare Zündstörungen verursachen.

Gasbetätigung schmieren

Wartungspunkt Nr. 49

Für diesen Wartungspunkt sollte ein Helfer auf das Gaspedal treten – natürlich bei stehendem Motor – während Sie beobachten, was sich da alles bewegt. Alle Lager und Gelenke von einer eventuell anhaftenden Fettkruste säubern und anschließend mit etwas Öl (z.B. BP Graphitöl) ansprühen, während der Helfer einigemale das Gaspedal durchtritt. Nicht geschmiert werden sollen dagegen die Wellen und Lagerungen am Vergaser. Zu oft darf allerdings nicht auf das Pedal getreten werden, sonst säuft der Motor ab.
Beim 323i werden die gelenkigen Verbindungen des Gasgestänges gefettet oder mit etwas Öl versehen.

Gelenke, Scharniere und Schlösser schmieren

Wartungspunkt Nr. 53

Überall, wo sich zwei Teile in einem Gelenk oder Scharnier, einer Führungshülse oder einer Öse ineinander reiben, soll von Zeit zu Zeit mit einigen Tropfen Öl, einer Fingerspitze voll Fett oder einem Sprüher Schmierspray geschmiert werden.
Der Seilzug zum Entriegeln der Motorhaube wird von einem Helfer durch den Zughebel bewegt, während man vorn, wo der Seilzug aus der Umhüllung austritt, Fett aufstreicht und durch Hebelbewegung in die Hülle zieht. Fangrasten und Schloß der Motorhaube erhalten an den Gleitstellen ihrer Einzelteile ebenfalls Fett oder beliebiges Schmieröl, während sich zum Schmieren der Haubenscharniere am besten eine Öl-Sprühdose eignet. Die Türfeststeller sollten ebenfalls etwas Fett erhalten, etwa »Paste U-n« von Molykote, die besonders gleitfähig ist (auch für Haushaltsgeräte und Büromaschinen geeignet).
Die Türschlösser und den Schließzylinder der Kofferraumhaube schmiert man nicht mit dickflüssigem Öl und erst recht nicht mit Graphitöl oder Fett, denn bei Verwendung solcher Schmierstoffe kann man sich anschließend mit dem Schlüssel unangenehm die Kleidung verschmieren. Geeignet ist ein Rostlöser-Isolierspray (siehe Seite 24), das den Schließzylinder schmiert, gegen Korrosion schützt und Feuchtigkeit verdrängt, so daß das Schloß im Winter nicht einfrieren kann.

Fettfüllung der Radlager kontrollieren

Wartungspunkt Nr. 62

Dieser Wartungspunkt wird beim Einstellen der Radlager oder spätestens nach 60 000 km fällig. Es wird aber nicht nur die Fettfüllung erneuert, sondern auch der Zustand der Lager kontrolliert sowie anschließend das Lagerspiel exakt eingestellt. Das sollte nach unserer Meinung der Werkstatt vorbehalten bleiben. Wer es selbst machen will, braucht ein hitzebeständiges Mehrzweckfett (BMW schreibt Shell Retinax A vor), von dem je 50 g in die vorderen Radlager kommt, je 20 g in die Nabenkappen, je 35 g in die Hinterachsnaben und je 5 g an die Hinterachs-Dichtringe.

Mehr Noblesse durch sechs Zylinder

Mit einem Zylinder kann man zur noblen Erscheinung werden. Doch man ist um einiges davon entfernt, wenn es sich nicht um einen Zylinder, sondern um einen Einzylinder handelt.

Der alte Brauch bleibt ungebrochen – auch heute noch werden Automobile an der Zahl ihrer Zylinder gemessen. Man bewertet damit weniger die mögliche höhere Leistung als vielmehr die Laufkultur. Sie ist um so ausgeprägter, je mehr Zylinder vorzuweisen sind. Im Jahr 1977 offerierte BMW in seiner 3er-Baureihe den prestigeträchtigen Aufstieg vom Vier- zum Sechszylinder. Die beiden neuen Motoren fügten sich harmonisch in die bestehende Zweitürerkarosserie ein und der Komfortzuwachs durch den ruhiger laufenden Motor war erheblich.

Doch bis zu diesem Debüt war es ein langer Weg. Die Anforderungen an das Projekt M 60 (so heißt unser Motor werksintern) waren hart, denn es sollte eine Maschine entstehen, die konstruktionsmäßig gegenüber den bereits bestehenden »großen« Sechszylindern aus der 5er-, 6er- und 7er-Reihe konkurrieren konnte. Darüber hinaus sollte der neue Motor von den Außenabmessungen her kleiner und außerdem leichter sein. Und das alles bei niedrigerem Herstellungspreis.

Wie man sieht, wurden die Probleme gelöst: Neben geringeren Außenmaßen hat der M 60 etwa 30 kg weniger »Speck auf den Rippen«, und die Verwendung kostensparender Details, wie z.B. gegossene Kurbelwelle oder Zahnriemen statt Steuerkette, half, die Kosten in Grenzen zu halten.

Die Einzelteile des Motors

Das Herz unseres BMW besteht aus vielen hundert Einzelteilen, von denen die meisten im verborgenen wirken. Einige der wichtigsten wollen wir in den folgenden Abschnitten herausgreifen und ihre Funktion erläutern.

Hier ist der Vergasermotor des BMW 320 ausgebaut aufgestellt. Es bedeutet: 1 – Kühlerventilator; 2 – Zahnriemen-Abdeckung; 3 – Warmluftschlauch für die automatische Ansaugluft-Vorwärmung; 4 – Luftfiltergehäuse; 5 – Vergaser; 6 – Kraftstoff-Rücklaufventil; 7 – Verteiler; 8 – Thermostatgehäuse; 9 – Lichtmaschine.

Die Kurbelwelle

Aufgabe der Kurbelwelle ist es, die geradlinige Bewegung der in den Zylindern auf- und ablaufenden Kolben in eine Drehbewegung umzusetzen. Die zu den Kolben führenden Stangen – die Pleuel – wirken deshalb, wie bei einer Andrehkurbel, versetzt zur Mittelachse auf die Kurbelwelle. Durch die versetzt zueinander angeordneten »Kurbeln« der Kurbelwelle kann immer eine der sechs Pleuelstangen die Kraft der Verbrennung oberhalb des Kolbens in günstiger Weise an die Kurbelwelle weiterleiten.

Damit sich die Kurbelwelle, die ja bei unseren Sechszylindermotoren relativ lang ist, im Betrieb nicht zu sehr durchbiegen kann, ist sie an sieben Stellen im Motorblock gelagert. Jede Kurbel, auf der je eine Pleuelstange sitzt, ist also rechts und links durch ein Lager abgestützt. Das ist im Interesse eines ruhigen Motorlaufs nötig, denn bei jeder Verbrennung wird der Welle ja ein ordentlicher Schlag versetzt.

Die Kurbelwelle selbst ist mit zwölf Gegengewichten versehen. Diese gleichen die Masse der außermittig auf der Welle sitzenden Pleuelstangen aus, so daß auch in hohen Drehzahlen ein vibrationsarmer und leiser Lauf des Motors erhalten bleibt. Gefertigt wurde die Kurbelwelle unserer Motoren aus Gußmaterial (Sphäroguß). Diese Methode, die Kurbelwelle zu gießen, hat sich als kostengünstiger erwiesen als die Produktion geschmiedeter Wellen. Früher wurde den gegossenen Kurbelwellen viel Skepsis entgegengebracht, doch heute ist das aufgrund verbesserter Werkstoffe und Fertigungsmethoden nicht mehr nötig.

Vorn auf der Kurbelwelle sitzt die Riemenscheibe für den Zahnriemen, der die Nokkenwelle und die Nebenwelle (auf beide Bauteile kommen wir noch zurück) antreibt. Gleich davor ist auch die Riemenscheibe für den Keilriemen angeschraubt, der die Lichtmaschine und die Wasserpumpe treibt. Die Keilriemenscheibe ist durch eine elastische Zwischenlage gleichzeitig als Schwingungsdämpfer ausgebildet, der an der Welle auftretende Schwingungen zusätzlich etwas abdämpft. Hinten auf die Kurbelwelle ist die Schwungscheibe mit der Kupplung (Kraftschluß zum Getriebe) angeschraubt. Bei automatischem Getriebe sitzt statt der Kupplung dort der Drehmomentwandler (siehe Seite 116).

BMW 320 und 323i haben Kurbelwellen mit unterschiedlichem Hub (Abstand vom höchsten Punkt, zu dem sich eine der »Kurbeln« drehen kann, bis zum niedrigsten) eingebaut. Der Kurbelwellenhub beträgt beim 320 66 mm, beim 323i 76,8 mm. Durch diese Maßnahme erhöht sich der Hubraum von 2,0 auf 2,3 Liter.

Kolben und Zylinder

Die Kolben laufen in den Zylindern auf und ab. Hinabgedrückt werden sie vom gezündeten Kraftstoff-Luft-Gemisch, wieder hinaufgeschoben von der Schwungkraft der sich drehenden Kurbelwelle samt dem mit ihr verbundenen Schwungrad.

Als Werkstoff für die Kolben wurde, wie allgemein üblich, eine Aluminium-Legierung gewählt, die geringes Gewicht und gute Wärmeleitfähigkeit besitzt. Um den Spalt zwischen den Kolben und den sie umgebenden Zylindern abzudichten, sind im oberen Drittel der Kolben zwei Kolbenringe beweglich eingebettet. Sie drücken federnd gegen die Zylinderwand und verhindern so das Entweichen des Kompressions- und Verbrennungsdrucks nach unten in das Kurbelgehäuse. Ein dritter Kolbenring unterhalb der beiden anderen, der sogenannte Gleichfasen- oder Ölabstreifring, verhindert, daß Schmieröl von unten aus dem Kurbelgehäuse in den Brennraum gelangen kann.

Die Zylinderbohrungen sind direkt in den Grauguß-Motorblock eingearbeitet. Die Zylinder können also nicht einzeln ausgewechselt werden, wie das bei einigen Motoren von anderen Herstellern möglich ist. Zur Vermeidung von Unebenheiten sind die Bohrungen so glatt wie möglich ausgeschliffen, der Fachmann sagt »gehont«. Zur Kühlung – schließlich entstehen bei der Verbrennung Temperaturen von mehreren hundert Grad – sind die Zylinder von einem Kühlwassermantel umgeben, durch den ständig neu abgekühltes Kühlmittel gepumpt wird.

In ihrem Durchmesser sind die Kolben genau auf die Zylinderbohrungen abgestimmt. Das Grundmaß der Kolben beträgt beim 320 und 323i 79,98 mm. Die darauf abgestimmten Zylinder haben eine Weite von 80,015 mm. Für Motorüberholungen gibt es außerdem ein Zwischenmaß sowie ein erstes und ein zweites Ausschleifmaß. Je nachdem, wie weit ausgeschliffen wurde, wird dann ein entsprechend größerer Kolben eingesetzt. Auf welche Maße ausgeschliffen werden kann und welche Kolben-Übergrößen zur Verfügung stehen, steht auf Seite 225.
Das Arbeitsvolumen des Motors, der Hubraum, hängt übrigens auch vom Zylinderdurchmesser ab. Es errechnet sich nach der folgenden Formel: Zylindergrundfläche multipliziert mit dem Kolbenweg aus der untersten bis in die höchste Stellung (gleich Hub). Der errechnete Wert wird jetzt noch versechsfacht (wir haben ja 6 Zylinder) und schon haben wir den Hubraum errechnet. Am Beispiel des BMW 320 sieht das folgendermaßen aus: Grundfläche der Bohrung von 80,015 mm gleich 50,26 cm^2; mal den Hub (66 mm) = 331,7 cm^3 mal die Zylinderzahl (6) ergibt (gerundet) den Hubraum von 1990 cm^3. Der Kolbenhub, der ebenfalls zur Berechnung des Hubraums herangezogen wird, hängt von den Abmessungen der Kurbelwelle ab. Der größere Hubraum des 323i wird, wie bereits erwähnt, nicht durch größere Zylinder, sondern durch eine Kurbelwelle mit größerem Hub erreicht.

Fingerzeig: *Obwohl die Kolben unserer beiden Sechszylinder den gleichen Durchmesser haben, unterscheiden sie sich doch durch ihre Ausführung. Die Kolben des 320 tragen oben eine Kuppe von 2,1 mm Höhe, während die des 323i einen flachen Kolbenboden besitzen. Zusätzlich sind sie durch eingeschlagene Zahlen gekennzeichnet (320: »2,0/9,2«; 323i: »2,3/9,5«).*

Die Zylinderkopfdichtung

Die Zylinderkopfdichtung ist zwischen Motorblock und Zylinderkopf eingelegt. Sie hat dort eine schwierige Aufgabe zu erfüllen. Sie muß dafür sorgen, daß die Verbrennungsräume und die Kanäle für Öl und Kühlmittel streng voneinander getrennt bleiben. Dabei muß sie enormen Temperatur- und Druckschwankungen widerstehen. An was Sie eine defekte Zylinderkopfdichtung erkennen können und wie es zum Durchbrennen dieser Dichtung kommen kann, ist auf Seite 56 beschrieben.

Zylinderkopf und Nockenwelle

Der Zylinderkopf ist gewissermaßen der Deckel des Motors. In ihm stecken die Ventile, deren Aufgabe es ist, das Frischgas in den Brennraum einzulassen, bei der Verbrennung dicht zu schließen (damit der ganze Druck auf den Kolben wirkt) und

Der Einspritzmotor des 323i; es bedeuten: 1 – Schwingungsdämpfer-Scheibe hinter der Kurbelwellen-Riemenscheibe; 2 – Wasserpumpen-Riemenscheibe; 3 – Zahnriemen-Abdekkung; 4 – Öleinfüllstutzen; 5 – Zündleitungsrohr; 6 – Ansaugkrümmer-System; 7 – Drosselklappenstutzen; 8 – Ansaughutze; 9 – Gemischregler; 10 – Luftfilter-Gehäuse; 11 – Verteiler; 12 – Warmlaufregler; 13 – Lichtmaschine.

schließlich die verbrannten Gase in den Auspuff zu entlassen. Der Zylinderkopf ist bei unserem BMW aus Gründen der besseren Wärmeleitfähigkeit und des geringeren Gewichts aus einer Aluminium-Legierung gegossen. Diesen beiden Vorteilen steht die größere Empfindlichkeit dieses Werkstoffs gegenüber. Überhitzung und unsachgemäße Behandlung nimmt der Leichtmetall-Zylinderkopf schnell übel.
Um den Ventilen zur rechten Zeit den Befehl zum Öffnen oder Schließen zu geben, ist die Nockenwelle da. Sie sitzt oben in der Mitte des Zylinderkopfes und ihre eiförmigen Nocken drücken gegen die Kipphebel. Diese wiederum öffnen die Ventile gegen die Kraft der Ventilfedern.
Die Ventile ragen von beiden Seiten V-förmig in den Brennraum. Das ermöglicht den Gasdurchsatz nach dem Querstromprinzip. Im Klartext heißt das: Frischgas – also neues Kraftstoff-Luft-Gemisch – tritt an der einen Seite in den Brennraum ein, und das verbrannte Auspuffgas entweicht an der anderen Seite. In Verbindung mit einer obenliegenden Nockenwelle war dieses Querstromprinzip früher nur bei hochtourigen Sportwagen zu finden. Bei BMW sind beide Merkmale schon lange automobiler Alltag.

Die Ölpumpe

Ganz unten in der Ölwanne sitzt das wohl wichtigste Zusatzaggregat des Motors: die Ölpumpe. Sie sorgt dafür, daß alle schmierbedürftigen Stellen – und das sind nicht wenige – mit dem nötigen Druck die richtige Menge des lebenswichtigen Schmiersafts erhalten.
Angetrieben wird sie über die bereits erwähnte Nebenwelle, die außerdem auch noch den Verteiler und die Benzinpumpe treibt. Obwohl alle übrigen BMW-Motoren eine Rotorölpumpe besitzen, hat unser »kleiner« Sechszylinder eine Zahnradölpumpe eingebaut bekommen. Ihre Funktion ist einfach zu beschreiben: Zwei Zahnräder gleicher Größe sind miteinander im Eingriff und bewegen sich daher in entgegengesetzter Richtung zueinander. Da zwischen den Zähnen – und hauptsächlich über ihnen – noch etwas Platz ist, schaufeln die beiden Rädchen bei jeder Umdrehung munter etwas Motoröl von der Saugseite zur Druckseite der Pumpe.
Obwohl das Ganze recht spielerisch aussieht, wird da unten in der Ölwanne Schwerstarbeit geleistet: Um die 30 Liter Öl liefert so eine Ölpumpe in der Minute bei Vollgas, und das ohne jeglichen Wartungsanspruch, denn sie schmiert sich selbst.

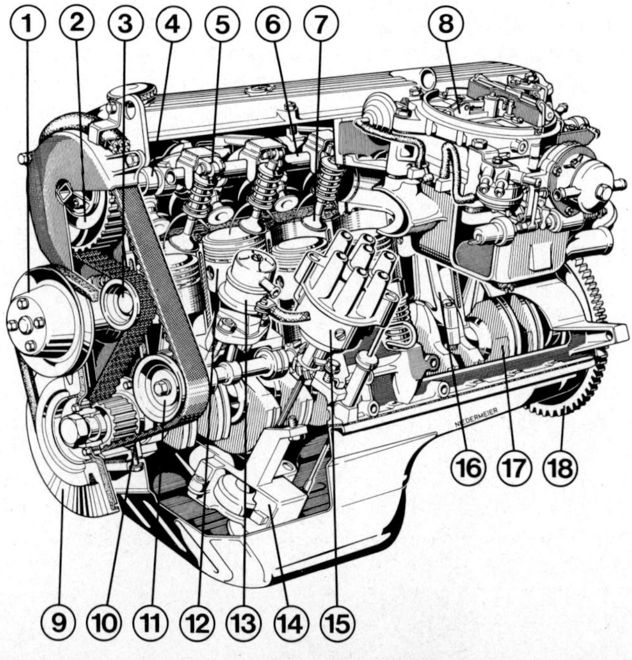

Der Zeichner hat hier die imaginäre Säge zur Hand genommen und den Sechszylindermotor des BMW 320 so aufgeschnitten, daß auch das Innenleben des Triebwerks dem Betrachter zugänglich wird. Es bedeuten: 1 – Keilriemenscheibe auf der Wasserpumpe; 2 – Nockenwellenzahnrad; 3 – Spannrolle für den Zahnriemen (10); 4 – Nockenwelle; 5 – Kipphebel; 6 – Kipphebelwelle; 7 – Ventil; 8 – Vergaser; 9 – Kurbelwellen-Keilriemenscheibe und Schwingungsdämpfer; 11 – Zahnrad für die Nebenwelle; 12 – Kolben; 13 – Benzinpumpe; 14 – Ölpumpe; 15 – Zündverteiler; 16 – Pleuel; 17 – Gegengewichte; 18 – Schwungrad mit Verzahnung für den Anlasser.

Das Schmiersystem

Die Ölpumpe drückt das Motoröl in das Hauptstrom-Ölfilter, wo es von Metallabriebteilchen und Verbrennungsschmutz gereinigt wird. Sollte das Filterpapier zugesetzt sein – etwa weil der vorgeschriebene Filterwechsel unterblieben ist – so ist deshalb die Schmierung des Motors noch nicht gefährdet: Ein Sicherheitsventil gibt dann einen Umweg für den Ölstrom frei. Das somit umgefilterte Öl ruft jedoch einen wesentlich höheren Verschleiß an den Gleitstellen des Motors hervor.
Nach Passieren des Filters teilt sich der Ölstrom. In verschiedenen Kanälen fließt er einerseits in den Kurbeltrieb, wo es die Kurbelwellen- und Pleuellager wie auch die Kolbenlaufbahnen zu schmieren gilt. Andererseits werden über einen zweiten Kanal, der in den Zylinderkopf führt, die Nockenwellenlager, die Kipphebel und die Ventilführungen geschmiert. Nicht vergessen werden darf natürlich auch die Nebenwelle, die logischerweise auch der Schmierung bedarf.
Der **Öldruck** liegt **bei Leerlauf und betriebswarmem Motor zwischen 0,5 und 1,0 bar**. In höheren Drehzahlen liefert die Pumpe eine größere Ölmenge: Der Druck steigt also an. Um ihn nicht ins Unermeßliche steigen zu lassen, ist im Ölpumpen-Deckel ein Überdruckventil eingebaut, das bei 8 – 9 bar öffnet. Bei kalter Maschine ist dieser Druckwert schon recht schnell bei relativ niedrigen Drehzahlen erreicht, denn das Öl ist ja dann wesentlich zähflüssiger als bei betriebswarmem Motor.
Hinter dem Lenkrad sind Sie allerdings über den wirklichen Öldruck nur sehr mangelhaft informiert. Die Öldruck-Kontrolleuchte am Armaturenbrett brennt nämlich nur dann, wenn der Öldruck unter den **Mindestwert** von **0,2 – 0,5 bar** gefallen ist. Dann kann es aber unter Umständen schon zu spät sein; vor allem dann, wenn das Lämpchen nicht sofort bemerkt wird. Wenn Ihnen also die rote Kontrolleuchte ins Auge sticht, ist äußerste Gefahr im Verzug: Sofort den Motor abstellen, den Wagen ausrollen lassen und nach der Ursache forschen (siehe Seite 203)! Sorgloses Weiterfahren bei einem Defekt in der Ölversorgung hat den sicheren Motor-Exitus zur Folge.

Die Kurbelgehäuse-Entlüftung

Selbst die besten Kolbenringe können nicht verhindern, daß ein kleiner Teil der unter hohem Druck stehenden Verbrennungsgase an Kolben und Zylinderwänden vorbei ins Kurbelgehäuse gelangt. Dort würde sich schon binnen kurzem ein beachtlicher Überdruck aufbauen, der die Dichtungen des BMW-Motors arg in Mitleidenschaft ziehen würde. Also muß der Druck entweichen können. Und das geschieht über die Kurbelgehäuse-Entlüftung. Vom Kurbelgehäuse führt dazu an der linken Motorseite (in Fahrtrichtung gesehen) ein Rohr in den Zylinderkopf. Der von der Zylinderkopfhaube ausgehende schwarze Gummischlauch leitet die Gase aber nicht einfach ins Freie, sondern mündet in das Luftfilter. Dies geschieht zum Schutz der Umwelt, denn die Gase enthalten Giftstoffe, die durch nochmaliges Verbrennen im Motor »verharmlost« werden sollen.

Den neuen Motor einfahren?

Eigentlich müßte ein Austauschmotor gar nicht mehr eingefahren werden, denn die Gleit- und Wälzlager, Kolbenbolzen, Nocken, Ventilschäfte und Zahnradflanken lassen sich mit solch hochwertigen Oberflächen herstellen, daß eine zusätzliche Glättung kaum mehr möglich ist.
Anders ist das jedoch mit den Zylinderwänden, Kolben und den dazugehörigen Kolbenringen. Deren Oberflächen weisen immer noch eine mikroskopische Rauhigkeit auf. Erst der Einlaufprozeß kann diese kleinen Unebenheiten beseitigen, so daß die Teile gut gegeneinander abdichten können (ein ganz neuer Motor braucht deshalb mehr Öl als ein eingelaufener). Zu flotte Gangart in der Einlaufzeit kann zu winzigen Freßstellen führen, die unter Umständen in einen fatalen Kolbenfresser ausarten.
Wir tun also, nicht zuletzt im Hinblick auf die Motorlebensdauer, gut daran, die Einfahr-Empfehlungen des BMW-Werks ernstzunehmen. Doch wie geschieht das eigentlich am besten?

Auf Landstraßen fühlt sich unser BMW-Motor während der ersten 1000 km am wohlsten. Da muß fleißig geschaltet werden, man fährt ständig mit wechselnden Geschwindigkeiten und wird selbst bei strikter Beachtung der anfänglichen Höchstdrehzahl von 4000/min nicht zum Verkehrshindernis.
Zwischen 1000 und 2000 km kann der Drehzahlbereich auf 4500/min ausgedehnt werden. Hin und wieder kann der Motor aber auch ruhig einmal hochgedreht werden, damit er sich voll einläuft. Die Werksfahrer benutzen dazu vor allem Autobahngefälle: Bergab mit relativ hohen Motordrehzahlen, ohne den Motor dabei gleichzeitig stark zu belasten. Die Maschine muß dazu allerdings restlos durchgewärmt sein, also mindestens 25 km Fahrstrecke nach dem Kaltstart hinter sich haben.
Als Fahrer eines Wagens mit Getriebeautomatik brauchen Sie sich zum Einfahren keine großen Gedanken zu machen. Einzige Regel: Vermeiden der Vollgas- und der Kick-Down-Stellung des Gaspedals während der ersten 2000 km. Etwa 3000 km muß der Motor schon auf dem Buckel haben, ehe er richtig eingefahren ist; bei vorwiegendem Stadtverkehr sogar bis zu doppelt so viel.

Die Motor-Lebensdauer

Die BMW-Motoren sind generell als langlebig bekannt. Bei unseren Sechszylinder-Maschinen kann also, vor allem, weil sie sich in der leichteren Zweitürer-Karosserie kaum mühen müssen, mit einer Lebensdauer von mindestens 150 000 km gerechnet werden. Im Normalfall gelten auch 180 000 km durchaus als praktikable Kilometerleistung. Entscheidend sind allerdings auch die Betriebsbedingungen des Wagens. Bei reinem »Stop-and-go-Verkehr« sinkt die Lebensdauer natürlich, während bei Motoren, die größtenteils auf Langstrecken in mittleren Geschwindigkeiten bewegt werden, eine höhere Lebensdauer möglich ist.
Nicht eben lebensverlängernd – das dürfte wohl hinreichend bekannt sein – wirkt sich das Hochdrehen des noch kalten Motors aus. Selbst wenn die Kühlmittel-Temperaturanzeige schon anspricht, ist das noch kein Signal, das Gaspedal voll durchzutreten. Erst nach etwa 8 bis 10 Minuten Fahrt ist das Motoröl warm und dünnflüssig genug, um einen sicheren Schmierfilm aufzubauen und so zu starken Verschleiß zu verhindern. Nach wochenlangem Kurzstreckenbetrieb ist es ebenfalls nicht ratsam, gleich voll aufs Gaspedal zu steigen. Bei den langen Leerlaufzeiten, wie sie im Stadtverkehr auftreten, bilden sich in den Brennräumen und an den Ventilen Ablagerungen, die bei voller Betriebstemperatur und zügiger, aber nicht scharfer Fahrt (Motordrehzahlen zwischen 4500 und 5500/min) langsam abgebrannt werden sollen.
Kaum von den Betriebsbedingungen beeinflußt sind dagegen Risse im Zylinderkopf, die an Motoren der Baujahre 1978 und 1979 auftraten. Wer heute noch mit einem solchen Spätschaden zu kämpfen hat, kann kaum auf Kulanz seitens BMW hoffen.

Etwas über Drehzahlen

Ein Verbrennungsmotor gibt seine höchste kW-Leistung (oder PS-Leistung) nicht über den gesamten Drehzahlbereich ab, sondern nur bei einer bestimmten Umdrehungszahl: der Nenndrehzahl. In der Gegend dieser Nenndrehzahl liegt auch die Umdrehungszahl unseres Motors, wenn der BMW seine Höchstgeschwindigkeit fährt. Das heißt, daß der Wagen dann den energieverzehrenden Geschwindigkeitsgegnern Luftwiderstand und Rollwiderstand seine größte Leistung entgegensetzt. Auf diese Art und Weise kommt der BMW auf eine relativ hohe Spitzengeschwindigkeit. In der Tabelle können Sie die Zahlen vergleichen.

Typ	Höchstleistung bei Nenndrehzahl	Höchstgeschwindigkeit bei Drehzahl
320	90 kW (122,4 PS) bei 6000/min	181 km/h bei 6033/min
323i	105 kW (142,8 PS) bei 5800/min	190 km/h bei 6159/min

Die Werte beziehen sich auf den direkt übersetzten (vierten) Gang des serienmäßig eingebauten Vierganggetriebes bei Verwendung der serienmäßigen Hinterachsübersetzung und Serienbereifung.

Zwei weitere Begriffe tauchen in der Betriebsanleitung unseres BMW auf: Die für alle Motoren mit 6000/min angegebene Dauerdrehzahl und die Höchstdrehzahl von 6400/min. Übertragen auf unsere Tabelle stellen wir fest, daß die bei Höchstgeschwindigkeit gefahrene Drehzahl schon über der Dauerdrehzahl liegt. Aus Gründen der Motorschonung sollte deshalb die Spitzengeschwindigkeit nicht über allzu lange Zeit gehalten werden.
Die Höchstdrehzahl von 6400/min sollten Sie allenfalls kurzzeitig erreichen. In diesem Drehzahlbereich steigen die Drücke in den Motorlagern unverhältnismäßig an, und außerdem erhöht sich der Ölverbrauch gewaltig.

Der Drehzahlbegrenzer

Um Motorschäden durch Überdrehzahlen zu vermeiden, ist in den Verteilerfinger (siehe Bild Seite 181) ein Drehzahlbegrenzer eingebaut. Eine Fliehkraft-Einrichtung unterbricht dazu bei etwa 6600/min Kurbelwellendrehzahl den Zündstrom. Da sich die Verteilerwelle bekanntlich nur halb so schnell dreht wie die Kurbelwelle, ist der Begrenzer also auch nur auf die halbe Drehzahl – also auf 3300/min – eingestellt, um dann korrekt bei der Motordrehzahl von 6600/min abzuregeln.
Falls Sie sich also über Zündaussetzer in sehr hohen Drehzahlen gewundert haben sollten, ist das keine Störung, sondern der eingebaute Selbstschutz des Motors. Wer den Drehzahlbegrenzer ausschaltet, etwa durch einen Klebebandstreifen am Fliehgewicht, risikiert den völligen Verlust der Garantie und eventueller Kulanzleistungen. Durch Überdrehzahlen entstandene Motorschäden können vom Werk einwandfrei nachgewiesen werden. Dazu wurden alle Schadensmöglichkeiten experimentell ermittelt.
Die Kundendienst-Beauftragten kennen diese Symptome (in der Regel zuerst Bruch der Ventilschäfte) und lehnen, wenn die Sezierung eines solcherart »gemordeten« Motors entsprechenden Befund ergab, rigoros den Ersatz ab.

Lagerschäden

Schäden an den Lagern von Kurbelwelle und Pleueln sind häufig die Folge von Ölmangel, doch kommen auch Überbeanspruchung und hohes Motoralter in Betracht. Dauerndes Ausdrehen des Motors bis zum Ansprechen des Drehzahlbegrenzers kann – hauptsächlich wenn das in den unteren Gängen geschieht – ebenfalls Ursache für einen Lagerschaden sein. Ein weiterer, sogar häufiger Grund: Durch eine defekte Zylinderkopfdichtung kann Kühlwasser ins Motoröl geraten. Das so verdünnte Öl hat dann natürlich keine ausreichende Schmierwirkung mehr, und so kann es leicht vorkommen, daß sich ein Lager festfrißt. Wasserverdünntes Öl ist leicht an seinem milchig-trüben Aussehen (Emulsion) zu erkennen. Manchmal ist es auch von einzelnen Wassertröpfchen durchsetzt.
Rechtzeitiges Erkennen des Defekts spart Ihnen hier manche Mark. Oft geht es dann mit einer Teilüberholung des Motors nochmal glimpflich ab. Hat jedoch auch die Kurbelwelle Schaden genommen, ist eine Totalrevision der Maschine unumgänglich, zumal wenn sie schon jenseits der 100 000 km ist.
Ein Lagerschaden kündigt sich mit wärmer werdendem Motor – wobei das Öl dünnflüssiger wird – durch Klopfgeräusche an, die immer lauter werden. Beim Gasgeben wird das Klopfen stärker, beim Gaswegnehmen geringer oder fast unhörbar. Ob überhaupt ein Lager ausgelaufen ist (meist ist es ein Pleuellager) und um welches es sich handelt, stellt man folgendermaßen fest: Motor im Leerlauf drehen lassen und nacheinander die Zündkerzenstecker abziehen und wieder aufstecken. Bei Wagen mit TSZ wird zum Abziehen der einzelnen Kerzenstecker der Motor jedesmal abgeschaltet, da die Spannung an den Steckern lebensgefährlich hoch ist (siehe Seite 174).
Ferner darf der Motor nie laufen, während ein Zündkerzenstecker von der Kerze abgezogen ist, sonst kann das TSZ-Schaltgerät Schaden nehmen. Deshalb einen Kerzenstecker abziehen. Statt der Kerze einen Nagel, Schraubenzieher oder eine

Reservekerze in den losen Kerzenstecker stecken. Diese Hilfskonstruktion fest an Masse legen – am besten mit einem Starthilfekabel festklemmen.
Zum Feststellen, wo der Lagerschaden sitzt, diese Prozedur bei allen Zylindern wiederholen. Wo das Geräusch nachläßt, ist das Lager defekt.
Auch mit einem schadhaften Lager können Sie bei äußerst schonender Fahrweise noch die rettende Werkstatt oder sogar den weiter entfernten Heimathafen ansteuern. Vorsorglich wird die Zündkerze des betreffenden Zylinders herausgeschraubt, damit er nicht mehr mitarbeiten muß und so die Beanspruchung des Lagers durch den Verbrennungsdruck wegfällt. Bei Fahrzeugen mit Transistorzündung den Kerzenstekker am Zündkabel des defekten Zylinders abschrauben, Kabel ein Stück abisolieren und unter eine Schraube am Motor (z. B. Ventildeckel) klemmen. Frei in der Luft hängen darf das Kabel bei laufendem Motor nicht. Die am Zündkerzenloch vom Kolben angesaugte und wieder herausgedrückte Luft verursacht bei laufendem Motor ein pfeifend-knallendes Geräusch, das Sie aber nicht zu beunruhigen braucht.
Vor der Weiterfahrt muß jedoch unbedingt der Ölpeilstab gezogen werden. Ist das Öl daran milchig trübe oder von Wassertröpfchen durchsetzt, muß es gewechselt werden. In diesem Fall war dann – wie bereits angesprochen – eine defekte Zylinderkopfdichtung die Wurzel allen Übels. Mit den verbleibenden fünf Zylindern können Sie natürlich nicht im gewohnten Tempo losfahren. Der Motor soll höchstens bis in mittlere Drehzahlbereiche beansprucht werden.

Motor durchdrehen

Bei den im Verlauf dieses Buches aufgeführten Wartungs- und Reparaturarbeiten am Motor ist es teilweise nötig, die Maschine von Hand durchzudrehen. Bei unseren Sechszylindern geschieht das über den Vierkant-Adapter auf dem Nockenwellen-Zahnriemenrad, den Sie durch das Loch in der Zahnriemenabdeckung sehen können. In den Adapter paßt genau der $^1/_2$"-Vierkant einer Knarre oder eines Betätigungshebels für Stecknüsse (siehe Bild Seite 23). Vor dem Drehen ist es jedoch von allergrößter Wichtigkeit, alle Zündkerzen herauszuschrauben. Bei eingeschraubten Kerzen läßt sich der Motor nur mit Kraftaufwand durchdrehen und der Zahnriemen könnte dabei einen Zahn überspringen oder an den Zahnflanken Schaden nehmen.
Wem das Herausdrehen der Kerzen zu umständlich ist, kann bei Wagen mit Schaltgetriebe auch einen oberen Gang einlegen und durch Hin- und Herschieben seines Autos den Motor durchdrehen.

Kompressionsdruck prüfen

Wartungspunkt Nr. 44

Seine höchste Leistung bei optimalen Verbrauchswerten zeigt der Motor, wenn die Ventile und Kolbenringe gut abdichten. Der Verbrennungsdruck kann dann nicht auf Schleichwegen entweichen, sondern wirkt mit seiner ganzen Kraft auf den Kolben. Die Kompressionsdruck-Messung gibt Aufschluß über die Dichtheit von Ventilen und

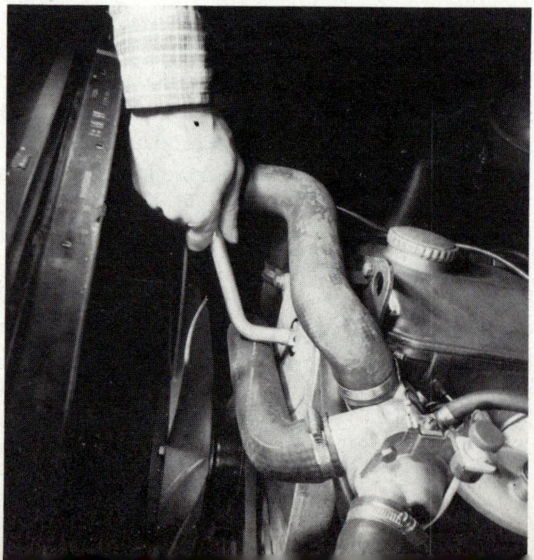

Auf diese Weise können Sie den Motor am leichtesten durchdrehen: Vorn im Nockenwellenzahnrad ist ein Innenvierkant angebracht, in den der im Bild Seite 22 gezeigte Radschraubenschlüssel oder eine Knarre bzw. ein Hebel mit $^1/_2$"-Antrieb paßt (siehe Seite 23). Doch Vorsicht! Vor dem Durchdrehen müssen unbedingt sämtliche Zündkerzen herausgeschraubt werden, da sonst mehr Kraft zum Drehen aufgewendet werden muß. Dadurch kann unter Umständen der Zahnriemen überspringen und die Steuerzeiten wären verstellt. Auch kann der Zahnriemen selbst Schaden nehmen!

Kolbenringen und somit über den Zustand des Motors. Die Ventile müssen natürlich richtig eingestellt sein, um das Meßergebnis nicht zu verfälschen. Auch sollte der Motor warmgefahren sein; so dichten die Kolbenringe besser ab. Außerdem muß beim BMW 323i das Kraftstoffpumpenrelais und das Diodenrelais (siehe Bild Seite 85) abgezogen werden. Andernfalls pumpt die Einspritzanlage beim Betätigen des Anlassers Benzin in die Brennräume und überflutet die Zylinder. Wie die Messung im einzelnen vor sich geht, beschreibt der Bildtext unten.

Ein guter Motor hat **über 11 bar** Kompressionsdruck, doch ist auch ein Wert von ca. 10 bar noch normal. Kritisch wird es erst, wenn der Zeiger die 10-bar-Marke nicht mehr erreicht. Auch untereinander sollten die Meßwerte nicht mehr als 2 bar auseinander liegen.

Zu niedriger Kompressionsdruck kann bedeuten: Schäden an den Ventilen (meist eingebrannte Auslaßventile durch zu knappes Ventilspiel), ein durch Rückstandsbildung an Ventilschaft und -führung klebendes Ventil, Kolben- und Kolbenringverschleiß, festsitzende Kolbenringe (nach langen Standzeiten) oder unrunde Zylinder durch Kolbenklemmer.

Bei zu niedrigem Kompressionsdruck können Sie den Schaden am Motor lokalisieren, indem Sie mit einer Spritzkanne etwas Öl in die Kerzenlöcher träufeln und anschließend den Kompressionsdruck nochmals prüfen. Sind die Werte weiterhin schlecht, liegt es an den Ventilen; erhalten Sie bessere Ergebnisse, liegt es an den Kolbenringen oder an den Zylindern. Das Öl dichtet kurzfristig Kolben und Zylinderwände besser ab, das komprimierte Gas kann dann, sofern der Fehler dort zu suchen war, nicht mehr entweichen.

Die Meßkärtchen, die man beim Kundendienst erhält, sollte man nicht nur zum Vergleich, sondern auch für den Käufer des gebrauchten Wagens aufbewahren.

Fingerzeig: *Der Kompressionsdruck ist nicht dem Verdichtungsverhältnis gleichzusetzen, das beim 320 9,2:1 und beim 323i 9,5:1 beträgt. Das Verdichtungsverhältnis ist ein rein rechnerischer Wert, der sich durch die Abmessungen der Brennräume und den Hub der Kolben ergibt. Der richtige Kompressions- bzw. Verdichtungsdruck ist dagegen ein Meßwert, der sich nur bei einwandfreiem Motorzustand einstellt (siehe vorigen Abschnitt).*

Der Druckverlusttest

Manche Werkstätten können neben der Prüfung des Kompressionsdrucks auch einen sogenannten Druckverlusttest durchführen. Hierzu muß der Motor ebenfalls betriebswarm und das Ventilspiel korrekt eingestellt sein. Die Zündkerzen werden herausgeschraubt und der Kolben des zu prüfenden Zylinders in seine höchste Stellung, in den oberen Totpunkt, gebracht. Der Druckverlusttester selbst besteht aus zwei Kammern,

Wenn Sie selbst den Kompressionsdruck Ihres Motors messen wollen, brauchen Sie nicht das Werkstattgerät für einlegbare Meßkärtchen zu kaufen. Von Moto Meter oder VDO gibt es handliche Kompressionsdruckprüfer. Die absolute Höhe des gemessenen Drucks ist weniger wichtig, es kommt hauptsächlich auf gleichmäßige Werte bei allen Zylindern an.
So wird's gemacht: Alle Zündkerzen herausschrauben und den Gummikonus des Druckprüfers am Kerzenloch des ersten Zylinders ansetzen und festhalten. Ein Helfer dreht jetzt den Motor einige Male mit dem Anlasser durch und tritt dabei voll auf das Gaspedal, damit die Zylinder ihre größte Füllung erhalten. Vergrößert sich der Zeigerausschlag am Meßgerät nicht mehr, kann die Messung abgebrochen werden. Der Anzeigewert wird, sofern es sich nicht um ein Gerät mit Schreiber und Kärtchen handelt (wie es die Werkstätten besitzen), notiert und der Arbeitsgang an den übrigen Zylindern wiederholt.

deren eine unter gleichbleibendem Druck steht. Die zweite Kammer ist über einen Schlauch zur Zündkerzenbohrung mit dem Verbrennungsraum, durch eine Düse mit der ersten Kammer sowie mit einer Anzeigeskala verbunden. Verliert der geprüfte Brennraum Druck, so wird dies vom Manometer angezeigt. Eine größere Leckstelle läßt sich durch Abhorchen lokalisieren: Strömt Druckluft aus dem Vergaser, so ist das Einlaßventil defekt. Blasgeräusche am Auspuff lassen auf ein undichtes Auslaßventil schließen. Bei einer defekten Zylinderkopfdichtung oder einem Riß im Zylinderkopf gelangt die Druckluft durch das benachbarte Zündkerzenloch oder durch den Ausgleichsbehälter ins Freie. Verschlissene Zylinderwände, Kolbenmäntel oder Kolbenringe lassen die Druckluft ins Kurbelgehäuse strömen und am geöffneten Öleinfüllstutzen austreten.

Das Ventilspiel

Die einzelnen Teile des Ventiltriebs, vornehmlich aber die Ventilschäfte, dehnen und längen sich bei Erwärmung des Motors. Deshalb muß – damit auch bei warmem Motor die Ventile trotz ihrer etwas länger gewordenen Schäfte richtig abdichten – etwas »Luft« oder »Spiel« zwischen den Kipphebeln und den Ventilschaftenden vorhanden sein. Das Prüfen dieses Spiels gehört demzufolge zu den wichtigsten Wartungsarbeiten am Motor.

Diese Kontrolle kann jedoch keinesfalls mit dem Gehör, wie oft behauptet wird, vorgenommen werden, denn was da als helles Ticken hörbar wird, ist der ungefährlichere Fehler: zu großes Ventilspiel. Weit kritischer, aber nicht zu hören, ist zu kleines Ventilspiel. Was sind eigentlich die Folgen von falschem Spiel?

Zu kleines Ventilspiel: Die Ventile liegen nicht satt auf den Ventilsitzringen auf. Die sehr heiß werdenden Auslaßventile können dann ihre Wärme nicht mehr an die Sitzringe abgeben. Die Ränder der Ventilteller brennen ein und reißen nach einiger Zeit; das Ventil wird unbrauchbar. Unterstützt wird dieser Zerfall von den heißen Gasen, die ständig am undichten Ventilsitz vorbeistreichen. Das bittere Ende: Der Motor verliert an Leistung, früher oder später müssen die Ventile ersetzt und der Zylinderkopf überholt werden.

Zu großes Ventilspiel: Die Ventile öffnen etwas später als normal, die Zylinder werden demzufolge schlechter gefüllt, weshalb der Motor nicht ganz auf seine volle Leistung kommt. Der Ventiltrieb arbeitet etwas lauter (das besagte Ticken), Nockenwelle und Kipphebel verschleißen etwas schneller.

Ventilspiel prüfen

Wartungspunkt Nr. 43

Der Wartungsplan sieht alle 15 000 km die Kontrolle des Ventilspiels vor; wer länger damit wartet, tut seinem Motor bestimmt nichts Gutes. Folgende Werkzeuge werden dazu benötigt: Fühlerblattlehre, Schraubenschlüssel SW 10, Dorn (Draht oder Nagel) mit etwa 2,5 mm Durchmesser und ein Zündkerzenschlüssel. Der Kerzenschlüssel ist unbedingt notwendig, denn der Motor darf nur dann mit einem Hebel oder Knarre mit $^1/_2$"-Antrieb durchgedreht werden, wenn zuvor alle Zündkerzen herausgeschraubt wurden (siehe Seite 50).

Nach Abnehmen des Luftfiltergehäuses (Seite 89; nur 320) kann die Zylinderkopfhaube (oft auch Ventildeckel genannt) ausgebaut werden. Dazu werden die acht Hutmuttern (siehe Bild rechts unten) losgedreht. Zwei von ihnen halten das Zündleitungsrohr, das ebenfalls abgenommen wird. Heben Sie jetzt gleich die Unterlegscheiben ab, sie gehen sonst leicht verloren. Ziehen Sie die Zylinderkopfhaube sehr vorsichtig ab. Gewaltsames Zerren zerstört die untergelegte Dichtung unweigerlich. Klopfen Sie besser mit dem Hammerstiel am Rand der Zylinderkopfhaube entlang, so lockert sie sich. Bei abgenommenem Verteilerdeckel (siehe Bild Seite 185 oben) wird der Motor nun so weit gedreht, bis der Verteilerfinger auf die Einkerbung am Verteilergehäuserand zeigt. Jetzt steht der Kolben von Zylinder 1 im oberen Totpunkt (OT), also in der Stellung, in der normalerweise die Zündung des Benzin-Luft-Gemisches erfolgt.

Zum Einstellen des Ventilspiels braucht man einen Schraubenschlüssel SW 10, eine Fühlerblattlehre und einen Draht oder Dorn mit 2,5 mm Durchmesser. Wir haben uns hier einen Nagel abgezwickt und passend zurechtgebogen. Die im Text beschriebene Ventilspiel-Einstellung erleichtert man sich, wenn man zuerst den Exzenter mit dem Nagel, wie gezeigt, etwas lockert, das passende Fühlerblatt (siehe Text) dazwischen legt und nun den Exzenter anzieht, bis leichter Widerstand spürbar ist. Exzenter in dieser Stellung halten und Kipphebel-Klemmschraube (Ringschlüssel ist darauf angesetzt) fest anziehen. Anschließend nochmals nachprüfen!

Beide Ventile müssen jetzt natürlich geschlossen haben und somit das richtige Ventilspiel aufweisen. Das passende Fühlerblatt versuchen Sie nun, wie es das Bild oben zeigt, zwischen Kipphebel und Ventilschaft einzuschieben. Können Sie das eingeschobene Fühlerblatt mit leichtem Widerstand hin- und herbewegen, stimmt das Ventilspiel. Läßt sich das Lehrenblatt gar nicht durchschieben oder ist es ohne Widerstand zu bewegen, muß das Spiel eingestellt werden. Dazu lösen Sie die Klemmutter seitlich am Kipphebel und drehen den kleinen Exzenter, indem Sie den Dorn in eine der kleinen Bohrungen stecken, bis das Ventilspiel stimmt. Sodann wird die Mutter wieder festgezogen. Das Fühlerblatt soll beim Festziehen nicht eingesteckt bleiben, es wird bei häufigem Einspannen wellig und ungenau. Nach jedem Nachstellen muß das Spiel nochmals kontrolliert werden.

Das richtige Ventilspiel für unsere beiden Sechszylinder beträgt **bei kaltem Motor** (max. 35° C Kühlmitteltemperatur) für **Einlaß- und Auslaßventile 0,25 mm**. Muß – was natürlich weit unangenehmer ist, weil man sich leicht irgendwo verbrennt – das Ventilspiel bei betriebswarmem Motor (Kühler ist warm) eingestellt werden, so gilt der Einstellwert 0,3 mm für Einlaß- und Auslaßventile.

Entsprechend der Zündfolge 1-5-3-6-2-4 der Zylinder werden die fünf anderen Ventilpaare nacheinander eingestellt. Dazu muß der Motor jeweils um eine Drittel-Umdrehung weitergedreht werden. Da das meist nicht so genau möglich ist, bedienen wir uns der sogenannten »Siebener-Methode«. Hier ein Beispiel: Zylinder 2 soll eingestellt werden. Steht dieser auf OT, überschneiden gerade die Ventile des 5. Zylinders, d. h. das Auslaßventil dieses Zylinders ist noch nicht geschlossen, während sich das Einlaßventil schon öffnet. Sie erkennen das beim leichten Hin- und Herdrehen des Motors

Damit die Dichtung unter dem Ventildeckel kein Öl durchdringen läßt, sollen ihre Muttern und die Schraube in der hier gezeigten Reihenfolge angezogen werden. Das darf nicht mit Gewalt geschehen, sonst verzieht sich der Ventildeckel und wird erst recht undicht. Masseband (Pfeil) nicht vergessen.

daran, daß sich beide Kipphebel an diesem Zylinder bewegen. Gleich funktioniert das bei Zylinder 1 und 6 wie bei 3 und 4; jedesmal ergibt die Summe die Zahl 7.
Sind alle Ventile richtig eingestellt, wird die Dichtung der Zylinderkopfhaube kontrolliert und mit der Haube aufgesetzt. Die Befestigungsmuttern werden nach dem Aufsetzen der Unterlagscheiben in der im Bild auf der Vorseite gezeigten Reihenfolge angezogen; Zündleitungsrohr nicht vergessen! Es wird mit zwei der Hutmuttern befestigt. Beim 320 das Luftfilter wieder aufsetzen.

Fingerzeige: *Lautes Ventilgeräusch kann auch von losen Gleitsteinen herrühren. Diese Gleitsteine sind an den Kipphebeln angebracht, um deren Verschleiß an der Berührungsfläche zur Nockenwelle zu mindern. Sind sie locker, müssen die betreffenden Kipphebel ausgetauscht werden, wozu allerdings eine Zylinderkopfdemontage nötig wird.*
Des weiteren kann lautes Ventilgeklapper auch auftreten, wenn die Kipphebel Spiel auf der Kipphebelwelle haben. Das kommt aber meist nur dann vor, wenn irgend etwas mit dem Öl oder der Schmierung nicht stimmte.

Auswechseln und Spannen des Zahnriemens

Die obenliegende Nockenwelle und die Nebenwelle wird über einen Zahnriemen von der Kurbelwelle angetrieben. Das Abnehmen dieses Zahnriemens wird nötig, wenn er Verschleiß zeigt oder wenn der Zylinderkopf abgenommen werden soll. Wer auf Nummer Sicher geht, wechselt den Zahnriemen nach 100 000 km aus. In der Regel hält er jedoch ein ganzes Motorleben lang.
Hier der Ausbau in Stichworten: Kühlmittel ablassen, Wasserschläuche vom Thermostat zum Kühler und zur Wasserpumpe komplett abbauen. Blechwinkel zur Befestigung der Zündkabel abschrauben. Spannschraube am Haltebügel der Lichtmaschine herausdrehen. Die beiden anderen Halteschrauben der Lichtmaschine leicht lösen und Lichtmaschine nach Abnehmen des Keilriemens wegklappen. OT-Positionsgeber aus den Blechspangen ziehen. Untere Riemenscheibe nach Lösen der 6 Befestigungsschrauben abnehmen. Der Zahnriemen-Schutzdeckel ist mit 3 Schrauben befestigt (zwei oben, eine unten); herausdrehen und Deckel abnehmen. Motor jetzt auf OT stellen, wie das in den Bildern unten und rechts unten sowie auf Seite 185 oben gezeigt ist. Zum Durchdrehen des Motors Zündkerzen herausschrauben; wieso steht auf Seite 50. Wird der Zahnriemen wiederverwendet, muß seine Laufrichtung gezeichnet werden. Sodann beide Schrauben an der Grundplatte der Spannrolle lösen und mit einem Schraubenzieher die Grundplatte entgegen der Federkraft verschieben und wieder arretieren.
Der Riemen lockert sich jetzt und kann abgenommen werden. Motor ohne Zahnriemen nicht durchdrehen!

Bei abgenommener Kurbelwellen-Keilriemenscheibe ist die zum Auflegen des Zahnriemens wichtige OT-Stellung des ersten Zylinders daran zu erkennen, daß die Kerbe an der Kurbelwelle (2) der Gußnase (1) am Gehäuse gegenübersteht.

Bei abgenommenem Schutzdekkel sehen wir den Verlauf des Zahnriemens (2): Er wird von der Kurbelwelle (6) angetrieben und versetzt so die Nebenwelle (4) und die Nockenwelle (1) in Drehung. Gespannt und umgelenkt wird er von der Spannrolle (3). Im Vordergrund ist die Keilriemenscheibe der Wasserpumpe (5) zu sehen. Sie steht mit dem Zahnriemen nicht in Verbindung. Allerdings stützt sich die Feder der Spannrolle gegen das Pumpengehäuse ab.

Der Wiedereinbau erfolgt sinngemäß umgekehrt, doch muß auf einige Details besonders geachtet werden: Vor dem Auflegen des Zahnriemens Grundstellung des Motors kontrollieren. Zylinder 1 muß auf OT-Stellung stehen, wie schon angedeutet. Das Nockenwellenzahnrad muß mit seinem Pfeil auf die Markierung am Zylinderkopf weisen, der Verteilerfinger zeigt mit seiner Metallzunge auf die Kerbe am Verteilergehäuserand. Ist der Riemen wieder aufgelegt, werden die Halteschrauben der Spannrollen-Grundplatte gelöst; der Riemen wird vorgespannt.

Zum Spannen des Zahnriemens wird der Motor lediglich mit einer Knarre eine bis zwei Umdrehungen entgegen seiner sonstigen Drehrichtung (also gegen den Uhrzeigersinn) am Nockenwellenzahnrad durchgedreht. Nun können die Halteschrauben wieder festgezogen werden.

Noch einige Tips zum weiteren Zusammenbau: Ösenblech beim Anschrauben des Schutzdeckels nicht vergessen. Der Schwingungsdämpfer kann nur in einer Stellung befestigt werden; der Zentrierstift muß dabei in die Bohrung der Riemenscheibe passen. Der Positionsgeber muß so in die Halteklammer gedrückt werden, daß sein unteres Ende noch 0,2 – 2 mm vom Schwingungsdämpfer entfernt ist (seine Stellung ist ohnehin durch Prägungen im Kunststoff fixiert). Der Keilriemen muß nach dem Auflegen wieder gespannt werden; wie das gemacht wird, steht auf Seite 155. Das Kühlsystem müssen Sie wieder entlüften (siehe Seite 67).

Damit nach dem Wiederauflegen des Zahnriemens die Ventilsteuerzeiten wieder stimmen, werden Nockenwelle, Nebenwelle und Kurbelwelle in eine bestimmte Stellung zueinander gebracht. Man hat dazu der Einfachheit halber die Stellung ausgesucht, bei der der Kolben im ersten Zylinder in seinem höchsten Punkt steht (im oberen Totpunkt = OT). Die Nockenwelle muß dabei, wie im Bild gezeigt, so gedreht werden, daß der Pfeil (2) auf dem Zahnrad der Kerbe (1) am Zylinderkopf gegenübersteht.

Defekte Zylinderkopfdichtung

Ursachen

Falls die Zylinderkopfdichtung ausfällt, kommen folgende Ursachen in Betracht:

■ Überhitzung durch undichte Kühlanlage, defekten Thermostat oder Kühlsystem-Verschlußdeckel, gerissenen Keilriemen oder verkalkten Kühler. Auch klopfende Verbrennung kann Ursache für eine Motorüberhitzung sein.

■ Montagefehler: Verwendung einer beschädigten oder gebrauchten Zylinderkopfdichtung. Dichtflächen an Motorblock und Zylinderkopf nicht völlig von den Resten der alten Dichtung gesäubert. Durch Übertemperatur verzogener Zylinderkopf wurde vor der Montage nicht plangeschliffen. Das Festziehen des Zylinderkopfes erfolgte nicht stufenweise oder nicht mit dem richtigen Drehmoment.

Auswirkungen und Erkennungsmerkmale

Eine durchgebrannte Zylinderkopfdichtung können Sie an folgenden Symptomen erkennen: Bei geöffnetem Kühlsystem-Verschlußdeckel steigen bei laufendem Motor Luftblasen im Ausgleichsbehälter auf, oder eine größere Menge Kühlmittel sprudelt schon beim Öffnen heraus; aus der Einfüllöffnung riecht es nach Abgasen. Eine weitere Möglichkeit: Der Flüssigkeitsstand sinkt und der warmgefahrene Motor zieht einen weißen Auspuffgasschleier hinter sich her. In diesen Fällen ist die Zylinderkopfdichtung zwischen Verbrennungsraum und den Kühlwasserkanälen durchgebrannt. Verbrennungsgase werden in die Kühlwasserkanäle gedrückt und bilden Blasen im Kühlsystem oder aber die Kühlflüssigkeit dringt in den Verbrennungsraum ein, verdampft dort und entweicht als weiße Fahne zum Auspuff hinaus.

Ebenfalls ein sicheres Zeichen für eine schadhafte Zylinderkopfdichtung ist Öl im Kühlmittel und (oder) Wasser im Schmieröl. Zeigt sich am herausgezogenen Ölpeilstab nicht mehr der gewohnte Schmiersaft, sondern eine gräulich aussehende Emulsion oder ist das Öl von kleinen Wasserbläschen durchsetzt, darf unter keinen Umständen weitergefahren werden. Ein Lagerschaden wäre sonst unvermeidlich. Besteht keine Möglichkeit, den BMW abzuschleppen, müssen vor der Weiterfahrt unbedingt Öl und Ölfilter gewechselt und Kühlmittel nachgefüllt werden. Die Fahrt sollte dann auf dem schnellsten Weg in die Werkstatt führen.

Doch nicht nur ein Lagerschaden droht bei durchgebrannter Zylinderkopfdichtung. Gefährlich wird es auch, wenn bei abgestelltem Motor Kühlmittel in einen Zylinder läuft, dessen Kolben gerade relativ weit unten steht. Der Motor kann dann beim Start einen sogenannten »Wasserschlag« erhalten: Zündet bei der ersten Umdrehung nur ein einziger Zylinder, wird die Kurbelwelle schon recht schnell bewegt. Die Drehung wird jedoch abrupt gestoppt, wenn sich der Kolben des wassergefüllten Zylinders nach oben bewegt (Wasser läßt sich ja nicht zusammendrücken). Kolben, Pleuel und Kurbelwelle bekommen dabei einen solchen Schlag versetzt, daß das Pleuel verbogen werden kann.

Falls Sie also den Verdacht haben, Kühlmittel sei in einen Zylinder eingedrungen, müssen Sie sämtliche Zündkerzen herausschrauben und den Motor mit dem Anlasser durchdrehen, damit das Wasser herausgepumpt wird. Zündkerzen jetzt wieder einschrauben, Motor starten und auf der Fahrt zur Werkstatt nicht wieder abstellen. Muß Kühlwasser nachgefüllt werden, sollte dies nur bei laufendem Motor geschehen.

Zylinderkopf ausbauen

Bevor Sie die ersten Schrauben zum Ausbau des Zylinderkopfes lösen, sollten Sie sich vergegenwärtigen, daß zu dieser Arbeit einige Erfahrung im Umgang mit Motoren gehört, und daß vor allem das richtige Werkzeug – wie z.B. ein Drehmomentschlüssel – vorhanden sein muß. Denn in der Werkstatt ist niemand erfreut, Ihre »Do-it-yourself-Reparatur« nochmals zu reparieren.

Der Zylinderkopf muß ausgebaut werden, wenn die Zylinderkopfdichtung ausgetauscht, die Ventile oder deren Federn ausgewechselt, die Ventile eingeschliffen oder die Ventilschaftabdichtungen ausgetauscht werden müssen. Nachstehend die wichtigsten Schritte.

Vergasermotor: Masseleitung der Batterie abklemmen und Kühlmittel ablassen. Zur Arbeitserleichterung kann zusätzlich die Motorhaube demontiert werden. Auspuffrohre von den Krümmern abschrauben und Auspuffabstützung am Getriebe abbauen. Luftfilter komplett abnehmen (Seite 89) und Zylinderkopfhaube abbauen (Seite 53). Am Thermostatgehäuse die drei Wasserschläuche lösen und die Kabel vom Massenanschluß und vom Kühlwasser-Temperaturgeber abziehen. Kraftstoffvor- und -rücklaufschlauch am Kraftstoff-Rücklaufventil abbauen, im Zweifelsfall für den späteren Einbau zeichnen. Kabel am Starterdeckel und am Stellmotor des Vergasers abziehen. Gaszug vom Gegenlager losschrauben und aushängen. Beide Unterdruckschläuche am Verteiler abziehen, ebenso die Kabel am Thermoschalter unten am Ansaugkrümmer. Unterdruckschlauch zum Bremskraftverstärker abbauen. Die Wasserschläuche hinten am Ansaugkrümmer, hinten am Zylinderkopf und den Schlauch zum TN-Starter am Vergaser lösen. Bei Automatikgetriebe den Gaszug zur Automatik am Vergaser aushängen und vom Widerlager abschrauben. Muttern vom Zug abschrauben und den gesamten Zug durch die Aussparung im Ansaugkrümmer ziehen. Kerzenstecker herausziehen, Blechhaltewinkel für die Zündkabel abschrauben und Verteilerdeckel abnehmen (Bildtext Seite 181). Zahnriemen in OT-Stellung des Motors abnehmen, wie auf Seite 54 beschrieben. Das federnd eingesetzte Ausgleichsrohr unterhalb des Ansaugkrümmers gegen die Kraft der Feder ein Stück nach unten ziehen und in dieser Stellung mit einem Draht festbinden. Alle 12 Zylinderkopfschrauben herausdrehen und den Kopf abnehmen. Löst er sich nicht, kann er durch leichte Schläge mit einem Kunststoffhammer gelockert werden.

Einspritzmotor, zusätzliche Arbeiten: Zu den bereits beim Vergasermotor genannten Arbeitsgängen kommen beim Einspritzmotor – natürlich unter Auslassung der vergaserspezifischen Schritte – noch die folgenden Arbeiten: Ansaughutze komplett ausbauen, Gaszug am Drosselklappenstutzen aushängen und vom Widerlager abschrauben. Alle Einspritzleitungen sowie die Zulaufleitung am Gemischregler losschrauben, auch den Halter für die Einspritzleitungen abschrauben. Schläuche am Drosselklappenschalter zeichnen und abbauen. Stecker vom Kaltstartventil und vom Zusatzluftschieber abziehen. Wasserschläuche zur Heizung an der hinteren Motorraumwand abmontieren. Vorn auf dem Thermostatgehäuse drei statt beim Vergasermotor zwei Stecker abziehen.

Zusammenbau: Die alte Zylinderkopfdichtung abnehmen und die noch am Metall klebenden Dichtungsreste sorgfältig von beiden Dichtflächen entfernen. Dabei besonders am weichen Zylinderkopf kein hartes Werkzeug verwenden, sonst ist durch die entstehenden Kratzer der nächste Dichtungsschaden schon vorprogrammiert. Dichtfläche am Kopf mit langem Metallineal auf Ebenheit kontrollieren. War Überhitzung des Motors die Ursache für den Dichtungsschaden, ist ein verzogener Zylinder-

Damit der Zylinderkopf absolut plan und gleichmäßig aufliegt, müssen die 14 Zylinderkopfschrauben in der hier gezeigten Reihenfolge und den im Text auf der nächsten Seite angegebenen Drehmomenten angezogen werden. Nur so ist der richtige Sitz des Zylinderkopfes gewährleistet und die neue Dichtung vor einem baldigen Schaden gefeit.

kopf zu erwarten. In diesem Fall können Sie den Kopf planschleifen lassen. Gemessen von der Dichtfläche zur Zylinderkopfhaube bis zur Dichtfläche zum Motor darf er allerdings nicht niedriger als 124,7 mm werden. Das ist 0,3 mm weniger als das Originalmaß. Außerdem ist bei nachgearbeitetem Zylinderkopf eine stärkere Zylinderkopfdichtung zu verwenden.
Achten Sie darauf, daß vor dem Aufsetzen des Zylinderkopfes in den Sacklöchern der Zylinderkopfschrauben im Motorblock kein Öl mehr steht! Andernfalls besteht die Gefahr, daß – obwohl mit dem richtigen Drehmoment angezogen – die Schrauben nicht den nötigen Druck auf den Zylinderkopf ausüben. Außerdem kann der Motorblock im Bereich der Gewindelöcher reißen. Reinigen Sie die Schrauben sorgfältig, und ölen Sie die Gewinde und die Auflagefläche des Schraubenkopfes leicht ein.
Die (in jedem Fall neue!) Zylinderkopfdichtung kann jetzt auf den Motorblock aufgelegt werden. Zylinderkopf aufsetzen und Zylinderkopfschrauben eindrehen. Die Schrauben werden in der im Bild auf der Vorseite gezeigten Reihenfolge angezogen: 1. Durchgang: **30 – 35 Nm**. 2. Durchgang: **60 – 65 Nm**. Jetzt **20 min** warten; die Dichtung setzt sich. Inzwischen Ventile einstellen. Motor auf Betriebstemperatur bringen. Anschließend bei warmer oder kalter Maschine alle Schrauben um **20 – 30**° (Winkelmesser danebenhalten) weiterdrehen. Nachziehen ist nicht erforderlich.
Der übrige Zusammenbau erfolgt wieder in der sinngemäß umgekehrten Reihenfolge wie das Zerlegen. Zu beachten ist, daß der Gaszug neu eingestellt werden muß (Seite 98 bzw. 107); bei entsprechend ausgestatteten Wagen auch der Zug zum Automatikgetriebe (Seite 117). Kühlsystem nach dem Befüllen entlüften (Seite 67). Auspuffabstützung am Getriebe wieder spannungsfrei einbauen (Seite 63).

Nockenwelle und Kipphebelwellen ausbauen

Sowohl die Nockenwelle als auch die Kipphebelwellen lassen sich nur bei ausgebautem Zylinderkopf ausbauen. So können also die Ventilschaftabdichtungen, die Ventilfedern und die Kipphebel nur nach dieser umfangreichen Arbeit ausgewechselt werden. Neben den bereits angesprochenen Arbeiten müssen die Kipphebelwellen auch zum Austauschen oder Einschleifen der Ventile demontiert werden.
Hier die Arbeitsreihenfolge in Stichworten: Zylinderkopf abbauen (Seite 57), und auf eine saubere, nicht zu harte Unterlage stellen (Lappen, Holztisch). Ölleitung oben im Zylinderkopf abschrauben. Zahnriemenrad von der Nockenwelle abbauen. Die Verschlußstopfen im Zylinderkopf vor den Kipphebelwellen herausziehen. Ganz vorn am Zylinderkopf hält ein Blechbügel – das Spurblech – die Kipphebelwellen in der richtigen Lage; dieser Bügel muß herausgehebelt werden. Alle Federklammern über den Kipphebeln herausziehen. Zum Durchdrehen der Nockenwelle die Anlagescheibe und den Vierkant-Adapter wieder an die Nockenwellen anschrauben. Die Exzenter aller Kipphebel auf größtes Spiel einstellen oder die Exzenter ganz ausbauen. Nockenwelle jetzt so lange drehen, bis die Kipphebel des 6. (also hintersten) Zylinders auf Überschneidung stehen. Kipphebel des 1. Zylinders so weit wie möglich nach hinten schieben, damit die Ventilfedern entlastet werden. Nockenwelle jetzt so weit zur Einlaßseite hin weiterdrehen, bis alle Kipphebel der Auslaßseite entspannt sind. Kipphebelachse herausziehen oder vorsichtig mit langem Messingdorn herausklopfen.
Nockenwelle nun so lange zur Auslaßseite hin verdrehen, bis alle Kipphebel der Einlaßseite entlastet sind. Kipphebelachse in gleicher Weise ausbauen. Zum Ausbau der Nockenwelle werden der Vierkant-Adapter und die Anlagescheibe wieder abgeschraubt. Sodann die beiden Schrauben am Spurdeckel am Zylinderkopf herausdrehen. Spurdeckel abnehmen und Nockenwelle herausziehen.
Zum Wiedereinbau der Nockenwelle muß der Rundschnur-Dichtring hinter dem Spurdeckel und der Radialdichtring im Spurdeckel kontrolliert bzw. ersetzt werden. Beim Aufsetzen des Spurdeckels sehr vorsichtig zu Werke gehen, damit die Dichtlippe der Radialdichtung nicht beschädigt wird.

Hier sind die Funktionszusammenhänge im Ventiltrieb gut zu sehen: Der Kipphebel (1) drückt von oben auf den Ventilschaft (3) und schiebt den Ventilteller nach unten. Dieser Bewegung steht die Kraft der Ventilfeder (2) entgegen, die über die (hier herausgenommenen) Haltekeile (5) auf den Ventilschaft wirkt und so das Ventil wieder schließen kann. Die Ventilschaftabdichtung (6) wird auf die Ventilführung aufgepreßt und verhindert so, daß Öl entlang der Ventilschäfte in den Brennraum gelangen kann.

Beim Einbau der Kipphebelwellen gilt es zu beachten, daß die Nuten vorn an den Wellen so zu liegen kommen, daß anschließend das Spurblech in sie eingreifen kann. Die großen Ölbohrungen der Kipphebelwellen müssen zur Ventilführung hin zeigen. Beim Fixieren der Kipphebel mit den Blechspangen muß die flache Seite an der Spange in die dafür vorgesehene Nut der Kipphebelwelle gesteckt werden.

Ventile einschleifen

Haben Kompressionsdruckprüfung und Druckverlusttest ergeben, daß die Ventile nicht genügend abdichten, bringt Nachfräsen der Ventilsitze und Einschleifen der Ventile wieder Besserung. Dazu gehört allerdings ein hohes Maß an Sachkenntnis, so daß Sie sich gut überlegen sollten, ob Sie diese Arbeit selbst machen wollen oder sie nicht einer Fachwerkstatt überlassen sollen. Ein Weg, der Kosten und vielleicht zusätzlich Ärger erspart, wäre beispielsweise, den selbst abgebauten Zylinderkopf in die Werkstatt zu bringen und dort die Ventile nachsehen zu lassen. Wer sich die Sache dennoch zutraut, findet im nachfolgenden Text stichwortartig die Anleitung:
Als erstes wird der Zylinderkopf abgenommen, wie auf Seite 57 beschrieben. Jetzt Nockenwelle und Kipphebel demontieren, siehe vorigen Abschnitt. Die Ventilfedern sind nun frei zugänglich. Sie müssen niedergedrückt werden, damit die beiden Ventilhaltekeile oben im Ventilfederteller (beide Teile sehen Sie im Bild oben) herausgenommen werden können. Wenn Sie sich nicht die BMW-Vorrichtung 11 1060 zum Zusammendrücken der Federn besorgen können, hilft Ihnen der im Bild unten beschriebene Trick weiter.
Jetzt geht es an den Ventil-Ausbau: Legen Sie den Zylinderkopf auf einen sauberen Holztisch, damit die Dichtfläche nicht verkratzt wird, und packen Sie in den Brennraum

Dieser – hier an einem anderen BMW-Motor gezeigte – Trick hilft Ihnen beim Ausbau der Ventile ohne Spezialwerkzeug: Ein Querstab (hier wurde ein Gabelschlüssel –1– verwendet) wird mit zwei durch die Zylinderkopfschraubenlöcher gesteckten Schrauben (2 und 5) in Höhe des auszubauenden Ventils befestigt. Hierbei gilt es darauf zu achten, daß die gegengeschraubten Muttern die Zylinderkopf-Dichtfläche nicht beschädigen. Jetzt kann mit einem zweiten Gabelschlüssel (3) der obere Ventilfederteller (4) leichter niedergedrückt werden, denn wir können nun die Hebelwirkung ausnutzen. Noch leichter geht es, wenn – wie hier gezeigt – ein Lappen zwischen Hand und Gabelschlüssel vor allzu unsanfter Metallberührung beim Hochziehen schützt.

Vor dem Aufsetzen der Ventilschaftabdichtung (2) muß der Ventilfederteller (4) über die Ventilführung (3) gestülpt werden. Erst dann dürfen Sie die Dichtkappe mit einem passenden Rohrstück oder – wie hier – mit einem Steckschlüssel (1) vorsichtig bis zum Anschlag festdrücken. Diese Reihenfolge ergibt sich zwangsläufig aus der Tatsache, daß der Innendurchmesser des Federtellers kleiner ist als der Außendurchmesser der Ventilschaftabdekkung.

des ersten Zylinders, aus dem Sie ein Ventil demontieren wollen, einen festen Lappen oder ein passendes Holzstückchen. So kann das Ventil nicht ausweichen, während Sie von oben drücken. Dem oberen Ventilfederteller versetzen Sie jetzt einen leichten Schlag mit dem Kunststoffhammer, damit sich die evtl. festgebackenen Keile lösen. Nun wird die Feder mit der BMW-Vorrichtung oder mit dem Gabelschlüssel am oberen Federteller zusammengedrückt. Die Haltekeile können jetzt von einem Helfer mit einer feinen Zange oder einem Schraubenzieher aus den Nuten am Ventilschaft gepolkt und abgenommen werden. Der Helfer muß übrigens, während Sie drücken, auch den Zylinderkopf halten, sonst kippt er oder rutscht ab. Sind beide Ventilkeile abgenommen, kann die Feder wieder entlastet werden. Ventil nach unten aus der Führung ziehen und die Ventilschaftabdichtung (siehe Bild oben auf der Vorseite) abhebeln – Sie brauchen anschließend neue!

Zylinderkopf jetzt umdrehen und auf die Oberseite legen. Ventilteller von Verbrennungsrückständen reinigen. Kontrollieren Sie bei dieser Gelegenheit, ob der Ventilteller Risse oder sonstige Beschädigungen (z. B. Schlagspuren) aufweist. Besonderes Augenmerk ist dabei auf den Ventilsitz – also die eigentliche Dichtfläche – zu richten. Des weiteren muß die Randdicke der Ventile nachgemessen werden (siehe Zeichnung unten). Dünner als 1,2 mm darf der Ventiltellerrand an Ein- und Auslaßventilen nicht sein. Defekte Ventile unbedingt ersetzen!

Der Ventilsitz im Zylinderkopf soll jetzt mit einem speziell geformten Fräser in der Werkstatt nachgearbeitet werden, doch genügt in den meisten Fällen – sofern er keinen größeren Schaden genommen hat – Nachschleifen allein vollkommen. Zum Einschleifen wird die Dichtfläche am Ventil mit Schleifpaste bestrichen und das Ventil wieder in den Zylinderkopf eingesetzt. Dabei darf keine Schleifpaste in die Ventilführung geraten! Einen »Ventilsauger« (aus dem Zubehörhandel) auf dem Ventilteller ansetzen und so lange hin und her drehen, bis sich die Dichtfläche durch helles Glänzen von den übrigen Flächen abhebt. Die geschliffene Fläche soll am Einlaßventil etwa

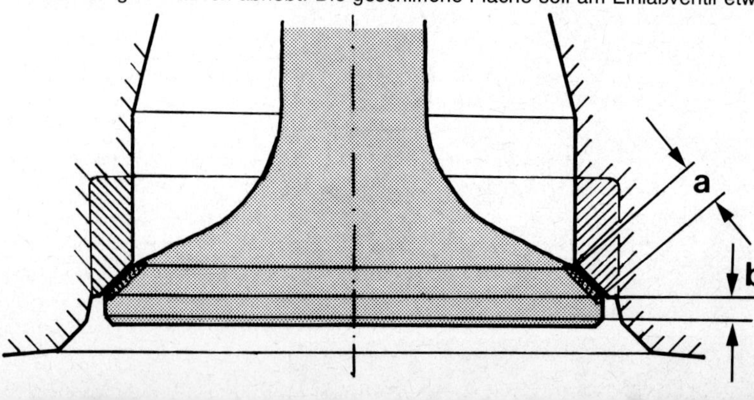

Wichtige Maße zum Einschleifen der Ventile: Die Randdicke »b« soll bei Einlaß- und Auslaßventilen nicht geringer als 1,2 mm sein. Die ringförmige Dichtfläche soll nach dem Einschleifen etwa eine Breite »a« von 1,9 mm (Einlaßventil) bzw. 1,6 mm (Auslaßventil) aufweisen.

1,9 mm und am Auslaßventil etwa 1,6 mm breit sein. Außerdem wichtig: Nur so weit nachschleifen, daß die Randdicke nicht um mehr als 0,2 mm abnimmt!
Das fertig eingeschliffene Ventil kann nach peinlich genauem Entfernen der Schleifpaste wieder in die zuvor leicht geölte Ventilführung eingeschoben werden. Zylinderkopf umdrehen, Lappen oder Holzklotz unterlegen, damit das Ventil nicht wieder nach unten herausrutscht.
Nach dem Aufsetzen des unteren Ventilfedertellers kann die (neue!) leicht eingeölte Ventilschaftabdichtung von oben auf die Ventilführung gedrückt werden. Damit die Dichtlippe an den Nuten im Ventilschaft keinen Schaden nimmt, verwendet die BMW-Werkstatt Montagehülsen der Fa. Cartool, Unterer Grasweg 88, 8070 Ingolstadt. Sie werden auf das herausragende Schaftende gesteckt, bis die Schaftabdekkung darübergeschoben wurde. Bei absolut gratfreien Nuten und bei vorsichtiger Arbeitsweise geht es auch ohne diese Hülsen. Auf der Ventilschaftabdichtung jetzt ein passendes Rohrstückchen oder einen Steckschlüssel ansetzen und die Dichtung bis zum Festsitz auf die Ventilführung aufklopfen. Ventilfeder aufsetzen. Vorsicht, sie ist progressiv gewickelt; die Seite mit den engeren Wicklungen muß zum Zylinderkopf zeigen. Oberen Federteller auflegen, Feder niederdrücken, Haltekeile wieder einsetzen und Feder langsam entlasten, bis die Keile richtig sitzen.
In gleicher Weise werden die übrigen Ventile eingeschliffen. Wer ganz sicher gehen will, kann die Dichtheit der Ventile prüfen, indem er bei umgedrehtem Zylinderkopf Benzin in die Brennräume gießt. Sind die Ventile dicht, läuft nichts aus.

Motordefekt

Überholung oder Austausch?

Quittiert der Motor des BMW nach langer Treue eines Tages seinen Dienst, so haben Sie zwei Möglichkeiten, dem Wagen wieder Selbstbewegung zu verleihen: Austausch des kompletten Aggregats mit den beschädigten oder verschlissenen Teilen oder Überholung einzelner Teile. Welche Version in Ihrem Fall sinnvoll ist, hängt vom Ausmaß des Schadens, der bisherigen Kilometerleistung und nicht zuletzt davon ab, wie lange Sie Ihren BMW noch behalten wollen. Zuerst einmal die Austauschmöglichkeiten: Hat der Motor schon eine gehörige Laufleistung auf dem Buckel, so daß eigentlich eine Generalüberholung fällig wäre, sind Sie bei einem Motordefekt mit einem Austauschmotor am besten bedient. Ein solches Aggregat ist von Grund auf überholt und mit zahlreichen Neuteilen wie Zylinderkopf, Kolben, Kurbelwelle, Lager, Ventilführungen, Kipphebel und Kipphebelwellen ausgestattet. Die vom Altmotor übernommenen Teile wurden im Werk erst nach genauester Prüfung eingebaut. Die Zusatzaggregate, wie Lichtmaschine, Anlasser, Verteiler usw. sind allerdings im Austauschpreis nicht inbegriffen und müssen vom alten Motor übernommen werden. BMW liefert übrigens immer nur die gleiche Motorvariante im Tausch.
Bei kleineren Schäden oder geringer Laufleistung ist eine Überholung des Motors preisgünstiger, etwa dann, wenn nur die Ventile eingeschliffen oder Ventilführungen oder -sitzringe ersetzt werden müssen. Spezielle Kolbenringe (»Goetze-Paßformringe«) werden eingebaut, wenn die Kompression aufgrund unrunder Zylinder nachgelassen hat (oft muß jedoch die Zylinderlaufbahn geschliffen werden). Auch die Kurbelwelle können Sie neu lagern lassen.
Bei solchen Reparaturen, die neben größeren BMW-Werkstätten (kleinere sind dafür oft nicht gerüstet) auch spezielle Motor-Instandsetzungsbetriebe ausführen, müssen Sie allerdings einige Tage auf Ihren BMW verzichten können.

Den Motor selbst wechseln?

Statt eines Austauschmotors oder eines überholten Triebwerks können Sie sich auch einen preiswerten Gebrauchtmotor aus einem Unfallfahrzeug besorgen. Für den Selbsteinbau ist aber schon ganz erhebliches Geschick und Fachwissen vonnöten, weshalb die Mithilfe eines geübten Mechanikers dringend anzuraten ist. Zum Ausbau müssen Sie sich einen Flaschenzug besorgen; von Hand läßt sich der Motor – zumal

wenn man achtgeben muß, um nicht andere Teile zu beschädigen – auch nicht von mehreren Männern aus dem Motorraum hieven. Ferner sollten Sie sich Gedanken dazu machen, wo Sie den Flaschenzug in ausreichender Höhe stabil einhängen können.
Im folgenden Abschnitt finden Sie die wichtigsten Schritte zum Ausbau des Motors erklärt.

Motorausbau

Vergasermotor: Getriebe ausbauen (Seite 115). Motorhaube abbauen (Seite 213). Luftfilter komplett demontieren (Seite 89). Kühler ausbauen (Seite 70). Ausgleichsbehälter abschrauben. Minus- und Pluskabel von der Batterie abklemmen, gleichzeitig das dünnere Kabel vom Plus-Polschuh abbauen. Benzinleitungen für Vor- und Rücklauf am Kraftstoff-Rücklaufventil abziehen (im Zweifelsfall vorher bezeichnen). Gaszug aushängen und vom Gegenlager abschrauben. Unterdruckschlauch zum Bremskraftverstärker am Ansaugkrümmer lösen. Wasserschläuche von der Heizung zum Ansaugkrümmer und zum Zylinderkopf demontieren. Kabelstecker am Zündgerät (wo vorhanden) herausziehen, nachdem die Gummischutzhülle zurückgeschoben wurde. Lage der Kabel am Vorwiderstand bezeichnen und Kabel abziehen. Mehrfachstecker am Stromverteilerkasten herausziehen, und Kabelbaum aus den Blechhaken heben. Massekabel nahe des linken Motorlagers abschrauben.
Nun zwei Ketten oder stabile Hanfseile vorn am Motor durch die Öse vor dem Ventildeckel und hinten durch die Öse oberhalb des Anlassers ziehen und mit den Haken des Flaschenzugs verbinden. Motor mit dem Flaschenzug aus dem Motorraum heben.
Einspritzmotor, zusätzliche Arbeiten: Zu den bereits beschriebenen Arbeitsgängen kommen beim Einspritzmotor noch die folgenden Schritte: Ansaughutze komplett ausbauen. Alle Leitungen am Gemischregler nach ihrer Lage bezeichnen und zusammen mit den Einspritzleitungen abschrauben. Zwei Haltemuttern am Gemischregler lockern und diesen samt Luftfilter nach oben herausziehen. Gaszug am Drosselklappenstutzen aushängen und vom Gegenlager abschrauben. Unterdruckschlauch zum Bremskraftverstärker am Sammelsaugrohr lösen. Wasserschläuche zur Heizung an der hinteren Motorraumwand abbauen.
Einbau: Auch hier funktioniert der Einbau natürlich wieder umgekehrt wie der Ausbau. Wenn Sie beim Ausbau – das gilt vor allem für den Einspritzermotor – alle Kabel und Leitungen gut bezeichnet haben, kann beim Einbau eigentlich nichts schiefgehen. Gaszug einstellen nicht vergessen (Seite 98 bzw. 107)!

Muttern und Schrauben am Motor nachziehen

Wartungspunkt Nr. 33

Vibrationen, hervorgerufen durch den Lauf des Motors oder durch unebene Straßen, sorgen manchmal dafür, daß sich einige Schrauben oder Muttern lockern. Dem will diese BMW-Wartungsanweisung zuvorkommen. Mit etwas Gefühl für Drehmomente können Sie diesen Wartungspunkt auch selbst ausführen. Geht Ihnen das nötige Fingerspitzengefühl ab, lassen Sie die Schrauben am besten die Werkstatt nachziehen, die auch über die richtigen Drehmomentangaben verfügt. Wichtig sind vor allem die Muttern am Auspuffkrümmer, zu deren Kontrolle muß allerdings das Blech über den Krümmern ausgebaut werden. Sie lockern sich durch die hohen Temperaturunterschiede besonders gern.

Die Auspuffanlage

Unsere beiden Sechszylinder haben unterschiedliche Auspuffanlagen, äußerlich daran erkennbar, daß der BMW 323i zwei Auspuff-Endrohre an seinem Heck zeigt, während der 320 nur eines davon aufweisen kann.
Sehen wir uns den Verlauf der Auspuffanlage einmal genauer an: Von den Brennräumen aus gelangen die Auspuffgase in den Auspuffkrümmer, der aus zwei Teilen besteht und die Gase der vorderen drei und der hinteren drei Zylindern jeweils in ein ge-

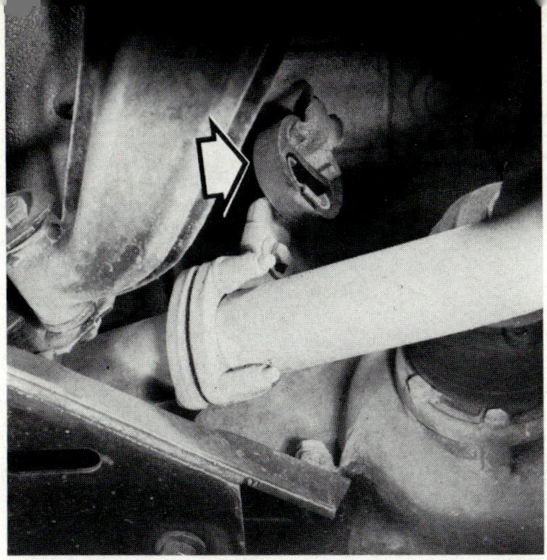

Eine der elastischen Aufhängungen der Auspuffanlage befindet sich hier in Höhe der Hinterachswellen unter dem Wagenboden. Der Pfeil zeigt auf die speziell geformte Gummischlaufe, die dafür sorgt, daß der Auspuff zwar stabil aufgehängt ist, aber trotzdem keine Schwingungen auf die Karosserie überträgt. Weitere Gummischlaufen finden sich am hinteren Auspufftopf (bzw. den Auspufftöpfen). Diese Gummi-Formteile dürfen allenfalls als Notbehelf durch Draht oder Auspuffhalterungen von anderen Fabrikaten ersetzt werden. Denn Sie laufen sonst Gefahr, daß der Auspuff unangenehm brummt oder unter Spannung und Vibrationen irgendwann abbricht. Gleiches geschieht natürlich auch, wenn die Original-Schlaufen verspannt sitzen.

sondertes Rohr leitet. Diese führen in den Hauptschalldämpfer, der etwa in Wagenmitte angeordnet ist. Ab hier unterscheiden sich die Auspuffanlagen des 320 und des 323i: Beim 320er führt vom Hauptschalldämpfer aus ein einzelnes Rohr zwischen den Tankhälften durch und oberhalb des Hinterachsträgers vorbei zur linken Wagenseite, wo es in den Nachschalldämpfer mündet, der die Auspuffgase anschließend ins Freie entläßt.
Beim 323i gehen bei gleicher Verlegung zwei Rohre vom Hauptschalldämpfer aus. Hinter der Hinterachse teilen sich die beiden Rohre: Eines führt, wie beim BMW 320 zum Nachschalldämpfer an der linken Wagenseite, während das zweite in einem großen Bogen zum Nachschalldämpfer auf der rechten Seite geht.

Zustand und Befestigung der Auspuffanlage kontrollieren

Wartungspunkt Nr. 31

Die beiden vom Auspuffkrümmer des Motors aus unter den Wagenboden führenden Rohre sind über ein Halteblech starr mit dem Getriebegehäuse verschraubt. Sonst ist die Auspuffanlage jedoch nirgends mehr fest mit dem Wagen verbunden. Zur Geräusch- und Vibrationsminderung hängt sie statt dessen in Gummischlaufen, die allerdings im Laufe der Zeit brüchig werden und reißen. Wechseln Sie rissig gewordene Gummis lieber gleich aus, sie halten nicht mehr lange!
Ob die Auspuffanlage dicht ist, läßt sich leicht prüfen: Halten Sie bei laufendem Motor das (beim 323i: die) Auspuffrohr(e) mit einem Lappen zu; der Motor muß nach kurzer Zeit stehen bleiben. Läuft er jedoch weiter, verrät sich die undichte Stelle durch zischende Geräusche.

Auspuffanlage erneuern

Die Auspuffanlage unserer BMW-Modelle läßt sich in relativ viele Einzelteile zerlegen, so daß bei einem durchgerosteten Teil nicht gleich die ganze Anlage erneuert werden muß. Außerdem sind alle Teile schraubbar; man kann also auch ohne Schweißgerät arbeiten, was dem Selbstpfleger sehr entgegenkommt. Gleich vorab ein Tip: Wenn Sie die neue Auspuffanlage einbauen, sollten Sie die Gewinde der Verschraubungen mit der auf Seite 25 besprochenen Spezialpaste bestreichen. Dann gibt's nie wieder Probleme mit eingerosteten Muttern.
Nun zum Ausbau: Vordere Auspuffrohre am Auspuffkrümmer abschrauben (je drei Muttern). Auspuff-Befestigungsbügel am Getriebe abschrauben. Vordere Auspuffrohre an den Flanschen zum Vorschalldämpfer lösen. Den (bzw. die) Nachschalldämpfer vom Vorschalldämpfer abschrauben und aus den Gummilaschen aushängen.
Vor dem Einbau das Anschlaggummi oben zwischen den Haken für die Gummischlaufen an der Karosserie überprüfen. Ist es abgenutzt, muß es ausgetauscht werden.

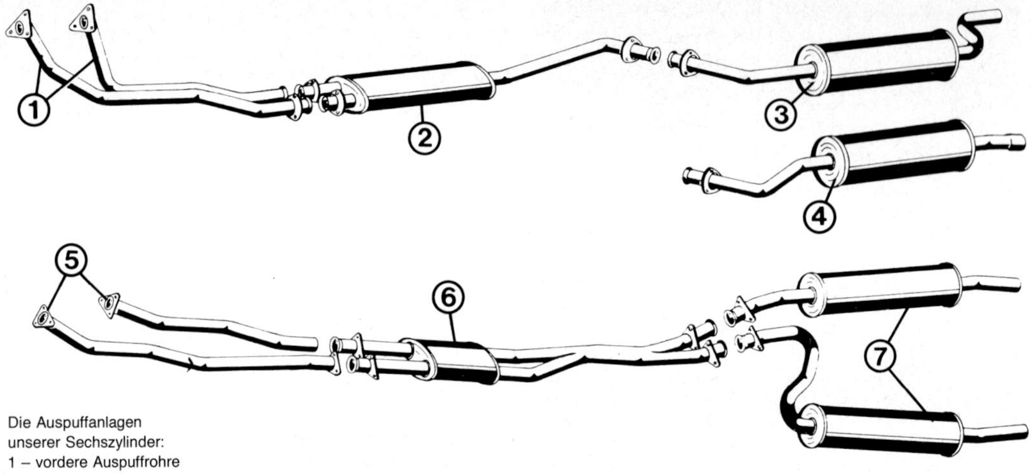

Die Auspuffanlagen unserer Sechszylinder: 1 – vordere Auspuffrohre BMW 320; 2 – Vorschalldämpfer BMW 320; 3 – Nachschalldämpfer BMW 320 bis Fahrgestell-Nr. 6 651 309 und BMW 320 A bis Fahrgestell-Nr. 6 707 234; 4 – Nachschalldämpfer für BMW 320 mit späterer Fahrgestell-Nr.; 5 – vordere Auspuffrohre BMW 323i; 6 – Vorschalldämpfer BMW 323i; 7 – beide Nachschalldämpfer BMW 323i.

Halter des Nachschalldämpfers von der alten Anlage abschrauben und an der neuen montieren. Verwenden Sie möglichst neue Gummilaschen, neue Dichtungen und neue Schrauben. Anlage jetzt provisorisch einbauen, aber noch nicht festziehen. Auspuff-Befestigungsbügel von der alten Auspuffanlage umbauen; beim Einbau muß er spannungsfrei an die vorderen Auspuffrohre angeschraubt werden. Erst dann mit dem Getriebe verschrauben. Auch den Vorschalldämpfer spannungsfrei anschrauben. Nachschalldämpfer jetzt so ausrichten, daß er (bzw. sie) nirgendwo anschlagen kann (bzw. können). Darauf achten, daß das Endrohr sauber im Karosserieausschnitt sitzt, und erst dann die Muttern am Flansch richtig festziehen.

Die Auspuffgase

Bei der Verbrennung von Benzin, das im wesentlichen aus den Elementen Kohlenstoff und Wasserstoff besteht, verbindet sich der Kohlenstoff mit dem Luftsauerstoff zu Kohlendioxid und der Wasserstoff vereinigt sich mit Sauerstoff zu Wasser. Aus einem Liter Benzin entstehen rund 0,9 Liter Wasser, das Sie aber gewöhnlich nicht sehen, da es durch die Verbrennungswärme unsichtbar-dampfförmig dem Auspuff entweicht. Nur in der kalten Jahreszeit und vor allem gleich nach dem Kaltstart sehen Sie weiße Auspuffwölkchen vom kondensierenden Wasser. Das ist normal und unbedenklich. Bei warmgefahrenem Motor und normalen Außentemperaturen kann eine weiße Auspuffahne aber auf die durchgebrannte Zylinderkopfdichtung hinweisen.
Im übrigen kann man aus der Farbe der Auspuffgase auf den Zustand des Motors schließen.

■ Schwärzliche Gase bedeuten, daß die Verbrennung wegen Luftmangel oder Kraftstoffüberschuß unvollständig ist. Der Leerlauf kann auch zu fett eingestellt sein.

■ Bläuliche Gase lassen erkennen, daß Öl durch verschlissene Ventilführungen oder -schaftabdichtungen oder undichte Kolben bzw. Kolbenringe in die Verbrennungsräume gerät und dort mitverbrannt wird. Oder der Motor wurde mit Öl überfüllt, das über die Kurbelgehäuse-Entlüftung und das Luftfilter zur Verbrennung in die Brennräume gelangt.

■ Unsichtbar bleibt das bei der Verbrennung entstehende Kohlendioxid und das gefährliche, weil giftige Kohlenmonoxid. Deshalb nie in der geschlossenen Garage den Motor laufen lassen!

Bei Kurzstreckenverkehr wird der Auspuff innen schwarz gefärbt sein. Der Motor kommt – was sich freilich nicht vermeiden läßt – nur langsam auf die volle Betriebstemperatur, und durch viel Leerlauf liegt Kraftstoffüberschuß vor. Nach Überlandfahrten soll das Auspuffrohr innen hellgrau bis hellbraun gefärbt sein.

Wasser marsch!

So angenehm uns eine zusätzliche Wärmequelle im Winter ist, so entbehrlich erscheint sie uns, wenn wir sommers im Auto schwitzen. Unserem Motor ist es allerdings egal, was wir von der Wärme halten; wenn er läuft, produziert er sie nun mal – ob uns das paßt oder nicht. Das liegt daran, daß er etwa 75% der ihm zugeführten Energie in Wärme umwandelt und nur 25% in Antriebsleistung. Diese Verbrennungswärme abzuführen, ist Aufgabe des Kühlsystems in unserem BMW. Ohne Kühlung würde unser Motor schon nach kurzer Betriebszeit an seiner selbsterzeugten Hitze zugrunde gehen. Motorblock und Zylinderkopf würden unter den hohen Temperaturen reißen, die Kolben und Wellen würden sich festfressen. Wie man sieht, ist also der Aufwand zum Kühlen im Interesse der Selbsterhaltung durchaus gerechtfertigt.
Die Wasserkühlung unseres BMW hat aber auch noch zwei Nebeneffekte, die uns das Leben im Auto etwas verschönern: Das aufgeheizte Kühlmittel sorgt im Winter für einen angenehm warmen Fahrgastraum, und zudem wirkt der »Kühlwassermantel« um den Motor etwas lärmisolierend.

So wird gekühlt

Schon aus Gewichtsgründen stehen in unseren Sechszylindern nur 12 Liter Kühlmittel zur Verfügung. Diese Wassermenge hätte der Motor schnell aufgeheizt, würde sie nicht ständig im Kühler vom dort vorbeistreichenden Fahrtwind oder dem Ventilator-Luftstrom abgekühlt.
Zu viel Kühlung ist jedoch auch schädlich. Der Motor würde zu lange brauchen, um auf Betriebstemperatur zu kommen, und in der kalten Jahreszeit würde er wohl überhaupt nicht richtig warm werden. Deshalb regelt der Thermostat den Kühlwasserstrom und sorgt dafür, daß der Motor schnell auf Temperatur kommt, aber unter Last nicht überhitzt (die nähere Beschreibung finden Sie auf Seite 71).
Damit das Kühlmittel auch schnell genug durch den Motor fließen kann, ist in jedem modernen Automobil eine Wasserpumpe eingebaut. Auf ihrer Rückseite dreht sich, angetrieben durch den Keilriemen, ein Schaufelrad, das den Strom beschleunigt.
Beim BMW 320 fließt das heiße Kühlmittel auch durch den Ansaugkrümmer. Er wird beheizt, damit das vom Vergaser kommende Kraftstoff-Luft-Gemisch nicht an den Wänden der Ansaugrohre kondensieren kann. Der Leerlauf wird so gleichmäßiger und die Abgaswerte sind günstiger. Beim 323i ist das nicht nötig, denn er bekommt seinen Kraftstoff unmittelbar vor den Einlaßventilen eingespritzt.
Auch im Vergaser des BMW 320 wirkt das Kühlmittel: Es steuert mit seiner Temperatur die Schließ- bzw. Öffnungszeit der Startautomatik und des TN-Starters. Nicht zuletzt sorgt das aufgeheizte Kühlmittel, wie schon erwähnt, im Heizungskühler für eine angenehme Temperierung des Fahrgastraums.

Überdruck-Kühlsystem

Wie bereits gesagt, faßt das Kühlsystem unserer BMW nur **12 Liter**. Bei scharfer Fahrt oder im Hochgebirge wäre diese Kühlflüssigkeitsmenge schnell am Kochen, wäre nicht das gesamte System unter Druck gesetzt. Bei höherem Druck kocht das Wasser ja bekanntlich erst bei weit über 100° C.

Im BMW-Kühlsystem herrscht deshalb ein Überdruck von etwa **1 bar**, was die Siedetemperatur von 100° C auf 120° C erhöht. So kann die für den Motor günstige Betriebstemperatur von etwa 100° C ohne Kochgefahr eingehalten werden. Das unter Druck gesetzte Wasser transportiert außerdem mehr Wärme ab.
Verantwortlich für den richtigen Druck im Kühlsystem ist der Verschlußdeckel am Ausgleichsbehälter, für das Einregeln der richtigen Temperatur sorgt der Thermostat.

Stand der Kühlflüssigkeit und Frostschutz prüfen

Wartungspunkt Nr. 11

Das Kontrollieren des Kühlmittelstands ist Ihnen beim BMW leicht gemacht; durch den milchig-durchsichtigen Ausgleichsbehälter ist er gut zu erkennen. Die Flüssigkeit soll bei kaltem Motor bis zur Markierung auf dem Gehäuse (siehe Bild Seite 69) reichen, höchstens aber bis etwa 2 cm unterhalb des Verschlußdeckels. Mehr einzufüllen wäre sinnlos und auch falsch, denn das warme Wasser dehnt sich aus, und die überschüssige Menge wird dann zum Druckventil des Verschlußdeckels hinausgepreßt.
Wir haben bisher das Wort »Kühlwasser« bewußt zu vermeiden versucht und das nicht ohne Grund, denn in Wirklichkeit besteht das Kühlmittel ja aus einer Mischung aus Frost- und Korrosionsschutz und Wasser. Bereits ab Werk erhielt der BMW eine Kühlflüssigkeitsmischung aus **7,2 Liter kalkarmem Wasser und 4,8 Liter Frostschutz**. Damit reicht die Frostfestigkeit bis etwa –25° C – also für mitteleuropäische Verhältnisse –, vorausgesetzt, man hat den Frostschutz nicht im Lauf des Jahres durch nachgefülltes Wasser verdünnt. Vor Beginn der ersten Frostnächte sollte daher die Konzentration des Gefrierschutzes überprüft werden, wie im Bild unten gezeigt.

Fingerzeige: *Bei kaltem Motor ist das Kühlsystem praktisch drucklos. Der Überdruck baut sich erst mit Erwärmung der Kühlflüssigkeit auf. Je heißer sie ist, um so vorsichtiger muß man beim Öffnen des Verschlußdeckels sein. Bester Schutz gegen Verbrühen: Dicken Lappen über den Deckel legen und diesen ganz langsam bis zur ersten Raste öffnen. So kann das Kühlsystem vom Überdruck befreit werden, ohne daß gleich heißes Wasser aus der Einfüllöffnung des Ausgleichsbehälters sprudelt. Denn erst das vom Überdruck befreite Wasser beginnt zu kochen und drückt dann aus der Einfüllöffnung. Ist der Druck entwichen, können Sie den Verschlußdeckel ganz öffnen.*
Mit völlig kalkfreiem Wasser, Regenwasser, destilliertem (kondensiertem) oder entsalztem (ionengetauschtem) Wasser tun Sie Ihrer Kühlanlage keinen Gefallen. Diese Wasserarten wirken aggressiver als normales, kalkarmes Trinkwasser, da ihnen die natürlichen neutralisierenden Stoffe fehlen.
Falls Sie unterwegs erhebliche Wassermengen aus dem Kühlsystem verloren haben, soll bei heißer Maschine kein kaltes Wasser nachgegossen werden, denn der Zylinderkopf kann sich verziehen oder gar Spannungsrisse bekommen. Kleinere Was-

Zum Nachprüfen der Kühlmittel-Frostfestigkeit braucht man einen sogenannten Hebe-Messer, der je nach Ausführung mit einer Spindel – oder wie hier – mit Zeigern versehen ist. Ein ähnliches Gerät wie das hier gezeigte können Sie sich selbst kaufen, aber jede Tankstelle oder Werkstatt hilft Ihnen auch gerne aus.
Zur Prüfung saugt man etwas Flüssigkeit aus dem Ausgleichsbehälter ab. Die Spindel bzw. der Zeiger taucht dann je nach dem spezifischen Gewicht der Kühlflüssigkeit mehr oder minder tief ein, und man kann an einer Skala die Frostfestigkeit direkt ablesen. Bis –25° C sollte der Gefrierschutz reichen.

Hier sitzt die im Text erwähnte Kühlmittel-Ablaßschraube am Motor (Pfeil). Sie braucht allerdings nur dann herausgedreht zu werden, wenn das Kühlsystem völlig entleert werden soll. An die Schraube kommen Sie heran, wenn Sie von oben im Motorraum hinter den Auspuffrohren durchfassen oder aber von unterhalb des Wagens.

sermengen dürfen aber auch bei warmem Motor nachgegossen werden, denn dann vermischt sich heißes und kaltes Wasser bereits im Ausgleichsbehälter.

Wie wird frostgeschützt?

Als Frostschutz dient gewöhnlich Äthylenglykol, eine Flüssigkeit auf Alkoholbasis, die nicht verdampft oder verdunstet. Genauso wichtig wie der Frostschutz ist im Kühlmittel auch der Korrosionsschutz, der verhindert, daß sich im Kühlsystem Kesselstein, Rost und andere Korrosionsprodukte bilden, die als schlechte Wärmeleiter die Kühlung vermindern – der Motor könnte überhitzt werden. Das werksseitig eingefüllte Kühlmittel mit Korrosionsschutz soll deshalb auch nicht im Frühjahr abgelassen und durch reines Wasser ersetzt werden. Zwar verschlechtert der Frostschutz die Wärmeabführung, aber andererseits erhöht er den Siedepunkt um etwa 5°.
BMW hat eine ganze Reihe von Gefrier- und Korrosionsschutzmitteln für die 3er-Modelle »freigegeben«. Da diese Angaben nur der Werkstatt vorliegen, finden Sie nachstehend einige der Gefrierschutzmittel aus der Liste aufgeführt: Agip F 1 Antifreeze, Aral Frostschutz, BP Frostschutz UT 184, Ecufreeze long life Typ H (Wenzel und Weidmann), Esso Kühlerfrostschutz, Genantin, Glysantin (BO 29 und 101), Gulf Antifreeze, Shell Antifreeze P 300. Im Hause BMW ist man mit Gefrierschutzmitteln etwas vorsichtig, weil minderwertige Kühlwasserzusätze zu Schäden an der Wasserpumpe führen können.

Kühlflüssigkeit wechseln

Wartungspunkt Nr. 67

Alle zwei Jahre – so empfiehlt es BMW – soll die Kühlflüssigkeit erneuert werden, weil die Korrosionsschutz-Zugaben allmählich unwirksam werden. Für den Flüssigkeitswechsel sollten Sie sich 5 Liter Frostschutz besorgen, den es meist in 1- oder 1,5-Liter-Dosen zu kaufen gibt (siehe voriger Abschnitt). Das alte Kühlmittel darf nicht einfach in den Gully gekippt werden, sondern muß in einem gesonderten Gefäß zum Sondermüll gegeben werden. Über Annahmestellen informiert die Stadt- oder Kreisverwaltung.

Kühlmittel ablassen

Zum Ablassen des Kühlmittels wird das Schlauchband um den unteren Wasserschlauch zum Kühler gelöst und der Schlauch abgezogen. Zusätzlich die Ablaßschraube SW 19 rechts hinten am Motorblock unterhalb des Auspuffkrümmers herausdrehen. Der Heizungshebel bzw. -drehknopf am Armaturenbrett muß in Stellung »Warm« stehen, damit durch das geöffnete Heizventil auch der Wärmetauscher der Heizung leerlaufen kann. Verschlußdeckel öffnen.

Kühlsystem neu befüllen und entlüften

Zum Wiedereinfüllen der Kühlflüssigkeit wird die Ablaßschraube wieder eingedreht, der untere Wasserschlauch zum Kühler wieder aufgesteckt und der Schlauchbinder festgezogen. Der Heizungshebel bzw. -regulierknopf muß wieder auf »Warm« stehen.

Wurde eine größere Menge Kühlflüssigkeit abgelassen, muß das Kühlsystem nach dem Wiederauffüllen entlüftet werden. Dazu wurde am Thermostatgehäuse eine kleine Madenschraube (Pfeil) angebracht, die Sie so lange geöffnet halten müssen, bis das Wasser blasenfrei austritt. Der Vorgang wird dann bei warmgefahrenem Motor wiederholt.

Zuerst wird das Gefrierschutzmittel eingegossen und dann das Wasser aufgefüllt. Wer die Kühlflüssigkeit in der warmen Jahreszeit wechselt, braucht sie nicht vorzumischen. Machen Sie die Arbeit aber erst vor der ersten Frostnacht, können sich Wasser und Frostschutzmittel möglicherweise nicht mehr genügend vermischen. Es bleiben Wassernester im Kühlsystem, die dann doch einfrieren. In diesem Fall den Frostschutz in einem sauberen Eimer tüchtig durchrühren, bevor die Mischung ins Kühlsystem gefüllt wird.

Die neu befüllte Kühlanlage muß anschließend entlüftet werden (das Entlüften wird auch nötig, wenn nur ein Teil des Kühlwassers abgelassen wurde). Dazu wird die Madenschraube (siehe Bild oben) im Thermostatgehäuse geöffnet und so lange Wasser in den Ausgleichsbehälter eingefüllt, bis das Kühlmittel blasenfrei am Entlüftungsschlitz austritt. Schraube wieder verschließen, Motor starten und warmfahren. Kontrollieren Sie dabei, ob die Heizung Warmluft liefert. Nun wird der Verschlußdeckel wieder abgeschraubt und die Entlüftungsschraube nochmals geöffnet, dazu lassen Sie den Motor bei etwa 4000/min drehen. Tritt das Kühlmittel auch diesmal ohne Luftblasen aus, Schraube wieder zudrehen und das Wasser im Ausgleichsbehälter ergänzen.

Diese etwas umständliche Entlüftungsprozedur darf keinesfalls übergangen werden, da sonst Luftblasen im Kühlsystem verbleiben können, die zu Überhitzungserscheinungen am Motor führen können.

Fingerzeige: *Wer ganz auf Nummer Sicher gehen will, kann der Kühlflüssigkeit noch ein Veredlungsmittel (Korrosionsschutzöl) zugeben, z. B. Ecubsol Korrex, Fuchs Anticorit MKR oder Shell Donax C. Für das BMW-Kühlsystem empfehlen sich etwa 120 cm³ Zusatz.*

Zur Behebung von kleineren Undichtigkeiten im Kühlsystem hat sich das Mehrzweckmittel »5 in 1« (Bezugsquellennachweis: Firma Munz, Oelser Straße 17, 7450 Hechingen) sehr gut bewährt. Es dient aber auch als zusätzlicher Korrosionsschutz, schmiert die an sich wartungsfreie Wasserpumpe und hält Thermostat und Heizventil beweglich.

Strömungsgeräusche in der Heizung können nur durch besonders sorgfältiges Entlüften beseitigt werden. Bei BMW kennt man dazu folgenden Trick: Ausgleichsbehälter bis zum Rand füllen, Heizungshebel bzw. -drehknopf in Stellung »Warm«, den Wagen vorne etwa einen halben Meter anheben und den Motor dann mit ca. 3000/min eine Minute lang laufen lassen.

Stellt sich das Gluckern nach kurzer Zeit wieder ein, sollten Sie den Ausgleichsbehälter um ca. 25 mm höher montieren (durch Unterlegscheiben/Langlöcher).

Kühlmittelschläuche auf Dichtheit prüfen

Wartungspunkt Nr. 39

Müssen Sie bei Ihrem BMW regelmäßig Kühlwasser nachfüllen, sollten Sie baldigst nach der Ursache forschen. Die Kühlwasserschläuche erwarten dann einen prüfenden Blick; auch die Schläuche zum Ansaugkrümmer und zur Heizung.
Durch leichtes Kneten kontrollieren, ob sie verhärtet oder rissig sind. Achten Sie auch darauf, daß die Schlauchenden nicht zu knapp auf den Stutzen sitzen und daß die Spannschrauben der Schlauchbinder festgezogen sind.
Die Schlauchschellen können übrigens auch schon bei relativ neuen Wagen durch winterliches Streusalz stark verrostet sein. In diesem Fall sollten sie ausgewechselt werden, denn sie können dann unter Umständen den Schlauch nicht mehr auf dem Stutzen halten.
Bei den ersten Baujahren unserer Sechszylinder konnte es auch vorkommen, daß Wasserschläuche am Thermostatgehäuse abrutschten und sich das Kühlmittel über den Motor ergoß. Der Fahrer wurde in diesen Fällen aber oft durch kräftige Dampfwolken aus dem Motorraum rechtzeitig gewarnt. Grund für dieses Abrutschen war meist ein zu schwach ausgeformter Bund an den Schlauchstutzen des Thermostatgehäuses. Kontrollieren Sie diese Stelle also besonders intensiv oder tauschen Sie ein fragwürdiges Gehäuse lieber rechtzeitig aus.
Platzen bzw. Abrutschen eines Kühlwasserschlauchs tritt mit Vorliebe dann ein, wenn der Motor heiß ist und die Kühlung dementsprechend nötig braucht. Bemerkt man den Schaden dann nicht gleich, ist schnell die Zylinderkopfdichtung durchgebrannt, der Aluminium-Zylinderkopf gerissen oder der Motor festgegangen.
Die Werkstatt kontrolliert die Dichtheit des Kühlsystems mit einer speziellen Handluftpumpe mit Druckmesser. Dieses Gerät wird auf den Einfüllstutzen des Ausgleichsbehälters aufgesetzt. Nun pumpt man einen Überdruck von 1 bar auf: Fällt der Skalenzeiger nicht innerhalb von 1 bis 2 Minuten, ist das Kühlsystem dicht.

Fingerzeig: *Unterwegs hat man kaum Ersatz für einen gerissenen Kühlwasserschlauch dabei. Manchmal hilft dann festes Klebeband weiter, das man mehrfach um das gesäuberte und trockene Schlauchstück wickelt. Besser ist das »Pannenband« von Weyer, Düsseldorf, oder Holts »Hoseweld Bandage«; sie kleben auf den Gummischläuchen besser. Motor abkühlen lassen, Kühlwasser nachgießen, aber den Verschlußdeckel nur bis zur ersten Raste schließen. So kann sich im Kühlsystem kein Überdruck aufbauen und das Reparaturband von der Leckstelle drücken. Der Motor darf jetzt allerdings nicht mehr stark beansprucht werden.*

Der Kühler

Unsere Sechszylinder haben einen Blechkühler mit Kunststoffober- und -unterteil eingebaut. Als Besonderheit besitzt er keinen Einfüllstutzen, wie das z. B. bei den Vierzylindern der 3er-Reihe der Fall ist. Der Einfüllstutzen sitzt bei unserem Kühlsy-

Der durchsichtige Ausgleichsbehälter macht die Kontrolle des Kühlmittelstands leicht. Bei kaltem Motor soll der Flüssigkeitsspiegel bis zur Markierung (schwarzer Pfeil) stehen. Auf unserem Bild ist auch der Verschlußdeckel (weißer Pfeil) gut zu sehen. Er darf nicht gegen einen beliebigen ausgetauscht werden, denn die eingeprägte Kennzahl weist auf den Öffnungsdruck (siehe Text auf den nächsten Seiten) hin. Dieser Öffnungsdruck darf nicht verändert werden, sonst kocht die Kühlflüssigkeit bei niedrigeren Temperaturen.
Achten Sie auch auf den Gummi-Dichtring unten am Deckel! Er darf nicht porös oder gequollen sein.

stem auf dem Ausgleichsbehälter, dessen Aufgabe es ist, den Kühler immer randvoll mit Wasser zu halten. Zu diesem Zweck wurde er höher angebracht als der Kühler. Er läßt außerdem bei einem Leck Kühlflüssigkeit in den Kühler nachfließen und nimmt die durch Volumenvergrößerung bei Erhitzung entstehende Mehrmenge an Kühlmittel auf.

Kühler ausbauen

Bei Verdacht auf einen undichten Kühler sollte Sie der erste Weg in die Werkstatt führen, wo die bereits beschriebene Druckprüfung genauen Aufschluß geben kann. Bei einem offensichtlichen Defekt können Sie den Kühler auch gleich selbst ausbauen und zur Reparatur bringen (am besten gleich zu einer speziellen Kühlerwerkstatt oder Kühlerfabrik). Kühler von Fahrzeugen mit Getriebeautomatik empfehlen wir, nicht selbst auszubauen. Der Getriebeölkühler ist im Wasserkühler integriert. Die Schläuche müssen abgenommen werden und ATF läuft aus. Hier ist äußerste Sauberkeit geboten. Der Ausbau des normalen Kühlers geht so: Kühlflüssigkeit ablassen und auffangen (Seite 67). Links unten am Kühler die Halteschraube am Rohrstück, in dem die beiden Temperaturschalter (nur bis 8/79 vorhanden) sitzen, herausdrehen. Unteren Kühlwasserschlauch abbauen, sofern nicht schon beim Ablassen des Kühlmittels geschehen. Oben rechts am Kühler den dünnen und den dicken Wasserschlauch abmontieren. Rechts und links des Kühlers die beiden Haltemuttern herausdrehen, und den Kühler nach oben herausziehen. Unten ist er lediglich – in Gummi gelagert – in zwei Blechhalter eingesteckt.
Beim Einbau muß kontrolliert werden, ob die Auflagegummis auf den Blechhaltern noch in Ordnung sind. Andernfalls ersetzen. Sind die Schläuche wieder angeschlossen und ist das Kühlmittel wieder eingefüllt, muß das Kühlsystem entlüftet werden (siehe Seite 67).

Fingerzeige: *Im Sommer kann es nicht schaden, wenn Sie von Zeit zu Zeit die Fliegenleichen, die sich vor dem Kühler angesammelt haben, mit einem nicht zu scharfen Wasserstrahl von der Kühlerrückseite her wegpusten.*
Der obere Wasserschlauch vom Thermostat zum Kühler kann unter Umständen an dem Blechhaltewinkel der Zündkabel scheuern. Dem kann man durch Umwickeln des Winkels mit Isolierband vorbeugen.
Undichtigkeiten im Kühlsystem können auch von unsauberen Gußnähten an den Schlauchanschlußstutzen herrühren. Bei abgenommenem Kühlwasserschlauch die Unebenheiten mit einer Feile oder Schmirgelpapier glätten.
Schlecht gegossene Schlauchanschlußstutzen können ein Abrutschen des Kühlwasserschlauchs bewirken (siehe Seite 69).

Überdruckventil im Verschlußdeckel des Ausgleichsbehälters prüfen

Wartungspunkt Nr. 66

Im Überdruck-Kreislauf spielt vor allem der Verschlußdeckel eine wichtige Rolle. Seine untere Dichtplatte wird durch Federkraft auf den Rand der Einfüllöffnung gedrückt. Diese Feder gibt erst nach, wenn bei steigender Erwärmung der Druck im Kühlsystem **1 bar** übersteigt. Dann kann zum Druckausgleich etwas Wasserdampf durch die Überlaufleitung oben am Stutzen entweichen. Bis zu **1 bar** Überdruck bleibt der Verschlußdeckel aber dicht und bewirkt damit eine Anhebung des Siedepunkts im Kühlsystem auf 119° C.
Beim Abkühlen zieht sich die Kühlflüssigkeit wieder zusammen, und es entsteht ein Unterdruck im Kühlsystem, der ebenfalls ausgeglichen werden muß, sonst ziehen sich die Kühlwasserschläuche zu schmalen Bandwürmern zusammen. Für diesen Unterdruckausgleich hat der Verschlußdeckel in der Mitte noch ein zweites, kleineres Ventil, das bei einem Unterdruck von 0,09 bar öffnet und Außenluft in das Kühlsystem strömen läßt.
Der Verschlußdeckel ist also speziell auf das Kühlsystem unseres BMW abgestimmt

und darf im Fall eines Austausches keinesfalls gegen einen x-beliebigen ersetzt werden. Bei unseren Modellen trägt der Deckel zur Kennzeichnung des Öffnungsdrucks von 1 bar die **Kennzahl 100**.
Das Überdruckventil im Verschlußdeckel soll etwa alle zwei Jahre mit dem beschriebenen Druckprüfgerät (und einem Verbindungsstück) auf richtige Funktion kontrolliert werden. Das Überdruckventil muß ab **0,9 – 1,15 bar** Druck öffnen. Ob das Unterdruckventil richtig arbeitet, läßt sich nur behelfsmäßig feststellen: Bei abgenommenem Verschlußdeckel einen dicken Wasserschlauch fest zusammenpressen, Deckel von einem Helfer aufsetzen und festdrehen lassen, Schlauch loslassen. Rundet sich der zusammengepreßte Wasserschlauch wieder, dürfte das Ventil intakt sein. Sind die Kühlwasserschläuche morgens vor dem ersten Start plattgedrückt, streikt sicher das Unterdruckventil.
Außerdem am Verschlußdeckel kontrollieren: Haben sich Rückstände innen abgesetzt? Ist das Dichtgummi beschädigt?

Der Thermostat

Der Motor soll möglichst schnell auf die günstigste Betriebstemperatur kommen (die liegt im Überdruck-Kühlsystem bei 100° C), doch soll die Temperatur auch nicht über dieses Maß steigen, denn sonst entstehen Hitzeschäden am Motor.
Damit der BMW-Motor nun schnell auf seine Betriebstemperatur kommen kann, wurde das Kühlsystem in einen »Kleinen« und einen »Großen Kreislauf« aufgeteilt. Nach dem Kaltstart zirkuliert das Kühlmittel im »Kleinen Kreislauf« aus dem Zylinderkopf ins Thermostatgehäuse und von dort aus gleich wieder zur Wasserpumpe und zurück in den Motor. Der kleine Kreislauf versorgt auch den Wärmetauscher der Heizung und beim BMW 320 zusätzlich die Saugrohrbeheizung, die Startautomatik und den TN-Starter. Erst wenn die Kühlmitteltemperatur im Thermostat 78,5 – 81,5° C erreicht hat, wird der Kühler zum Abkühlen des Heißwassers gebraucht. Das Zuschalten des Kühlers besorgt der Thermostat oder Kühlwasserregler. Er öffnet aber nicht einfach einen Verbindungsschlauch zwischen Motor und Kühler, sondern kaltes Wasser aus dem Kühler wird im Thermostatgehäuse vorgemischt mit bereits erwärmtem aus dem »Kleinen Kreislauf«. Durch diese allmähliche Kaltwasserbeigabe wird der sogenannte Kälteschock für den Motor vermieden. Das abfließende kalte Wasser zieht heißes Kühlmittel in den Kühler nach, wo es beim Zug durch die Kühlerlamellen abgekühlt wird. Gleichzeitig mit dem Zuschalten des Kühlers wird der »Kurzschluß-Kreislauf« geschlossen.
Das »Umschalten« im Thermostatgehäuse bewirkt eine mit Spezialwachs gefüllte Büchse und der daran befestigte Ventilteller. Bei Erwärmung des Kühlmittels verflüssigt sich das Wachs, es dehnt sich aus und öffnet zwangsläufig durch sein größeres Volumen den Ventilteller. Solange die Wassertemperatur steigt, wird vom Thermostat der Kaltwasserzufluß aus dem Kühler zunehmend geöffnet (und gleichzeitig der »Kurzschluß-Kreislauf« allmählich geschlossen), bis bei etwa 100° C der volle Öffnungshub des Thermostats von etwa 8 mm (= voller Zufluß aus dem Kühler) erreicht ist.

Störungen am Thermostat

Je nach Hersteller sind die Thermostate etwas unterschiedlich konstruiert. Sie besitzen entweder eine Gummidichtung, welche die Büchse mit dem Wachs verschließt; diese Ausführung ist störanfälliger als die Bauart von Behr-Thomson, wo der Gleitstift des Ventiltellers nicht im Wachs selbst eingesetzt ist, sondern in eine geschlossene Plastikhülle, die oben in die Büchse absolut dicht eingelassen ist. Gewöhnlich halten Thermostate ein ganzes Motorleben klaglos durch, aber es könnte doch einmal sein, daß Wachs aus der Büchse austritt und der verbliebene Rest nicht ausreicht, die Büchse zurückzudrücken – als Folge bleibt das Ventil geschlossen. Dann bleibt trotz kochendem Motor (erkennbar an der im roten Bereich stehenden Nadel der Tempera-

turanzeige) der Kühler kalt. Wer so weiterfährt, riskiert eine durchgebrannte Zylinderkopfdichtung oder einen verzogenen Zylinderkopf.
In diesem Fall können Sie sich auf einfache Art helfen: Der Thermostat wird komplett ausgebaut. So kommt der Motor natürlich nur sehr langsam auf Temperatur, denn das gesamte Kühlwasser fließt jetzt auch über den Kühler, aber das ist immer noch besser als ein Hitzeschaden.
Zum Ausbau wird ein Teil des Kühlwassers abgelassen; Vorsicht bei heißem Wasser! Jetzt drehen Sie die drei Schrauben SW 10 vorn am Thermostatgehäuse heraus. Der Thermostat ist nur eingesteckt und kann nun herausgenommen werden. Deckel wieder zuschrauben, Kühlwasser einfüllen und entlüften (siehe Seite 67). Wenn Sie zu Hause den neuen Thermostat einbauen, müssen Sie darauf achten, daß der Bügel daran nach außen zeigt.
Zu einer weiteren Störung am Thermostat kann es kommen, wenn zwischen Gleitstift und Thermostatgehäuse ein Fremdkörper gerät, etwa ein Metallspan oder ein Sandkorn. Der Thermostat schließt dann nicht mehr ganz, Motor und Heizung werden langsamer warm. Die nur zögernd einsetzende Heizwirkung werden Sie im Winter sicher bemerken, bei aufmerksamem Beobachten der Temperaturanzeige auch das zu langsame Vorrücken der Nadel.

Thermostat prüfen

Mit einem Einmachthermometer können Sie selbst kontrollieren, ob der Thermostat bei der richtigen Temperatur zu öffnen beginnt. Den Thermostat legen Sie dazu in ein entsprechend temperiertes Wasserbad. Der **Öffnungsbeginn** liegt bei **78,5 bis 81,5° C**.
Den Gesamtöffnungshub können Sie ebenfalls kontrollieren, indem Sie ein Metalllineal auf den Ventilteller des Thermostats stellen. Bei etwa 100 °C muß er etwa 8 mm betragen.

Die Wasserpumpe

Aufgabe der Wasserpumpe ist es, das Kühlmittel schnell genug durch den Motor zu pumpen. Sie sitzt an der Stirnseite des Motors und wird vom Keilriemen angetrieben. Reißt der Keilriemen, darf unter keinen Umständen weitergefahren werden. Im Motor könnte sonst die aufgeheizte Kühlflüssigkeit nicht mehr schnell genug abtransportiert werden; der Hitzestau bekäme dem Motor schlecht. Die Thermosiphonwirkung (Wasserumwälzung durch die Tatsache, daß warmes Wasser leichter ist als kaltes) reicht nicht aus, genügend abgekühltes Wasser in die verzweigten Kühlkanäle unserer Sechszylinder zu fördern. Wie Sie sich bei gerissenem Keilriemen trotzdem weiterhelfen können, steht auf Seite 156.
Die Wasserpumpe selbst ist wartungsfrei. An Defekten sind eigentlich nur Undichtigkeit oder Verschleiß an den Lagern (durch zu straff gespannten Keilriemen) möglich.

An den Thermostat (1) kommen Sie nach Herausdrehen der Schrauben am Thermostatgehäuse (2) heran. Es wird von drei Sechskantschrauben gehalten.
Zum Wiedereinbau muß der Bügel am Thermostat, wie hier gezeigt, nach außen weisen. Vergessen Sie beim Anschrauben des Deckels das Halteblech für die OT-Geber-Steckdose (3 – im Bildtext auf Seite 185 unten näher beschrieben) nicht.

Ein Blick auf die Wasserpumpe (1) von rechts unterhalb des Wagens. Von hier aus kann kontrolliert werden, ob die Pumpe undicht ist. Bei defekten Dichtungsringen tritt nämlich an dem kleinen Loch (2) an der Unterseite Kühlflüssigkeit aus. In diesem Fall ist eine Austausch-Pumpe fällig, denn an der Wasserpumpe kann der Laie keine Instandsetzungs-Arbeiten vornehmen. Ein Leck in der Dichtung zwischen Wasserpumpe und Motor ist äußerst selten.

Die Undichtigkeiten treten zumeist an dem Wellendichtring im Innern der Wasserpumpe auf. Das Kühlmittel läuft dann an einer kleinen Bohrung an der Unterseite der Pumpe aus. In diesem Fall muß eine Austausch-Pumpe eingebaut werden, Eigenarbeiten sind da nicht möglich.

Wasserpumpe nicht selbst ausbauen

Vom Ausbau der Wasserpumpe in Eigenregie müssen wir leider abraten. Der Austausch erfordert bei den Sechszylindermotoren des 320 und 323i einen erheblichen Arbeitsaufwand. Erschwerend kommt hinzu, daß sich die Spannfeder für den Zahnriemen gegen das Gehäuse der Wasserpumpe abstützt und dieses deshalb unter hohem Federdruck steht. Die Werkstatt kann die Feder mit einem Spezialwerkzeug zurückhalten, das dem Bastler jedoch kaum zur Verfügung steht.

Keilriemenspannung prüfen

Wartungspunkt Nr. 13

Die Lichtmaschine, aber auch die Wasserpumpe wird vom Keilriemen angetrieben. Zur Wartung der Kühlanlage gehört also auch die Kontrolle der Keilriemenspannung. Ein rutschender Keilriemen (erkennbar an Quietschgeräuschen, wenn man aus dem Leerlauf heraus kurz kräftig Gas gibt) kann die Kühlung erheblich beeinträchtigen. Bei richtiger Spannung läßt sich der Riemen in der Mitte zwischen Wasserpumpen-Keilriemenscheibe und Lichtmaschinen-Riemenscheibe mit kräftigem Daumendruck etwa **5 – 10 mm** durchdrücken. Wie der Keilriemen nachgespannt wird, können Sie auf Seite 155 nachlesen.

Gerissener Keilriemen

Wer ohne Keilriemen und damit ohne Antrieb der Wasserpumpe weiterfährt, riskiert einen Schaden an der Zylinderkopfdichtung, denn die verbleibende Thermosiphon-Kühlung reicht nicht aus – besonders bei langsamer Fahrt. Wie Sie sich ohne Ersatzkeilriemen weiterhelfen können, steht auf Seite 156.

Elektrischer Kühlerventilator
(bis Baujahr 8/79)

Die vom Motor aufgeheizte Kühlflüssigkeit wird im Kühler wieder auf eine vernünftige Temperatur gebracht, und das geschieht, indem kalte Luft durch die Kühlerlamellen strömt – so weit waren wir bereits. Diese Luftumspülung wird auf natürliche Weise durch den Fahrtwind besorgt. Reicht dieser zum Abkühlen nicht mehr aus oder ist bei stehendem BMW einfach kein Fahrtwind da, so tritt an Wagen bis Baujahr 8/79 der elektrische Kühlerventilator in Aktion. Er sitzt ziemlich zugebaut vor dem Kühler und drückt von dort aus Kühlluft durch die Kühlerverrippungen. Gegenüber einem starr angetriebenen Lüfter spart der elektrische einiges an Motorleistung, und überdies läuft er nur dann mit, wenn er wirklich gebraucht wird. Wann das ist, bestimmen die beiden Temperaturschalter links unten am Kühler. Sie lassen den zweistufigen Ventilator je nach Bedarf mit langsamer oder schneller Drehzahl laufen.

Nun zur genauen Funktion: Hat das Kühlwasser unten im Kühler eine Temperatur von 91° C erreicht, schaltet der Temperaturschalter der ersten Ventilator-Stufe durch und gibt den Stromweg über den Vorwiderstand (er sitzt am Ventilatorgehäuse) zum Lüfter frei. Strom erhält der Schalter bei eingeschalteter Zündung – jedoch nicht beim Starten – vom Relais »d« (siehe Schaltplan) über die Sicherung 18 in einem grau/roten Kabel. Ist die Wassertemperatur am Rückfluß aus dem Kühler bis auf 99° C angestiegen, muß der Ventilator mit voller Drehzahl laufen. Deshalb spricht der zweite Temperaturschalter an. Er gibt den Stromweg zum Relais »e« frei. Dieses zieht an, und so kann der Strom über die Sicherung 13 in einem rot/schwarzen Kabel direkt zum Ventilatormotor fließen. Bei der zweiten Stufe ist kein Vorwiderstand zwischengeschaltet.

Elektrischen Kühlerventilator ausbauen

Zuerst Kühler ausbauen, wie auf Seite 70 beschrieben. Mutter oben an der vorderen Querwand des Motorraums herausdrehen und zugehörige Schraube nach unten herausziehen. Rechts und links unten an den Haltewinkeln des Ventilatorrings je eine Schraube herausdrehen. Dreifachstecker der Stromversorgung herausziehen. Der Stecker ist so geformt, daß er beim Einbau nicht verkehrt herum eingesteckt werden kann.

Soll der Ventilator gegen einen neuen ausgetauscht werden, müssen Sie die unteren beiden Haltewinkel und den Vorwiderstand umbauen.

Der Kühlerventilator ab Baujahr 9/79

Seit Einführung der neuen Front prangt auf der Vorderseite des BMW-Motors wieder ein großer, vom Motor angetriebener Kühlerventilator. Möglich wurde das durch eine andere Ausformung des Frontblechs, wodurch im Motorraum mehr Platz nach vorn hin entstand.

Um Leistung zu sparen, ist im Ventilator eine sogenannte Viskosekupplung eingebaut. Diese Kupplung schaltet in Abhängigkeit des vom Lüfter benötigten Drehmoments. Braucht der Lüfter also in hohen Drehzahlen zu viel Kraft, so rutscht die Kupplung durch. Den Kraftschluß im Innern der Kupplung bewirkt eine Füllung aus zähem Silikonöl, das praktisch verschleißfrei arbeitet.

Kontrollieren Sie trotzdem von Zeit zu Zeit, ob sich der Lüfter bei stehendem Motor leicht durchdrehen läßt, ob er längs und quer zur Drehrichtung Spiel hat und ob aus der Lüfterkupplung Öl ausläuft.

Der Motor ist zu heiß

Steht der Zeiger der Kühlmittel-Temperaturanzeige ganz rechts, also im roten Bereich, ist es dem Motor zu heiß geworden. In diesem Fall sofort anhalten, Motor abstellen und nach der Ursache forschen:

- Ist noch genügend Kühlflüssigkeit im Ausgleichsbehälter? Wenn nicht, Motor abkühlen lassen. Erst dann den Verschlußdeckel öffnen. Wasser bei laufendem Motor nachgießen. Ursache des Kühlmittelverlusts ermitteln (siehe Seite 69).
- Vielleicht rutscht der Keilriemen auf der Wasserpumpen-Riemenscheibe. Nachspannen ist auf Seite 155 beschrieben. Bei Wagen ab Baujahr 9/79 hat in diesem Fall auch der Kühlerventilator nicht mehr genügend Kraft.
- Ist der Kühler kalt, während der Motor vor Hitze dampft, dann klemmt der Thermostat. Abhilfe steht auf Seite 71.
- Bei Wagen bis Baujahr 8/79: Ist der Kühler sehr heiß, aber der Kühlerventilator dreht sich nicht oder nur mit halber Drehzahl, so ist einer oder sind beide Temperaturschalter ausgefallen. Ziehen Sie die beiden Kabel am Temperaturschalter »99° C« ab (ein braunes und ein schwarz/weißes Kabel) und halten Sie deren Klemmzungen zusammen. Damit ist der Schalter aus dem Stromkreis genommen; der Ventilator muß sofort mit voller Drehzahl losbrausen, wenn überhaupt Strom vorhanden ist.
- Fehlt es am Strom (Prüflampe!), kontrolliert man erst einmal, ob die Sicherung 13 nicht durchgebrannt ist oder wegen einer Oxidationsschicht keinen Kontakt zu den

Das Heizventil alter Bauart (1) ist mit vier Schrauben (2 und 6) direkt an den Wärmetauscher im Wageninnern angeflanscht und erst nach Entfernen der unteren Armaturenbrettverkleidung zugänglich. Der Bowdenzug (3) zum Schieberegler am Armaturenbrett ist in den Betätigungshebel (5) am Ventil nur eingehängt und kann nach Öffnen der Blech-Haltespange (4) leicht herausgenommen werden.

Klemmzungen hat (siehe Seite 162). Liegt es nicht an der Sicherung, gerät das Relais »e« in Verdacht. Dagegenklopfen. Ist das Relais defekt, legen Sie an die Eingangsseite der Sicherung 13 ein Kabel (durch das Loch in der Kontaktzunge durchziehen, verdrillen, Sicherung wieder einsetzen). Das andere Ende mit dem Pluspol der Batterie verbinden. Wenn der Ventilatormotor jetzt immer noch nicht läuft, ist er wahrscheinlich defekt. Oder der Dreifachstecker vorn am Ventilator hat sich gelockert (Kühler ausbauen).

■ Jedoch selbst ein ausgefallener elektrischer Kühlerventilator muß nicht das Ende der Reise bedeuten. Nach Abkühlen des Motors kann man mit einigermaßen zügigem Tempo und bei mittleren Drehzahlen die nächste Werkstatt anlaufen (dabei die Nadel der Temperaturanzeige im Auge behalten). Zu langsames Tempo ist jedoch für den Motor gefährlich, weil dann kein kühlender Luftstrom mehr durch die Kühlerlamellen zieht.

Fingerzeig: *Wer sich über die ungleichmäßige Heizwirkung bei verschiedenen Fahrgeschwindigkeiten ärgert, sollte folgenden Trick anwenden: Lassen Sie bei eingeschalteter Heizung grundsätzlich das Lüftungsgebläse laufen! Auf Stufe 1 kommt bei noch erträglichem Geräuschpegel auch im Stand ausreichend Luft durch den Wärmetauscher der Heizung, um eine gleichmäßige Erwärmung des Innenraums zu gewährleisten.*

Heizung und Luftgebläse prüfen

Wartungspunkt Nr. 54

Obwohl Sie in der warmen Jahreszeit kaum die Heizung Ihres BMW benötigen werden, sollten Sie hin und wieder die Heizungsbetätigung in Stellung »Warm« bringen, damit das Heizventil gängig bleibt. Wenn es sehr lange nicht bewegt wurde, kann es festgehen. Außerdem kontrollieren Sie, ob bei entsprechender Schalterstellung der Gebläsemotor läuft.

Heizventil ausbauen

Ist das Heizventil schwergängig, festgebacken oder undicht, muß es ausgewechselt werden. Eine Reparatur ist nicht möglich.

Ausbau bis Baujahr 8/79: Hier sitzt das Heizventil am Wärmetauscher unter dem Armaturenbrett. Kühlflüssigkeit teilweise ablassen (siehe Seite 67); dabei Heizungshebel unbedingt auf »Warm« schieben, sonst läuft Ihnen bei der Demontage des Ventils Kühlmittel in den Innenraum. Linke untere Armaturenbrettverkleidung ausbauen (Seite 221). Haltespange an der Bowdenzughülle am Ventil abdrücken und den Drahtzug aushängen. 4 Schrauben an den Flanschen des Heizventils herausdrehen und das Heizventil abnehmen. Die beiden Flanschdichtungen prüfen und gegebenenfalls ersetzen. Drahtzug zum Heizungsregler neu einstellen. Dabei die Bowdenzug-

Das Heizventil neuer Bauart (2) sitzt im Motorraum vor der Zwischenwand zum Innenraum. Es ist einfach in den Wasserschlauch zum Wärmetauscher (1 und 3) »eingeschaltet«. Diesem Heizventil geht der Ruf voraus, haltbarer zu sein als die Vorgänger-Version. Der Bowdenzug (6) zum Drehregler am Armaturenbrett ist auch hier in den Betätigungshebel (4) am Heizventil nur eingehängt. Die Hülle wird von der Blechspange (5) gehalten.

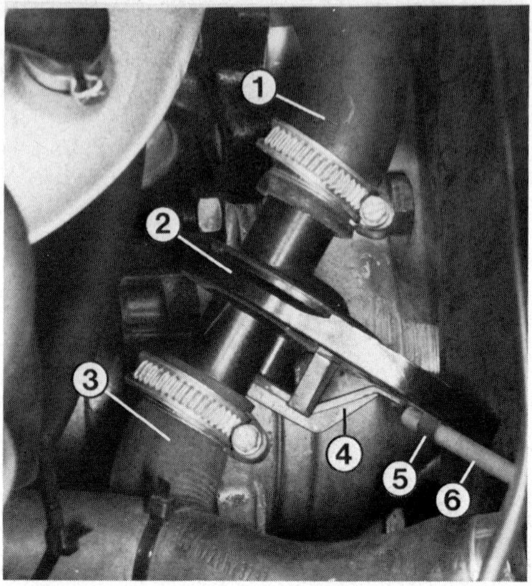

hülle mit der Blechspange so festklemmen, daß Heizhebelstellung und Ventilstellung übereinstimmen.

Ausbau ab Baujahr 9/79: Das Heizventil sitzt jetzt im Motorraum zwischen Motor-Hinterseite und hinterer Motorraumwand (siehe Bild oben). Das Auswechseln ist einfacher als bei der Vorgänger-Ausführung: Kühlwasser teilweise ablassen, Haltespange am Ende der Bowdenzughülle abdrücken und die beiden Schlauchschellen um die angeschlossenen Wasserschläuche lösen. Ventil von den Schlauchenden abziehen und neues aufstecken. Schellen wieder anziehen und den Bowdenzug durch richtiges Festklemmen seiner Hülle so einstellen, daß die Stellung des Heizungsreglers am Armaturenbrett mit der Stellung des Heizventils übereinstimmt.

Luftgebläse läuft nicht

Der Gebläsemotor läuft in drei Geschwindigkeiten, die durch vorgeschaltete Widerstände bzw. durch direkten Stromzufluß erreicht werden. Die Widerstände bewirken eine verringerte Spannung am Elektromotor, wodurch dieser langsamer läuft. Auf Stufe 3 erhält der Motor die vollen 12 Volt für seine höchste Geschwindigkeit.
Läuft der Gebläsemotor in keiner Schaltstufe trotz intakter Sicherung 11 und einwandfreiem Entlastungsrelais »d« (Störungssuche auf Seite 201), fehlt es entweder an der Stromzufuhr vom Sicherungskasten durch das grün/braune Kabel oder der Gebläsemotor ist durchgebrannt. Zur Kontrolle der Stromzuführung schrauben Sie die

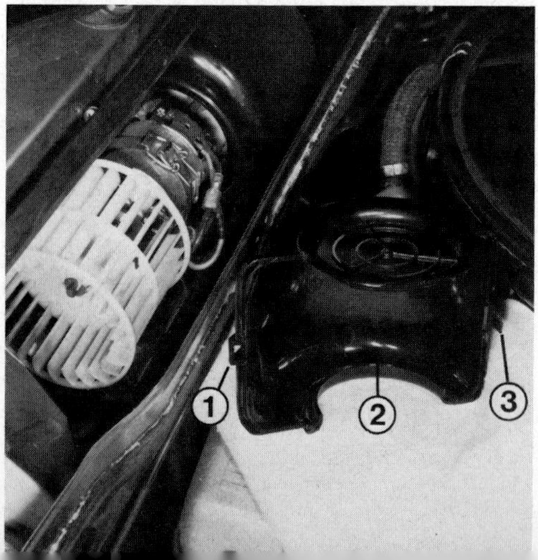

Die Gebläseradabdeckungen (2) beim Behr-Heizgerät neuer Bauart sind schwierig zu entfernen. Mit Haken (3) und Ösen (1) halten sie sich auf dem Gehäuse-Unterteil fest. Abzunehmen sind sie nur dann, wenn die richtige Mischung aus Feingefühl und Gewalt angewendet wird.

Der Gebläsemotor (2) beim Sofica-Heizgerät und beim Behr-Heizgerät älterer Bauart: Zum Ausbau müssen die drei Haltebänder (3, 5 und 7) an ihren Spannverschlüssen geöffnet werden. Gebläseradabdeckungen (6) abnehmen und Anschlußkabel (4) an der Steckverbindung (1) trennen. Die Blechspangen an den Gebläserädern dürfen nicht entfernt werden. Das sind Wuchtgewichte, die dem ruhigen Rundlauf des Gebläses dienen.

schwarze Blechabdeckung an der hinteren Motorraumwand ab (oben 4 Kreuzschlitz-Blechschrauben, unten und seitlich 5 Sechskant-Blechschrauben SW 8). Die Kabelanschlüsse liegen jetzt frei, und Sie können kontrollieren, ob Spannung anliegt (Zündung einschalten, Schalterstellung ist gleichgültig).

Luftgebläse ausbauen

In unseren 3ern kamen verschiedene Heizgeräte und somit auch verschiedene Gebläseausführungen zum Einsatz, die aber nur in Details differieren. Wir unterscheiden das Behr-Heizgerät alter und neuer Ausführung und das Sofica-Heizgerät. Beim Behr-Gebläse älterer Ausführung und beim Sofica-Gebläse stellt der Ausbau kein Problem dar. Lediglich das Behr-Luftgebläse neuerer Ausführung ist schwierig auszubauen, denn dazu müßte eigentlich erst einmal das gesamte Heizgerät demontiert werden. Doch nun zur Tat:

Behr (alte Version) und Sofica: Schwarze Blechabdeckung an der hinteren Motorraumwand abschrauben (4 Kreuzschlitzschrauben oben hinter der Haubendichtung, 5 Schrauben SW 8 unten und seitlich) und rechts die Kabel aus den Blechklammern nehmen. Die drei Spannverschlüsse an den Haltebändern öffnen und die Kabelsteckverbindungen auseinanderziehen. Die beiden Gehäuseoberteile mit den Schutzgittern abnehmen; zum Herausziehen kann es nötig werden, die Blechwand zum Motorraum etwas zu verbiegen. Der Gebläsemotor kann nur zusammen mit den Gebläserädern ausgetauscht werden, da sie im Verbund gewuchtet wurden. Beim Einbau müssen die abgeflachten Stellen an den Rändern der Gitter nach unten zeigen.

Behr (neue Version): Dieses Gebläse ist erkennbar an der horizontalen Teilung der Schutzgitter rechts und links vom Gebläse. Um das zu sehen, nehmen Sie die Blechabdeckung an der hinteren Motorraumwand ab, wie das im vorigen Abschnitt beschrieben ist. Das Gebläse an diesem Heizgerät soll nach BMW-Anweisung nur nach Demontage des kompletten Heizgeräts ausgebaut werden, und das wäre eigentlich Werkstattarbeit. Doch wer die richtige Mischung zwischen Gefühl und Gewalt herausfindet, kann die beiden Gehäuse-Oberteile über den Lüfter-Walzen auch so ausbauen. Entscheidend ist, daß die Kunststoff-Haken (sie sind statt der Spannbänder bei der anderen Version angebracht) von ihrem Gegenstück getrennt werden können. Auch hier geht der Ausbau nicht ohne leichtes Verbiegen der vorderen Blechwand ab. Spannverschluß um den Gebläsemotor lösen, Kabel auseinanderstecken und Motor samt Walzenlüfter herausnehmen und gegebenenfalls komplett ersetzen.

Störungsbeistand

Kühlung und Heizung

Die Störung	– ihre Ursache	– ihre Abhilfe
A Temperaturanzeigenadel steht im roten Bereich	1 Keilriemen zu schwach gespannt oder gerissen	Riemenspannung kontrollieren oder Keilriemen ersetzen
	2 Wagen bis Baujahr 8/79: Elektrischer Kühlerventilator läuft nicht oder nur mit halber Drehzahl	Siehe unter »Der Motor ist zu heiß« Seite 74
	3 Zu wenig Kühlflüssigkeit im Kühlsystem	Geringe Mengen bei laufendem Motor auffüllen. Kaltes Wasser nur in den abgekühlten Motor gießen
	4 Schlechte Kühlwirkung durch Luft im System	Kühlsystem entlüften
	5 Kabel zur Temperaturanzeige hat Massekontakt	Kabel am Temperaturfühler abziehen, der Zeiger muß zurückgehen, sonst Masseschluß; Kabelverlauf kontrollieren
	6 Thermostat öffnet den Kaltwasserzufluß aus dem Kühler nicht (Kühler kalt)	Thermostat ausbauen, im Notfall ohne diesen weiterfahren; baldmöglichst ersetzen
	7 Kühlerlamellen zugesetzt, Kühler verstopft	Kühler reinigen
	8 Motor überhitzt durch	
	a) falsche Zündeinstellung	Zündeinstellung prüfen
	b) klopfende Verbrennung durch minderwertigen Kraftstoff	Besseren Kraftstoff tanken
B Temperaturanzeige spricht sehr langsam an, schwache Heizwirkung	Thermostat schließt nicht völlig, aufgeheiztes Kühlwasser strömt zu früh durch den Kühler	Thermostat säubern, ggf. ersetzen
C Heizung wird nicht warm	1 Luft im Wärmetauscher	Kühlsystem entlüften
	2 Heizventil öffnet nicht	Heizventil gängig machen oder ersetzen
	3 Bowdenzug des Heizungshebels falsch eingestellt	Bowdenzug einstellen

Lebenselixier

Ein kraftreiches Säftchen ist es, das unsere Benzin-Motoren zum Leben erweckt und sie auch am Leben erhält. Als Fahrer sind Sie natürlich daran interessiert, daß Ihr Wagen immer eine ausreichende Menge dieses Lebenselixiers mit sich führt, damit er nicht unvermittelt unterwegs kraftlos verröchelt. Deshalb wurde dafür gesorgt, daß Ihr BMW 58 Liter an entsprechender Wegzehrung mit sich führt, für deren Transport zum Motor die Kraftstoffpumpe sorgt.
Doch nicht nur von diesen Versorgungs- und Lagereinrichtungen, sprich Benzinpumpe und Kraftstofftank, soll dieses Kapitel handeln, sondern auch von unserem Kraftsüppchen selbst – vom Benzin.

Die richtige Kraftstoffsorte

Unsere Sechszylinder sind anspruchsvolle Zeitgenossen, sie wollen mit **verbleitem Superbenzin** gefüttert sein. Woran liegt das?
Superkraftstoff unterscheidet sich vom Normalbenzin durch seine höhere Klopffestigkeit, d.h. er kann höhere Kompressionsdrücke aushalten, ohne sich selbst zu entzünden und so das vielzitierte schädliche Motorklopfen zu erzeugen. Zur Selbstzündung des Kraftstoffgemisches kommt es durch die Hitze, die jedes Gas erzeugt, wenn es zusammengedrückt (komprimiert) wird; Sie merken das schon an der Fahrradpumpe, wenn Sie einen Reifen aufpumpen. Der BMW hat eine relativ hohe Kompression. Um das 9,2- (320) bzw. 9,5fache (323i) wird das Gemisch aus Kraftstoff und Luft zusammengedrückt, das entspricht dem Verdichtungsverhältnis von 9,2 : 1 bzw. 9,5 : 1. Je höher das Kompressionsverhältnis ist, desto stärker erwärmt sich das Gemisch, und um so leichter kann es zu Selbstzündungen im Verbrennungsraum kommen, wenn der Kraftstoff nicht klopffest genug ist.

Die Kraftstoffqualität

Die Klopffestigkeit des Kraftstoffes (und damit seine Qualität) hängt zum einen von der Güte und der Verarbeitung des verwendeten Rohöls ab. Zum anderen wird die Klopffestigkeit durch sogenannte Klopfbremsen (zumeist das hochgiftige Bleitetraäthyl) gesteigert.
Sie erinnern sich vielleicht noch an die Jahre 1972 und 1976. Damals gab es unter den Autofahrern fast eine kleine Revolution, als nach gesetzlicher Vorschrift der »Bleianteil« zuletzt bis auf 0,15 Gramm pro Liter reduziert wurde. Zu dieser Zeit gab es wirklich einen Qualitätseinbruch bei den Kraftstoffen, doch mittlerweile liegt hierzulande durch verbesserte Verarbeitungsmethoden die Klopffestigkeit von Normal- und Superbenzin wieder an europäischer Spitze.
Die Klopffestigkeit eines Kraftstoffes wird durch die Oktanzahl gekennzeichnet. Dieses »Oktan« ist jedoch keine Beimischung zum Kraftstoff, sondern lediglich eine Vergleichsgröße, die in einem speziellen Prüfmotor mit Meßkraftstoffen ermittelt wird. Häufig genannt ist die »Research-Oktanzahl« (ROZ), seltener dagegen die »Motor-Oktanzahl« (MOZ). In der DIN-Norm 51 600 sind die Mindestwerte festgelegt, denen zufolge Normalbenzin ROZ 91 bzw. MOZ 83 und Superkraftstoff ROZ 98 bzw. MOZ 88 haben soll. An allen Markentankstellen finden Sie hierzulande einen Hinweis auf die

erfüllte DIN-Norm, aber es werden auch Kraftstoffe ohne DIN-Kennzeichnung verkauft, deren Oktanzahlen möglicherweise nicht ganz den geforderten Werten entsprechen. Bei solchem Benzin kann sich Klingeln oder Klopfen bemerkbar machen.

Klingeln und Klopfen

Mit dem Klingeln und Klopfen hat es folgendes auf sich: Das Kraftstoff-Luft-Gemisch verbrennt normalerweise auf »Befehl« der Zündkerze im Zylinder. Wenn an ihren Elektroden der Funke überspringt, entflammt das Gemisch. Ein »klingelfreudiger« Kraftstoff kann es aber nicht erwarten, bis ihn der Zündfunke restlos entflammt hat. Er detoniert schon zum Teil in einer Ecke des Verbrennungsraums durch den hohen Druck und die große Hitze von selbst und knallt der von der Zündkerze her auf ihn zueilenden Flammenfront entgegen. Das gibt einen gewaltigen Druckanstieg im Zylinder, der Kolben erhält einen schmetternden Schlag auf den Kopf, und der Motor wird bis ins letzte Kurbelwellenlager erschüttert.

Eine trotz intakter Kühlanlage scheinbar grundlos ansteigende Temperaturanzeige kann oft das einzige Warnsignal sein, denn das sogenannte Hochdrehzahlklopfen bewirkt eine beträchtliche Motorüberhitzung. Hörbar ist das Hochdrehzahlklopfen oftmals nicht, weil es zumeist von den starken Fahrgeräuschen übertönt wird.

Bekannter, weil besser zu hören, ist das sogenannte Beschleunigungsklingeln. Es macht sich bemerkbar, wenn Sie mit nicht genügend klopffestem Kraftstoff z. B. im dritten Gang aus relativ niedriger Geschwindigkeit heraus voll beschleunigen. Beide Klopf- und Klingelerscheinungen belasten die Lager des Motors außerordentlich stark und können auf Dauer – neben der schon angesprochenen Gefahr der Motorüberhitzung – einen Lagerdefekt hervorrufen.

Fingerzeig: *Bei überwiegendem Kurzstreckenverkehr – bei dem der Wagen nie auf die volle Betriebstemperatur kommt – bilden sich in den Brennräumen Ablagerungen, die gewissermaßen die Verdichtung erhöhen. Deshalb steigt in diesem Fall der Oktanzahlbedarf, und der Wagen kann zum Klingeln beim Beschleunigen neigen. Dann empfiehlt sich hin und wieder eine flotte Autobahnfahrt mit Motordrehzahlen zwischen 4500 und 5500/min, bei der die Rückstände wieder aus dem Motor geblasen werden. Treten Sie aber am Anfang das Gaspedal nicht gleich voll durch, denn die Rückstände sollen langsam abgebrannt werden! Ein weiteres Mittel zum Entfernen der Ablagerungen ist die Beigabe von Brennraumreinigungsmitteln wie »Tunap« oder »Desolite« zum Kraftstoff. Auch die genaue Kontrolle der Zündeinstellung darf beim Kurieren der Klingelei nicht fehlen!*

Benzinqualität im Ausland

In vielen europäischen Ländern sind die Kraftstoffe durch die Erlaubnis höherer »Bleibeimischung« genauso klopffest oder zumindest fast so klopffest wie bei uns. Schwierigkeiten sind eigentlich nur im Ostblock und möglicherweise in Griechenland, Österreich, Italien, Spanien und Portugal zu erwarten. Da sich jedoch die Kraftstoffqualitäten laufend ändern, empfiehlt es sich, vor einem Auslandsaufenthalt erst einmal eine ADAC-Geschäftsstelle diesbezüglich zu befragen.

Sollten Sie – im Ausland – dazu gezwungen sein, nicht ausreichend klopffestes Benzin zu tanken, müssen Sie Ihre Fahrweise darauf einstellen. Fahren Sie zurückhaltend und beschleunigen Sie nur mäßig. Die Motordrehzahlen sollten zwischen 2500 und 5500/min bleiben. Auf Langstrecken die Kühlwassertemperaturanzeige im Auge behalten, um Überhitzungserscheinungen rechtzeitig zu erkennen.

Der Tank

Mit Erscheinen unserer Sechszylindermodelle bekam die 3er-Reihe einen zweiteiligen Tank rechts und links vor der Hinterachse. Verbunden sind die beiden Tankhälften durch einen dicken Schlauch, den ein Blech gegen Beschädigung schützt.

Der Benzintank ist beim BMW aus Blech gefertigt. Falls Sie also den Wagen längere

Zeit nicht fahren, sollten Sie darauf achten, daß der Tank während der Standzeit voll gefüllt ist. So kann sich an den Tankwänden kein rostförderndes Kondenswasser absetzen. Der Alkoholanteil im Benzin kann zwar eine gewisse Menge an Wasser »aufsaugen«, aber die ist eben auch begrenzt. Außerdem kann das Wasser die Düsen des Vergasers oder der Einspritzanlage zusetzen.

Tank ausbauen

Vor dem Ausbau sollte der Tank möglichst weit leergefahren werden. Den verbliebenen Rest können Sie mit einem langen dünnen Schlauch heraussaugen. Das ist leider nötig, denn der Kraftstoffbehälter hat nirgendwo eine Ablaßschraube.
Hintere Sitzbank herausnehmen, schwarze Blechabdeckung darunter abbauen. Schläuche am Tankgeber zeichnen, damit sie beim Zusammenbau nicht verwechselt werden. Schläuche und Kabelstecker abziehen. Unter dem Wagen das Schutzblech zwischen den beiden Tankhälften abschrauben und den Verbindungsschlauch darunter lösen. Stellen Sie ein Gefäß darunter, vielleicht läuft noch etwas Benzin aus. Linke Tankhälfte nach dem Losdrehen der 3 Befestigungsschrauben vorsichtig herunterlassen und dabei die Entlüftungsleitung abziehen. An der rechten Tankhälfte die Schlauchschelle am Einfüllstutzen des Tanks lösen. 3 Befestigungsschrauben losdrehen und den Tank herausnehmen. Beim Einbau ist eigentlich nur zu beachten, daß die Schläuche wieder richtig angeschlossen werden sowie Quetschklemmen und Schlauchbänder (soweit nötig) ersetzt werden.

Fingerzeig: *Bevor Sie irgendwelche Arbeiten an der Kraftstoffanlage in Angriff nehmen, sollten Sie unbedingt das Batterie-Massekabel abklemmen. Unbeabsichtigte elektrische Verbindungen könnten zu gefährlicher Funkenbildung führen.*

Die Tankanzeige

Die Tankanzeige geht bei unseren BMW-Modellen recht genau. Wenn die Warnleuchte aufleuchtet, sind noch etwa 5 Liter Reservebenzin im Tank.
Über den Benzinverbrauch haben wir uns bereits im Kapitel »Prüfen ohne Werkzeug« unterhalten. Weniger die Motorstärke als die persönliche Fahrweise und die Betriebsumstände bestimmen, wie weit eine Tankfüllung reicht. Nach folgender Formel läßt sich die Reichweite errechnen: Tankinhalt multipliziert mit 100, dividiert durch Ihren persönlichen Durchschnittsverbrauch. Hier ein Beispiel, bezogen auf einen BMW 320: 58 x 100 = 5800. 5800 : 12,8 = 453 km. Dann ist allerdings auch die letzte Reservemenge weg. Damit man nicht bis zum letzten Tropfen fährt, wird man in diesem Fall schon nach etwa 400 km Ausschau nach einer Tankstelle halten.

Tankgeber ausbauen

Tank möglichst weit leerfahren, damit kein Benzin überschwappt. Hintere Sitzbank ausbauen und den Blechdeckel an der rechten Seite abnehmen (4 Blechschrauben).

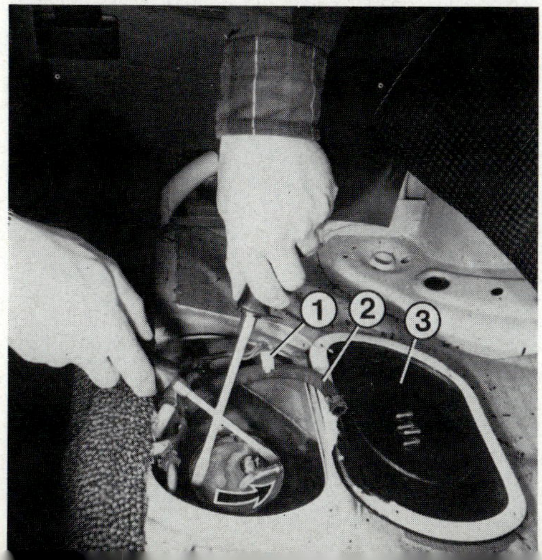

Nachdem die Rücksitzbank herausgenommen (siehe Seite 220) und der Blechdeckel (3) losgeschraubt wurde, kann der Kraftstoffschlauch (2) und Mehrfachstecker (1) am Tankgeber abgezogen werden.
Dann zwei gekreuzte Schraubenzieher, wie hier gezeigt, in die Aussparungen am Rand des Tankgeberdeckels einsetzen und den Deckel losdrehen (im Gegenuhrzeigersinn). Beim Wiedereinbau müssen Sie darauf achten, daß der Geberdeckel absolut plan auf der oberen Wandung des Tanks aufliegt. Deckel wieder mit der Rohrzange festdrehen, aber nicht zu weit drehen, sonst rutscht der Deckel wieder aus den Haltezungen im Tankausschnitt oben.

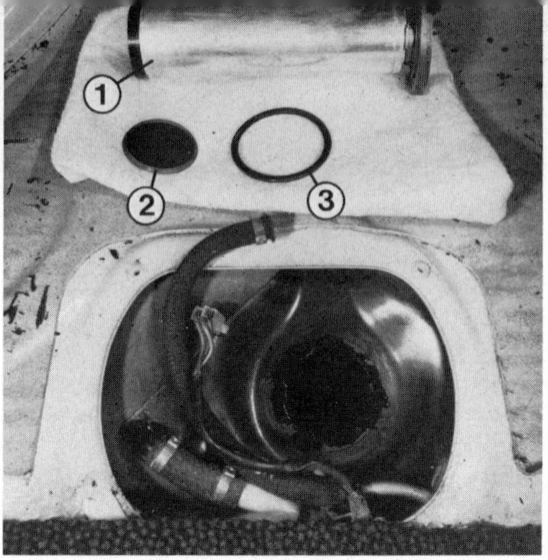

Hier ist der Tankgeber (1) ausgebaut und neben der Aussparung unter der Rücksitzbank abgelegt. Es handelt sich dabei um die Geberausführung mit rundem Kraftstoffsieb (2). Das Sieb ist unten im Geber nur eingesteckt, und man muß beim Herausziehen des Gebers durch die Öffnung im Tank höllisch aufpassen, damit das Sieb nicht am Rand des Lochs abgestreift wird und ins Benzin zurückfällt. Die Rundschnurdichtung (3) soll bei jedem Ausbau gewechselt werden, doch ist das in der Praxis meist nicht nötig.

Vor- und Rücklaufschlauch am Tankgeber zeichnen und abziehen. Evtl. Schlauchbänder durchzwicken oder lockern. Kabelstecker der Tankuhrleitung abziehen. Zwei Schraubenzieher in den Aussparungen am Tankgeberrand so ansetzen, wie das im Bild auf der Vorseite gezeigt wird, und Tankgeber linksherum losdrehen. Jetzt kann er komplett herausgezogen werden. Achten Sie beim Ziehen darauf, daß beim Tankgeber der alten Ausführung das unten eingesetzte Benzinsieb nicht in den Tank zurückfällt.
Zum Wiedereinbau soll der Dichtring oben im Geber zwar ersetzt werden, aber in vielen Fällen tut es auch noch der alte. Achten Sie allerdings darauf, daß er beim Festdrehen des Gebers richtig sitzt. Das Benzinsieb, an das Sie gerade so schön herankommen, sollten Sie bei dieser Gelegenheit gleich reinigen.

Fingerzeige: *Ein Reservekanister ist in jedem Fall nützlich, denn einerseits kann die Tankanzeige einmal ausfallen und zum anderen verkauft eine zielstrebig angesteuerte Zapfstation vielleicht sehr teures Benzin oder hat gerade geschlossen, wenn im Kraftstoffbehälter nur noch ein kümmerlicher Rest plätschert, der nicht mehr bis zur nächsten Tankstelle reicht. Übrigens macht man sich strafbar, wenn man ohne Benzin auf der Autobahn liegenbleibt.*
Mit Doppelklebestreifen (z.B. von Tesa) kann man den Reservekanister rutschfest am Kofferraumboden festkleben.
Länger als ein Jahr sollte der Kraftstoff nicht im Reservekanister lagern, da im Benzin leichtflüchtige Bestandteile mit der Zeit entweichen und die Oktanzahl absinkt.

Der Tankgeber (2) mit Benzinsieb (3) in langer Ausführung. Hier ist das Vorfilter mit einer kleinen Sechskantmutter (1) am Geber festgeschraubt. Zum Reinigen kann es abgeschraubt und in Benzin ausgewaschen werden.

Die Tankentlüftung

Da die Kraftstoffpumpe beständig Benzin nach vorn saugt und somit das Flüssigkeitsvolumen im Tank abnimmt, würde sich oberhalb des Flüssigkeitsspiegels bald ein Vakuum bilden, wenn nicht von irgendwoher Luft in das Tankgehäuse eindringen könnte. Das geschieht über die Leitungen der Tankentlüftung, die – verbunden mit einem weiteren Schlauch zum Tankeinfüllstutzen – hinten in Wagenmitte ins Freie münden.
Im Sommer muß sich der getankte Kraftstoff auch ausdehnen können (in den Erdtanks herrscht eine Lagertemperatur von etwa 8° C). Wird nun der BMW »kragenvoll« getankt und anschließend gleich in die pralle Sonne gestellt, dehnt sich das Benzin aus – bis zu 1 Liter Mehrvolumen! Dieses »Mehr« an Kraftstoff nimmt ein in die Entlüftungsleitung »eingeschalteter« Ausgleichsbehälter auf, der rechts im Kofferraum auf dem Radkasten versteckt sitzt. Nach Abkühlung oder bei etwas leergefahrenem Tank läßt er das übrige Benzin dann wieder in den Tank zurückfließen.

Die Kraftstoffpumpe

Beim BMW 320 sitzt die mechanische Kraftstoffpumpe an der linken Motorseite gleich vor dem Verteiler. Für ihren Antrieb sorgt die schon im Motorkapitel angesprochene Nebenwelle. Der BMW 323i besitzt eine elektrische Benzinpumpe, doch auf sie wollen wir erst auf Seite 85 eingehen.
Im Oberteil der Pumpe ist das Saug- und das Druckventil eingebaut, im Unterteil sitzt der Steuermechanismus. Die Membrane zwischen Ober- und Unterteil dient gleichzeitig als Dichtung. Eine Feder am Pumpenstößel zieht diesen und damit die daran befestigte Membrane nach unten, das Saugventil öffnet, und aus dem Tank wird Benzin abgesaugt. Der Exzenter drückt den Pumpenstößel mit der Membrane zurück, das Druckventil öffnet, und Kraftstoff wird in den Vergaser gefördert.

Störungen an der Kraftstoffpumpe

Bei der im BMW 320 eingebauten mechanischen Kraftstoffpumpe ist das Oberteil durch Umbördeln des Blechs verschlossen – nur der Deckel läßt sich abnehmen. Man kann diese Pumpe nicht zerlegen, etwa zum Auswechseln einer defekten Membrane, sondern muß sie komplett ersetzen.
Störungen können die Pumpenventile verursachen, die lediglich eingepreßt sind. Sie können sich lösen, und dann stockt der Benzinstrom. Manchmal hängt zwar nur ein Ventil, was sich durch kräftiges Klopfen auf das Pumpengehäuse beheben läßt, aber meist ist eine neue Pumpe fällig.
Bevor Sie allerdings das Werkzeug schwingen, sollten Sie zuerst prüfen, ob wirklich kein Benzin kommt, wenn der Schlauch zum Vergaser abgezogen wurde (in die Kappe des Warndreiecks halten, damit kein Benzin umherspritzt) und ein Helfer den Motor kurz startet. Es gibt eine weitere, einfache Prüfungsmöglichkeit (mit dem Ersatzbenzinschlauch): Am Anschluß vom Tank muß Einblasen mit dem Mund möglich

Zum Reinigen des Kraftstoffsiebs (3) beim BMW 320 wird der Pumpendeckel (1) mit der zentralen Schlitzschraube vom Unterteil der Benzinpumpe (2) abgeschraubt. Beim Wiederzusammenbau darf die Dichtung nicht vergessen werden. Sie gehört zwischen Pumpenunterteil und Kraftstoffsieb.

sein, aber kein Absaugen; am Vergaseranschluß muß man ansaugen, jedoch nicht einblasen können. Der Pumpendeckel muß bei der Prüfung aufgeschraubt sein.

Kraftstoffpumpe ausbauen

Den Benzinschlauch vom Tank verschließt man zum Pumpenausbau mit einer passenden Schraube, die in die Schlauchöffnung hineingedreht wird. Die Kraftstoffpumpe kann nach Lösen der beiden Haltemuttern am Fuß der Pumpe abgenommen werden. Beim Einbau, falls nötig, neuen Isolierflansch und neue Dichtungen verwenden. Vergessen Sie beim Anschrauben die beiden Isolierbuchsen unter den Befestigungsmuttern nicht.

Kraftstoffsieb reinigen

Wartungspunkt Nr. 60

Ein Sieb unter dem Deckel der mechanischen Benzinpumpe soll Verschmutzungen aus dem Tank von den Pumpenventilen und vom Vergaser fernhalten. Alle 30 000 km soll dieses Kunststoffsieb und das Sieb unten im Tankgeber (sein Ausbau ist auf Seite 81 beschrieben) gereinigt werden.

Zum Ausbau die Querschlitzschraube oben an der Kraftstoffpumpe herausdrehen und den Deckel samt Dichtung und Filtersieb abnehmen. Sieb ausblasen oder in Benzin sauberpinseln und die Innenflächen der Pumpe mit einem sauberen, nicht fasernden Lappen auswischen. Abnehmen des Verteilerdeckels erleichtert die Arbeit!

Zum Zusammenbau müssen die Nasen am Sieb nach oben zeigen, und die Kerbe im Deckel ist genau in die Aussparung des Pumpengehäuses einzusetzen. Vergessen Sie den Dichtring nicht; er gehört zwischen Sieb und Pumpenunterteil.

Fingerzeig: *Ein undichter Gummiring unter dem Benzinpumpendeckel kann bei höheren Drehzahlen zu scheinbar unerklärlichen Aussetzern und zu Leistungsverlust führen. Da die Saugseite der Pumpe im Oberteil liegt, tritt bei defekter Dichtung kein Kraftstoff aus, sondern die Benzinpumpe saugt lediglich Luft an.*

Kraftstoff-Rücklaufventil

Das Kraftstoff-Rücklaufventil am BMW 320 hat die folgenden Aufgaben zu erfüllen: Genaue Druckregulierung des Kraftstoffes zum Vergaser hin und Vermeidung von Dampfblasen im Kraftstoff. Das funktioniert folgendermaßen: Da der Vergaser nicht immer dieselbe Benzinmenge benötigt, die Pumpe aber bei laufendem Motor immer Kraftstoff fördert, kann es zu Druckunterschieden in der Zuleitung zum Vergaser kommen. Diese Differenzen werden durch das Kraftstoff-Rücklaufventil vermieden. Das Ventil läßt überschüssiges Benzin in einer gesonderten Rücklaufleitung wieder in den Tank zurückfließen und sorgt so für konstanten Druck in der Leitung zum Vergaser. Auf diese Weise wird das Schwimmernadelventil des Vergasers weniger beansprucht.

Weil das Benzin immer zirkuliert, kann es sich nicht über längere Zeit im heißen Motor-

Hier können wir den Verlauf der Kraftstoffleitungen am Vergasermotor ganz gut erkennen; die Pfeile auf den Leitungen zeigen die Flußrichtung des Kraftstoffes. Die vom Tank kommende Benzinleitung (1) führt zur Kraftstoffpumpe. Von dort aus wird das Benzin zum Kraftstoff-Rücklaufventil (3) gedrückt. Das Rücklaufventil sorgt für konstanten Druck in der Leitung zum Vergaser (4). Zuviel herangeschafftes Benzin läuft in der Rücklaufleitung (2) wieder in den Tank zurück.

raum stauen. Es hat also gar keine Zeit, sich an der Motorwärme aufzuheizen und kann so auch keine lästigen Dampfblasen bilden.
Das Kraftstoff-Rücklaufventil kann nur mit einem Druckmeßgerät genau geprüft werden. Dazu wird der Benzinschlauch vom Vergaser abgezogen und statt dessen das Meßgerät angeschlossen. Bei laufendem Motor (evtl. Anlasser) darf erst dann aus dem Anschluß für die Rücklaufleitung Benzin austreten (Schlauch dazu abziehen), wenn das Druckmeßgerät 0,2 bar anzeigt.

Elektrische Benzinpumpe

Die Einspritzanlage des BMW 323i wird durch eine elektrische Kraftstoffpumpe mit Benzin versorgt. Sie ist zusammen mit einem Druckspeichergefäß und dem Kraftstofffilter oberhalb der rechten Hinterachswelle durch drei Gummimetallager festgeschraubt. Um Brandgefahr bei Unfällen zu vermeiden, läuft die Pumpe durch eine Sicherheitsschaltung nur dann, wenn sich der Motor dreht – also auch schon beim Anlassen. Strom erhält sie über die Sicherung 3 vom Pumpenrelais im Stromverteilerkasten in einem grün/gelben Kabel zugeführt. Ein braunes Kabel stellt die Verbindung zu »Masse« her. Die beiden Kabel sind einzeln an die Pumpenanschlüsse angeschraubt. Dabei kann nichts verwechselt werden, denn die Anschlußgewinde - und die dazugehörigen Kabelösen - sind unterschiedlich stark.
Eine defekte elektrische Pumpe kann nicht repariert werden, man muß sie ersetzen. Zum Ausbau Kabel abschrauben, Benzinschläuche abziehen bzw. abschrauben und mit Stopfen verschließen. Den Schlauch mit Schraubanschluß knicken Sie am besten ab und binden ihn in dieser Stellung mit Draht fest. So läuft kein Benzin mehr aus. 3 Haltemuttern lösen und Pumpe samt Druckspeicher und Kraftstoffilter am Blechhaltebügel abnehmen. Schläuche von der Pumpe zum Druckspeichergefäß abbauen, Pumpe vom Halter losschrauben. Defekte Pumpe durch neue ersetzen.

Störungsbeistand

Die elektrische Kraftstoffpumpe der Bosch-K-Jetronic erhält, wie bereits erwähnt, nur Strom, wenn der Anlasser betätigt wird oder der Motor läuft. Das Prüfen der Pumpe ist deshalb etwas kompliziert.
- Prüfen, ob Benzin nach vorne gefördert wird: Aus Sicherheitsgründen die Zündung lahmlegen, wie im Abschnitt »Sicherheitsvorschriften bei der TSZ« Seite 174 beschrieben. Hohlschraube am Kaltstartventil lösen. Schon bei nicht laufendem Motor muß jetzt etwas Benzin herausspritzen, denn der Druckspeicher hält das Kraftstoffsystem unter Druck. Kommt nichts, wird der Anlasser betätigt. Die Benzinpumpe müßte nun Benzin fördern.
- Auch die Sicherung 3 muß kontrolliert werden. Über sie ist die Pumpe abgesichert.
- Jetzt prüfen wir, ob die Pumpe überhaupt läuft: Anlasser von Helfer betätigen lassen und die Kraftstoffpumpe (sie sitzt in Höhe des rechten Hinterrads) mit der Hand

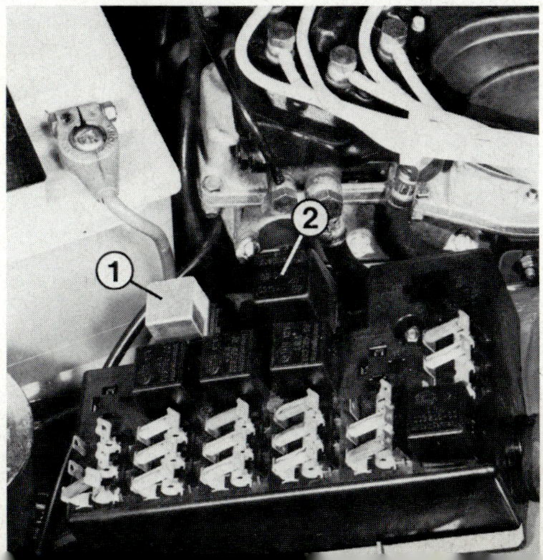

Wichtige Teile in der Kraftstoffversorgung des Einspritzmotors: Das Kraftstoffpumpenrelais (2) und das Diodenrelais (1). Beide müssen aus ihren Fassungen gezogen werden, wenn eine Kompressionsmessung der Zylinder vorgenommen wird. So wird die Kraftstoffpumpe abgeschaltet und ein Überschwemmen der Zylinder während der Messung vermieden.

anfassen. Wenn sie sich dreht, vibriert sie leicht. Ein geübtes Ohr hört auch Strömungsgeräusche in der Pumpe. Tut sich nichts, klopfen Sie leicht gegen das Pumpengehäuse. Eine hängengebliebene Pumpe löst sich so eventuell wieder.

■ Da Sie gerade unter dem Auto liegen, können Sie auch gleich die Kabelanschlüsse kontrollieren. Die beiden Kabelanschlüsse müssen richtig sitzen und dürfen unter den Gummikappen nicht korrodiert sein.

■ Will sich immer noch nichts tun, »befühlen« Sie das Pumpenrelais (siehe Bild auf der Vorseite) im Sicherungskasten. Es muß beim Startvorgang klicken.

■ Jetzt prüfen wir noch mit einer Prüflampe, ob an der Pumpe überhaupt Strom ankommt. Dazu Anlasser betätigen. Ist Spannung da, ist die Pumpe defekt. Keine Spannung: Die Werkstatt muß den Kabelwurm suchen. Dritte Möglichkeit: Pumpe läuft, aber es kommt kein Kraftstoff. Dann ist der Druckspeicher oder das Kraftstoff-Hauptfilter oder aber die Leitung verstopft.

Kraftstoffsieb reinigen

Wartungspunkt Nr. 60

Unten am Geber für die Tankuhr ist ein Benzinsieb angebracht, das die unter Umständen im Tank vorhandenen Rostpartikel und Fusseln zurückhalten soll. Zur Reinigung bauen Sie den Geber komplett aus, wie auf Seite 81 beschrieben. Das Sieb an der Unterseite des Gebers alter Ausführung wird abgehebelt, in Benzin ausgewaschen und anschließend trockengeblasen. Das Benzinsieb neuer Ausführung (siehe Bild Seite 82 unten) können Sie im angebauten Zustand von Fusseln befreien. Zum Auswaschen – wenn das überhaupt nötig ist – drehen Sie die kleine Mutter an der Unterseite des Gebers heraus und nehmen das ganze Kunststoffteil ab.

Kraftstoff-Hauptfilter ersetzen

Wartungspunkt Nr. 61

Oberhalb der rechten Hinterachswelle, mit dem Halter der elektrischen Benzinpumpe und des Druckspeichers verschraubt, sitzt das Kraftstoff-Hauptfilter des BMW 323i. Zum Wechsel werden die beiden Schlauchanschlüsse zunächst nur so weit gelockert, daß noch kein Kraftstoff ausfließt. Spannschelle um das Filter jetzt lösen und die Kraftstoffschläuche vollends vom abgebauten Filter abschrauben. Damit möglichst wenig Benzin verlorengeht, wird das schon bereitgelegte neue Filter gleich wieder an die Schläuche angeschlossen. Vergessen Sie dabei die Dichtringe nicht! Beim Anschließen der Schläuche ist vor allem die Durchflußrichtung zu beachten. Sie ist am Filter angeschrieben. Bei richtigem Anschluß muß die Seite mit der Bezeichnung »AUS« oder »OUT« jetzt zur rechten Fahrzeugseite hin zeigen. Spannschelle um das Filter und Kraftstoffleitungen festziehen.

Mischmasch

Daß im Vergaser ein Mischmasch aus Luft und Benzin hergestellt wird, weiß wohl jeder. Wer allerdings glaubt, daß so etwas nicht allzu schwer sein kann, wird beim Anblick des BMW-320-Vergasers wohl etwas nachdenklich werden. Denn was sich da bei abgenommenem Luftfilter dem Auge darbietet, ist eine Gasfabrik größeren Ausmaßes.
Doch glücklicherweise wird auch hier nicht so heiß gegessen wie gekocht: Hat man sich erst einmal intensiver mit dem »Monstrum« auf dem Motor beschäftigt, sieht die Sache gar nicht mehr so kompliziert aus, und man stellt fest, daß der eine oder andere Handgriff sogar relativ leicht selbst durchgeführt werden kann.

Abgasmessung beim TÜV und Abgas-Sonder-Untersuchung (ASU)

Wartungspunkt Nr. 26

Seit 1985 ist in der Bundesrepublik eine jährliche Abgaskontrolle vorgeschrieben. Dazu gehört auch die Überprüfung des Unterbrecher-Schließwinkels und des Zündzeitpunkts. Diese Kontrolle führen der TÜV, der DEKRA und die meisten Werkstätten durch.
Was ist zu tun, wenn der nächste TÜV-Termin ansteht? Als aufmerksamer Autofahrer werden Sie sicher den Verbrauch Ihres BMW beobachten und nach einer gelegentlichen Überlandfahrt auch einmal das Auspuff-Endrohr betrachten. Zeigt sich eine unerklärliche Aufwärtstendenz beim Verbrauch und ist das Auspuffrohr trotz zügiger Fahrt innen rußig-schwarz, dürfte der Vergaser zu fett eingestellt sein. Dann ist ein Werkstattbesuch anzuraten. Zusammen mit der Vergasereinstellung lassen Sie dort die Abgas-Sonderuntersuchung vornehmen. Wenn Sie ohnehin schon in der Werkstatt sind, kommt diese Methode nach unseren Erfahrungen am günstigsten. Mit der neuen ASU-Plakette geht's dann zum TÜV oder DEKRA für die übliche Hauptuntersuchung.
Wenn Sie Ihren Wagen regelmäßig zur Inspektion in die Werkstatt geben, haben Sie mit der ASU keine Probleme, denn dann gehört die Abgas-Sonderuntersuchung zum Wartungsumfang dazu.
Wer als engagierter Heimwerker jedoch die Wartungsarbeiten selbst durchführt, der stellt die Zündung selbst ein und sollte den Elektrodenabstand der Zündkerzen und das Ventilspiel auch nicht vergessen. Mit dem solchermaßen vorbereiteten Wagen fahren Sie zum TÜV-Termin. Geringe Abweichungen vom Abgas-Sollwert können Sie dann noch bei angeschlossenem Tester korrigieren oder der Prüfer wird selbst an der richtigen Schraube drehen.
Für die ASU zwischen den TÜV-Terminen würden wir je nach Prüfungspreis und Wartezeit entscheiden, wer die Kontrolle vornehmen soll.

Fingerzeig: *Vergleichen Sie die verschiedenen Werkstatt-Angebote. Der genannte Komplettpreis kann Messung und Einstellung umfassen oder lediglich die reinen Prüfarbeiten. Dann kostet das Einstellen noch Extrageld.*

Tips aus der Praxis

■ Zeigt der CO-Tester 2 % oder mehr über dem Richtwert an, sollte folgendes kontrolliert werden, bevor jemand am Vergaser dreht: Schlauch der Kurbelgehäuse-

Entlüftung vom Luftfilter abziehen. Wenn jetzt das Abgas-Meßgerät einen sinkenden CO-Wert anzeigt, liegt es an einer Anfettung aus dem Kurbelgehäuse – die Ursache ist Ölverdünnung durch überwiegenden Kurzstreckenverkehr.
Eine zügige Überlandfahrt oder ein Ölwechsel schafft hier Abhilfe, und der CO-Gehalt sinkt.
Für die Abgasmessung gilt grundsätzlich (die entsprechenden Richtwerte finden Sie in den »Technischen Daten« auf Seite 226):

■ Der Motor muß betriebswarm sein. Lassen Sie ihn vor der Messung nicht unnötig im Leerlauf tuckern, das verschlechtert den CO-Wert.

■ Wird der BMW ausschließlich im Kurzstrecken-Stadtverkehr bewegt, sollten Sie ihn vor der Messung rund 100 km zügig bewegen. So werden Verbrennungsrückstände im Motor durch die Auslaßventile hinausgeblasen. Einen guten Anhaltspunkt liefert das Auspuffrohr: Ist es auch nach längerer zügiger Fahrt innen schwarz und rußig und kriecht diese Schwärze gar um das Rohr auf die Außenseite, sollte vor dem TÜV-Termin die Zünd- und Vergasereinstellung (bzw. Einstellung der Einspritzanlage) kontrolliert werden. Ist das Auspuffrohr dagegen innen grau bis braun, so ist alles in Ordnung.

Luftfilter-einsatz ausblasen

Wartungspunkt Nr. 15

Die Ansaugluft des Motors enthält Staub- und Schmutzteilchen, die nicht in die Verbrennungsräume gelangen sollen, da sie an den Zylinderwänden wie Schmirgel wirken. Das würde frühzeitigen Verschleiß von Kolben und Zylinderlaufbahnen verursachen. Das Luftfilter sorgt für entsprechenden Schutz und dämpft gleichzeitig die Ansauggeräusche.
Der BMW besitzt ein Trockenfilterelement, das nach 7500 km Fahrtstrecke oder alle 6 Monate gereinigt werden soll. Falls Sie oft über staubige Landstraßen fahren, sollte die Reinigungskur schon nach etwa 3000 km oder alle 3 Monate stattfinden.
Beim BMW 320 läßt sich der Luftfiltereinsatz nach Lösen der zentralen Befestigungsschraube und der Spannklammern rund um das Filtergehäuse herausnehmen. Auf was sonst noch zu achten ist, beschreibt der Bildtext unten.
Zum Luftfilterausbau am 323i muß man sich etwas die Finger verbiegen. Die drei Spannklammern rund um das Luftfiltergehäuse – das sitzt übrigens unterhalb des Gemischreglers – lassen sich teilweise nur sehr schwer erreichen. Abschrauben des Ansaugschnorchels erleichtert das Beikommen, ist aber nicht unbedingt nötig. Luftfil-

Nach Lösen der Spannklammern rund um das Filtergehäuse und Abschrauben der zentralen Befestigungsmutter vom Stehbolzen (2) kann der Deckel des Filtergehäuses (1) abgenommen werden. Den Papierfiltereinsatz (3) können Sie nun aus dem Unterteil heben und ausblasen oder auswechseln. Beim Zusammenbau müssen Sie den Deckel so drehen, daß sich die beiden ins Blech geprägten Pfeile gegenüberstehen. Der Deckel läßt sich nur so aufsetzen, da die Zentralbefestigung leicht außerhalb der Mitte sitzt.

terdeckel jetzt in Richtung Motor aufklappen und Luftfiltereinsatz nach oben herausziehen. Beim Wiedereinbau muß die Markierung »Top« nach oben und die Lochblechseite des Filters zum Gemischregler hin zeigen.

Das Filter kann jetzt durch leichtes Klopfen auf eine harte Unterlage von groben Schmutzteilchen gereinigt werden. Der feinere Staub muß mit Preßluft ausgeblasen werden, notfalls genügt auch eine Fahrrad-Luftpumpe. Den Luftstrahl läßt man seitlich an den Filterlamellen vorbeistreichen; wird dagegen von innen nach außen geblasen, drückt man einen Teil des Staubs fest in die Filterporen. Keinesfalls darf der Filtereinsatz in Benzin ausgewaschen werden, dadurch verstopft er.

Luftfiltereinsatz wechseln

Wartungspunkt Nr. 40

Durch einen verschmutzten Luftfiltereinsatz erhält der Motor nicht mehr genügend Ansaugluft und so sinkt die Leistung ab. Da der Vergaser des BMW 320 zusätzlich auch auf andere Unterdruckverhältnisse reagiert, wird bei ihm das Gemisch fetter, der Verbrauch steigt und die Abgaswerte verschlechtern sich. Folgende Filtereinsätze passen für unsere BMW-Modelle:

- 320: BMW 13 721 263 097; Bosch 1 457 429 070; Knecht AG 146; Mann C 4190; Purolator PM 1680.
- 323i: BMW 13 721 262 600; Knecht AG 143; Purolator PM 1645.

Luftfiltergehäuse ausbauen

Wollen Sie beim BMW 320 das Luftfiltergehäuse komplett abnehmen, brauchen Sie nur die Mutter in der Mitte des Gehäusedeckels herauszudrehen und alle zum Luftfilter führenden Schläuche abzuziehen. Das Gehäuse kann ohne Lösen der Spannklammern komplett abgenommen werden.

Wieso Ansaugluft-Vorwärmung?

Die automatische Ansaugluft-Vorwärmung hat die Aufgabe, die Luft, die der Motor über den Vergaser ansaugt, immer auf der jeweils günstigsten Temperatur zu halten. Das hat zwei Gründe:

Erstens: Bei kühlem Wetter vergast das Gemisch besser, wenn die Ansaugluft vorgewärmt zugeführt wird. Andererseits soll der Motor bei höheren Außentemperaturen keine vorgewärmte Ansaugluft erhalten: Dieselbe Menge warmer Luft besitzt ein größeres Volumen als kalte Luft. Da der Motor nur eine bestimmte Luftmenge ansaugen kann, erhält er bei eingeschalteter Ansaugluft-Vorwärmung etwas weniger Luft, das Gemisch wird fetter und der Verbrauch höher. Bei kühlen Temperaturen ist dies für gleichmäßigen Motorlauf nötig, aber nicht, wenn im Frühjahr das Thermometer steigt.

Zweitens: Der Vergaservereisung soll vorgebeugt werden. Diese Vereisung entsteht durch den Druckabfall im Vergaser bei laufendem Motor, wobei ein Teil des Kraftstoffs verdunstet und sich dabei erheblich abkühlt. Davon wird auch das Vergasergehäuse abgekühlt und bei Temperaturen zwischen +3 und +8°C (in Extremfällen auch darüber) und hoher Luftfeuchtigkeit kann sich im Vergaser eine dünne Eisschicht bilden, welche die einwandfreie Gemischbildung verhindert.

Funktioniert die Ansaugluft-Vorwärmung nicht wunschgemäß, kann das zu folgenden Betriebsstörungen führen:

Winters:

- Schlechter Leerlauf nach dem Kaltstart in der sogenannten Warmlaufphase.
- Schlechter Übergang, Motor neigt zum Stottern.

In der warmen Jahreszeit:

- Mangelhafte Leistung, übliche Höchstgeschwindigkeit wird nicht erreicht.
- Höherer Kraftstoffverbrauch.

Ansaugluft-Vorwärmung bis 8/79

Bis 8/79 war die Ansaugluft-Vorwärmung rein thermostatisch durch ein temperaturanhängiges Dehnstoffelement geregelt. Es bewirkt, daß bei Temperaturen unter +8°C die Frischluftzufuhr ganz verschlossen ist. Über Temperaturen von +15°C liegt

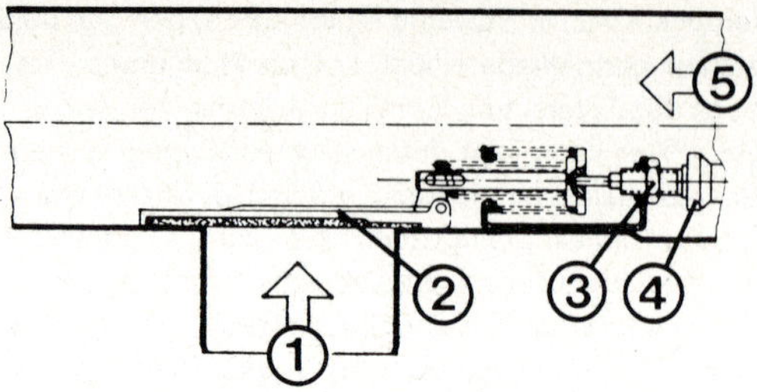

Die Klappe (2) für die automatische Ansaugluft-Vorwärmung im Ansaugstutzen des Luftfilters wurde bis Baujahr 8/79 nur durch einen Temperaturregler (4) geöffnet bzw. geschlossen. Bei geschlossener Klappe strömt nur Frischluft (5) ein. Ob der Temperaturregler richtig arbeitet, läßt sich folgendermaßen prüfen: Ansaugschnorchel mit dem Regler etwa 5 Minuten lang in ein Wasserbad von 15° C legen. Bei dieser Temperatur muß die Klappe die Warmluftzufuhr (1) gerade schließen. Wasserbad auf 8° C abkühlen (Eiswürfel) – jetzt muß die Klappe die Frischluftzufuhr (5) völlig verschließen. Eine falsche Klappenstellung kann durch Verdrehen der Einstellmutter (3) berichtigt werden. Dazu muß das Stutzenunterteil mit dem Temperaturregler abgenommen werden – einfach die Blechhaltelaschen aufbiegen.

die Luftregelklappe dann fest auf der Warmluftöffnung vom Ansaugkrümmer her und verschließt diese.

Vorwärmung bis 8/79 prüfen

Wartungspunkt Nr. 41

Zeigt sich eine der im Text auf der Vorseite beschriebenen Störungen, gerät die automatische Ansaugluft-Vorwärmung in Verdacht. Möglicherweise ist da etwas festgerostet oder verstellt.
Wie geprüft wird, steht im Bildtext oben.

Ansaugluft-Vorwärmung ab 9/79

Beim BMW 320 ab 9/79 wird die Ansaugluft von zwei Systemen geregelt.

■ Um Vergaservereisung im Vollastbereich zu vermeiden, ist die Klappe der Ansaugluft-Vorwärmung über ein Thermostat geregelt, das dafür sorgt, daß die Warmluftzufuhr bei –20° C voll geöffnet ist. Bei ansteigender Temperatur wird die Klappe langsam geschlossen, bis sie schließlich bei +5° C den Warmluftzustrom voll verschließt.

■ Damit auch bei Teillast – also im Bereich von etwa 4500/min Motordrehzahl – keine Vergaservereisung auftritt, wird die Ansaugluft-Vorwärmung zusätzlich über Unterdruck gesteuert. Der Unterdruck wird dem Vergaser entnommen und wirkt auf eine Unterdruckdose, die wiederum die Warmluftklappe im Ansaugschnorchel öffnet.
Ein Temperaturregler im Luftfiltergehäuse ist in die Unterdruckleitung zur Warmluftklappe eingeschaltet und unterbricht den freien Durchgang in diesem Luftschlauch, wenn die Ansaugluft im Luftfiltergehäuse eine Temperatur von +18 bis +23° C erreicht hat. Also ist die Klappensteuerung über Unterdruck nur bei Teillast und auch nur bei Ansauglufttemperaturen bis +23° C wirksam.
In der Praxis überlagern sich die beiden beschriebenen Steuersysteme und vermeiden so in perfekter Weise Vergaservereisung bei allen Drehzahlen und Temperaturen.

Ansaugluft-Vorwärmung ab 9/79 kontrollieren

Wartungspunkt Nr. 41

■ Thermoelement prüfen: Luftfiltergehäuse ausbauen und in die Tiefkühltruhe legen. Die hat zwar meistens nicht ganz die erforderlichen –20° C, doch nach einiger Zeit muß erkennbar sein, daß die Frischluftzufuhr fast ganz geschlossen ist. Zum Schrecken der Hausfrau erfolgt jetzt der Umzug in den Kühlschrank. Bei +5° C muß die Luftklappe die Warmluftzufuhr jetzt gerade verschließen.

■ Unterdruckeinrichtung prüfen: Einen Unterdruckschlauch vom Bimetallregler im Luftfiltergehäuse abziehen, in den anderen hineinblasen. Durchblasen durch den Regler muß unter +18° C möglich sein, über +23°C (Heizkörper) muß der Regler dicht schließen.
Am Schlauch zur Unterdruckdose vorn im Ansaugschnorchel mit dem Mund saugen: Besteht freier Luftdurchgang, ist die Dose undicht und muß ausgewechselt werden.

Fingerzeig: *Alles Einstellen der Ansaugluft-Vorwärmung nützt nichts, wenn der Schlauch zwischen dem Warmluftsammelblech (über dem Auspuffkrümmer) und dem Luftfilter nicht in Ordnung ist, nicht richtig sitzt oder ganz fehlt. Überprüfen Sie also zuerst dieses kurze Schlauchstück!*

Benzinsieb im Vergaser reinigen

Im Vergaser ist – wie im Tankgeber und in der Benzinpumpe – ein kleines Benzinsieb eingebaut. Zum Reinigen die Hohlschraube SW 24 des Anschlußstutzens für den Benzinschlauch herausdrehen. Das daran eingehängte Sieb wird nun abgehebelt und in Benzin ausgewaschen oder mit Preßluft ausgeblasen. Viel Schmutz wird sich allerdings nicht darin festgesetzt haben, denn die beiden anderen Siebe halten ja das meiste ab.

Der Vergaser

Im BMW 320 ist ein Solex-Doppel-Fallstrom-Registervergaser vom Typ 4 A 1 eingebaut. Was verstehen wir unter dieser Bezeichnung?
Ein »Doppel«-Vergaser ist, wie der Name schon sagt, ein großer Vergaser, in dem zwei Einzelvergaser zusammengefaßt sind.
Unter der Bezeichnung »Fallstrom«-Vergaser ist zu verstehen, daß die vom Motor angesaugte Luft senkrecht von oben nach unten durch den Vergaser strömt und dabei aus den Vergaserdüsen den zur Gemischaufbereitung nötigen Kraftstoff ansaugt. Das Gemisch »fällt« also gewissermaßen hinunter in den Motor.
Das Wort »Register«- oder »Stufen«-Vergaser rührt daher, daß jeder der beiden »Einzelvergaser«, die in unserem Vergasergehäuse zusammengefaßt sind, wiederum je zwei Mischkammern besitzt. Die Gemischzuteilung bei den verschiedenen Drehzahlen und Belastungszuständen wird durch diese Anordnung verbessert. Sind die Drosselklappen der beiden ersten Stufen mehr als $^3/_4$ geöffnet, schalten sich die beiden zweiten Stufen zu und sorgen so für eine zusätzliche Menge Kraftstoff-Luft-Gemisch, um dem Motor besseren Durchzug zu verleihen.
Die Buchstaben- und Zahlenfolge »4 A 1« stellt die Typbezeichnung des Vergasers dar. Diese Kennzeichnung hat allerdings nichts mit der Düsenbestückung und der sonstigen Ausführung unseres Vergasers zu tun.

Die wichtigsten Teile des Vergasers

Bevor wir uns tiefer in die Vergasertechnik stürzen, sollen erst einmal einige Vergaserteile erklärt werden, auf die wir auf den nächsten Seiten – oder aber auch in Gesprächen mit Fachleuten – immer wieder stoßen.
Schwimmerkammer: Die Speicherung des Kraftstoffs wird in der Schwimmerkammer durch Schwimmer und Schwimmernadelventil geregelt. Hat das Benzin eine bestimmte Höhe erreicht, drückt der Schwimmer durch seinen Auftrieb über einen Hebel gegen die Schwimmernadel. Deren spitz zulaufendes Ende sperrt dann den weiteren Zufluß ab.
Hauptdüse: Sie sitzt direkt in der Schwimmerkammer und sorgt mit einer genau bemessenen Bohrung für gleichbleibenden Abfluß des Benzins aus der Schwimmerkammer.

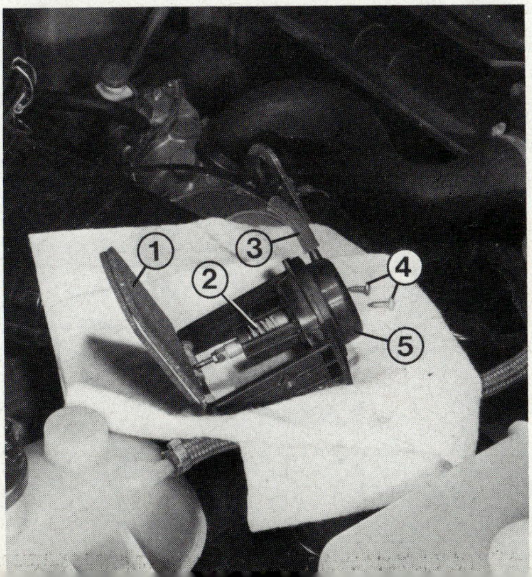

Seit 9/79 ist in den BMW 320 ein neues Regelsystem für die Ansaugluft-Vorwärmung eingebaut. Nach Lösen der beiden Blechschrauben (4) rechts und links des Ansaugschnorchels können wir die ganze Regeleinheit einschließlich Luftklappe (1) herausnehmen. Diese Klappe öffnet oder verschließt die Warmluftöffnung vom Auspuffkrümmer her auf Befehl des Thermoelements (2) und der Unterdruckmembrane (5), die vom Vergaser-Unterdruck über eine kleine Schlauchleitung (3) gesteuert wird. Das genaue Zusammenspiel dieser beiden Regelmechanismen beschreibt der Text links.

Hier ist der 4 A 1-Vergaser ausgebaut, um einige Teile besser sichtbar zu machen: 1 – Startautomatik; 2 – Düsennadeln der Luftkorrekturdüsen (selten eingebaut); 3 – Starterklappe; 4 – TN-Starter; 5 – Drosselklappenansteller; 6 – Leerlaufgemisch-Regulierschraube; 7 – Leerlauf-Abschaltventile; 8 – Leerlaufgemisch-Regulierschraube; 9 – Kraftstoff-Zufluß; 10 – Beschleunigungspumpe.

Leerlaufdüse: Sie liefert dem Leerlaufsystem eine stets gleichbleibende Kraftstoffmenge zur Aufbereitung des Leerlaufgemisches.

Luftkorrekturdüse: Sie mischt den von der Hauptdüse kommenden Kraftstoff mit Luft vor.

Mischrohr: Es nimmt Kraftstoff von der Hauptdüse und durch Bohrungen Luft von der Luftkorrekturdüse entgegen und führt beides vermischt in den Austrittsarm im Saugkanal weiter. Bei höheren Drehzahlen wird das Gemisch durch freiwerdende Bohrungen zusätzlich mit Luft versorgt, um das sonst durch höheren Kraftstoffdurchsatz fetter werdende Mischungsverhältnis konstant zu halten.

Lufttrichter: Im Saugkanal (Vergaserdurchlaß) sitzt der Lufttrichter. Charakteristisch ist seine Einschnürung im Innendurchmesser, wodurch die angesaugte Luft beschleunigt und das Gemisch aus dem Austrittsarm stärker abgesaugt wird.

Beschleunigungspumpe: Beim Durchtreten des Gaspedals spritzt sie zusätzlich Benzin in den Saugkanal ein.

Schauen Sie sich zu diesen Stichworten die Zeichnung unten an. Dort können Sie genau erkennen, wo die einzelnen Teile ihren Platz im Vergaser haben. Nach dieser »ersten Lektion« können wir uns jetzt näher mit den Funktionszusammenhängen im Vergaser beschäftigen. Der folgende Abschnitt beschreibt, was sich in den einzelnen Betriebszuständen so alles in der Futterküche unseres BMW tut.

Leerlauf-Schema des 4 A 1-Vergasers. Der für das Leerlaufgemisch benötigte Kraftstoff passiert zuerst die Hauptdüsen der ersten Stufen (K; weißer Pfeil). Sodann gelangt er zur Leerlaufdüse (5) und wird vor der Leerlaufluftdüse (2) mit der Nebenluft (N; Pfeil) vermischt. In einem senkrechten Kanal gelangt das Kraftstoffgemisch nun bei geöffnetem Leerlauf-Abschaltventil (3) zur Leerlaufgemisch-Regulierschraube (4), mit der die austretende Menge des Gemisches eingestellt werden kann. Da das Dehnstoffelement im TN-Starter (9) den TN-Gemischkanal (7) mit dem Steuerkolben (8) nie vollständig verschließen kann, wird auch von hier noch eine kleine Gemischmenge beigesteuert. Das TN-Gemisch entsteht im Tauchrohr (10) aus dem Kraftstoff (K); seine Menge wird an der TN-Startergemisch-Regulierschraube (1) eingestellt.
Weiter: 6 – Drosselklappe; H – Hauptluft.

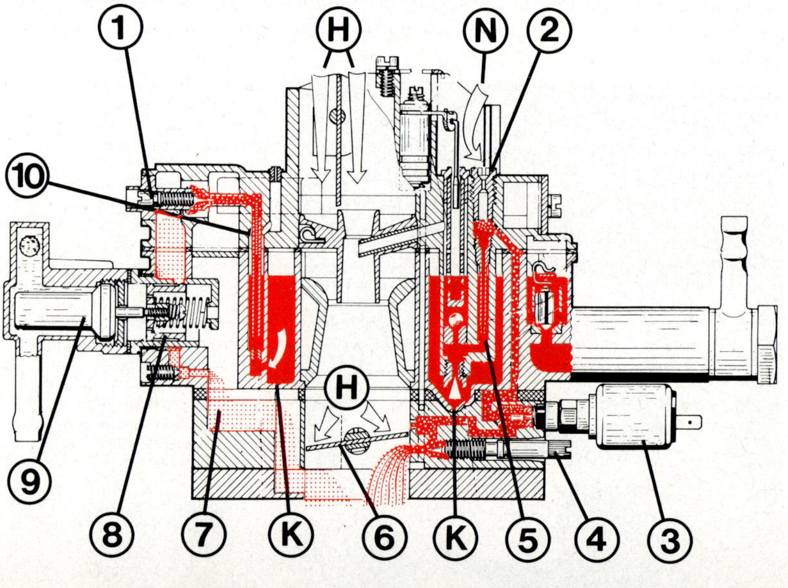

So ist der 4 A 1-Vergaser im BMW 320 eingebaut. Die Zahlen bedeuten: 1 – Luftklappen der zweiten Stufen; 2 – Starterklappe; 3 – Drosselklappen-Ansteller; 4 – Umschalter für Schwimmerkammer-Belüftung; 5 – Kraftstoff-Anschlußstutzen, dahinter das Benzinsieb; 6 – Starterdeckel; 7 – Pulldown-Membrane; 8 – Kraftstoff-Rücklaufventil.

Die Funktion

Start: Die Bimetallfeder im Deckel der Startautomatik (siehe Bild Seite 97) hat beim Kaltstart die Starterklappen der beiden ersten Stufen geschlossen. So kann sich im Vergaser unterhalb der Starterklappen ein Unterdruck aufbauen. Um den Unterdruck, den der Motor erzeugt, bis unter die Starterklappen gelangen zu lassen, werden die Drosselklappen leicht geöffnet. Das besorgt die Feder des Drosselklappenanstellers. Der nun im Vergaser entstandene Unterdruck zieht aus dem Hauptdüsensystem und aus weiteren Kraftstoffkanälen Benzin zur Anreicherung des Startgemisches heraus. Der TN-Starter, von der Temperatur des Kühlwassers gesteuert, läßt zusätzlich kraftstoffreiches Gemisch in die Saugrohre fließen.
Bei wärmer werdendem Motor wird die Bimetallfeder der Startautomatik durch das Kühlwasser beheizt, das in einem besonderen Kanal den Starterdeckel durchfließt. Über 17° C Kühlwassertemperatur schaltet der Thermoschalter unten am Ansaugkrümmer die zusätzliche elektrische Heizung der Startautomatik ein; die Bimetallfeder wird so schneller aufgeheizt und öffnet die Starterklappen nun früher.
Der Starterklappenbetätigung ist außerdem eine Unterdruckmembrane – der sogenannte Pulldown – zugeordnet. Über diese Unterdruckmembrane werden die Starterklappen ein Stück geöffnet, sobald der Motor angesprungen ist. So kann schon bei kaltem Motor für relativ mageres Gemisch gesorgt werden.
Zum Pulldown gehört noch ein Thermoelement (BMW nennt es Stellmotor). Es wird bei eingeschalteter Zündung beheizt und sorgt dann über einen Hebel dafür, daß die Starterklappen nach einem kurzen Halt nicht wieder schließen und so Heißstartschwierigkeiten verursachen.
Droht der Motor abzusterben (besonders bei Wagen mit automatischem Getriebe ist das beim Einlegen einer Gangstufe leicht möglich), tritt der Drosselklappenansteller in Aktion. Über Unterdruck gesteuert gibt er zusätzlich »Gas«. Im einzelnen funktioniert das so: Bei laufendem Motor wird der Drosselklappenansteller vom Unterdruck im Saugrohr zurückgezogen. Fällt die Drehzahl ab, kann sich kein Unterdruck mehr aufbauen, der den Ansteller zurückzieht. Sein federbelasteter Stempel drückt also gegen das Gasgestänge: die Drehzahl steigt wieder.
Leerlauf: Der Kraftstoff zur Aufbereitung des Leerlaufgemisches durchfließt zuerst die Hauptdüsen der ersten Stufen. Zwischen Leerlaufdüse und Leerlaufluftdüse wird das endgültige Gemisch aufbereitet. Nach Passieren des geöffneten Leerlauf-Abschaltventils gelangt es zur Leerlaufgemisch-Regulierschraube, wo die Gemischmenge eingestellt wird. Die Austrittsöffnung befindet sich unterhalb der Drosselklappe.
Da der TN-Starter nie vollständig schließt, steuert auch er eine kleine Gemischmenge bei, was in diesen geringen Mengen zulässig ist.

Übergang: Damit beim Übergang von Leerlauf zu Normalbetrieb kein »Loch« entsteht, zweigen je zwei kleine Bohrungen oberhalb der geschlossenen Drosselklappe eine zusätzliche Menge Kraftstoff-Luft-Gemisch vom Leerlaufgemisch ab. In Aktion treten sie nur dann, wenn die Drosselklappen ganz leicht geöffnet werden.

Beschleunigen: Bei plötzlichem Gasgeben öffnen sich die Drosselklappen schlagartig. Es wird also mehr Luft angesaugt, und der Vergaser kann in dieser kurzen Zeit nicht die ausreichende Benzinmenge nachfördern, die für das richtige Gemischverhältnis nötig wäre. Deshalb spritzt die Beschleunigungspumpe im Moment des Gasgebens eine zusätzliche Benzinmenge in die Vergaserdurchlässe der ersten Stufen ein.

Teillast und Vollast: Solange die Drosselklappen der ersten Stufen weniger als etwa $^3/_4$ geöffnet sind, bleiben die zweiten Stufen geschlossen. Die Hauptdüsensysteme der ersten Stufen (Luftkorrekturdüse und Hauptdüse) lassen Luft und Kraftstoff in die beiden Mischrohre eintreten. Das so entstandene Kraftstoff-Luft-Gemisch wird über die beiden Gemischaustrittsrohre abgesaugt und gelangt so in den Motor.

Wird das Gaspedal weiter durchgetreten, wird über einen Umlenkhebel die Achse gedreht, auf der die Drosselklappen der beiden zweiten Stufen sitzen. Die Klappen werden also geöffnet. Das geht allerdings nur, wenn die Starterklappen vollständig geöffnet sind. Sonst verhindert eine Mechanik das Öffnen der zweiten Stufe. Auf diese Art soll der kalte Motor vor Überlastung geschützt werden. Oben in den zweiten Stufen sind Luftklappen angebracht, die mit größer werdendem Unterdruck nach unten gedrückt werden. Durch eine mechanische Umlenkung steuern diese Luftklappen die Düsennadeln in den Kraftstoff-Hauptdüsen und bemessen so die Kraftstoffzufuhr zu den zweiten Stufen. Damit die Luftklappen und somit die Kraftstoffdüsen nicht plötzlich öffnen, wenn die Drosselklappen durch schlagartiges Gasgeben geöffnet werden, werden sie durch eine Dämpfungseinrichtung an schneller Bewegung gehindert.

Der so dosierte Kraftstoff wird mit der Luft, die seitlich an den Düsennadeln eintritt, vermischt und gelangt anschließend über ein Austrittsrohr in die Mischkammern der zweiten Stufen.

Richtig starten

Insgesamt springen die BMW-Sechszylinder auch bei tiefen Außentemperaturen gut an, so daß sich kaum Startschwierigkeiten ergeben. Sobald der Motor kurz nach dem Start »rund« läuft, sollten Sie bereits anfahren. Denn es ist nicht sinnvoll, den Motor minutenlang »warmlaufen« zu lassen. Im Stand tut er das nämlich nur sehr langsam, weil er ja nicht belastet wird. Die Betriebszeit im unterkühlten Bereich, die den Motor stark verschleißt, würde unnötig verlängert. Viel schneller erreicht er die günstige und motorschonende Betriebstemperatur unter mäßiger Belastung. Aber beachten: Der Motor muß auf den ersten Kilometern zurückhaltend gefahren werden, also in den un-

Im Notfall können Sie die Startautomatik auch selbst einstellen. Das geht so: Drei Halteschrauben öffnen (auf einer davon ist der Winkelschraubenzieher angesetzt) und in Pfeilrichtung drehen – Klappen öffnen später. Entgegengesetzte Drehung – Klappen öffnen früher.

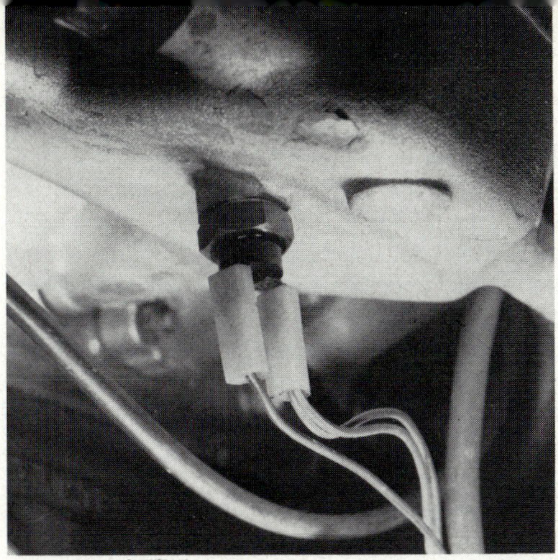

Der Thermoschalter sitzt unterhalb des Ansaugkrümmers. Dieser automatische Schalter wird vom Kühlwasser, das ja bekanntlich zur Saugrohrbeheizung durch den Ansaugkrümmer fließt, gesteuert. Hat das Kühlmittel eine Temperatur von mindestens 17° C erreicht, schaltet der Thermoschalter eine zusätzliche elektrische Heizung im Starterdeckel ein, damit die Starterklappen schneller öffnen. Je langsamer diese Klappen öffnen, desto mehr Benzin verbraucht der Wagen in der Warmlaufphase.

teren Gängen bei mittleren Drehzahlen. Selbst wenn der Motor das Gas bereits im unteren Drehzahlbereich leicht annimmt, sollte man sich nicht verleiten lassen, den Motor schon zu früh hochzudrehen.

TN-Starter prüfen

Der **T**hermo-**N**ebenschluß-Starter stellt innerhalb des 4 A 1-Vergasers ein separates Startgemischsystem dar. Kommt er bei der Fehlersuche nach dem Störungsfahrplan auf Seite 99 in Verdacht, kann er wie folgt kontrolliert werden:
TN-Starter vom Vergaser abschrauben (zwei Schlitzschrauben) und die Seite mit den Wasseranschlüssen in ein 20° C warmes Wasserbad halten. Nach einiger Zeit kann nun kontrolliert werden, wie groß der Spalt ist, den der kleine Kolben im TN-Starter an dessen Gemischfenster freigibt (siehe Bild unten).

- TN-Starter mit rechteckigem Gemischfenster: Der Kolben muß einen Spalt von 2 – 2,4 mm freigeben. Tut er das nicht, kann der Schlitz mit der kleinen Schraube an der Stirnseite des TN-Starters etwas nachreguliert werden.
- TN-Starter mit trapezförmigem Gemischfenster: Hier muß ein Spalt von 3,2 mm Breite vorhanden sein. Stimmt die Spaltbreite nicht, hilft nur noch Auswechseln; denn die neueren TN-Starter sind nicht mehr einstellbar.

Weitere Fehlerquellen am TN-Starter: Der Gemischkolben klemmt oder das Dehnstoffelement ist defekt.

Die Leerlauf-Abschaltventile

Der 4 A 1-Vergaser besitzt zwei Leerlauf-Abschaltventile (siehe Bild Seite 92 oben). Die Abschaltventile verschließen durch eine Ventilnadel den Zufluß des Leerlaufgemisches in den Vergaserdurchlaß bei abgeschalteter Zündung. Sie verhindern so, daß

Der TN-Starter zerlegt: 1 – Kühlmittelanschluß mit Dehnstoffelement, 2 – Dichtung; 3 – Kolben; 4 – Feder; 5 – Schlitz, in dem der Kolben sichtbar wird. Beim Einbau muß dieser Schlitz nach oben zeigen. In dem geschlitzten Teil sitzt hinten die im Text oben angesprochene Einstellschraube. Der TN-Starter kann Ursache für die verschiedensten Defekte sein (siehe Störungsfahrplan Seite 99).
Am TN-Starter selbst klemmt im Störungsfall meistens der Kolben, oder das Dehnstoffelement ist defekt. Achten Sie beim Austausch darauf, daß das neueste Dehnstoffelement eingebaut wird. Die Dehnelemente wurden mehrfach gewechselt!

der Motor ohne Zündfunken weiterläuft (Nachdieseln, Nachlaufen), wobei sich das noch angesaugte Gemisch an heißen Stellen im Verbrennungsraum (meist Auslaßventile) entzündet. Bei eingeschalteter Zündung zieht ein Elektromagnet die Ventilnadel zurück, und das Leerlaufgemisch hat freien Zugang zum Ansaugkrümmer.
Läuft der Motor doch nach, hängt eine Ventilnadel in »Offen«-Stellung. Motor abwürgen – dazu Gang einlegen, Handbremse ziehen und Kupplung kommen lassen. Oder – bei Getriebeautomatik – mit dem Gaspedal pumpen, bis der Motor »abgesoffen« ist. Wenn sich ein Abschaltventil gelockert hat (Motor zieht »falsche Luft«), das elektrische Kabel zum Ventil unterbrochen ist, die Sicherung 3 durchgebrannt ist oder die Ventilnadel in »Geschlossen«-Stellung hängt, springt der Motor nicht an, wenn nicht gleichzeitig das Gaspedal durchgetreten wird. Außerdem stirbt er bei nicht getretenem Gaspedal (also in Leerlaufstellung) sofort wieder ab. Daher festen Sitz der Abschaltventile prüfen, Kabel kontrollieren (mit Prüflampe bei eingeschalteter Zündung), Sicherung überprüfen sowie Gängigkeit der Ventilnadel kontrollieren: Herausgeschraubtes Abschaltventil mit angeschlossener Stromleitung gegen »Masse« halten. Zündung von Helfer einschalten lassen – die Ventilnadel muß zurückgezogen werden, was auch durch leichtes Klicken hörbar wird.

Leerlauf einstellen

Wartungspunkt Nr. 50

Schwankungen der Leerlaufdrehzahl liegen vor allem daran, daß Zündkerzen-Elektrodenabstand, Unterbrecher-Schließwinkel, Zündeinstellung oder Ventilspiel nicht richtig eingestellt sind. Nur sehr selten ist der Vergaser der Urheber.
Für den Selbsthelfer ist eine genaue Vergasereinstellung leider kaum mehr zu bewerkstelligen, denn außer einem exakten Drehzahlmesser wird ein Abgasmeßgerät benötigt, das in vernünftiger Ausführung praktisch unerschwinglich ist. Die einfachen Abgastester, wie sie für Heimwerker angeboten werden, arbeiten nicht ausreichend genau. Für die fachgerechte Einstellung empfehlen wir in diesem Fall die Werkstatt.
Bei richtiger Einstellung liegt die Leerlaufdrehzahl des BMW 320 zwischen **800 und 900/min**. Der Abgaswert – also der Leerlauf-CO-Gehalt – soll zwischen **0,5 und 1,0 Vol. %** betragen (siehe Seite 87).

Behelfsmäßige Leerlauf-Einstellung

Der 4 A 1-Vergaser ist glücklicherweise so aufgebaut, daß ein gezielter Eingriff von Laienhand nicht gleich die ganze Grundeinstellung durcheinanderbringt – eine erfreuliche Sache in einer Zeit der Vergaser-Verkomplizierung.

Zum Einstellen der Leerlaufdrehzahl wird beim 4 A 1-Vergaser die Drosselklappen-Anschlagschraube verdreht. An diesem Vergaser kann die Einstellung zur Not auch vom Laien durchgeführt werden, ohne daß hinterher die ganze Grundeinstellung ruiniert ist. Einziger Nachteil an der Do-it-yourself-Einstellung: Der Drehzahlmesser im BMW ist nur bedingt genau. Bevor Sie jedoch daran gehen, wie im Bild gezeigt, die Drehzahl neu einzuregeln, sollten Sie sich erst vergewissern, daß Zündung und Ventile richtig eingestellt sind.

Wie im Bild links unten gezeigt, wird die Leerlaufdrehzahl beim Rechtsdrehen der Leerlauf-Einstellschraube schneller und beim Linksdrehen langsamer. Verdrehen Sie nur diese Schraube! Eingriffe an den Leerlaufgemisch-Regulierschrauben (die ohnehin durch Stopfen gesichert sind) dürfen keinesfalls vorgenommen werden, sonst wird der Vergaser völlig verstellt.

Fingerzeig: *Wenn Sie schon der Verzweiflung nahe sind, weil trotz richtiger Zünd- und Vergasereinstellung der Motor im Leerlauf immer noch unruhig läuft, sollten Sie einmal den Schlauch vom Ansaugrohr zum Bremskraftverstärker (siehe Seite 138) kontrollieren. Falls dieser Schlauch undicht ist, erhält der Motor »falsche Luft«, die den Leerlauf durcheinanderbringt.*

Vergaser reinigen

Die früher üblichen Korrosionserscheinungen am und im Vergaser sind heutzutage selten geworden, denn moderne Kraftstoffe enthalten Zusätze, die eine bestimmte Menge Feuchtigkeit ohne Wassertropfenbildung »aufsaugen« können. Darum ist die regelmäßige Vergaserreinigung schon lange aus den Wartungsplänen gestrichen worden. Wenn diese Arbeit doch einmal nötig werden sollte, läßt sich generell folgendes sagen:

- Der Vergaser muß nicht komplett ausgebaut werden, es genügt, wenn Sie das Oberteil (Deckel) abschrauben. Arbeitsreihenfolge: Luftfilter abnehmen (siehe Seite 89), Starterklappenbetätigungsstange nach Entfernen der Drahtsicherung aushängen, die Starterklappen dazu in Stellung »Zu« drücken, 4 Muttern und 8 Schlitzschrauben lösen, Unterdruckschlauch vom Dämpfer der zweiten Stufe abziehen, Vergaserdeckel abhebeln.
- Ausgebaute Vergaserteile in Kraftstoff oder Spiritus reinigen. Die Teile auf ein sauberes Tuch legen. Genau merken, wohin sie und in welcher Reihenfolge sie zusammengehören. Auf Dichtungen, Sicherungsklammern und Federringe achten.
- Herausgeschraubte Düsen mit mäßigem Preßluft-Druck ausblasen. Düsen können notfalls auch mit dem Mund durchgeblasen werden (aber möglichst ohne Spukke). Auf keinen Fall mit hartem Draht reinigen, geeignet ist jedoch eine harte Pinselborste. Düsen sind aus weichem Material (Messing), daher nicht zu fest schrauben.
- Drosselklappen- und Starterklappenwellen auf zu großes Spiel an den Lagerungen untersuchen. Dort könnte Nebenluft eindringen und Start und Leerlauf verschlechtern.

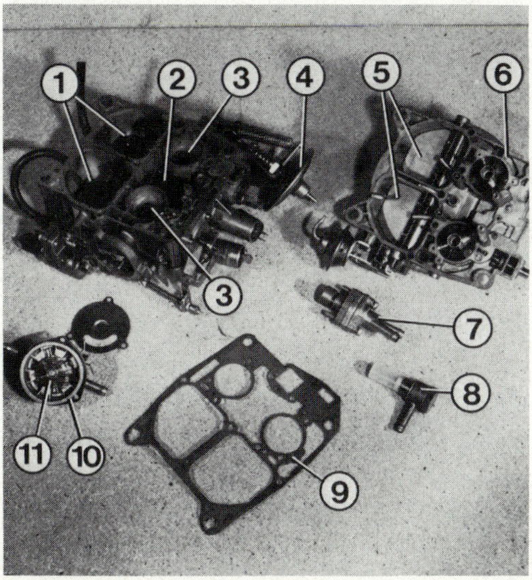

Hier ist der 4 A 1-Vergaser teilweise auseinandergenommen: 1 – Mischkammern der zweiten Stufen; 2 – Schwimmer; 3 – Mischkammern der ersten Stufen; 4 – Drosselklappenansteller; 5 – Luftklappen der zweiten Stufen; 6 – Vergaserdeckel; 7 – TN-Starter; 8 – Anschlußstutzen für Kraftstoffschlauch mit Benzinsieb; 9 – Dichtung zwischen Vergaser-Unterteil und Vergaserdeckel; 10 – Starterdeckel; 11 – Bimetallfeder.

■ Die Schwimmer kontrolliert man, ob sie dicht sind (schütteln und gegen das Ohr halten). Eventuell in heißes Wasser legen und auf Blasen achten. Auch muß die Schwimmerachse gut gängig sein.

Gaszug einstellen

Diese Arbeit wird nötig, wenn ein neuer Gaszug eingebaut wurde oder wenn der alte Zug wegen einer Zylinderkopf-, Vergaser- oder Motordemontage am Widerlager abgebaut werden mußte. Hier die Arbeitsreihenfolge: Starterklappen in »Offen«-Stellung bringen, Gaspedal ganz in die Leerlaufstellung zurückziehen. Drosselklappe muß ebenfalls in Leerlaufstellung stehen. Jetzt die Länge des Gaszugs durch Verdrehen der Kontermuttern am Widerlager so einstellen, daß der in der Kurvenscheibe eingehängte Nippel des Zugs etwa 0,2 – 0,3 mm Spiel aufweist. Kontermuttern gegeneinander festziehen.

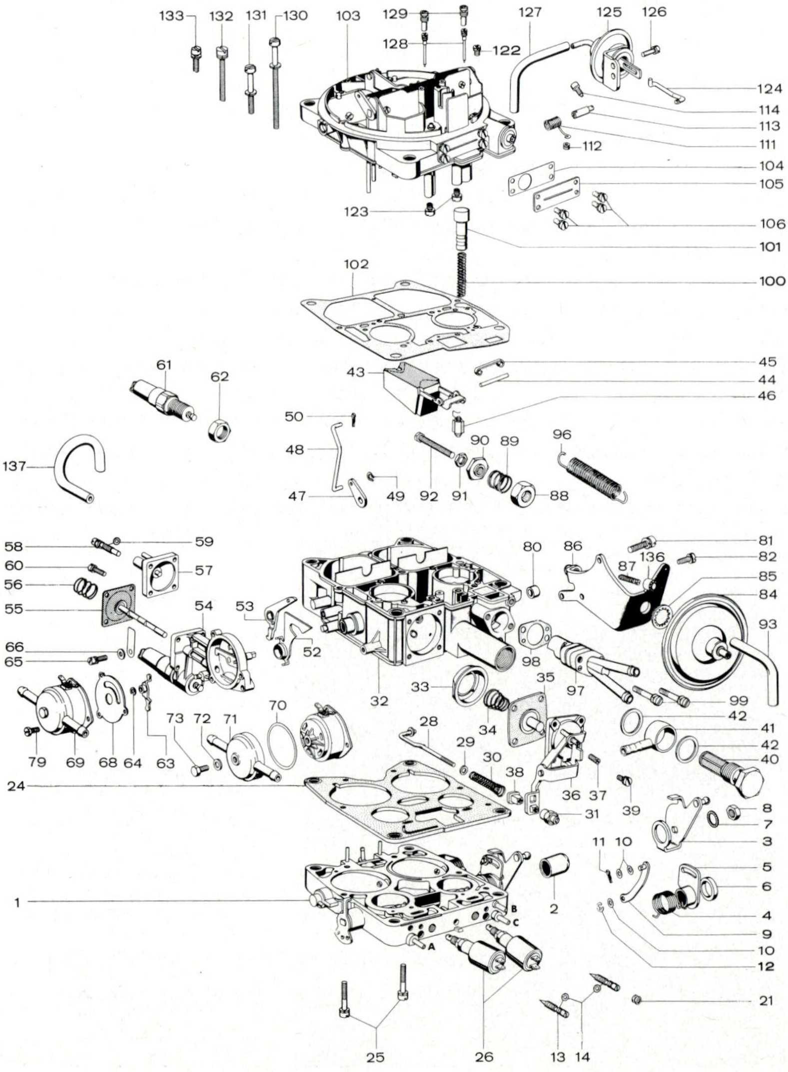

Das Explosionsbild des 4 A 1-Vergasers zeigt 1–12 – Drosselklappenteil mit Teilen; 13, 14, 21 – Leerlaufgemisch-Regulierschrauben mit Dichtringen und Stopfen; 24 – Isolierflansch; 25 – Schrauben; 26 – Leerlauf-Abschaltventile; 28–31 – Pumpen-Verbindungsstange mit Teilen; 32 – Vergaser-Unterteil (Schwimmerkammer); 33–39 – Beschleunigungspumpe; 40–42 – Stutzen für Kraftstoffschlauch mit Benzinsieb; 43–46 – Schwimmer mit Schwimmernadelventil; 47–50 – Betätigungshebel mit Teilen; 52, 53 – Betätigungshebel; 54–79 – Startautomatik; 80–93 – Drosselklappenansteller komplett; 96 – Zugfeder; 97–99 – TN-Starter; 100 – Druckfeder; 101 – Kolben; 102 – Vergaserdeckeldichtung; 103–127 – Vergaserdeckel komplett; 128 – Leerlaufdüse; 129 – Leerlaufluftdüse; 130–133 – Schrauben; 136 – Kappe; 137 – Schlauch.

Die Störung	– ihre Ursache	– ihre Abhilfe
A Schlechter Kaltstart	1 Starterklappe schließt nicht	Gängig machen oder einstellen
	2 Bimetallfeder im Starterdeckel defekt	Starterdeckel austauschen
	3 Drosselklappe nicht genügend geöffnet	Drosselklappenansteller einstellen lassen
	4 Zündzeitpunktverstellung in Richtung »Spät« eingeschaltet	Thermoventil prüfen bzw. ersetzen, siehe Seite 181
	5 Starterdeckel falsch eingestellt	Einstellen lassen
	6 TN-Starter defekt	Einstellen, reinigen oder ersetzen
B Motor stirbt nach dem Kaltstart immer wieder ab	1 Siehe A 5	
	2 Siehe A 3	
	3 Siehe A 6	
	4 TN-Starter zu fett eingestellt	Mit CO-Meßgerät messen und einstellen lassen, TN-Luftkorrekturdüse reinigen
	5 Pulldown-Membrane undicht oder Gehäuse locker	Ersetzen bzw. Schrauben nachziehen
	6 Stellmotor defekt oder Zuleitung unterbrochen	Kontrollieren bzw. austauschen
	7 Unterdruckschläuche porös und undicht	Austauschen
C Schlechter Motorlauf während des Warmlaufens	1 Starterklappe falsch eingestellt	Einstellen lassen
	2 Siehe A 6	
	3 Leerlaufgemisch zu mager eingestellt	Einstellen lassen
	4 Ansaugsystem undicht	Flansche und Unterdruckschläuche kontrollieren
	5 Siehe B 5	
	6 Siehe A 6	
	7 Heizwendel im Starterdeckel defekt	Zuleitung prüfen bzw. Starterdeckel austauschen
	8 Temperaturschalter im Saugrohr hat oberhalb 17° C keinen Stromdurchgang	Austauschen
	9 Leerlaufgemisch unterschiedlich eingestellt	Einstellen lassen
D Schlechter Leerlauf	1 Leerlauf-Abschaltventil oder seine Zuleitung defekt	Austauschen
	2 Leerlaufdüsen verstopft	Vergaser reinigen
	3 Siehe C 4	
	4 Siehe A 6	
	5 Schwimmernadelventil defekt	Kontrollieren, reinigen bzw. austauschen
E Leerlauf zu hoch	1 Starterklappe klemmt	Gängig machen
	2 Siehe C 7	
	3 Siehe C 8	
	4 Drosselklappe schwergängig	Gängig machen
	5 Drehwelle verspannt	Spiel am Lagerbock einstellen
	6 Drosselklappenansteller falsch eingestellt	Einstellen lassen
	7 Siehe B 7	
	8 Siehe A 6	
	9 Kein Warmwasserdurchfluß am TN-Starter	Wasserdurchgang reinigen

Die Störung	– ihre Ursache	– ihre Abhilfe
E Leerlauf zu hoch (Fortsetzung)	10 Drosselklappen der zweiten Stufen schließen nicht	Gestänge gangbar machen oder Vergaser und Isolierflansch mittig zueinander ausrichten
F Schlechter Übergang	1 Einspritzmenge der Beschleunigungspumpe stimmt nicht	Einstellen lassen
	2 Kraftstoffkanäle verstopft	Vergaser reinigen
	3 Membrane der Beschleunigungspumpe defekt	Ersetzen
	4 Siehe C 9	
	5 Nebenluft aus dem Vorzerstäuber	Vorzerstäuber abdichten
	6 Siehe D 5	
G Drosselklappen der zweiten Stufen öffnen nicht korrekt (schlechter Übergang)	1 Dämpfungs-Unterdruckdose der zweiten Stufen undicht	Auf Dichtheit prüfen, austauschen
	2 Luftklappen der zweiten Stufen klemmen	Gängig machen
	3 Düsennadeln hängen oder sind verstellt	Gängig machen oder einstellen lassen
	4 Übergangskanäle verstopft	Vergaser reinigen
	5 Drehfeder an den Luftklappen gebrochen	Austauschen
	6 Düsennadeln werden durch Unterdruck zu weit nach unten gezogen	Feder austauschen, einstellen lassen
H Höchstgeschwindigkeit wird nicht erreicht	1 Siehe E 4	
	2 Entriegelung für die Drosselklappen der zweiten Stufen funktioniert nicht	Entriegelung prüfen, defekte Teile erneuern
	2 Entlüftung des Tanks verstopft	Entlüftungsleitung durchblasen
	4 Kraftstoffpumpe defekt	Austauschen oder defekte Teile erneuern
	5 Kraftstoffleitungen undicht oder verstopft	Ersetzen oder durchblasen
I Zu hoher Kraftstoffverbrauch	1 Siehe E 1	
	2 Übertragungsgestänge schwergängig	Gängig machen
	3 Siehe C 7	
	4 Siehe C 8	
	5 Siehe G 2	
	6 Siehe G 5	
	7 Warmluftregelklappe im Luftfiltergehäuse bleibt in Warmluftstellung	Gängig machen oder einstellen
	8 Thermoelement defekt	Austauschen
	9 Düsennadeln der zweiten Stufen stehen zu hoch	Einstellen lassen
	10 Siehe D 5	

Düsenzeitalter

Für die Aufbereitung des Kraftstoff-Luft-Gemisches ist im BMW 323i eine Einspritzanlage zuständig und nicht – wie beim 320 – ein Vergaser. Die Einspritzventile zerstäuben dabei den Kraftstoff vor den Einlaßventilen, so daß der Motor schon fertig zubereitetes Gemisch in die Zylinder saugen kann.
Solch eine Einspritzanlage schränkt die Möglichkeiten des Selbstpflegers zwar erheblich ein, doch braucht bei einer etwaigen Störung nicht gleich die weiße Fahne gehißt zu werden. Meist liegt der Fehler nicht an einem der komplizierten Bauteile, sondern lediglich an einem abgefallenen Kabel oder einer undichten Schlauchverbindung. Ab Seite 102 haben wir einige von Laienhand kurierbare Krankheiten der Einspritzung zusammengestellt.
Doch selbst wenn Sie ohne geschulte Helfer und deren Prüf- und Meßgeräte nicht mehr auskommen, können Sie der Werkstatt durch gezielte Hinweise das Suchen erleichtern.

Funktion der Einspritzanlage

Bei der Bosch-K-Jetronic-Einspritzanlage wird der Kraftstoff nicht – wie bei Dieselmotoren – in die Zylinder, sondern in den Saugkanal vor das Einlaßventil gespritzt. Nach wie vor saugt sich also der Kolben im Ansaugtakt das fertige Kraftstoff-Luft-Gemisch selbst in seinen Zylinderraum hinein. Was ferner wichtig ist: Eingespritzt wird nicht portionsweise, Takt für Takt, sondern in einem ständigen feinen Strahl, ganz kontinuierlich. (Daher das K im Namen K-Jetronic.)
Wie bei jedem Vergaser, so geht es auch bei der K-Jetronic vornehmlich darum, ein ganz bestimmtes, und zwar das optimale Verhältnis zwischen Luft und Kraftstoff herzustellen. Die Anlage muß den Zylindern die jeweils günstigste Mischung anliefern. Wichtigstes Teil hierzu ist der sogenannte Luftmengenmesser, eine leichtgewichtige Blechscheibe mitten im angesaugten Luftstrom. Diese Scheibe wird durch den Sog des Kolbens beim Saugtakt angehoben, und zwar um so mehr, je mehr Luft von der Drosselklappe freigegeben wird. Dieser Stellungswechsel überträgt sich durch ein feingliedriges Hebelsystem auf einen Steuerkolben, und der wiederum bestimmt den Kraftstoffzulauf zu den Einspritzdüsen. Also: viel Luft – viel Kraftstoff, wenig Luft – wenig Kraftstoff. Ganz automatisch stellt sich immer das richtige, verbrennungsgünstigste Verhältnis ein.
Nun gibt es ja, wie Sie sicher wissen, im Fahrbetrieb Situationen, bei denen das angesaugte Gemisch mehr Kraftstoff enthalten muß als normal, wo es »fetter« sein soll. Speziell beim Kaltstart ist das notwendig. Die K-Jetronic bewerkstelligt das mit Hilfe eines zusätzlichen Kaltstartventils: Im Moment des Anlassens öffnet ein elektrischer Schalter jenes Ventil, das nun sogleich eine gewisse Menge Zusatzkraftstoff in das Sammelsaugrohr einspritzt, solange der Anlasser läuft. Somit bekommt der Motor während des Anlassens ein etwas fetteres Gemisch. Dies aber nur bei kaltem Motor, denn der Schalter (der sogenannte Thermozeitschalter) arbeitet temperaturabhängig. Er spricht nur bis zu einer Kühlmitteltemperatur von 35° C an. Ist der Motor beim Starten wärmer, bleibt das Kaltstartventil geschlossen. Doch auch bei eiskaltem Motor ist

das Kaltstartventil zur Benzinersparnis höchstens 8 Sekunden lang in Betrieb. Auch diese Zeit wird vom Thermozeitschalter festgelegt.
Weiter: Ist der kalte Motor angesprungen, beginnt für ihn zunächst eine mehr oder weniger lange Warmlaufphase. Während dieser Zeit soll das Gemisch noch etwas fetter als »normal« sein, überdies wünscht man sich von diesem Fast-Normalgemisch etwas mehr an Menge. Auch das schafft die K-Jetronic herbei. Im motorkalten Zustand ist am Saugrohr über den sogenannten Zusatzluftschieber ein weiterer Luftkanal geöffnet, der unter Umgehung der Drosselklappe eine zusätzliche Menge an Ansaugluft einströmen läßt. Und da für dieses Mehr an Luft auch ein Mehr an Kraftstoff nötig ist, sorgt ein temperaturabhängiges Regelelement – der Warmlaufgeber – dafür, daß diese Mehrmenge durch die Einspritzdüsen abgesprüht wird. Das geschieht wohlgemerkt auch schon im Leerlauf; also bei geschlossener Drosselklappe bzw. ungedrücktem Gaspedal.
Mit zunehmender Erwärmung des Motors schließt sich allmählich der Zusatzluftkanal, hört auch das Mehr an Kraftstoff zu fließen auf – der Motor bekommt nur noch seine Normalmengen.

Vorteile der Einspritzung

Mit einer Benzineinspritzung läßt sich der augenblickliche Betriebszustand des Motors genauer berücksichtigen, außerdem erfolgt die Kraftstoffzuteilung für die einzelnen Zylinder gleichmäßiger. Dadurch ergeben sich folgende Vorteile:

- Höheres Drehmoment (Durchzugskraft) und damit größere Motorelastizität;
- höhere Maximalleistung;
- geringerer Giftanteil im Abgas;
- niedrigerer spezifischer Kraftstoffverbrauch;
- sichereres Kaltstartverhalten bei tiefen Temperaturen;
- besserer Motorlauf im kalten Zustand (keine »Löcher« beim Beschleunigen);
- besseres Fahrverhalten und
- durch die Luftmengenmessung der K-Jetronic stellt sich die Gemischaufbereitung auch besser auf Fahrten in großen Höhen ein, so daß nur geringer Leistungsverlust zu erwarten ist.

Selbsthilfe bei der K-Jetronic

Allzuviel Selbsthilfe ist bei der K-Jetronic leider nicht möglich – das haben wir ja bereits in der Einleitung gesagt – denn tiefergreifende Prüfungen setzen eine gute Kenntnis der Materie und vor allem auch Meß- und Prüfgeräte voraus. Deshalb sollen in diesem Abschnitt nur Fehlerquellen angesprochen werden, denen Sie auch wirklich selbst zu Leibe rücken können.

- Verweigert der BMW den Dienst, sollten Sie nicht sofort die Einspritzung verdächtigen. Kontrollieren Sie erst, ob die Zündanlage völlig in Ordnung ist (ab Seite 175).

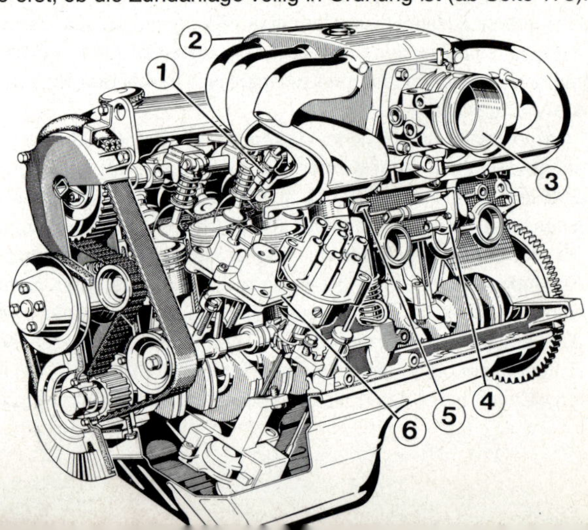

Diese Motorenzeichnung zeigt uns unter anderem Teile, an die sonst schwer heranzukommen ist: 1 – Einspritzventil; 2 – Ansaugrohrsystem; 3 – Drosselklappenstutzen; 4 – Zusatzluftschieber; 5 – Kaltstartventil; 6 – Warmlaufregler.

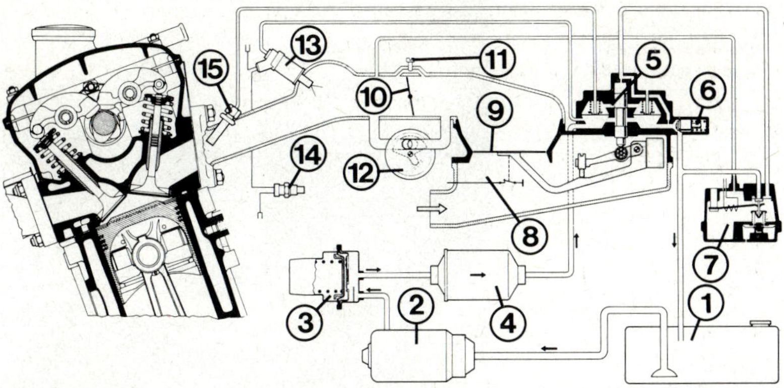

Die Teile der Bosch-K-jetronic schematisch dargestellt: 1 – Tank; 2 – elektrische Benzinpumpe; 3 – Kraftstoffspeicher; 4 – Benzinfilter; 5 – Kraftstoff-Mengenteiler; 6 – System-Druckregler; 7 – Warmlaufregler; 8 – Luftmengenmesser; 9 – Stauscheibe; 10 – Drosselklappe; 11 – Leerlauf-Einstellschraube; 12 – Zusatzluftschieber; 13 – Startventil; 14 – Thermozeitschalter; 15 – Einspritzventil.

■ Ist zweifelsfrei festgestellt, daß in diesem Bereich alles mit rechten Dingen zugeht, gilt Ihr Interesse der Kraftstoffversorgung.
Wie Sie einem Fehler in diesem Bereich auf die Schliche kommen können, ist auf Seite 85 beschrieben.
■ Eine weitere Quelle von Betriebsstörungen können Undichtigkeiten im Ansaugsystem sein. Schon geringe Nebenluftmengen können die Gemischaufbereitung empfindlich stören, da sie ja von der Stauscheibe im Gemischregler nicht mitgemessen werden. Das Gemisch magert also bei Nebenluft unkontrolliert ab. Verdächtige Teile sind: Ansaughutze auf dem Gemischregler, Schläuche zum Zusatzluftschieber, die Unterdruckschläuche zum Zündverteiler, Dichtung unter dem Startventil und an den Einspritzdüsen sowie die Flanschdichtungen der Ansaugkanäle (Schrauben nachziehen). Kontrollieren Sie alle Schläuche auf Risse und auf festen Sitz; ebenso ist den dazugehörigen Schlauchschellen ein prüfender Blick zu gönnen.
■ Undichtigkeiten im Kraftstoffsystem kann der Laie lediglich durch eine Sichtprüfung an allen Kraftstoffschläuchen und -leitungen erkennen. Eine genaue Druckprüfung ist nur der Werkstatt möglich.
■ Die elektrischen Kontakte können ebenfalls eine Störungsmöglichkeit darstellen. Die Steckerchen sind nämlich nur für 100 Steckungen ausgelegt! Durch nicht federnde Zungen in den Steckern oder durch ungeschicktes Reißen an den Leitungen kann es leicht zu Störungen in der Einspritzungs-Elektrik kommen. Sehen Sie deshalb die Stecker genau an. Mit einem feinen Schraubenzieher lassen sich die Zungen ein wenig nachbiegen.

Störungen an den einzelnen Bauteilen

Hier wollen wir diejenigen Bauteile genauer betrachten, an denen wir Defekte selbst beheben können. Wie diese Teile in Verdacht geraten, sagt Ihnen der Störungsfahrplan auf Seite 107. Was Sie in Eigenregie daran tun können, erklären die folgenden Abschnitte.

Gemischregler

Bei abgenommener Ansaughutze läßt sich die Stellung der Stauscheibe kontrollieren. Sie muß in Ruhestellung genau an der Oberkante des zylindrischen Bereichs des Gehäuses stehen, allenfalls 0,5 mm tiefer. Steht sie zu hoch, kann die angesaugte Luft vorbeistreichen, ohne daß die Scheibe angehoben wird und somit die Zuführung von Kraftstoff bewirkt. Außerdem kann so der Motor nachdieseln.
Steht die Scheibe zu tief, kann es zu schlechtem Startverhalten des Motors kommen. Sowohl bei zu hoch als auch bei zu tief stehender Stauscheibe muß der Anschlag von der Werkstatt nachgestellt werden.
Kontrolliert werden kann auch, ob die Scheibe an der Gehäusewandung streift. In die-

Die Teile der Gemischaufbereitung: 1 – Gemischregler; 2 – Drosselklappenstutzen; 3 – Drosselklappe; 4 – keglig geformtes Teil im Luftmengenmesser; 5 – Stauscheibe.

sem Fall kann die zentrale Befestigungsschraube etwas gelockert werden, um die Stauscheibe neu zu zentrieren.

Zusatzluftschieber

Er sitzt ziemlich zugebaut an der linken hinteren Motorseite. Wegen der Ansaugrohre kommt man kaum an ihn heran, doch einer oberflächlichen Funktionsprüfung kann er deshalb trotzdem unterzogen werden.
Die Blende im Zusatzluftschieber muß den Luftdurchlaß bei kaltem Motor (ca. +20° C) etwa halb verschließen. Da wir das aber in eingebautem Zustand nicht sehen können, ziehen wir den Schlauch zum Zusatzluftschieber oben an der Ansaughutze ab und blasen aus vollen Lungen hinein. Einblasen in den Schlauch muß mit leichtem Widerstand möglich sein. Schlauch jetzt wieder aufstecken und Motor 5 Minuten lang warmlaufen lassen. Schlauch wieder abziehen und hineinpusten: Jetzt darf kein Durchblasen mehr möglich sein, sonst hängt die Blende. Manchmal hilft da leichtes Klopfen gegen das Gehäuse. Sperrt der Schieber trotzdem nicht ab, muß er ausgewechselt werden. Oder der Defekt liegt in der elektrischen Zuleitung zum Zusatzluftschieber. Stekker abziehen und bei kaltem Motor prüfen, ob er Strom führt. Dazu den Anlasser von Helfer betätigen lassen.

Kaltstartventil

Es sitzt beim 323i etwas schlecht zugänglich unterhalb des Drosselklappenstutzens versteckt. Am besten zu erkennen ist es am aufgesteckten blauen Stecker.
Ein tropfendes – also nicht richtig schließendes Kaltstartventil – kann Ursache für ungleichmäßigen Motorlauf und hohen Kraftstoffverbrauch sein. Zur Prüfung Kaltstartventil abschrauben (2 Inbusschrauben), Kabelstecker abziehen (Benzinleitung bleibt

Hier wurde eine Einspritzdüse (3) mit angeschlossener Einspritzleitung (1) ausgebaut und zusammen mit der Gummiabdichtung (2) sorgsam auf einem Lappen abgelegt. Zum Ausbau kann die Einspritzdüse mit zwei Schraubenziehern herausgehebelt oder – noch besser – mit einer großen Zange vorsichtig herausgezogen werden. Zum Einbau wird das Gummi-Formteil zuerst mit Vaseline eingefettet und dann exakt in die Bohrung im Ansaugkrümmer eingesetzt. Erst dann Einspritzdüsen vorsichtig eindrücken. Fast alle Düsen sind leider schlecht zugänglich, so daß es im Störungsfall schwierig ist, etwa einzelne Düsen selbst zu prüfen. Den korrekten Sprühstrahl kann ohnehin nur der Fachmann beurteilen. Ob überhaupt Benzin aus der Düse kommt, können Sie prüfen, wenn gleichzeitig das Düsenloch im Ansaugkrümmer dicht verschlossen wird. Von Helfer den Motor starten lassen und Einspritzdüse beobachten. Vorsicht, damit kein Benzin in die Augen gerät.

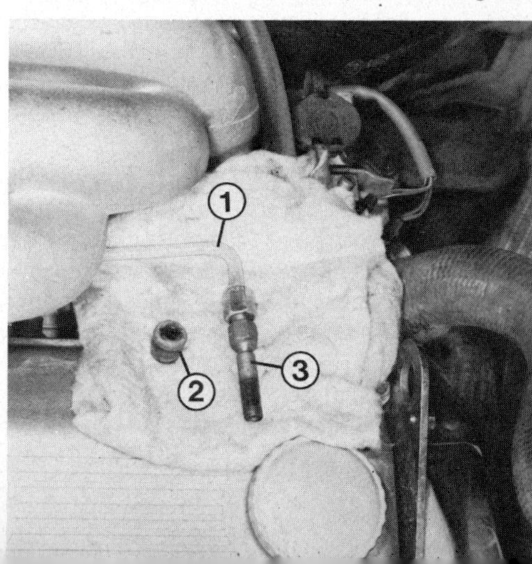

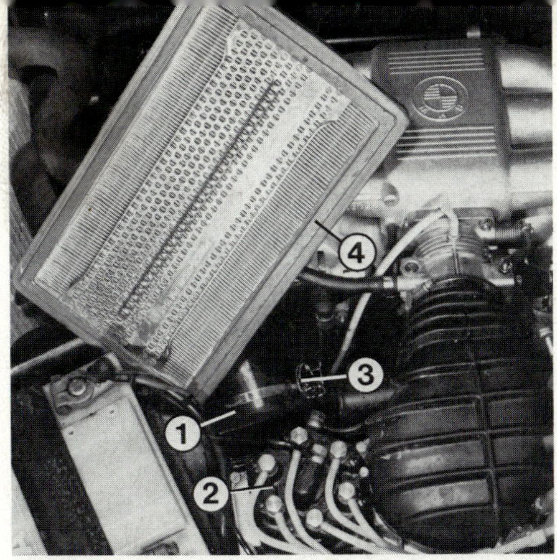

Um den Luftfiltereinsatz (4) am BMW 323i auszubauen, müssen drei Spannverschlüsse (3) geöffnet werden. Jetzt kann die Gehäusehälfte (1) vom Gemischregler (2) weggeklappt werden, worauf Sie den Filtereinsatz nach oben herausziehen können. BMW empfiehlt, die über das Filtergehäuse hinwegführende Kraftstoffleitung und den Ansaugschnorchel auszubauen, doch nach unseren Erfahrungen klappt der Ausbau mit etwas Geschick auch so. Beim Einsetzen des neuen Filterelements ist darauf zu achten, daß die Lochblechseite zum Gemischregler hin zeigt und die Markierung »TOP« am Filter nach oben weist.

angeschlossen) und Ventil abtrocknen. Motor mit dem Anlasser eine Minute lang durchdrehen. Nach dieser Zeit darf vom Kaltstartventil noch kein Tropfen abgefallen sein. Sonst Ventil austauschen.

Fingerzeig: *Wenn nach sehr langen Standzeiten der Motor nicht mehr auf volle Leistung kommt und zum Klingeln neigt, kann das an durch Rost verstopften Einspritzleitungen und -düsen liegen. Der Rost kommt in diesem Fall vom Graugußdekkel des Mengenteilers, der durch Wasser im Benzin korrodieren kann. Bei einigen Anlagen kommen deshalb zwischenzeitlich Mengenteilerdeckel aus Aluminium zum Einsatz.*

Notmaßnahmen unterwegs

Sollte die Einspritzanlage unterwegs aus irgendeinem Grund ausfallen, können Sie sich trotzdem noch mit etwas Glück und Geschick zur nächsten Werkstatt retten. Voraussetzung ist allerdings, daß Sie zwei hinreichend lange Kabelstücke bei sich haben, daß die Benzinpumpe noch funktionsfähig ist und daß die nächste Fachwerkstatt nicht allzu weit entfernt ist. Über eine Zeit von etwa 15 Minuten können Sie in diesem Fall mit dem Kaltstartventil fahren; länger ist nicht empfehlenswert, da sonst das Ventil an Überhitzung »stirbt«.
Sie ziehen den Stecker vom Kaltstartventil ab und klemmen nun die beiden Kabel – etwa mit Streichhölzern – fest an die Kontaktzungen des Ventils. Dabei muß darauf geachtet werden, daß sich die blanken Drähte nirgends berühren können. Von den freien Enden schließen Sie nun eines an Klemme 15 der Zündspule an, das andere irgendwo an eine blanke Stelle des Motors (etwa unter eine Schraube klemmen). Wenn Sie nun die Zündung einschalten, spritzt das Kaltstartventil sofort los. Dabei sprüht es beständig die gleiche Menge Kraftstoff ab, unabhängig davon, wie stark Sie Gas geben. Um nun bei der folgenden Fahrt auch das richtige Gemisch im Motor zu haben, müssen Sie mit dem Gaspedal die Luftzufuhr regeln. Zu wenig Gas überfettet in diesem Fall das Gemisch, zu viel Gas magert es ab; der Motor »schlägt dann zurück«. Sie müssen also bei leicht getretenem Pedal starten und fahren; die genaue Stellung finden Sie während der Fahrt heraus.
Nun zum Start: Gaspedal, wie schon gesagt, halb niedertreten und jetzt sofort den Zündschlüssel auf Anlaßstellung drehen. Keinesfalls dürfen Sie ihn, bevor der Motor läuft, auf Stellung »Zündung ein « stehen lassen, denn sonst läßt das Startventil den Motor hoffnungslos »versaufen«. Springt der Motor nicht bei den ersten Versuchen an, sollten Sie sich lieber abschleppen lassen. Nach einem mißlungenen Startversuch Zündung sofort wieder ausschalten!
Läuft der Motor, muß er in mittleren Drehzahlen gehalten werden, auch an der Ampel.

Auf dem Thermostatgehäuse des BMW 323i sind die folgenden elektrischen Geber versammelt: 1 – Geber für die Kühlmittel-Temperaturanzeige am Armaturenbrett; 2 – Thermozeitschalter. Er steuert die Öffnungszeit des Kaltstartventils je nach Kühlmitteltemperatur; 3 – 0°C-Schalter; er ist erst seit 9/80 eingebaut und sorgt dafür, daß das Kaltstartventil nach Abschalten des Anlassers über dem Gefrierpunkt nicht mehr nachspritzt, dadurch wird Kraftstoff gespart.

Richtig starten

In der BMW-Betriebsanleitung wird empfohlen, unabhängig von der Motor- und Außentemperatur den Einspritzmotor ohne Gas zu starten.
So springt der Motor eigentlich bei jeder Temperatur einwandfrei an, denn die Starteinrichtungen Kaltstartventil, Zusatzluftschieber und Warmlaufgeber sorgen für guten Start und stabilen Leerlauf während der ersten Minuten. Mit Gas springt der Motor allgemein schlechter an, doch es kann sich empfehlen, wenn die Drehzahl kurz nach dem Start wieder absackt, durch kurzes Gasgeben dafür zu sorgen, daß die Maschine nicht abstirbt.

Leerlauf einstellen

Wartungspunkt Nr. 50

Bis Baujahr April 1980 konnte es vorkommen, daß sich die Leerlaufeinstellschraube am 323i von selbst verstellte, so daß der Leerlauf öfters nachreguliert werden mußte. Später wurden geänderte Einstellschrauben verwendet, die solches Eigenleben verhindern.
Das Einstellen können Sie notfalls selbst nach dem eingebauten Drehzahlmesser

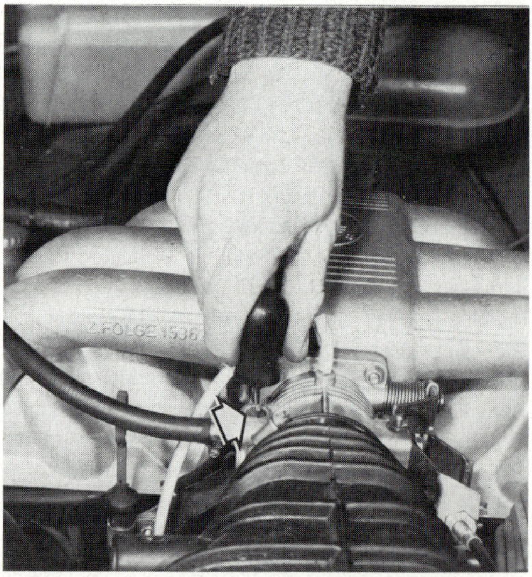

Die Leerlauf-Einstellschraube (Pfeil) sitzt oben im Drosselklappenstutzen. Veränderungen in der Leerlauf-Drehzahl haben allerdings – mit Ausnahme des im Text oben geschilderten Mangels – nur sehr selten ihre Ursache in der Benzineinspritzung. Wahrscheinlicher ist ein Mangel an der Zündanlage. Bevor Sie also an der Einstellschraube drehen, sollten Sie erst die Zündung kontrollieren.

vornehmen. Besser wäre allerdings die Verwendung eines genaueren Werkstattinstruments. Wo gedreht wird, zeigt das Bild links unten.
Zum Überprüfen des CO-Gehalts im Rahmen der ASU (siehe Seite 21 und 87) führt allerdings kein Weg an der Werkstatt vorbei, denn einen Abgastester werden Sie wohl kaum zu Hause haben. Durch Verdrehen der Einstellschraube im Gemischregler wird dort der Abgas-CO-Wert auf 1,0–2,0 Vol.% eingestellt.

Gaszug einstellen

Voraussetzung für diese Arbeit ist, daß an der Grundeinstellung der Drosselklappe noch nichts verdreht wurde. Arbeitsreihenfolge: Gaspedal von Helfer voll durchtreten lassen. Der Betätigungshebel an der Drosselklappe muß jetzt an seinem Anschlag anliegen. Sonst Anschlagschraube nachstellen.
In Leerlaufstellung des Gaspedals muß der Betätigungshebel am Leerlaufanschlag anliegen. In dieser Stellung soll das Spiel am Nippel des Gaszugs 0,2 – 0,3 mm betragen. Wenn nicht, Gaszuglänge durch Verdrehen der beiden Kontermuttern am Widerlager einstellen.

Störungsbeistand

Bosch K-Jetronic

In diesem Störungsbeistand ist zusammengestellt, welche Ursachen zu welchen Störungen am BMW 323i führen. Voraussetzung ist natürlich, daß die Zündanlage in Ordnung und der Motor mechanisch in gutem Zustand ist. Beachten Sie zusätzlich auch die Störungshinweise auf Seite 85.

Die Störung	– ihre Ursache	– ihre Abhilfe
A Kalter Motor springt nicht an	1 Kraftstoff-Steuerdruck falsch	Messen, schadhafte Teile ersetzen lassen
	2 Zusatzluftschieber öffnet nicht	Prüfen (siehe Seite 104), ggf. ersetzen
	3 Startventil öffnet nicht	Kabel am Ventil abziehen, mit Klemme 50 vom Anlasser und Masse verbinden. Starten, Ventil muß spritzen (Gefäß bereithalten), sonst Ventil auswechseln
	4 Startventil undicht, Dichtung defekt	Dichtung kontrollieren, Ventil prüfen (s. Seite 104)
	5 Stauscheibe falsch eingestellt	Einstellen lassen (s. Seite 103)
	6 Stauscheibe oder Steuerkolben schwergängig	Prüfen lassen
	7 Thermozeitschalter schließt nicht	Am Kabelstecker des Startventils mit Prüflampe feststellen, ob beim Starten bei kaltem Motor Strom fließt, sonst Thermozeitschalter ersetzen
B Warmer Motor springt nicht an	1 Siehe A 1	
	2 Siehe A 5	
	3 Siehe A 6	
	4 Einspritzventil(e) undicht, zu niedriger Öffnungsdruck	Prüfen lassen
	5 Leerlauf zu fett eingestellt	CO-Gehalt einstellen lassen
	6 Leerlauf zu mager eingestellt	CO-Gehalt einstellen lassen
C Kalter Motor schüttelt im Leerlauf	1 Siehe A 1	
	2 Zusatzluftschieber schließt nicht	Prüfen, wie auf Seite 104 beschrieben
	3 Siehe A 2	
	4 Siehe A 4	
	5 Siehe B 4	
D Warmer Motor schüttelt im Leerlauf	1 Siehe A 1	
	2 Siehe A 2	

Die Störung	– ihre Ursache	– ihre Abhilfe
D Warmer Motor schüttelt im Leerlauf (Fortsetzung)	3 Siehe A 6 4 Siehe B 5 5 Siehe B 6	
E Motor patscht ins Saugrohr	1 Siehe A 1 2 Siehe B 6	
F Motor patscht in den Auspuff	1 Siehe A 1 2 Siehe A 4 3 Siehe B 5	
G Motor stottert, setzt aus	1 Wackelkontakt an der Benzinpumpe	Kabelstecker bzw. Kabelanschluß kontrollieren
	2 Kraftstoffsystemdruck falsch	Messen, einstellen lassen
H Motorleistung ungenügend	1 Siehe A 1 2 Siehe A 4 3 Siehe A 6 4 Siehe B 5 5 Siehe B 6	
	6 Drosselklappe geht nicht in Vollgasstellung	Gasgestänge einstellen lassen
I Motor dieselt nach	1 Siehe A 6 2 Siehe B 4	
J Kraftstoffverbrauch zu hoch	1 Siehe A 1 2 Siehe A 4 3 Siehe B 5	
K Warmer Motor dreht im Leerlauf zu hoch	Siehe C 2	

Fußtritte

Für eine kleine Broschüre ließ man bei BMW errechnen, wie oft die Kupplung auf 10 000 km Stadtverkehr getreten wird. Das Ergebnis war frappierend: 63 000mal bekommt das Kupplungspedal auf dieser Fahrtstrecke einen Fußtritt verpaßt. Die Fußbremse kommt da im Vergleich noch günstig weg. Sie wird laut BMW »nur« 45 000mal getreten. Sieht man sich diese Zahlen an, verwundert es, daß unsere Kupplung ein so zähes Teil ist, das durch Anspruchslosigkeit und lange Lebensdauer glänzt – natürlich unter der Voraussetzung, sie kommt nicht durch qualvolles Foltern durch den Fahrer früh zu Tode.

Arbeitsweise der Kupplung

Zwischen Motor und Getriebe sitzt die Kupplung. Sie besteht aus Mitnehmerscheibe, Kupplungsdruckplatte, Ausrücklager und der Anlagefläche zum Motor, der Schwungscheibe. Beim Tritt auf das Kupplungspedal wird über eine Druckstange der Kolben im sogenannten Geberzylinder betätigt. Die aus dem Zylinder verdrängte Flüssigkeit wird durch eine Leitung gedrückt, die zum Nehmerzylinder führt (er sitzt an der Kupplungsglocke des Getriebes). Im Zylinder bewegt der Flüssigkeitsdruck einen Kolben mit Kolbenstange, die auf den Ausrückhebel drückt. Hierbei wird das Ausrücklager gegen die (tortenförmig eingeschnittene) Tellerfeder der Kupplungsdruckplatte gedrückt. Das Ausrücklager übernimmt nun die Federkraft der Druckplatte. Diese wird entlastet und bei völlig durchgetretenem Kupplungspedal zurückgezogen, so daß die Mitnehmerscheibe in dem entstandenen Raum dazwischen frei umlaufen kann.
Die Kupplung arbeitet einwandfrei, wenn die Reibflächen der Mitnehmerscheibe das Drehmoment des Motors vollkommen übertragen können und außerdem beim Auskuppeln die Mitnehmerscheibe ganz getrennt ist – also frei umläuft.

Rutschende Kupplung

Wenn die Kupplung durchrutscht, bedeutet dies, daß sie nicht mehr die volle Motorkraft übertragen kann, also nicht mehr einwandfrei verbindet. Die Ursache kann Motor- oder Getriebeöl sein, das auf die Kupplungsflächen geraten ist, oder der Belag ist durch übermäßige Hitzeentwicklung – z. B. durch häufige Rennstarts – verbrannt. Dann bringt selbst die größte Anpreßkraft nicht genügend Reibung zum Übertragen des Drehmoments zustande. Aber auch eine sorgsam behandelte Kupplung magert durch allmählichen Verschleiß so ab, daß die Reibpartner einfach nichts mehr zu fassen bekommen – wo keine Anpreßkraft hinkommt, kann auch keine Reibungskraft erzeugt werden. Eine durchrutschende Kupplung merkt man anfangs erst beim Fahren im höchsten Gang (wobei die vom Motor geforderte Leistung am größten ist), wenn bei Belastung der Motor »durchdreht«, also auffallend schneller dreht, als es der Fahrgeschwindigkeit entspricht. Beim Anfahren fällt das Nachlassen der Kupplung weniger auf, weil man sich daran gewöhnt.
Durch diese Gewöhnung kann Schaden entstehen (die Schwungscheibe und die Druckplatte können durch die Hitzeentwicklung Wärmerisse bekommen und müssen dann ausgetauscht werden). Deshalb ist alle 30 000 km eine Verschleißprüfung der Kupplung vorgesehen (siehe Seite 112).

Eine einwandfreie Kupplung übersteht auch folgende Gewaltprüfung: Handbremse anziehen, 3. Gang einlegen, langsam einkuppeln und Gas geben. Jetzt müßte (bei einwandfreier Handbremse) der Motor abgewürgt werden. Diese Prüfmethode sollten Sie allerdings nur selten anwenden.

Die Kupplung trennt nicht richtig

Wird der Schaltvorgang durch kratzende oder krachende Geräusche »untermalt«, so liegt das in den meisten Fällen an einer nicht trennenden Kupplung und nicht, wie oft fälschlich angenommen wird, am Getriebe. Um ganz sicher zu sein, daß es nicht am Getriebe liegt, machen wir die Probe mit dem nicht synchronisierten Rückwärtsgang. Bei stehendem Wagen und bei Motorleerlauf kuppeln Sie ganz aus, warten etwa 3 bis 5 Sekunden lang und legen dann den Rückwärtsgang ein. Kratzt es, dann trennt die Kupplung nicht mehr sauber. Häufige Ursache bei dieser Störung: Luft ist in das hydraulische System der Kupplungsbetätigung eingedrungen (ausfindig machen, wo sich ein Leck in der Hydraulikanlage befindet, defektes Teil auswechseln und anschließend entlüften). Eine ernste Ursache wäre eine durch Hitze verzogene Mitnehmerscheibe.
Übrigens können zusätzlich eingelegte Fußmatten, Teppiche oder Isolierpappe – wenn sie dick genug sind – den Weg des Kupplungspedals verkürzen. Das hat den gleichen Effekt wie ein nicht völlig durchgetretenes Pedal – die Mitnehmerscheibe läuft nicht völlig frei.

Auskuppeln beim Halten?

Recht verbreitet ist die Angewohnheit, mit eingelegtem 1. Gang und durchgetretenem Kupplungspedal an der roten Ampel zu warten. Mancher fürchtet, den Gang nicht gleich einlegen zu können, wenn das grüne Licht den Weg freigibt. Wenn auch kein direkter oder sofort meßbarer Schaden entsteht, so beansprucht das Auskuppeln doch das Ausrücklager und ruft so wieder Verschleiß hervor. Je länger und öfter vor den vielen Ampeln ausgekuppelt wird, desto früher ist dieses Lager abgenutzt.
Außerdem wird das Axial-Drucklager dabei beansprucht, das den Druck auf die Kupplung in Längsrichtung des Motors aufnimmt. Das kann dazu führen, daß sich das Axialspiel der Kurbelwelle allmählich vergrößert.

Nachstellfreie Kupplung

Vielleicht haben Sie bislang einen Wagen gefahren, bei dem regelmäßig noch das sogenannte Kupplungsspiel nachgestellt werden mußte. Bei der hydraulischen Kupplungsbetätigung des BMW ist das nicht mehr nötig, denn hier stellt sich der Ausrückweg entsprechend dem Verschleiß der Mitnehmerscheibe selbsttätig nach.
Können Sie den Fußhebel einen Teil des Pedalwegs leicht durchtreten und kratzt oder kracht es beim Einlegen der Gänge, befindet sich Luft in der hydraulischen Kupp-

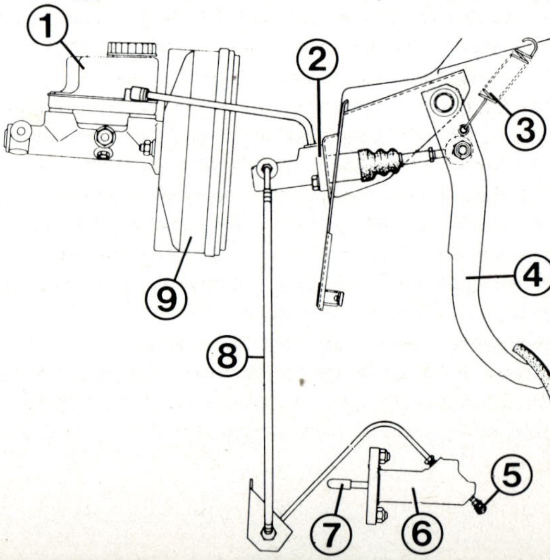

Die Funktionsweise der hydraulischen Kupplungsbetätigung im BMW: Beim Tritt auf das Kupplungspedal (4) bewegt die Kolbenstange den Kolben im Geberzylinder (2). Die so unter Druck gesetzte Hydraulikflüssigkeit verschiebt jetzt den Kolben und die Kolbenstange (7) im Nehmerzylinder (6) am Getriebegehäuse. Dabei wird der Ausrückhebel in der Kupplungsglocke betätigt und so ausgekuppelt. Die Feder (3) oben am Kupplungspedal zieht dieses nach Entlasten wieder zurück. Die übrigen Zahlen haben folgende Bedeutung: 1 – Bremsflüssigkeitsbehälter auf dem Hauptbremszylinder. Von ihm erhält die Kupplungshydraulik ihre Hydraulik-Flüssigkeit; 8 – Druckleitung zum Nehmerzylinder; 9 – Bremskraftverstärker.

In der Werkstatt wird die Kupplungsbetätigung gewöhnlich mit dem Entlüftergerät entlüftet. Doch es geht auch anders: Kontrollieren Sie zuerst, ob der Bremsflüssigkeitsbehälter (siehe Abbildung Seite 128) gefüllt ist, sonst Bremsflüssigkeit nachgießen. Wagen hochbocken, Staubschutzkäppchen abnehmen, Entlüftungsschlauch auf das Entlüftungsventil (hier im Bild ist der Schraubenschlüssel SW 7 daran angesetzt) stecken. Unteres Schlauchende in ein mit Bremsflüssigkeit gefülltes Glas stecken, damit beim Entlüften keine Luft angesaugt werden kann. Kupplungspedal etwa zehnmal von einem Helfer im Wagen treten und dann durchgedrückt halten lassen. Entlüftungsventil öffnen; wenn keine Luftblasen mehr mit der Flüssigkeit herausgespült werden, Ventil wieder schließen. Erneut mit dem Pedal Druck aufbauen und Entlüftungsventil öffnen, dann schließen. Dieses Spiel wird so lange wiederholt, bis keine Luftbläschen mehr entweichen. Zwischendurch sollten Sie nach dem Stand im Bremsflüssigkeitsbehälter schauen, damit nicht durch den Behälter Luft angesaugt wird.

lungsbetätigung. Dann muß entlüftet werden, wie im Bildtext oben beschrieben, nachdem zuvor Geber- und Nehmerzylinder sowie die Druckleitung auf undichte Stellen kontrolliert wurden.

Fingerzeig: *Der Bremsflüssigkeitsbehälter liefert auch den hydraulischen Saft für die Kupplungsbetätigung. Bei der Kontrolle der Bremsflüssigkeit wird daher automatisch auch der Flüssigkeitsstand für die Kupplungsübertragung geprüft.*

Fahren mit defekter Kupplungshydraulik

Wird unterwegs die Kupplungshydraulik undicht, so daß nicht mehr ausgekuppelt werden kann, können Sie mit etwas Fingerspitzengefühl trotzdem noch bis zur nächsten Werkstatt fahren. Das Herausnehmen des Gangs ohne Kupplung ist leicht: Gas wegnehmen und bei langsam werdender Fahrt oder bei abgebremstem Wagen den Gang herausdrücken. Sie spüren, bei welcher Geschwindigkeit (meist kurz vor Schrittgeschwindigkeit) sich der Schalthebel leicht in den Leerlauf drücken läßt. Natürlich sollten Sie bei defekter Kupplung versuchen, möglichst lange im gleichen Gang zu bleiben.

Wollen Sie ohne Kupplung anfahren – etwa an der Ampel –, müssen Sie bei abgestelltem Motor den 1. oder 2. Gang (je nach Steigung oder Straße) einlegen. Jetzt den Anlasser betätigen: Der Wagen ruckt an und setzt sich in Bewegung. Der Motor sollte dazu allerdings warmgelaufen sein. Wer während der Fahrt nicht schalten will, bleibt jetzt im 2. Gang.

Versierte Fahrer können jedoch auch ohne Kupplung hoch- und herunterschalten. Dabei muß natürlich sehr feinfühlig mit Gaspedal und Schalthebel umgegangen werden. Nachdem Sie in der beschriebenen Weise angefahren sind, wird der Motor nur knapp über die Leerlaufdrehzahl hinausgedreht. Gas jetzt etwas zurücknehmen und Schalthebel in Leerlaufstellung ziehen. Gaspedal jetzt ganz loslassen und Schalthebel mit leichter Hand in Richtung des nächsthöheren Gangs drücken. Bei richtiger Motor- und Getriebedrehzahl rutscht der Gang fast von selbst hinein. Wenn Sie zu lange gewartet haben, müssen Sie ein ganz klein wenig Gas zugeben, damit sich der Gang ohne Zähneknirschen einlegen läßt. In die weiteren Gänge wird auf dieselbe Weise hochgeschaltet. Am leichtesten geht das in relativ niedrigen Geschwindigkeiten.

Das Herunterschalten erfordert etwas mehr Geschick. Hierbei muß die Motordrehzahl angehoben werden, damit der nächstniedrige Gang eingelegt werden kann: Fuß etwas vom Gas nehmen, Gang herausnehmen, behutsam Gas zugeben und gleichzeitig den Schalthebel in Richtung des niedrigeren Gangs drücken. Bei richtiger Motordrehzahl (Drehzahlmesser und Tachometer vergleichen) rutscht der Gang hinein. Auch das Herunterschalten geschieht am besten wieder bei niedrigen Geschwindigkeiten und Drehzahlen.

Verschleiß der Kupplung prüfen

Wartungspunkt Nr. 59

Den Verschleiß der Kupplung kann im eingebauten Zustand leider nur die Werkstatt messen, weil dazu ein Spezial-Meßwerkzeug erforderlich ist. Trotzdem sei die Arbeit hier kurz beschrieben: Die Prüflehre wird in den Spalt zwischen Nehmerzylinder der Kupplung und Getriebegehäuse gesteckt. Läßt sie sich bis zum Anschlag einschieben, ist die Mitnehmerscheibe in Ordnung. Kann sie nur bis zu einem Abstand von 5 mm bis zum Anschlag eingesteckt werden, ist die Mitnehmerscheibe abgenutzt.

Lebensdauer der Kupplungsbeläge

Je nach Temperament des Fahrers kann eine Kupplung ein ganzes Motorleben lang halten oder schon nach 15 000 km verschlissen sein. Hohe Laufzeiten werden erreicht, wenn der Wagen überwiegend auf Langstrecken gefahren und die Kupplung vernünftig behandelt wird. Wer seinen BMW hauptsächlich im Stadtverkehr bewegt – wobei die Kupplung natürlich viel öfter beansprucht wird als auf der Autobahn – wird kaum so lange mit einer Kupplung fahren wie ein Langstreckenfahrer.
Aber auch spezielle Fahrergewohnheiten können der Lebensdauer abträglich sein: Sogenannte Kupplungsfahrer mogeln sich beim Einbiegen oder beim Kreuzen einer Straße um das Schalten herum, indem sie die Kupplung so lange treten, bis sie wieder Gas geben können. Genauso schädlich ist Anfahren im 2. Gang oder mit zu hoher Motordrehzahl (Kavalierstart). In beiden Fällen schleift die Kupplung, das heißt, die Kupplungsflächen reiben unter Hitzeeinwirkung aufeinander und werden vorzeitig abgenutzt. Sie sind, nebenbei bemerkt, aus ganz ähnlichem Material wie die Trommelbremsbeläge gefertigt.
Neue Kupplungsbeläge liegen wegen ihrer rauhen Oberfläche nicht gleich auf der gesamten Reibfläche an. Sie müssen daher auch eingefahren werden, damit sich die Beläge den Gegenreibflächen anpassen. Das soll durch sanftes und nicht etwa hartes Einkuppeln oder gar Schleifenlassen geschehen, sonst wird der Anpassungsvorgang gestört und die Lebensdauer der Beläge verkürzt.

Kupplung ausbauen

Der Ausbau der Kupplung zählt eigentlich zu den Werkstattarbeiten, doch wer über genug Sachkunde verfügt, kann den Kupplungsausbau auch selbst wagen. Zuerst muß das Getriebe ausgebaut werden, wie auf Seite 115 beschrieben; der Motor bleibt eingebaut.
Noch bei angeschraubter Kupplung können Sie die Planlaufabweichung der Tellerfederspitzen kontrollieren; sie darf maximal 0,6 mm betragen. Die sechs Befestigungsschrauben der Kupplungsdruckplatte werden nun rundum nacheinander um jeweils eine bis anderthalb Umdrehungen losgedreht, damit sich die Kupplung langsam entspannt. Ein Helfer arretiert dazu das Schwungrad mit einem Schraubenzieher in seiner Verzahnung, damit es sich nicht mitdreht. Ist die Kupplung völlig entspannt, werden die Schrauben vollends herausgedreht und Druckplatte und Mitnehmerscheibe abgenommen. Die Schwungscheibe wird nun mit Preßluft saubergeblasen oder mit einem Lappen und Benzin bzw. Verdünnung saubergewischt. Falls Sie frische Ölspuren im Bereich der Kupplung entdecken, müssen Motor oder Getriebe vor dem Wiederzusammenbau unbedingt abgedichtet werden. Meist ist dann der Wellendichtring der Kurbelwelle oder der Getriebewelle undicht – Werkstattsache. Soll die alte Druckplatte wiederverwendet werden, kontrolliert man die Spitzen der Tellerfeder auf Einlaufspuren. Sind dort tiefe Riefen zu sehen, muß die komplette Druckplatte ausgewechselt werden. Die Nieten der Kupplungsdruckplatte dürfen nicht locker sein. Der

An der – in Fahrtrichtung gesehen – rechten Getriebeseite ragen die Spitzen (Pfeile) der Haltefeder des Ausrückhebels aus dem Getriebegehäuse heraus. Zum Ausbau des Ausrücklagers werden die Federspitzen zusammengedrückt und in die Kupplungsglocke hineingeschoben.

Druckring selbst darf keine Risse oder Brandspuren zeigen. Auch muß er völlig plan sein (zum Prüfen Metallineal quer über die Druckplatte legen). Die Planlaufabweichung der Tellerfederspitzen haben Sie ja bereits kontrolliert.
320 und 323i haben unterschiedliche Mitnehmerscheiben und Druckplatten. Wie sie gekennzeichnet sind, steht auf Seite 226 in den »Technischen Daten«. Dort können Sie auch nachlesen, bis zu welcher Mindestbelagstärke Sie die Mitnehmerscheibe noch einbauen können.
Vor dem Zusammenbau wird das Nadellager hinten in der Kurbelwelle (in der Mitte der Schwungscheibe) auf Leichtgängigkeit überprüft und, wenn nötig, mit einer kleinen Menge hitzebeständigen Fetts versorgt. Ein defektes Nadellager kann bei ausgekuppeltem Motor und stehendem Wagen sowie beim Anfahren markerschütternde Geräusche verursachen.
Noch ein Tip: Lassen Sie die Kupplung niemals aus größerer Höhe auf den Boden fallen! Sonst könnten die drei Tangential-Blattfedern, die die Kupplung in Drehrichtung halten, umknicken. Auswirkung: trotz intakter Tellerfeder löst die Kupplung dann nicht mehr vollständig.
Nun zum Einbau: Mitnehmerscheibe und Druckplatte (letztere in 3 Paßstifte) in die Schwungscheibe des Motors einsetzen. Die Mitnehmerscheibe wird nun mit einem passenden Dorn zentriert – d. h. sie muß genau mittig auf der Schwungscheibe sitzen, damit anschließend die Getriebewelle eingeführt werden kann. Die sechs Befestigungsschrauben werden nun in mehreren Durchgängen bis auf ein Drehmoment von 22 – 24 Nm angezogen. Die Keilnuten der Getriebewelle sollen dünn mit »Molykote Longtherm 2« eingefettet werden. Ausrücklager am Getriebe auf Leichtgängigkeit prüfen, Getriebe einbauen.

Ausrücklager ersetzen

Wie das Nadellager im hinteren Kurbelwellenende kann auch das Ausrücklager Geräusche bei getretener Kupplung verursachen. In diesem Fall kann man zwar noch unbesorgt weiterfahren, doch sollte das Lager bei nächster Gelegenheit ersetzt werden, um Einlaufspuren an den Spitzen der Tellerfeder der Kupplung zu vermeiden. Hierzu muß ebenfalls das Getriebe ausgebaut werden. Am Ausrückhebel des Getriebes die Haltefeder aushängen. Dazu an der Rückseite der Getriebeglocke die Federspitzen zusammendrücken und die Feder nach innen schieben. Dann läßt sich das Ausrücklager samt Ausrückhebel nach vorn aus der Getriebeglocke ziehen. Vor dem

Einsetzen des neuen Ausrücklagers wird dessen Schmiernut innen mit »Molykote Longtherm 2« gefüllt. Mit diesem Fett werden auch die beiden Auflagepunkte sowie die Führung des Ausrückhebels bestrichen.

Störungsbeistand
Kupplung

Die Störung	– ihre Ursache	– ihre Abhilfe
A Kupplung rutscht	1 Kupplungsbeläge abgenutzt	Mitnehmerscheibe ersetzen
	2 Anpreßdruck der Kupplung zu gering	Kupplung ersetzen
	3 Kolben in Nehmerzylinder klemmt	Manschette oder Nehmerzylinder ersetzen
	4 Belag verölt	Mitnehmerscheibe und defekte Getriebe- oder Kurbelwellendichtung ersetzen
	5 Kupplung wurde überhitzt	Kupplung ersetzen
B Kupplung trennt nicht	1 Luft in der Kupplungshydraulik	Leitungen überprüfen, entlüften
	2 Mitnehmerscheibe hat Schlag	Mitnehmerscheibe richten oder ersetzen
	3 Mitnehmerscheibe verzogen oder Belag gebrochen	Mitnehmerscheibe ersetzen
	4 Manschette im Geberzylinder defekt	Manschette oder Geberzylinder auswechseln
	5 Mitnehmerscheibe klemmt auf Getriebewelle	Gangbar machen
	6 Blattfedern der Kupplung abgeknickt	Kupplung ersetzen
	7 Nach sehr langer Standzeit: Belag an Schwungscheibe festgerostet	Motor warmlaufen lassen. Versuchen, beim Fahren mit getretener Kupplung im 1. Gang durch gleichzeitiges Bremsen und Gasgeben die Kupplung loszubrechen. Andernfalls ausbauen
C Kupplung rupft	1 Siehe A 3	
	2 Falsche Beläge	Mitnehmerscheibe ersetzen
	3 Ausrücklager drückt einseitig	Ausrückhebel überprüfen
	4 Druckplatte drückt schief	Kupplung ersetzen
	5 Motor- oder Getriebeaufhängung defekt	Motor- oder Getriebelager ersetzen
D Kupplungsgeräusche	1 Unwucht der Kupplung bzw. Mitnehmerscheibe zu groß	Kupplung bzw. Mitnehmerscheibe ersetzen
	2 Torsions-Dämpferfeder defekt	Mitnehmerscheibe ersetzen
	3 Ausrücklager defekt	Ausrücklager ersetzen
	4 Nietverbindungen in der Kupplung locker	Kupplung ersetzen
	5 Nadellager in der Kurbelwelle defekt	Nadellager ersetzen lassen

Räderwerk

Daß der Benzinmotor nicht mit einem Eingang-Getriebe auskommen kann, ist wohl einleuchtend, denn er erreicht seine beste Durchzugskraft nur in einem bestimmten Drehzahlbereich. Dieser Bereich ist zwar bei unserem Sechszylinder erfreulich breit, aber für alle Fahrbedingungen reicht er eben doch nicht aus.
Bei der Wahl des Getriebes stoßen jedoch bisweilen Weltanschauungen aufeinander. Der eine will seinen Wagen besonders kraftstoffsparend und ruhig fahren, der andere trachtet nach schnellerer Beschleunigung und sportlich-zügiger Fahrweise. Ein weiterer Fahrer möchte auf das lästige Schalten am liebsten ganz verzichten und nimmt dafür lieber einen gewissen Mehrverbrauch in Kauf, während der letzte keine besonderen Ansprüche an die Getriebeabstufung stellt. Für jeden dieser Wünsche gibt es ein passendes Getriebe, und so kann der BMW mit einem Fünfganggetriebe mit Schongangcharakteristik, einem Fünfgang-Sportgetriebe, einem automatischen Getriebe oder auch mit dem bis 1/82 serienmäßigen Vierganggetriebe ausgestattet sein.

Das Schaltgetriebe

Die Motorleistung wird über die Kupplung auf die Eingangswelle des Schaltgetriebes geleitet. Auf dieser Eingangs- oder Antriebswelle sitzen 5 bzw. 6 Zahnräder (einschließlich Rückwärtsgang), die mit 5 oder 6 dazu passenden Zahnrädern auf der sogenannten Abtriebswelle ständig im Eingriff stehen. Diese Zahnräder können frei umlaufen, bis eines von ihnen beim Schalten eines bestimmten Gangs mit seinem entsprechenden Gegenrad auf der Antriebswelle gekuppelt wird. Das Verhältnis der Zähnezahlen des jeweiligen Zahnradpaars ergibt die betreffende Übersetzungsstufe.
Der BMW hat – wie heute praktisch alle Personenwagen – »vollsynchronisierte« Vorwärtsgänge. Die Zahnräder auf der Antriebs- und Abtriebswelle sind auf »Nadeln« (hängende, stiftartige Rollen) gelagert. Es besteht also keine starre Verbindung zwischen Wellen und Rädern. Die Zahnräder bleiben, wie schon erwähnt, immer im Eingriff. Beim Gangwechsel wird nicht etwa eine Verbindung zwischen den Zahnrädern, sondern zwischen Zahnrad und Welle hergestellt. Um die Drehzahlen von Welle und Zahnrad einander anzugleichen, läßt man einen Teil der Welle gegen einen Teil der anderen Welle über Reibelemente schleifen. Durch die Reibung wird die schnellere Welle abgebremst, bis bei Gleichlauf eine kraftübertragende Verbindung hergestellt werden kann.
Da die Synchronisation für diese Drehzahlanpassung einen Sekundenbruchteil braucht, soll man besonders bei kaltem Motor und noch steifem Getriebeöl den Schalthebel nicht gewaltsam »durchreißen«.

Schaltgetriebe aus- und einbauen

Für den Getriebe-Aus- und Einbau sollten Sie schon etwas Montiererfahrung besitzen oder einen erfahrenen Helfer um seine Mitarbeit bitten. Die Arbeitsreihenfolge lautet: Wagen hochbocken und Auspuffabstützung am Getriebe abschrauben. Auspuffrohre am Krümmer lösen. Kardanwelle vom Getriebe abschrauben, dabei bleibt das Gummigelenk an der Kardanwelle. Nach Ausbau des mittleren Kardanwellenlagers die Welle nach unten wegknicken und vom Zentrierzapfen am Getriebe abziehen. Ta-

chowelle am Getriebe abbauen, dazu die seitliche Halteschraube am Getriebe herausdrehen. Kabel vom Rückfahrscheinwerfer-Schalter abziehen. Rückwärtsgang einlegen. Sicherungsscheibe am Schaltgestänge herausheben und die Unterlegscheibe darunter abnehmen. Schaltstange herausziehen.
Schaltkonsole am Getriebe abschrauben (zwei Inbusschrauben). Kupplungs-Nehmerzylinder und den Haltewinkel der Hydraulik-Leitung losschrauben (nicht mehr auf die Kupplung treten!) Abdeckblech unten an der Kupplungsglocke ausbauen. Getriebe und Motor abstützen. Hinteren Getriebeträger abschrauben. Sind zwischen Karosserie und Träger Distanzscheiben eingelegt, sollten Sie sich deren Lage merken! Getriebe jetzt bis zum Vorderachsträger ablassen und alle Befestigungsschrauben zwischen Motor und Getriebe herausdrehen. Das geht nur mit Stecknüssen und ausreichend vielen Verlängerungen. Jetzt kann das Getriebe nach hinten herausgezogen werden. Gut festhalten, damit es nicht auf den Boden fällt.
Sinngemäß umgekehrt wird das Getriebe wieder eingebaut. Dabei gilt es auf folgendes zu achten: Distanzscheiben zwischen hinterem Getriebeträger und Karosserie wieder einlegen. Beim Wiedereinbau des Gummigelenks kann es Probleme geben. Die Werkstatt verwendet dazu ein Spannband, das um das Gelenk gelegt wird. Ohne dieses Spannband müssen die Schrauben mit einer kräftigen Zange in die Befestigungspunkte am Anschlußstück gedrückt werden. Bei Gelenkscheiben mit Pfeilmarkierung müssen die Pfeile zum Getriebe hin zeigen. Um ein Verspannen des Gelenks beim Festdrehen zu vermeiden, dürfen nur die Muttern, keinesfalls aber die Schrauben gedreht werden. Neue Stoppmuttern verwenden. Anzugsmoment 38 – 48 Nm. Das Mittellager der Kardanwelle muß vor dem Festschrauben an der Karosserie um 2 mm nach vorn gedrückt werden. Auspuffdichtungen am Krümmer vor dem Wiedereinbau überprüfen und gegebenenfalls wechseln. Die Auspuffabstützung am Getriebe muß absolut spannungsfrei angeschraubt werden, sonst entstehen beim Fahren Brummgeräusche. Dazu ist es nötig, auch die Halteschelle um die Auspuffrohre zu lösen und nach Befestigen des Haltestegs wieder festzuziehen.

Die Getriebeautomatik

Zwischen ein Dreigang-Planetengetriebe und den Motor ist ein hydraulischer Drehmomentwandler geschaltet, in dem das Drehmoment des Motors auf Schaufelräder übertragen wird. Bei laufendem Motor versetzt das mit ihm gekuppelte Pumpenrad die Wandlerflüssigkeit (ATF) in eine Drehbewegung und schleudert sie nach außen gegen das Wandlergehäuse. Dabei trifft die Flüssigkeit auf das sogenannte Leitrad, das den ATF-Strom in die vorgesehene Richtung lenkt. Dabei wird auch das mit dem Getriebe verbundene Turbinenrad in Drehung versetzt. Weil die Zahnräder des Planetengetriebes dauernd im Eingriff stehen und die Wandlerflüssigkeit bei laufendem Motor immer versucht – durch den Motor in Drehung versetzt – das Getriebe und damit auch die Antriebsräder zu bewegen, »kriecht« der BMW im Leerlauf, muß also mit der Fuß- oder Handbremse gehalten werden.
Die Übersetzungsänderung erfolgt beim Automatik-Getriebe durch Zusammenschalten verschiedener Zahnräder unter Betätigung von Kupplungen und Bremsbändern durch das hydraulische Steuersystem. Das geschieht je nach Gaspedalstellung.

Störungsbeistand Getriebeautomatik

Hier finden Sie nur Störungen beschrieben, die Sie selbst beheben können.

Beanstandung	Ursache
1 Ruckartige Schaltübergänge beim Einlegen der Fahrstufen »D« oder »R« aus der Leerlaufstellung »N« heraus	Leerlaufdrehzahl zu hoch
2 Starkes Kriechen im Leerlauf bei eingelegtem Fahrbereich	Wie unter 1
3 Fahrzeug setzt sich bei eingelegtem Fahrbereich nicht in Bewegung, kein Antrieb in allen Gängen	ATF-Stand zu niedrig
4 Langgezogene, schleifende Schaltübergänge	Wie unter 3

Gefährlich für das automatische Getriebe ist Überfüllung mit ATF. Der Getriebesatz läßt die Flüssigkeit schäumen. Die Getriebeölpumpe muß stärker arbeiten, um das aufschäumende Öl in die Kanäle der hydraulischen Steuerung zu drücken. Temperatur und Druck im Getriebe steigen, dadurch verschieben sich die Schaltpunkte. Dies wiederum bewirkt, daß die Bremsbänder länger schleifen als normal und verbrennen können.

Gasbowdenzug zum automatischen Getriebe einstellen

Wurde der Gasbowdenzug zum automatischen Getriebe ausgehängt, wie das beispielsweise zum Ausbau des Zylinderkopfes oder des Motors notwendig wird, so muß er anschließend wieder neu eingestellt werden. Das geht folgendermaßen: Gaszug einstellen (Seite 98 bzw. 107); beim 320 muß auch die Zugstange am Vergaser richtig eingestellt sein, also nichts daran verdrehen! Motor jetzt im Leerlauf drehen lassen; der Drosselklappenansteller ist zurückgezogen. Nun muß der Abstand zwischen der Plombe auf dem Gasbowdenzug zum Getriebe und dem Gewindestück am Ende seiner Hülle 0,25 – 0,75 mm betragen. Gegebenenfalls Muttern am Gewindestück lösen und Abstand einstellen. Motor wieder abstellen und von Helfer das Gaspedal ganz durchdrücken lassen (Kickdown): Der Abstand vom Bowdenzugende bis zur Plombe soll jetzt mindestens 45 mm betragen.

Die Kardanwelle

Die Kardan- oder Gelenkwelle überträgt das vom Getriebe (in den unteren Gängen) vervielfachte Motordrehmoment auf das Hinterachsgetriebe. Da die Welle mit hohen Drehzahlen läuft, muß sie ausgewuchtet sein. Vibrationen oder Brummgeräusche deuten auf Störungen im Rundlauf der Welle: Ungenauer Einbau (Welle ausrichten); defektes Mittellager (ersetzen); defektes Gummigelenk (erneuern); ausgeschlagene Kreuzgelenke (Welle komplett ersetzen). Ein defektes Rillenlager im mittleren Kardanwellenlager verursacht Pfeifgeräusche. Rassel- oder Schabgeräusche rühren von Spiel im Schiebestück her.

Kardanwelle ausbauen

Vorschalldämpfer ausbauen. Kardanwelle am Getriebe so losschrauben, daß das Gummigelenk an der Welle bleibt. Schrauben aus dem Gummigelenk herausziehen: die Werkstatt legt dazu ein Spannband um das Gelenk. So lassen sich die Schrauben leicht bewegen. Ohne Spannband muß mit etwas Gewalt vorgegangen werden. Gelenkwelle am Hinterachsgetriebe losschrauben. Die Verschraubung erreichen Sie durch die Aussparung im Hinterachskörper. Mittellager der Gelenkwelle vom Wagenboden losschrauben. Kardanwelle jetzt am mittleren Gelenk nach unten durchknicken und aus dem Zentrierzapfen am Getriebe herausziehen.
Beim Einbau, der in sinngemäß umgekehrter Reihenfolge stattfindet, gilt es folgendes zu beachten: Das Mittellager muß vor dem endgültigen Festziehen erst 2 mm nach vorn gedrückt (vorgespannt) werden. Schrauben am Gummigelenk einhebeln, wenn kein Spannband zur Verfügung steht. Bei Gelenkscheiben mit Pfeilmarkierung müssen die Pfeile zum Getriebe hin zeigen. Beim Festschrauben des Gummigelenks nur an den (neuen!) selbstsichernden Muttern drehen! Wird an den Schrauben gedreht, verspannt sich das Gelenk, und es entstehen Brummgeräusche. Anzugsmoment 38 – 48 Nm. Auspuff spannungsfrei einbauen.

Der Hinterachsantrieb

Er lenkt die Antriebskraft über Kegel- und Tellerrad gewissermaßen rechtwinklig um die Ecke und über zwei Achswellen zu den Hinterrädern. Er paßt durch seine Übersetzung die Drehzahl der Getriebe-Antriebswelle der erforderlichen Raddrehzahl an und gleicht bei Kurvenfahrt die unterschiedlichen Radwege des inneren und äußeren Rads durch sein Kegelradgetriebe (Differential) aus.
Zum Hinterachsantrieb gehören auch die Hinterachswellen. Sie übertragen die Antriebskraft auf die Räder. Entsprechend den Federbewegungen der Radaufhängung

müssen die Hinterachswellen Längen-Unterschiede ausgleichen und die Federbewegung des Rads mitmachen.

Sperrdifferential

Auf rutschigem Untergrund und bei betont forscher Kurvenfahrt, wobei ein Hinterrad abheben kann, ist ein Sperrdifferential (auf Wunsch für alle Modelle erhältlich) von Nutzen. Es verhindert, daß ein Rad beim Greifen auf festem Boden bzw. beim Wiederaufsetzen einseitig beschleunigt wird, was den Wagen aus der Richtung bringen kann. Dabei sind die Ausgleichszahnräder um einen Lamellensatz erweitert, der einen bestimmten Teil des Antriebsdrehmoments stets auf beide Achswellen überträgt.
Besondere Wartungsmaßnahmen, abgesehen vom regelmäßigen Ölwechsel (siehe Seite 40), sind beim Sperrdifferential nicht erforderlich.

Antriebs- und Kardanwellengelenke kontrollieren

Wartungspunkt Nr. 30

Die Gelenke der Achswellen sind durch Gummimanschetten vor Feuchtigkeit und Schmutz geschützt. Die Manschetten sind mit je 80 g Spezial-Schmierfett gefüllt. Alle 15 000 km oder nach einem Jahr spätestens (sicherer sind kürzere Kontrollabstände) müssen die Manschetten und Schlauchbinder auf festen Sitz kontrolliert werden. Dazu den BMW aufbocken und Achswelle drehen, damit Sie auch feine Risse oder spröde Stellen entdecken. Äußerlich sichtbare Fettspuren sind ein Alarmsignal, denn ohne Schmierfett schlagen die Gelenke bald aus, und eindringendes Wasser zerstört die glatten Gelenkoberflächen. Beschädigte Gummimanschetten müssen umgehend ersetzt werden, wozu die Gelenkwelle ausgebaut und zerlegt wird.
Außerdem müssen die Gelenke der Achswelle und der Kardanwelle auf Verschleiß überprüft werden. Ausgeschlagene Gelenke knacken beim Hin- und Herschieben des BMW. Bei abruptem Gasgeben oder -wegnehmen (Lastwechsel) werden Schlaggeräusche hörbar.

Antriebswelle ausbauen

Der Ausbau der Antriebswellen wird nötig, wenn ein Antriebsgelenk verschlissen ist (laute Knackgeräusche beim Beschleunigen und im Schiebebetrieb) oder wenn eine Schutzmanschette gewechselt werden soll. Die Welle ist mit Innensechskant-Schrauben 8 mm an Hinterachsgetriebe und Achsstummel angeschraubt. Bevor der Inbusschlüssel eingesteckt wird, sollten Sie den Innensechskant der Schrauben mit einem kleinen Schraubenzieher sorgfältig sauberkratzen. Will sich die Schraube nicht lösen, hilft oft ein kleiner Schlag mit dem Hammer auf den Schraubenkopf. Beim Abbauen die Welle nicht zu stark knicken.
Werden die Gelenke wieder festgeschraubt, dürfen die Unterlegplättchen unter den Schrauben nicht vergessen werden. Inbusschrauben mit einem Drehmoment von 33 – 36 Nm über Kreuz anziehen.

Antriebsgelenk ausbauen

Blech-Dichtdeckel an der Hinterseite des Gelenks abheben. Darunter sehen Sie auf der Welle einen Sicherungsring, der abgehebelt werden muß. Blechringe um den Gummi-Faltenbalg lösen und das Gelenk nun von der Kerbverzahnung der Welle pressen. Faltenbalg ebenfalls von der Welle ziehen.
Für den Einbau besorgen Sie sich am besten den entsprechenden Reparatursatz von BMW, der neben einem neuen Faltenbalg u. a. auch die richtige Menge Spezial-Fett für das Gelenk enthält. Faltenbalg auf die Antriebswelle stülpen, Axialspannring (sieht aus wie eine gewölbte Unterlegscheibe) so aufstecken, daß die Innenwölbung zum Gelenk hin zeigt. Äußeren Blechdeckel vom alten Gelenk an das neue umstecken (sofern das Gelenk gewechselt wird). Gelenk auf die Welle aufpressen und Sicherungsring einsetzen. Faltenbalg an den (fettfreien!) Dichtflächen mit Klebstoff »Bostik 475« bestreichen, Fett in Gelenk und Faltenbalg füllen. Schlauchbinder anziehen und den hinteren Dichtdeckel mit Dichtmittel »Curil« aufsetzen.

Bodenständig

Als die BMW 3er-Reihe 1975 auf den Markt kam, waren die Meinungen über die neuen Fahrwerke äußerst geteilt. Einer neuen Philosophie folgend, hatten die BMW-Techniker eine weit komfortablere Fahrwerksauslegung gewählt, als es die eingeschworenen BMW-Fahrer von der vorangegangenen 02er-Reihe gewöhnt waren.
Doch die Wogen der Entrüstung wurden schon im darauffolgenden Jahr geglättet, als durch straffere Abstimmung das alte BMW-Gefühl wenigstens teilweise wieder erzeugt werden konnte. Heute empfinden wir das Fahrwerk im BMW als eine gute Synthese aus Komfort und Sportlichkeit. Trotz seines nahezu neutralen (spurtreuen) Verhaltens bei extremer Kurvenfahrt ist unser BMW komfortabel genug, um als Reiselimousine gelten zu dürfen.

Die Vorderachse

Den Mittelpunkt der Vorderachsaufhängung bildet der fest mit der Karosserie verbundene Achskörper, der aus speziell geformten, stabilen Stahlprofilen besteht. An ihm sind die Federbeine mit den Rädern einzeln befestigt. Um den Rädern die Bewegungen beim Einfedern zu erlauben, sind sie mit dem Achskörper über kurze Querlenker verbunden, die in Gummilagern am Achskörper festgeschraubt sind. Außen – zum Rad hin – ist der Querlenker über ein Achsgelenk mit dem Federbein verbunden. Den Halt in Längsrichtung übernimmt ein Rundstab, der von der rechten zur linken Radaufhängung verläuft. Dieser Rundstab dient gleichzeitig als Stabilisator. Hinter diesem Begriff verbirgt sich folgendes: Federn beide Vorderräder gleichzeitig ein, macht die an beiden Enden zu Hebeln gekröpfte Stabilisatorwelle diese Bewegung mit, ohne sich dagegen zu sperren. Bei Kurvenfahrt federt jedoch das kurveninnere Rad aus und das kurvenäußere Rad ein. Dadurch wird der Stabilisator in sich verdreht. Er verstärkt so die Federung im kurvenäußeren Rad und bewirkt dadurch, daß sich die Karosserie weniger nach außen neigt.

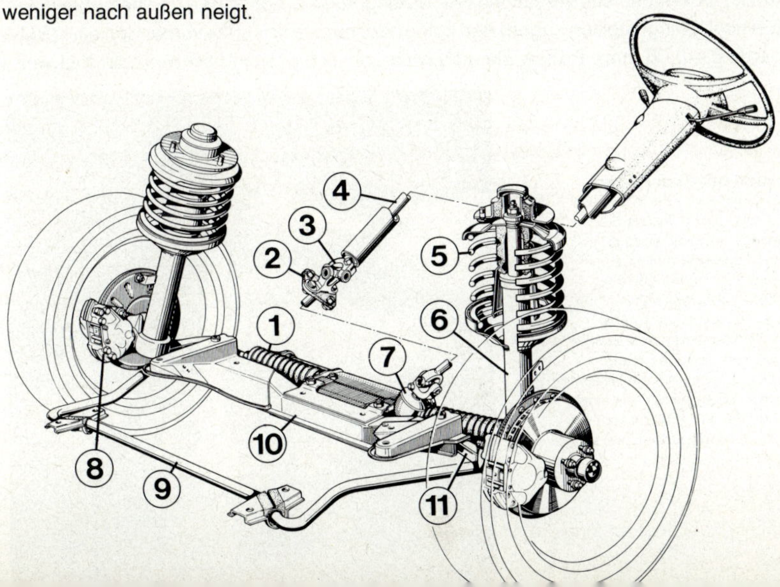

Die BMW-Vorderachse aus der Sicht des Zeichners (hier die Achse des 323i mit innenbelüfteten Scheibenbremsen): 1 – Faltenbalg der Zahnstange; 2 – Gelenkscheibe aus Gummi mit Zwischenlagen; 3 – Kreuzgelenk der Lenksäule (4); 5 – Feder links; 6 – Federbein links; 7 – Lenkgetriebegehäuse; 8 – Bremssattel links; 9 – Stabilisator; 10 – Achskörper; 11 – Querlenker.

Wenn der BMW auf der Hebebühne steht, können Sie folgende Teile der Vorderachse leicht betrachten: 1 – Bremssattel; 2 – rechtes Federbein; 3 – Stabilisator; 4 – Faltenbalg der Lenk-Zahnstange; 5 – Vorderachskörper; 6 – Lenkgetriebe; 7 – Feder der linken Radaufhängung; 8 – Querlenker; 9 – Spurstange.

Im Federbeingehäuse, das gleichzeitig die Funktion des sonst üblichen schwenkbaren Achsschenkels übernimmt, sitzt ein langer Stoßdämpfer, um den gewissermaßen eine Schraubenfeder herumgewickelt wurde. Da hierbei Feder und Stoßdämpfer in genau derselben Richtung arbeiten, ergeben sich gleichmäßige, für die Fahrzeuginsassen angenehme Federbewegungen. Allerdings braucht man zum Auswechseln der Stoßdämpfer Spezialwerkzeug (Werkstattsache), und die Vorderräder müssen besonders sorgfältig ausgewuchtet sein, sonst flattert und vibriert die Lenkung.

Manschetten der Achsgelenke kontrollieren

Wartungspunkt Nr. 29

An Schmiernippel brauchen Sie als BMW-Fahrer nicht zu denken, die Vorderachse ist wartungsfrei. Die stählernen Kugelköpfe der Achsgelenke sind nicht nur in eine Fettdauerfüllung gebettet, sondern sie sitzen zusätzlich in umhüllenden Kunststoffschalen. Zum Schutz vor Nässe und Schmutz sind die Gelenke mit Staubkappen verschlossen, deren Dichtheit alle 15 000 km geprüft werden soll. Eingedrungener Schmutz wirkt wie Schmirgelsand im Gelenk, und Feuchtigkeit läßt es mit der Zeit festrosten. Ein verschlissener Kugelbolzen macht sich meist durch Quietschgeräusche bemerkbar – er muß ausgetauscht werden, denn nachträgliches Abschmieren ist nicht möglich.

Radlagerspiel prüfen

Wartungspunkt Nr. 36

Die einstellbaren vorderen Radlager dürfen kein zu großes Spiel aufweisen. Das läßt sich praxisgerecht nur beim am Boden stehenden Wagen prüfen: Packen Sie das Rad an der Oberkante und versuchen Sie, es diagonal zur Achse hin- und herzubewegen. Bei richtig eingestellten Lagern darf keine oder nur wenig »Luft« vorhanden sein (BMW nennt 0 – 0,05 mm). Prüfen Sie außerdem, ob sich das Rad schwer oder ruckweise

Zum Einstellen der vorderen Radlager und zum Ergänzen der Fettfüllung (siehe Seite 42) muß die Fettkappe von der Achsnabe abgezogen werden. Das ist aber nicht so einfach, weil sie bis zu einem Abdichtwulst in die Nabe gepreßt ist. Deshalb muß zuerst mit behutsamen Hammerschlägen und einem nicht zu scharfen Meißel die Fettkappe ein wenig nach außen getrieben werden, bis sich beidseitig je ein kräftiger Schraubenzieher hinter den Fettkappenwulst klemmen und die Fettkappe gleichmäßig abhebeln läßt. Nach der Befüllung die Fettkappe wieder aufsetzen und zuerst mit Handballenschlägen eintreiben, bis sie gerade angesetzt ist. Dann legt man einen dicken Lappen auf die Fettkappe und klopft mit der Breitseite des Hammers oder, besser, mit einem zwischengelegten Brett die Fettkappe wieder ein. Kräftige Hammerschläge sind also nicht ratsam, denn sie verbeulen die dünnwandige Blechkappe hoffnungslos.

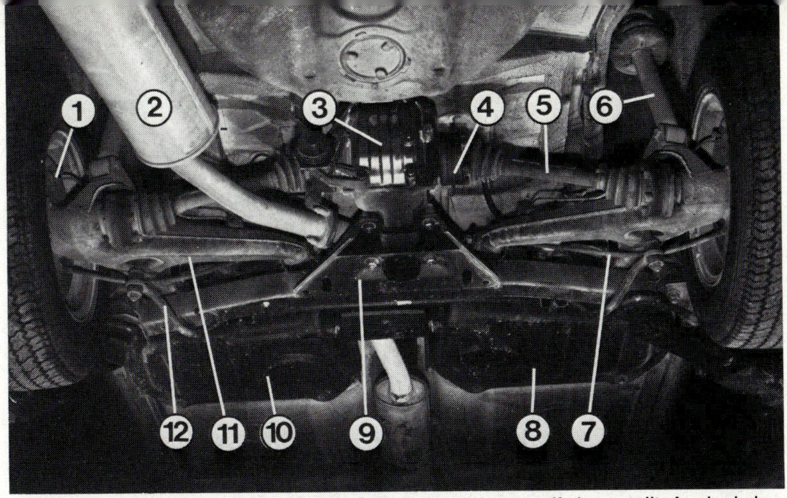

Die Heckpartie eines BMW 320 aus der Froschperspektive. Es bedeuten: 1 – Bremsankerplatte; 2 – Auspufftopf; 3 – Hinterachsantrieb; 4 – homokinetisches Gelenk der Gelenkwelle; 5 – Antriebswelle (oder Gelenkwelle); 6 – Federbein; 7 – Handbremsseil; 8 – rechte Tankhälfte; 9 – Achsträger; 10 – linke Tankhälfte; 11 – Querlenker; 12 – Stabilisator.

durchdrehen läßt. Dann ist das Lager defekt oder viel zu straff eingestellt. Auch ein lautes oder mahlendes Geräusch beim Durchdrehen des Rades läßt auf ein defektes Radlager schließen.
Bei der korrekten Werkstatteinstellung wird eine Meßuhr verwendet, die man als Heimwerker sicher nicht zur Verfügung hat. Behelfsweise geht es so: Rad abnehmen, Radnabenkappe abnehmen (siehe Bild links unten). Splint in der Kronenmutter geradebiegen und herausziehen. Steckschlüssel SW 24 ansetzen, Radnabe drehen und dabei die Kronenmutter leicht festziehen – dadurch werden die Kegelrollen gegen die Lagerinnenringe gedrückt. Das Spiel ist richtig eingestellt, wenn die Druckscheibe hinter der Kronenmutter sich noch mit einer Schraubenzieherklinge verschieben läßt (siehe Bild unten). Kronenmutter so weit im Uhrzeigersinn drehen, bis der (neue!) Splint wieder eingesteckt werden kann. Splintenden zur Sicherung umbiegen, Nabenkappe aufsetzen und vorsichtig hineinklopfen, wie im Bildtext links unten beschrieben.

Die Hinterachse

Die Hinterachse unserer BMW-Modelle besteht aus dem quer zur Fahrtrichtung eingebauten Achsträger als Kernstück, den daran beweglich aufgehängten Querlenkern, zwei Federbeinen, dem Hinterachsgetriebe, zwei Antriebswellen (im vorangegangenen Kapitel beschrieben) sowie den Radnaben mit den Hinterradbremsen.
Die bereits angesprochenen Schräglenker haben übrigens nichts mit der Lenkung zu schaffen, sondern sie sind einfach schräg zur Fahrtrichtung am Hinterachsträger »angelenkt«. Durch diese Anordnung wird erreicht, daß die – einzeln aufgehängten – Räder der Hinterachse beim Einfedern einen stärkeren negativen Sturz erhalten, was die Seitenführung in Kurven verbessert. Beim Ausfedern verändert sich der Sturz dage-

So sieht die behelfsmäßige Einstellung der vorderen Radlager aus. Nach Abnahme der Fettkappe, wie im Bildtext links beschrieben, wird der Splint der Kronenmutter herausgezogen. Mit einem Steckschlüssel SW 24 die Kronenmutter so weit hineindrehen, daß sich die Druckscheibe hinter der Mutter gerade noch mit einem Schraubenzieher verschieben läßt (Pfeile). Das Radlager muß zum Einstellen natürlich entlastet sein, d. h. das Rad kann zwar montiert sein, doch darf es nicht auf dem Boden stehen.

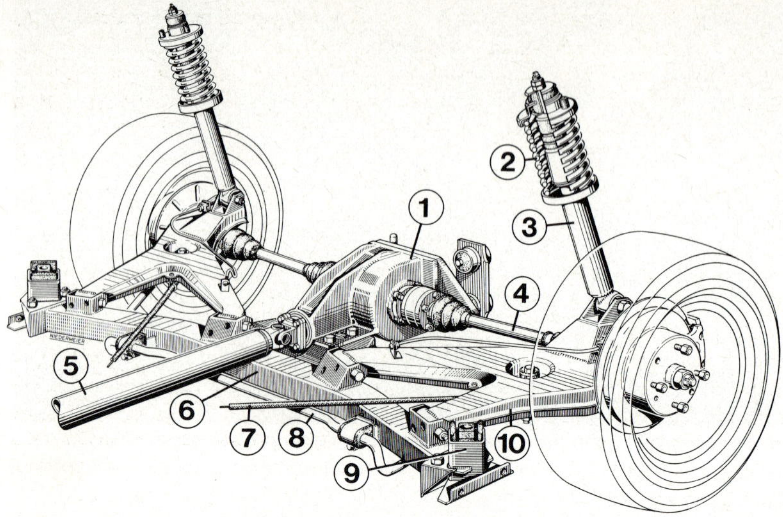

Die Hinterachse (hier eines BMW 323i) als zeichnerisches Kunstwerk. Es bedeuten: 1 – Hinterachsantrieb; 2 – Feder; 3 – Federbein; 4 – Achswelle; 5 – Kardanwelle; 6 – Achskörper; 7 – Handbremsseil; 8 – Stabilisator; 9 – Silentblock der Hinterachsaufhängung; 10 – Schräglenker.

gen nur geringfügig. Für Federung und Stoßdämpfung sorgen – wie bei der Vorderachse – die zu Federbeinen kombinierten Stoßdämpfer und Schraubenfedern. Ein Stabilisator verbindet die beiden Schräglenker und verstärkt bei Kurvenfahrt die Federung im kurvenäußeren Rad.

Radeinstellung kontrollieren

Wartungspunkt Nr. 37

Für die Radvermessung muß das Reifenprofil rechts und links gleichmäßig sein, der Luftdruck stimmen, ebenso das Radlagerspiel. Und die Felgen dürfen keine Schäden aufweisen. Gemessen wird in der von BMW genannten »Normallage«: Je 68 kg auf den Vordersitzen, 68 kg auf dem Rücksitz und 30 kg links im Kofferraum, Fahrzeug vollgetankt.

Bei Geradeausfahrt stehen die Vorderräder vorn enger beisammen als hinten. Sie rollen gewissermaßen aufeinander zu. Das ist die Vorspur. Genau parallelstehende Räder haben nämlich das Bestreben, auseinanderzulaufen. Die Reibung zwischen Rad und Straße möchte das linke Rad nach links weg und das rechte nach rechts drücken. Das führt zum Radieren der Reifen und Räderflattern. Durch die Vorspur laufen die Räder sauber parallel und ohne seitliches Auseinanderstreben. Im übrigen geht beim Hineinlenken des Wagens in eine Kurve die Vorspur durch die trapezförmige Anordnung des Lenkgestänges allmählich in eine Nachspur über. Das kurveninnere Rad schwenkt stärker herum als das kurvenäußere. Dies ist auch notwendig, weil ja in einer Kurve die inneren Räder einen engeren Kreis fahren müssen als die äußeren.

Sturz nennt man die leichte Auswärtsneigung der Räder – oben im Radkasten haben sie einen größeren Abstand voneinander als unten am Boden. Während die Vorderräder von vorn gesehen genau senkrecht stehen müssen (also weder positiven noch negativen Sturz haben), sind die Hinterräder unten leicht nach außen gestellt (X-Beine oder negativer Sturz). Sie besitzen ebenfalls Vorspur.

Zur Einstellung der Vorderachse gehört auch die Spreizung. Das ist die geringfügige Neigung der Schwenkachse, um die beim Lenken die ganze Geschichte schwenkt. Die beiden Schwenkachsen haben oben einen kleineren Abstand voneinander als unten. Sturz und Spreizung zusammen verhindern zusätzlich das Flattern der Räder. Ferner erleichtern sie das Einschlagen der Räder zur Kurvenfahrt. Und schließlich bewirken sie das »Rückstellmoment«, worunter man das Bestreben der Vorderräder versteht, bei oder nach Kurven selbsttätig wieder in Geradeausstellung zu gehen.

Der Nachlauf hilft ebenfalls, das Flattern der Vorderräder zu verhindern und den Radlauf zu stabilisieren. Das Wort »Nachlauf« deutet die Konstruktion schon an: Das Rad

läuft seiner Schwenkachse etwas nach – die Achse schleppt das Rad gewissermaßen hinter sich her, wodurch der Lauf des Rades stabilisiert wird.
Alle vier Maßnahmen zusammen gehören zur »Lenkgeometrie«, die vermessen wird. Fehler in der Radeinstellung erkennt man als Laie an ungleichmäßig abgefahrenen Reifen oder schiefziehender Lenkung. Schuld können unsanfte Bordsteinberührungen sein (Fahrzeuge mit Federbein-Vorderachse sind in diesem Punkt ganz besonders empfindlich), verschlissene Gelenke oder Gummilager und nicht zuletzt unsachgemäße Unfallreparaturen.

Die Stoßdämpfer

Räder rollen nur dann spurtreu und sicher, wenn sie ständig Kontakt zur Fahrbahn halten. Genau dafür haben die Stoßdämpfer, richtiger eigentlich »Schwingungsdämpfer« zu sorgen. Die Stöße der unebenen Fahrbahn schlucken Reifen und Federn. Die Stoßdämpfer indessen sollen die Schwingungen der Achsen und des Fahrzeugaufbaus unterdrücken bzw. zum Abklingen bringen; erst unter dieser Voraussetzung bleiben auch die Räder am Boden. Ausgediente Stoßdämpfer können allerdings ihre Aufgabe nicht mehr oder nur noch unzureichend erfüllen, und deshalb schwindet die Fahrsicherheit dahin.
Normalerweise sind ab Werk sogenannte Zweirohrdämpfer der Firma Boge eingebaut. Sie bestehen aus einem Arbeitszylinder, in dem ein mit einer Kolbenstange verbundener Arbeitskolben auf- und abgleiten kann. Der Arbeitszylinder ist von einem zweiten Zylinder umgeben, der als Vorratsbehälter für das Stoßdämpfer-Hydrauliköl dient. Bei Federbewegungen eines Rades verschiebt sich der Kolben im Zylinder, das in Bewegung versetzte Spezialöl wird durch Ventile hindurchgepreßt, was die Kolbenbewegung verlangsamt und damit die Schwingungen des jeweiligen Rades dämpft. Bei sportlichen Fahrern sind die Einrohr-Gasdruckstoßdämpfer (z. B. von Bilstein) sehr beliebt. Charakteristisch für diese Stoßdämpfer ist der Gasraum, der durch einen Trennkolben mit etwa 25 bar auf den ölgefüllten Arbeitsraum drückt. Das Öl steht also unter hohem Druck und kann auch bei höchster Belastung nicht schäumen, was bei härtestem Einsatz gleichmäßige Dämpfwirkung verspricht. Einrohrdämpfer können die bei der Dämpfarbeit entstehende Wärme besser ableiten und sind dadurch auch langlebiger. Da sie die auftretenden Federungsschwingungen schneller dämpfen, ergibt sich ein Gewinn für den Fahrkomfort und die Straßenlage.

Stoßdämpfer prüfen

Wartungspunkt Nr. 51

Stoßdämpfer fallen gewöhnlich nicht schlagartig aus, sondern ihre Wirkung läßt allmählich nach, woran man sich unbemerkt gewöhnt. BMW nennt als Faustregel, daß nach zwei verschlissenen Reifensätzen die Stoßdämpfer nur noch 50 % ihrer ursprünglichen Wirkung besitzen und somit zur Erneuerung reif sind. Im Durchschnitt kann man mit einer Lebensdauer von 30 000 bis 60 000 km rechnen, bei Gasdruckstoßdämpfern etwa mit der doppelten Laufzeit. Es gibt einige untrügliche Anzeichen für nachlassende Stoßdämpferwirkung:

- Flatternde Lenkung, weil die Räder keinen ständigen Fahrbahnkontakt haben.
- Nach Unebenheiten schwingt die Karosserie nach.
- »Schwammiges« Fahrverhalten in Kurven, wobei die kurveninneren Räder nicht stark genug auf den Boden gedrückt und die äußeren nicht genügend entlastet werden.
- Anstieg der Seitenwindempfindlichkeit.
- Springende Räder; das muß freilich ein neben- oder hinterherfahrender Beobachter feststellen.
- Vielfach unterbrochene Bremsspur bei Vollbremsung.
- Ungleichmäßige Abnutzung der Reifen und erhöhter Reifenverschleiß.
- Erhebliche Ölspuren bis unter den Federteller. Geringe Leckverluste sind dagegen normal.

Vordere Stoßdämpfer wechseln

Diese Arbeit eignet sich nur für fortgeschrittene Selbsthelfer. Gebraucht werden zwei Federspanner. Damit wird die Feder bei auf den Rädern stehendem Wagen zusammengespannt. Federspanner mit Draht gegen seitliches Verrutschen auf der Feder sichern. Wagen jetzt aufbocken und abstützen, Rad abnehmen. Zentralmutter am Federbeintopf im Motorraum lösen; die Kolbenstange kann nach unten gedrückt werden. Die drei kleinen Muttern am Federbeintopf lösen und das Stützlager nach unten herausnehmen. Oberen Federteller abnehmen. Überwurfmutter oben am Federbein abschrauben. Stoßdämpferpatrone durch das Loch im Federbeintopf nach oben herausziehen. Neue Patrone einsetzen und mit 120–140 Nm anziehen. Übriger Zusammenbau sinngemäß umgekehrt wie Ausbau. Feder sauber in den Federtellern ausrichten. Zentralmutter mit 78–86 Nm anschrauben, die drei kleinen Muttern mit 22–24 Nm.

Hintere Stoßdämpfer ausbauen

Zwei Kontermuttern am Federbeintopf im Kofferraum lösen und herausdrehen. Wagen jetzt aufbocken; die Feder entspannt sich dabei. Rad abnehmen, Wagen abstützen. Untere Dämpfer-Befestigungsschraube lösen und Dämpfer samt Feder abnehmen. Neuen Dämpfer mit Feder wieder einbauen, dazu Dämpfer-Kolbenstange ganz ausziehen und Fahrzeug durch Ablassen mit dem Wagenheber langsam in die Federn tauchen lassen. Feder dabei im Federteller ausrichten; die Federenden müssen in die Aussparungen zu liegen kommen. Dämpfer-Kolbenstange im Kofferraum mit 10–15 Nm anziehen und mit zweiter Mutter kontern.

Untere Dämpfer-Befestigung erst bei auf den Rädern stehendem Wagen (damit das Gummi-Metall-Element nicht überdehnt wird) mit 49–54 Nm am Achslenker festschrauben.

Die Lenkung

Wenn Sie am Lenkrad drehen, schwenken die Vorderräder zur Seite. Das Lenkgetriebe muß dazu die Drehbewegung am Lenkrad in eine hin- und hergehende Bewegung umwandeln. Das geschieht bei unseren BMW-Modellen durch eine sogenannte Zahnstangenlenkung. Bei diesem Lenkungssystem greift das kleine Zahnrad (Ritzel) am Ende der Lenksäule in die gezähnte Stange im Lenkgetriebe – es sitzt hinter dem Vorderachskörper – und bewegt diese Zahnstange hin und her. Diese Bewegung übertragen die rechts und links an der Zahnstange angeschraubten Spurstangen auf die Lenkhebel an den vorderen Federbeinen und damit auf die Räder.

Bei der auf Wunsch lieferbaren Servolenkung (Hydrolenkung) dient die Zahnstange gleichzeitig als Kolben. Dieser Kolben wird vom hineingepumpten Hydrauliköl nach rechts oder nach links verschoben, je nachdem, wie eingeschlagen werden soll. In welche Richtung gepumpt wird, bestimmen Sie gleichzeitig beim Drehen des Lenkrads, denn diese Drehung wird auf ein kompliziertes Ventilsystem übertragen, das

Spiel im Lenkgetriebe kann durch Einstellen eliminiert werden. Allerdings sollte das unbedingt die Werkstatt übernehmen, denn zur korrekten Einstellung muß das Lenkgetriebe ausgebaut sein. Auch bestehen genaue Vorschriften über die Anzugsmomente der Einstellschrauben sowie über das Durchdrehmoment. Im Kreuzgelenk (1) kann ebenfalls Spiel auftreten sowie in der darüberliegenden elastischen Gelenkscheibe. Weiter bedeuten: 2 – Sicherungssplint; 3 – Druckstück-Einstellschraube; 4 – Durchdrehmoment-Einstellschraube.

Richtung und Menge des Flüssigkeitsstroms regelt. Den Druck im hydraulischen System erzeugt eine Flügelpumpe, die der Motor über einen Keilriemen antreibt.

Keilriemenspannung prüfen

Wartungspunkt Nr. 13

Die Pumpe der Servolenkung wird über einen separaten Keilriemen von der Motorkurbelwelle angetrieben. Bei kräftigem Fingerdruck soll sich der Riemen zwischen den beiden Keilriemenscheiben **5–10 mm** durchdrücken lassen. Sonst die beiden Halteschrauben vorn an der Servopumpe lockern, Pumpe nach außen ziehen, Schrauben festdrehen und Spannung nochmals kontrollieren.
Sollte der Keilriemen unterwegs reißen, können Sie trotzdem weiterfahren, allerdings ist wesentlich mehr Muskelkraft zum Lenken vonnöten.

Filterwechsel und Funktionsprüfung der Servolenkung

Wartungspunkt Nr. 63

Diese Wartungsarbeit wird alle 60 000 km fällig und sollte auf jeden Fall der BMW-Werkstatt vorbehalten bleiben. Eine Funktionsprüfung können Sie im übrigen praktisch bei jeder Fahrt vornehmen. Grundsätzlich sollten Sie bei einer Störung als erstes nach dem Hydrauliköl sehen (siehe Seite 40). Verliert das Lenkgetriebe beständig hydraulische Flüssigkeit, hilft Nachfüllen allein nicht, hier muß die Werkstatt helfen.

Fingerzeige: *Außer der Kontrolle des Lenkungsspiels, der Spurstangengelenke und der Faltenbälge am Lenkgetriebe gibt es bei der Lenkung für den Heimwerker keine Arbeitsmöglichkeiten.*
Alle Reparaturen oder sonstigen Arbeiten an der Lenkung gehören aus Sicherheitsgründen in die Werkstatt. Das gilt ganz besonders für die Servolenkung, die bei plötzlichem Ausfall dem Fahrer einen gehörigen Schrecken einjagen kann. Man kann zwar weiterhin lenken, aber die notwendigen Drehkräfte am Lenkrad steigen um ein Mehrfaches an.

Spurstangengelenke und Staubmanschetten kontrollieren

Wartungspunkt Nr. 4

Die Gelenkverbindungen der Spurstangen, bei denen sich stählerne Kugelköpfe in Kugelpfannen bewegen, waren einst mit Schmiernippeln ausgerüstet, denen man alle 2500 km die Fettpresse geben mußte. Die Metall-Kugelpfannen von einst bestehen heute aus »selbstschmierendem« Kunststoff, und durch staub- sowie wasserdichte Verkapselung sind die Gelenke auf normale Betriebsdauer der Fettpresse entwöhnt. Die Staubkappen dürfen aber nicht beschädigt oder gequollen sein. Falls doch, darf die Schutzkappe alleine nur dann ersetzt werden, wenn ganz sicher noch kein Schmutz ins Gelenk geraten ist. Andernfalls muß die Werkstatt das Spurstangengelenk komplett ersetzen. Ob die Spurstangenköpfe »Luft« haben, fühlt man, während ein Helfer das Lenkrad zügig hin- und herdreht.
Die Gummi-Staubmanschetten rechts und links des Lenkgetriebes sollen regelmäßig überprüft werden, damit kein Schmutz in die Lenkung eindringen kann. Ziehen Sie dazu die Faltenbälge mit der Hand auseinander und kontrollieren Sie, ob sich bereits tiefe Risse in den Wülsten der Gummimanschette befinden. In diesem Fall Manschette auswechseln lassen, sonst ist bald ein neues Lenkgetriebe fällig.

Lenkungsspiel prüfen

Wartungspunkt Nr. 16

Die Lenkung arbeitet von Anschlag zu Anschlag spielfrei. Zur Kontrolle auf etwaiges Lenkungsspiel kurbelt man das linke Seitenfenster herunter und stellt sich neben den BMW. Jetzt durchs Fenster greifen, das Lenkrad kurz hin- und herdrehen und beobachten, ob sich das linke Vorderrad aus der Geradeausstellung sofort mitbewegt. Falls Ihr BMW mit einer Servolenkung ausgestattet ist, sollte diese Kontrolle bei stehendem Motor, also ohne Servounterstützung, erfolgen. Achten Sie besonders auf die Felge. Die Reifen sind elastisch und können zunächst einen Teil des Einschlags »schlukken«, ehe sie sich bewegen.
Zeigt sich Spiel in der Lenkung, kann das Lenkgetriebe von der BMW-Werkstatt nachgestellt werden.

Soll das Lenkrad ausgebaut werden, müssen Sie die zentrale Haltemutter herausdrehen, die sich hinter dem BMW-Emblem verbirgt. Das Firmenzeichen läßt sich leicht mit einem kleinen Schraubenzieher aus der weichen Kunststoff-Ummantelung des Lenkrads heraushebeln.

Lenkungsspiel kann übrigens auch entstehen, wenn sich die Gelenkscheibe unterhalb des oberen Lenksäulen-Kreuzgelenks (siehe Zeichnung Seite 119) gelockert hat oder ausgeschlagen ist oder wenn die Kreuzgelenke selbst defekt sind.

Lenkrad ausbauen

BMW-Emblem in Lenkradmitte mit einem feinen Schraubenzieher aushebeln (siehe Bild oben). Lenkrad in Sperrstellung einrasten lassen. Lenksäulenmutter mit einem Steckschlüssel SW 22 lösen – ein Gabel- oder Ringschlüssel eignet sich hierzu nicht. Jetzt die Vorderräder ganz genau geradeaus stellen, so daß die Lenkradspeichen symmetrisch stehen. Haltemutter und Unterlegscheibe abnehmen, Lenkrad mit rukkelnden Bewegungen von der Lenksäule abziehen, dabei die Lenksäule möglichst nicht verdrehen. Beim Aufstecken des Lenkrads müssen die Lenkradspeichen genau symmetrisch stehen. Lenkschloß einrasten lassen und Lenksäulenmutter mit 85 – 95 Nm anziehen.

Schrauben und Muttern am Fahrwerk nachziehen

Wartungspunkt Nr. 32

Die mit genau festgelegten Drehmomenten angezogenen Schrauben und Muttern des Fahrwerks, am Lenkgetriebe und an den Bremssätteln sowie an den Antriebswellen sollen in regelmäßigen Abständen auf festen Sitz kontrolliert werden. Das ist allerdings eine Arbeit für die Werkstatt, denn dem Heimwerker werden kaum die genauen Drehmomentwerte zur Verfügung stehen und es wäre grundfalsch, die Verschraubungen einfach nach eigenem Gutdünken »anzuknallen«.

Verzögerungstaktik

Die abendliche Verzögerungstaktik des kleinen Sprößlings, der unter keinen Umständen ins Bett will, kostet die geplagte Elternschaft häufig gehörig Energie. Endet die Tragödie mit einer kleinen Abreibung, so ist die gleiche Energieumwandlung gegeben, wie wir sie bei den Bremsen unseres Wagens vorfinden: Die Energie wird größtenteils in Wärme umgewandelt.
Sehen wir uns die Sache beim Auto an: Der Bremsbelag wird gegen die Bremsscheibe bzw. die Bremstrommel gedrückt. Und da dies mit gehöriger Kraft geschieht, reiben die verschiedenen Materialien stark aufeinander. Wir sehen schon die Verbindung zu der eingangs erwähnten Abreibung. Beim Bemühen, die Bewegungsenergie des Wagens zu vernichten, entsteht jedoch eine Hitze, bei der der beste Kuchen verbrennen würde: 260°C herrschen nach einer Vollbremsung aus 130 km/h an Bremsscheibe und Bremsbelag. Schon an dieser Zahl erkennen Sie, um welch hochbeanspruchtes Teil es sich bei der Bremse handelt. Beherzigen Sie also in Ihrem eigenen Interesse den folgenden Abschnitt.

Eigenarbeiten an der Bremse

Von der richtigen Funktion der Bremsen in Ihrem BMW hängt Ihr Leben ab. Diese Tatsache sollten Sie sich stets vor Augen halten, wenn Sie Reparaturen daran ausführen wollen. Muten Sie sich also nicht zu viel zu! Andererseits ist bei der Wichtigkeit dieser Einrichtung keine Kontrolle zu viel. Auch wenn Sie regelmäßig die Werkstatt besuchen, sehen gerade in diesem speziellen Fall vier Augen mehr als zwei. Durch gezielte Kontrollen, nicht aber durch unsachgemäße Reparaturen können Sie dazu beitragen, die Verkehrssicherheit Ihres BMW zu erhalten und so sich selbst zu schützen. Was Sie selbst tun können, ist hier im Buch behandelt, alle anderen Arbeiten sollten Sie der Werkstatt überlassen.

So funktioniert die Bremse

Wenn Sie auf das Bremspedal treten, preßt eine mit dem Pedal verbundene Druckstange zwei hintereinanderliegende Kolben in den Hauptbremszylinder. Die Kolben übertragen die Kraft auf die dort eingeschlossene Bremsflüssigkeit. Dieser so entstehende hydraulische Druck in der Bremsflüssigkeit gelangt über Rohr- und Schlauchleitungen zu den Radzylindern. In diesen bewegen sich unter dem Druck der Flüssigkeit Kolben nach außen und pressen die Bremsklötze gegen die Bremsscheiben (bzw. an den Hinterrädern des 320 die Bremsbacken gegen die Bremstrommeln).

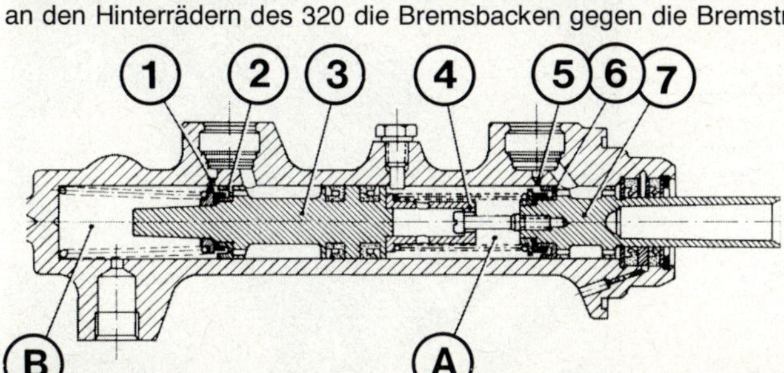

So arbeitet der Tandem-Hauptbremszylinder: Beim Tritt auf das Bremspedal wird der Kolben (7) nach vorn bewegt. Die Primärmanschette (6) überfährt die Ausgleichsbohrung (5). Dabei wird der Druck in der Kammer A aufgebaut, der sich auf den Kolben (3) überträgt. Weiter überfährt jetzt die Primärmanschette (2) die Ausgleichsbohrung (1). In Kammer A und B herrschen nun gleiche Druckverhältnisse. Fällt der Bremskreis von Kammer B (für Vorder- und Hinterradbremse) aus, wird der Kolben (7) über den sich aufbauenden Druck in Kammer A gegen den Kolben (3) in der drucklosen Kammer B und damit gegen das Hauptbremszylindergehäuse gedrückt und der erste Bremskreis in Funktion gesetzt. Fällt der Bremskreis von Kammer A (für die Vorderbremse) aus, wird der Kolben (7) in der nun drucklosen Kammer gegen die Federkappe (4) gedrückt und über die Kammer B der zweite Bremskreis wirksam.

Bei unseren BMW-Modellen wurde schon bei der Konstruktion so weit vorgesorgt, daß die Bremse nie völlig ausfallen kann. Der Flüssigkeitsdruck an die Radbremszylinder wird in zwei getrennten Kreisen übertragen. Ein Kolben im Hauptbremszylinder liefert den Bremsdruck für die Vorderräder, während der zweite Bremszylinder die Bremsen an den Hinterrädern mit Druck versorgt. So bleiben auch bei Ausfall des vorderen Bremskreises immer noch die Hinterradbremsen intakt und damit $^1/_3$ der normalerweise möglichen Bremsverzögerung. Besser ergeht es dem Fahrer, wenn der vordere Bremskreis intakt bleibt, denn dann stehen immer noch $^2/_3$ der Bremswirkung zur Verfügung. Auch ist die Gefahr des Schlingerns des Wagens nicht gegeben wie bei ausgefallenem vorderen Bremskreis.

Fingerzeig: *Obwohl nur ein Bremsflüssigkeitsbehälter vorhanden ist, kann bei einem undichten Bremskreis nicht die gesamte Bremsflüssigkeit auslaufen, denn der Behälter ist durch eine Zwischenwand in zwei Kammern geteilt. Die in Fahrtrichtung vorn liegende Kammer versorgt den Bremskreis für die Vorderräder, die hintere Kammer liefert den Flüssigkeitsvorrat für die Hinterräder und außerdem für die hydraulische Kupplungsübertragung.*

Hydraulikflüssigkeit der Bremse prüfen

Wartungspunkt Nr. 10

Links hinten im Motorraum, direkt auf dem Hauptbremszylinder sitzt der Bremsflüssigkeitsbehälter (siehe Bild unten). Im weißlich durchscheinenden Behälter soll die Bremsflüssigkeit zwischen den Markierungen »MIN« und »MAX« stehen. Ist der Flüssigkeitsspiegel auffallend gesunken – was übrigens auch durch eine Warnleuchte am Armaturenbrett angezeigt wird –, muß der Zustand der Bremsleitungen sorgfältig überprüft werden (siehe nächsten Abschnitt). Eventuelle Undichtigkeiten muß die Werkstatt beheben, denn Arbeiten an der hydraulischen Anlage gehören aus Gründen der Verkehrssicherheit nicht in die Hand des Heimwerkers.
Bedingt durch die Scheibenbremsen sinkt der Flüssigkeitsstand aber auch bei völlig intakter Bremsanlage mit zunehmendem Belagverschleiß. Die im Durchmesser verhältnismäßig großen Kolben der Scheibenbrems-Radzylinder wandern mit den verschleißenden Belägen weiter heraus und mehr Flüssigkeit fließt nach. Ein langsames Absinken der Bremsflüssigkeit muß also nicht unbedingt alarmierend sein. Wenn Sie wissen, wie hoch die Bremsflüssigkeit bei neuen und abgenutzten Scheibenbremsen steht, läßt sich am Niveau der hydraulischen Flüssigkeit sogar ablesen, wie weit die Beläge abgenutzt sind.
Werden neue Scheibenbremsbeläge eingesetzt, müssen die Kolben in den Bremssätteln zurückgedrückt werden, wodurch der Flüssigkeitsstand wieder ansteigt. Wurde unnötigerweise bei abgefahrenen Belägen bis zur Höchstmarke im Behälter nachgefüllt, kann die Bremsflüssigkeit durch die Belüftungslöcher im aufgeschraubten Deckel

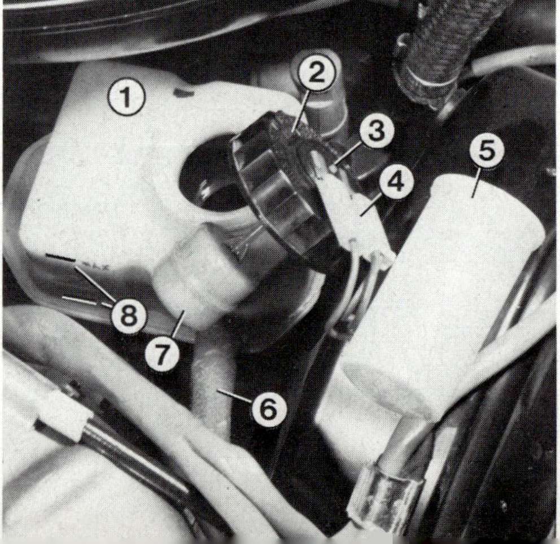

Der Bremsflüssigkeitsbehälter (1) ist in seinem Innern ab einer bestimmten Höhe in zwei Einzelbehälter unterteilt. Übrigens ist er gleichzeitig Vorratsbehälter für die hydraulische Kupplungsbetätigung; der seitliche Anschluß (6) beweist das. Nachgefüllt wird durch nur eine Öffnung. Die Bremsflüssigkeit verteilt sich im Innern des Behälters auf die beiden Behälterhälften. Zur Kontrolle des Flüssigkeitsstands braucht der Verschlußdeckel nicht abgeschraubt zu werden; das Flüssigkeitsniveau läßt sich am durchscheinenden Behälter von außen ablesen. Es muß zwischen den beiden Markierungen (8) stehen, dann ist alles in Ordnung. Ist der Flüssigkeitsspiegel wesentlich weiter abgesunken, so leuchtet die Bremswarnleuchte auf. Für diese Warnung sorgt der Schwimmer (7), der im Verschlußdeckel (2) einen elektrischen Kontakt auslöst. Ob der Kontakt, die Kabelzuleitung (4) und die Kontrollampe am Armaturenbrett funktioniert, können Sie prüfen, wenn Sie auf den Kontaktknopf (3) drücken, während ein Helfer das Aufleuchten der Kontrollampe am Armaturenbrett beobachtet. Weiter bedeutet: 5 – Fusselsieb.

überlaufen (die Löcher ermöglichen die notwendigen Schwankungen des Flüssigkeitsspiegels).
Folgende Bremsflüssigkeiten schreibt BMW vor: Die hauseigene »BMW-Bremsflüssigkeit DOT 4«, »Ate-Bremsflüssigkeit DOT 4 SL«, »Veedol Disc Brake Fluid« oder »Castrol Disc Brake Fluid DOT 4«.
Bremsflüssigkeit ist klimafest und verändert ihre Viskosität bei unterschiedlichen Temperaturen nicht, sie verhindert Korrosion, hat einen hohen Siedepunkt (290°C) und besitzt Schmierkraft. Aber sie hat auch schlechte Eigenschaften. So wird der Autolack von ihr angegriffen (beim Hantieren aufpassen, sonst gibt es bleibende Lackflecken) und außerdem ist sie stark wasseranziehend – hygroskopisch, wie der Fachmann sagt –, wodurch im Lauf der Zeit ihre Siedetemperatur sinkt. Bei starker Beanspruchung der Bremsen, etwa einer Paßabfahrt im Gebirge mit vollbesetztem Wagen, können sich Dampfblasen in den Leitungen bilden – das Bremspedal läßt sich dann bis zum Bodenblech durchtreten, ohne daß Bremswirkung einsetzt. Dagegen ist auch die Zweikreisbremsanlage des BMW nicht gefeit. Bisweilen – aber auch nicht immer – hilft Ihnen in diesem Fall schnelles »Pumpen« mit dem Bremspedal. Damit es aber erst gar nicht so weit kommt, sieht der Wartungsplan den jährlichen Wechsel der Bremsflüssigkeit vor (siehe Seite 138).

Bremsanlage auf Dichtheit und Beschädigungen prüfen

Wartungspunkt Nr. 3

Sämtliche Anschlüsse und Leitungen der Bremshydraulik müssen auf Undichtigkeit überprüft werden. Verfolgen Sie bei trockenem Wagenboden (Auto auf eine Grube fahren oder hochbocken) den Verlauf der Bremsschläuche und -leitungen. Die Schläuche dürfen weder feucht noch aufgequollen sein. Die Bremsleitungen sind zum Schutz gegen Rost mit einer Kunststoffschicht überzogen. Wird diese Schutzschicht beschädigt, kann es zu Rostansatz kommen. Deshalb die Leitungen nie mit Schraubenzieher, Schmirgelleinen oder Drahtbürste reinigen, sondern Kaltreiniger nehmen. Ist die Schutzschicht beschädigt, soll Rostschutzgrundierung dünn aufgestrichen werden. Leitungen mit Rostnarben und solche, die geknickt oder plattgedrückt sind, müssen ersetzt werden.
Bremsschläuche und Bremsleitungen mit Scheuerstellen unbedingt ersetzen lassen. Allgemein läßt schwarzer – also mit Flüssigkeit vollgesogener – Schmutz eine Undichtigkeit vermuten. Beim BMW 320 können Sie so auch einem undichten hinteren Radbremszylinder auf die Schliche kommen: Die Bremsankerplatte ist dann meist mit feuchtem Schmutz bedeckt. Das gleiche gilt natürlich auch für Bremssättel der Scheibenbremsen.
Sind die Staubschutzkappen auf allen Entlüftungsventilen (sie sitzen an den Bremssätteln und – bei den hinteren Trommelbremsen des BMW 320 – an den Radinnenseiten)? Die Bremsdruckprobe können Sie provisorisch selbst machen: Treten Sie mit voller Kraft aufs Bremspedal. Es darf auch nach einigen Minuten der vollen Belastung nicht nachgeben, sonst ist eine Manschette im Hauptbremszylinder defekt. Durch die undichte Manschette sinkt der Flüssigkeitsstand im Behälter nicht, sondern die unter Druck gesetzte Flüssigkeit mogelt sich am Kolben des Hauptbremszylinders vorbei auf die drucklose Seite. Gewisse undichte Stellen an den Kolbenmanschetten lassen sich allerdings nur bei einer genauen Druckprüfung in der Werkstatt ermitteln.

Fingerzeig: *Bremsschläuche vertragen kein Benzin, Petroleum, Dieselkraftstoff oder Fett; sie dürfen auch nicht lackiert werden. Nur Unterbodenschutzwachse sind für die Bremsschläuche ungefährlich.*

Die Scheibenbremsen

Parallel hinter dem Rad dreht sich eine Stahlscheibe, gegen die von beiden Seiten die Reibklötze mit dem Bremsbelag gepreßt werden. Die Techniker haben sich gern zu dieser Scheibenbremse entschlossen, da sie speziell an der Vorderachse der alther-

Dünner als 2 mm sollen die Beläge nicht abgefahren werden, dann paßt zwischen den Belagträger (1) und die kreuzförmige Spreizfeder (3) gerade noch ein Zehnpfennigstück (2). Dann ist es Zeit, sämtliche vier Beläge an der Vorderachse zu erneuern. Keinesfalls darf das Metall der Belagträgerplatte mit der Bremsscheibe in Berührung kommen. Denn durch die Hitzeentwicklung beim Bremsen fräst der Belagträger Rillen in die Scheibe, die dann entweder plangeschliffen oder in schlimmeren Fällen ersetzt werden muß.

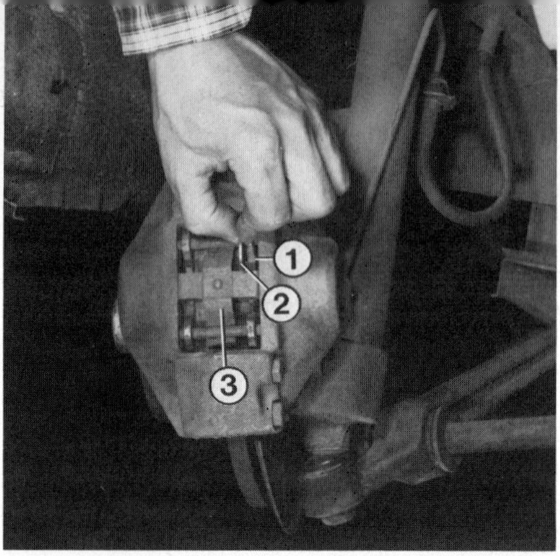

gebrachten Trommelbremse in einigen Punkten überlegen ist. Scheibenbremsen lassen sich besser kühlen, weil Scheiben und Beläge offen im Luftstrom des Fahrtwinds liegen. Deswegen sind sie standfester – bei mehrmaligen Vollbremsungen oder bei anhaltendem Bremsen bergab läßt die Bremswirkung nicht nach (kein »Fading«). Zudem ist die Bremswirkung einer Achse gleichmäßiger als bei Trommelbremsen. Der Belagabrieb wird gleich weggeblasen und außerdem stellen sich Scheibenbremsen selbst nach. Den verschleißenden Bremsbelag schieben die Bremskolben jeweils so weit nach, daß er nur Bruchteile von Millimetern von der Bremsscheibe entfernt ist. Die Minuspunkte der Scheibenbremsen sollen aber nicht vergessen werden: Die Beläge verschleißen wegen ihrer relativ kleinen Oberfläche schneller als Trommelbremsbeläge. Scheibenbremsen haben keine selbstverstärkende Wirkung, der Bremskraftverstärker ist also bittere Notwendigkeit (Sie merken das beim Abgeschlepptwerden). Durch die relativ offene Bauweise können zwischen Beläge und Scheibe Fremdkörper eindringen (Sand oder kleine Steinchen). Das kann zu lästiger Quietscherei führen. Abhilfe bringt manchmal, bei leicht getretener Bremse rückwärts zu fahren, wodurch der Quietschgeist ins Freie befördert wird. Sonst muß man die Beläge säubern oder auswechseln. Quietschgeräusche entstehen aber auch durch Schwingungen, die beim Bremsen durch die Reibung zwischen der rotierenden Bremsscheibe und den feststehenden Belägen ausgelöst werden. Abhilfemöglichkeiten beschreibt der Fingerzeig rechts.

Bei Dauerregen wird die offen liegende Bremsscheibe kräftig geduscht, weshalb die Bremswirkung einen Sekundenbruchteil verspätet einsetzt – die Feuchtigkeit zwi-

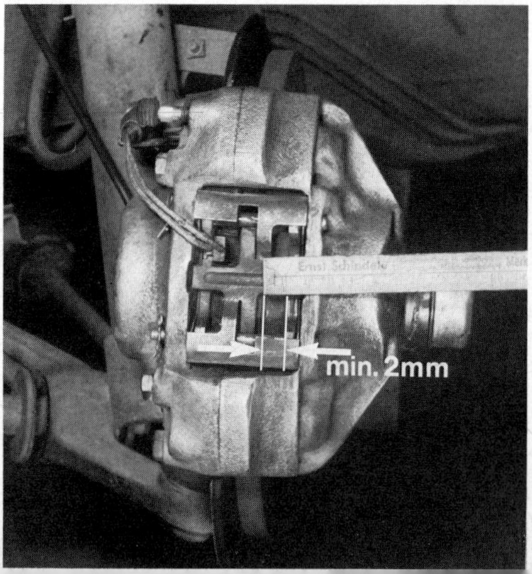

Die neuere Spreizfeder ist nicht mehr kreuzförmig geformt. Das hat den Vorteil, daß bei ihr die Belagstärke mit einem Blick kontrolliert werden kann, denn bei ihr ist das Belagmaterial besser sichtbar. Wer sich im Schätzen nicht ganz sicher ist, kann – wie hier im Bild – einen Meterstab zu Hilfe nehmen.

schen Bremsklötzen und -scheiben muß erst zum Verdampfen gebracht werden. In streusalzreichen Wintern tritt diese Erscheinung verstärkt auf, wenn die auf Bremsbelägen und -scheiben sitzende Salzschicht beim Bremsen erst abgeschliffen werden muß. Nach Fahrten im Regen oder in der winterlichen Streusalznässe sollten Sie vor dem Abstellen des BMW die Bremsen trockenfahren – z. B. während der letzten hundert Meter Wegstrecke das Bremspedal dauernd getreten halten. Dann können auch bei längerer Standzeit die Bremsbeläge nicht an den Scheiben festkorrodieren.

Fingerzeig: *Scheibenbremsen neigen bisweilen zu heftigen Quietschgeräuschen, wie schon angesprochen. Abhilfe bringt ein kleines Blech in Form der Belagträgerplatte. Dieses »ATE-Antiphon« ist beidseitig mit einem hochhitzebeständigen und druckfesten Material beschichtet. Es wird zwischen Belagträger und die Bremssattelkolben eingesteckt und dämpft die Schwingungen zwischen Bremsscheibe und Belag.*

Belagstärke der Scheibenbremsen prüfen

Wartungspunkt Nr. 5

Wer sich um die Wartung seines Wagens selbst kümmern will, sollte vor allem auf die Scheibenbremsbeläge ein wachsames Auge richten. Auch die seit 9/78 eingebaute Belagverschleiß-Kontrolleuchte enthebt Sie nicht ganz dieser Pflicht. Die Drähte können unter Umständen abbrechen, und die Anzeige wird wirkungslos.
Der Verschleiß der Bremsbeläge hängt stark von der Fahrweise ab. Wird extrem scharf gefahren, kann man davon ausgehen, daß 1 mm Belag runde 1000 km weit reicht. Im ungünstigsten Fall wäre also ein Satz neuer Beläge schon nach 10000 km fällig, doch wird im Durchschnitt mehr als die doppelte km-Leistung erreicht. Erfahrungsgemäß halten die hinteren Scheibenbremsbeläge beim 323i einiges länger als die vorderen.
Zur Kontrolle der Bremsbeläge müssen die betreffenden Räder abgenommen werden. An den Vorderrädern erleichtert das Einschlagen der Lenkung die Arbeit; die Beläge selbst brauchen nicht ausgebaut zu werden. Wie's gemacht wird, zeigen die Bilder links.

Zustand der Bremsscheiben kontrollieren

Wartungspunkt Nr. 6

Wenn die Räder zur Belagkontrolle abgenommen sind, prüft man gleich den Zustand der Bremsscheiben: Sie dürfen keine tiefen Rillen (durch Schmutz oder bis auf die Metallgrundplatte der Bremsklötze abgefahrene Beläge) aufweisen. Eine bläuliche Verfärbung ist dagegen unbedenklich. Eine riefige Bremsscheibe kann die Werkstatt nachschleifen, wenn sie nicht durch lange Laufzeit auf das zulässige Mindestmaß (320: 11,1 mm; 323i vorn: 20,4 mm; 323i hinten: 8,4 mm) abgemagert ist. Sonst müssen jeweils rechts und links neue Scheiben montiert werden.

Hier sehen Sie die Kabelzuleitung zur Bremsbelagverschleiß-Kontrollanzeige, wie sie seit 9/78 am linken Vorderrad und beim 323i zusätzlich am rechten Hinterrad eingebaut ist. In den Bremsbelägen sind Kontaktstifte (4) eingesetzt, die den Stromweg zur Kontrollleuchte freigeben, wenn der Belag auf das Mindestmaß abgenutzt ist. Besondere Beachtung und eine gelegentliche Kontrolle sollten Sie der Steckverbindung (1) und (2) schenken, die in die Halteklammer (3) eingesteckt ist. Die Kontakte sind stets dem Spritzwasser ausgesetzt und neigen deshalb zu Korrosion.

Auswechseln der Bremsbeläge bei der neueren Version: Sicherungsspange (1) abnehmen und die Kabel der Bremsbelag-Verschleißanzeige ausstecken, bevor die Haltestifte (4) aus dem Bremssattel (3) herausgetrieben werden können. Die Spreizfeder (2) kann jetzt abgenommen werden. Wie es weitergeht, beschreiben die beiden Bilder rechts.

Scheibenbremsbeläge erneuern

Der Austausch der Scheibenbremsbeläge in Eigenregie ist durchaus möglich. Voraussetzung ist verantwortungsbewußte Arbeit und daß die Bremsscheiben nicht auf ihre Mindeststärke (siehe vorigen Abschnitt) abgenutzt sind, sonst müssen sie von der Werkstatt ausgewechselt werden.

Grundsätzlich sind alle vier Beläge einer Achse zu ersetzen. BMW schreibt für die Vorderachse des 320 die Beläge »Energit 382 FF mit Nut« (Farbkennzeichnung blau-blau-weiß) vor. Der 323i hat an der Vorderachse die Beläge »Textar T 260 FF mit Nut« (Farbkennzeichnung gelb-grün-gelb) und an der Hinterachse die Beläge »Energit 388 HH ohne Nut« (Farbkennzeichnung gelb-grün-gelb).

Eigenversuche mit anderen Belägen sind nicht ratsam. Sie können den gewohnten Bremsweg erheblich verlängern, schneller verschleißen oder nervtötend quietschen.

Nun zum eigentlichen Wechsel: Wagen aufbocken, Rad abnehmen. Im Bremssattel befindet sich eine rechteckige Öffnung, die bei neueren 323i mit einem abnehmbaren Abdeckblech versehen ist. In dieser Öffnung sehen Sie rechts und links die Bremsbeläge und in der Mitte die je nach Baujahr unterschiedlich geformte Spreizfeder. Unter dieser Feder sehen Sie durch diesen Ausschnitt auch die Bremsscheibe. Damit die Beläge während der Fahrt nicht herausfallen, sind sie durch die Feder und zwei Haltestifte gesichert. Die Haltestifte werden mit Hammer und Durchschlag von außen nach innen herausgeschlagen, dann läßt sich die Spreizfeder abnehmen. Spreizfeder und Klemmhülsen werden beim Belagtausch ebenfalls gewechselt.

Zum Herausnehmen eines Bremsbelags mit einem Schraubenzieher abwechselnd durch die Ösen eines Belagträgers fahren und – die Schraubenzieherklinge auf den Bremssattel gestützt – den Belag heraushebeln. Bevor an der anderen Seite der alte

Zum Auswechseln der Scheibenbremsbeläge (1) im Bremssattel (4) werden mit Hammer und Durchschlag (oder entsprechend dickem Nagel) die Haltestifte (2) herausgetrieben. Dann läßt sich die kreuzförmige Spreizfeder (3) abnehmen.

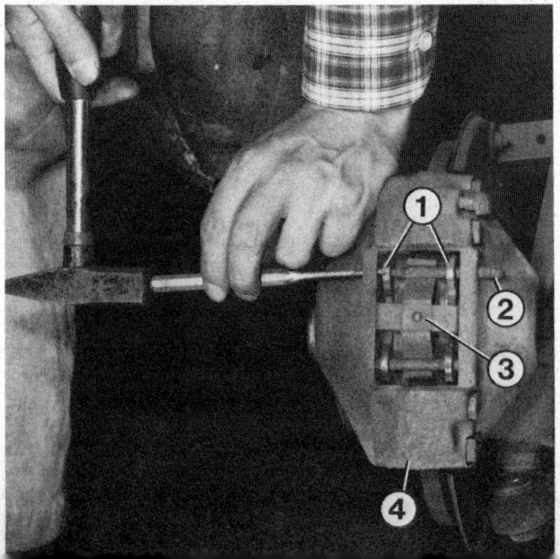

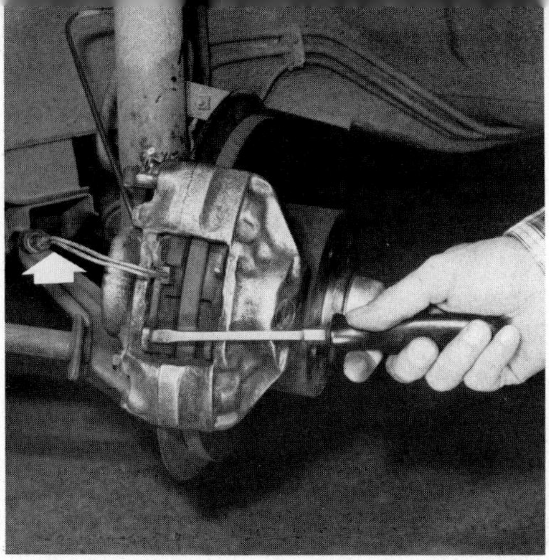

Wenn Sie den Bremsbelag aus dem Sattelschacht herausziehen wollen, fahren Sie am besten mit einem Schraubenzieher abwechselnd durch die Ösen des Belagträgers und hebeln den Belag heraus. Niemals beide Beläge gleichzeitig herausnehmen, beim Zurückdrücken des Bremskolbens einer Seite würde der Kolben auf der anderen Bremssattelseite zu weit herauswandern, so daß die Kolbenmanschette beschädigt werden kann.
Nicht vergessen: die Kabel der Bremsbelag-Verschleißanzeige ausstecken (Pfeil).

Belag herausgenommen wird, setzt man erst auf der einen Seite den neuen Bremsbelag ein. Dazu muß der betreffende Kolben des Bremssattels zurückgedrückt werden, denn er ist mit dem dünner gewordenen Belag herausgewandert. Das macht die Werkstatt mit einer Kolbenrücksetzzange. Weil man die als Heimwerker sicher nicht hat, behilft man sich folgendermaßen: Alten, abgefahrenen Belag nochmals einsetzen und mit einem zwischen Bremsscheibe und Belagrest angesetzten Schraubenzieher den Kolben zurückdrücken (Schraubenzieher an der Bremsscheibe abgestützt). So läßt sich ein gleichmäßiger Druck auf den Kolben ausüben, und er wird nicht verkantet.
Beim Zurückdrücken des Kolbens wird zugleich die Bremsflüssigkeit durch die Leitungen in den Vorratsbehälter im Motorraum zurückgepreßt – beobachten Sie zwischendurch, ob die Flüssigkeit nicht überzulaufen droht. Dann müßte sie abgesaugt werden (z.B. mit einer absolut sauberen Injektionsspritze vom Hausarzt). Als nächstes wird der Führungsschacht im Bremssattel von Belagabrieb gesäubert – mit einem Lappen und Spiritus (keinesfalls Benzin), eventuell auch mit einer Flaschenbürste. Kontrollieren Sie jetzt, ob der Kolben im Bremssattel noch richtig steht: Beim Girling-Bremssattel muß der Kolben so gedreht sein, daß das kleine Schutzblech genau in die Ausfräsung am Kolben paßt. Beim ATE-Bremssattel muß die Ausfräsung am Kolben etwa im Winkel von 20° nach hinten oben zeigen. Die Werkstatt prüft das mit einer Kolbenlehre. Jetzt erst kann der neue Belag eingesetzt werden. Anschließend wird der gegenüberliegende Belag im Bremssattel nach obiger Beschreibung gewechselt. Haltestifte und Spreizfeder jetzt wieder einsetzen.
Nachdem die Bremsbeläge rechts und links am Fahrzeug gewechselt wurden, muß

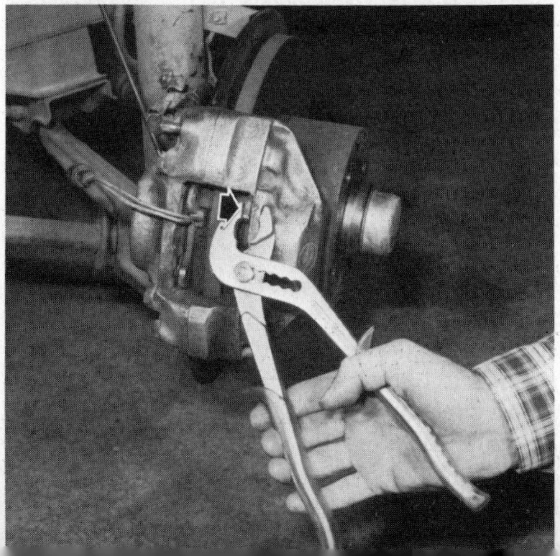

Mit dünner werdenden Bremsbelägen schieben sich die Kolben im Bremssattel weiter heraus. Zum Wechsel der Beläge müssen diese also wieder zurückgedrückt werden. Am besten geschieht das – wie im Text oben beschrieben, mit einem Schraubenzieher oder, wie hier gezeigt – mit einer Wasserpumpenzange, mit welcher der noch eingesetzte alte Belag zurückgedrückt wird. Auf diese Weise rutscht dann auch der Bremskolben wieder nach hinten. Achten Sie darauf, daß beim Drücken der gegenüberliegende Bremsbelag immer eingesetzt ist. Sonst könnte es passieren, daß dort der Bremskolben aus dem Sattel geschoben wird.

Die Hinterrad-Scheibenbremsen des BMW 323i sind als sogenannte Schwimmsattelbremsen ausgeführt. Diese Bremsenkonstruktion hat – im Gegensatz zu den vorderen Festsattelbremsen – nur einen Bremszylinder. Da der Bremsen-Rahmen »schwimmend« gelagert ist, kommt trotzdem Bremsdruck auf beide Bremsbeläge. Es bedeuten: 1 – Entlüftungsventil mit Staubkappe; 2 – Schwimmsattel; 3 – Kabel der Bremsbelag-Verschleißanzeige; 4 – Sicherungsspange; 5 – Bremsbeläge; 6 – Spreizfeder.

vor dem ersten Meter Fahrt unbedingt mehrmals das Bremspedal durchgetreten werden, wodurch die Beläge an die Bremsscheibe gedrückt werden. Beim ersten Tritt fällt das Pedal bis zum Bodenblech durch, erst nach etwa dreimaligem Treten ist Bremswirkung vorhanden.
Mit neuen Bremsbelägen sollten Sie auf den ersten 500 km nur behutsam bremsen. Gewaltbremsungen gleich zu Anfang führen zu Brandstellen im Belag, er erreicht nicht die günstigste Bremsverzögerung und verhärtet (»verglast«, wie der Fachmann sagt).

Bremsbeläge in den hinteren Faustsattelbremsen des BMW 323i wechseln

Hinterrad abnehmen, Sicherungsspangen an den Haltestiften herausziehen und Haltestifte herausklopfen. Spreizfeder abziehen und Beläge heraushebeln. Führungsflächen oben und unten am Bremssattel und Bremsbelagführungen sorgfältig reinigen. Faustsattel und Bremsklötze müssen sich leicht bewegen lassen. Auf der zur Wagenmitte hin gerichteten Seite der Bremssättel muß die Führungsfeder ganz eingeschoben sein. Äußeren Bremsklotz jetzt einsetzen. Mit Hartholzkeil oder ähnlichem Werkzeug den Kolben im Faustsattel jetzt zurückdrücken und den zweiten Bremsklotz einbauen. Spreizfeder einsetzen und Haltestifte bis zum Anschlag eintreiben. Wo vorhanden, Sicherungsspangen sorgfältig aufsetzen.

Bremstrommeln abnehmen und reinigen

Wartungspunkt Nr. 34

Trommelbremsen an der Hinterachse hat nur der BMW 320, dementsprechend entfällt dieser Wartungspunkt beim 323i.
Am aufgebockten BMW (gegen Wegrollen sichern) werden die Hinterräder abgenommen. Die Bremstrommel wird durch eine Inbusschraube SW 5 gesichert. Die Handbremse darf zum Abnehmen der Bremstrommel nicht angezogen sein. Läßt sich die Trommel auch durch leichte Schläge mit einem Hammerstiel nicht abziehen, ist sie möglicherweise so stark eingelaufen, daß erst die Nachstellschrauben zurückgedreht und die Handbremsseile gelöst werden müssen.
Die abgenommene Trommel wird von Belagabrieb gesäubert (mit Preßluft, einem Staubpinsel oder einem spiritusgetränkten Lappen). Wenn Sie Riefen in der Trommel sehen (durch die Nieten zu weit abgefahrener Beläge) müssen die Bremstrommeln entweder ausgedreht oder ersetzt werden, und zwar rechts und links. Stark eingelaufene Trommeln müssen grundsätzlich erneuert werden. Der höchstzulässige Innendurchmesser beträgt 251 mm.
Als nächstes werden die Bremsbeläge geprüft. Über den Nietenköpfen sollte mindestens 1 mm Reststärke vorhanden sein. Neue Beläge sind 5 mm hoch. Bis auf 3 mm Gesamtstärke dürfen sie abgefahren werden. Die hinteren Trommelbremsbeläge halten etwa doppelt so lange wie die vorderen Scheibenbremsklötze.
Sind die Beläge verölt oder fettig, müssen sie ausgetauscht werden. Reinigen ist nicht

Hier sitzen beim BMW 320 die Nachstellschrauben für die hinteren Trommelbremsen (die zweite ist vom Schräglenker verdeckt). Eingestellt wird folgendermaßen: Nachstellschraube zudrehen, bis sich das Rad nicht mehr bewegen läßt. Anschließend wieder so weit öffnen, bis sich das Rad gerade frei dreht. An der zweiten Einstellschraube den gleichen Vorgang wiederholen.

möglich. Verwechseln Sie aber verschmierte Beläge nicht mit trockenen, glänzenden Belägen, letzteres bedeutet, daß die Beläge richtig eingefahren sind und »gut tragen«. Aufgrund der hinteren Trommelbremsen des BMW 320 muß bei ihm von Zeit zu Zeit für das Nachstellen der Hinterradbremsen gesorgt werden.

Trommelbremsen einstellen

Wartungspunkt Nr. 35

Ein deutliches Zeichen für das notwendige Nachstellen der Hinterradbremsen ist es, wenn der Pedalweg bei mehrmaligem Treten kürzer wird. Gibt das Pedal beim mehrmaligen »Pumpen« federnd nach, dürfte jedoch Luft in die Bremsanlage gelangt sein. Dann muß entlüftet werden, wie auf Seite 137 beschrieben. Beim routinemäßigen Abnehmen der Bremstrommeln beim Wartungsdienst wird die Fußbremse nachgestellt, nachdem Bremstrommeln und Räder wieder aufgesetzt sind. An der Innenseite der Hinterräder sitzen vorn und hinten am sogenannten Bremsankerblech Nachstellschrauben mit Sechskantköpfen SW 17. Dreht man die Schrauben, schiebt ein Exzenter die Bremsbacken näher an die Trommel heran (siehe Bild oben).

Hinterrad-Bremsbeläge beim BMW 320 ersetzen

Fortgeschrittener Belagverschleiß setzt dem Bremsennachstellen ein Ende. Die Bremsbeläge sind, wie schon angedeutet, auf die Bremsbacken aufgenietet. Beim Austausch werden die alten Beläge mit den Nieten mit einem Flachmeißel abgeschlagen und neue Beläge »Energit 336« aufgenietet. Der neue Belag muß auf der Bremsbacke einwandfrei aufliegen und darf seitlich nicht überstehen. Die Nieten werden erst in der Mitte der Bremsbacke eingesetzt, dann ganz außen und schließlich dazwischen. Nach Abnahme der Bremstrommeln die Verstellexzenter nach oben drehen und damit die Bremsbacken lösen. Niederhaltefedern zurückdrücken, drehen und abziehen,

So sieht die Hinterradbremse des BMW 320 bei abgenommener Bremstrommel aus. Die Positionen im einzelnen: 1 – Radnabe; 2 – Bremsbelag; 3 – Bremsbacken; 4 – Radbremszylinder; 5 – obere Rückzugfeder; 6 – Druckstange der Handbremsbetätigung; 7 – Nachstell-Exzenter; 8 – Niederhalteklammern; 9 – Betätigungshebel der Handbremse; 10 – untere Rückzugfeder.

Bremsbacken und Rückzugfeder unten aushängen. Bremsbacken oben aus den Radzylindern ziehen, Handbremsseil aushängen. Beläge ersetzen. Beim Wiedereinbau in sinngemäß umgekehrter Reihenfolge wird das lange Federende der Rückzugfeder zwischen Handbremshebel und Bremsbacke eingehängt. Anschließend Fußbremse und Handbremse einstellen.

Die Handbremse

Wenn Sie den Handbremshebel ziehen, werden die Bremsseile zu den Hinterrädern gespannt. Beim BMW 320 (mit hinteren Trommelbremsen) wird in der Trommel der Bremshebel der – in Fahrtrichtung vorn liegenden – Primärbacke angezogen, und über eine Verbindungsstange werden dann beide Bremsbacken an die Bremstrommel gedrückt; das Hinterrad ist blockiert.
Beim 323i wurde das Handbremssystem völlig von der Fußbremse getrennt. Innerhalb der hinteren Bremsscheiben ist eine kleine Bremstrommel angebracht, auf deren Beläge die Handbremse wirkt. Sie verschleißen eigentlich nicht, da die Beläge normalerweise nur bei bereits stehendem Wagen gegen die Trommeln drücken. Es fehlt also an der sonst üblichen Reibung zwischen Belägen und Trommeln. Dadurch kann sich der Reibwert der Handbremsbeläge verändern und die Feststellbremse an Wirkung verlieren. Abhilfe: Den Wagen bei leicht angezogener Handbremse etwa 400 Meter weit fahren. »Eingebremst« werden muß auch, wenn neue Handbremsbeläge eingebaut wurden und wenn die Handbremse eingestellt werden soll.
Zum Einstellen der Beläge wird das betreffende Hinterrad abgenommen und die Bremsscheibe so lange gedreht, bis durch das Schauloch in Höhe des Radbefestigungskranzes das innenliegende Einstellrädchen erspäht werden kann. Bei Wagen ohne Schauloch durch eine Radbefestigungsbohrung schauen. Notfalls können Sie mit einer Taschenlampe in das Loch leuchten. Dieses Zahnrädchen drehen Sie mit einem Schraubenzieher so weit, bis die Beläge an der Trommel anliegen und die Bremsscheibe sich nicht mehr drehen läßt. Anschließend wird das Rädchen um 4 bis 6 Zähne zurückgedreht. Die Bremsscheibe muß sich frei drehen. Rad wieder montieren.

Handbremse prüfen

Wartungspunkt Nr. 17

Wird die Handbremse nahezu bei jedem Parken angezogen, längen sich die Handbremsseile im Laufe der Zeit. Wer andererseits die Handbremse nur selten benutzt, kann eines Tages mit Überraschung erleben, daß sie einseitig zieht – ein häufig auftretender Mangel beim TÜV. Dagegen hilft, wenn man die Handbremse gelegentlich während der Fahrt benutzt, z. B. beim Ausrollen vor einer Ampel, aber nicht im dichten Verkehr, da beim Anziehen der Handbremse ja die Bremslichter nicht aufleuchten. Wenn der Handbremshebel um mehr als 6 Rasten angezogen werden muß, um den BMW auf abschüssiger Straße zu halten, ist es Zeit fürs Nachstellen. Auch bei einseitiger Wirkung muß die Handbremse nachgestellt werden, wenn es nicht z. B. an ölver-

So werden die Handbremsbeläge beim BMW 323i nachgestellt. Mit dem durch das Einstelloch gesteckten Schraubenzieher wird das Einstellrädchen im Innern der kleinen Bremstrommel gedreht. Bei neueren Modellen ohne Einstelloch muß der Schraubenzieher in die Radschraubenbohrung gesteckt werden. Der genaue Arbeitshergang ist oben im Abschnitt »Die Handbremse« beschrieben.

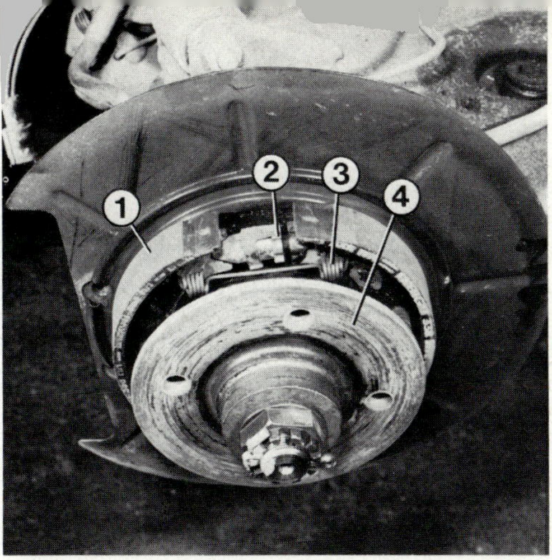

Hier ist die hintere Bremsscheibe des BMW 323i abgenommen, unter der sich noch eine kleine Trommelbremse verbirgt. Auf diese wirken die Seile der Handbremse. Es bedeuten: 1 – Bremsbacken mit Belag; 2 – Einstellrädchen; 3 – Rückzugfeder; 4 – Radnabe.

schmierten Bremsbelägen liegt. Grundsätzlich muß vor der Handbremseinstellung beim BMW 320 die Fußbremse eingestellt (siehe Seite 135) und beim 323i die Handbremse »eingebremst« werden (Text auf der linken Seite). Den weiteren Einstellvorgang finden Sie im Bildtext links beschrieben.

Stärke der Handbremsbeläge prüfen

Wartungspunkt Nr. 64

Alle 60 000 km soll beim BMW 323i geprüft werden, ob die Beläge in den kleinen Handbrems-Trommeln noch nicht auf ihr Mindestmaß von 1,5 mm an der dünnsten Stelle abgenutzt sind.
Dazu werden die Hinterräder abgebaut, die hinteren Bremssättel nach Lösen der je zwei Befestigungsschrauben abgenommen und die Inbusschrauben 4 mm an der Bremsscheibe herausgedreht. Die Bremsleitungen brauchen nicht abgeschraubt zu werden. Die Bremsscheibe kann nun von der Achsnabe gezogen werden. Hat die Prüfung ergeben, daß die Handbremsbeläge erneuert werden müssen, ist der Arbeitsgang folgender: Untere Rückzugfeder mit einer Zange aushängen, Haltefeder in der Mitte der Bremsbacken 1/4 Umdrehung drehen und aushängen, beide Bremsbacken unten auseinanderziehen, abnehmen und durch neue ersetzen.
Anzugsmoment für die Bremssattelhalteschrauben: 60–67 Nm.

Bremsanlage entlüften

Wenn sich das Bremspedal federnd durchtreten läßt und sich der gewohnte Pedalweg erst nach mehrmaligem »Pumpen« einstellt, ist Luft in die Bremsanlage eingedrungen. Es liegt also eine Undichtigkeit vor, siehe Seite 129.
Beim Entlüften benützt die Werkstatt ein Entlüftungsgerät. Doch behelfsmäßig geht es, wie auf der folgenden Seite beschrieben.

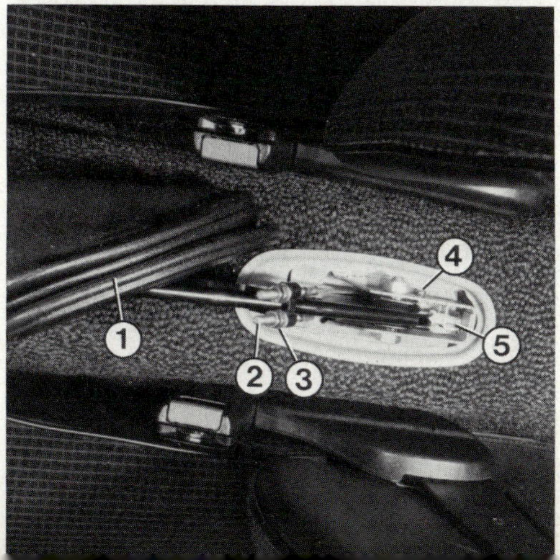

Nach Hochstreifen der Manschette (1) des Handbremshebels werden das rechte und linke Handbremsseil (2) sichtbar. Beide Hinterräder hochbocken. Kontermuttern SW 10 (3) rechts und links lösen. Handbremshebel 5 Rasten anziehen. Einstellmutter so weit im Uhrzeigersinn festziehen (Seilzug wird verkürzt), bis sich das betreffende Hinterrad nicht mehr von Hand durchdrehen läßt. Damit sich das Handbremsseil beim Einstellen nicht in sich verdreht, muß es eventuell mit einer Kombizange am oberen Ende festgehalten werden. Bei gelöster Handbremse müssen sich die Hinterräder völlig frei drehen lassen. Ob beide Seiten gleichmäßig eingestellt sind, läßt sich beim Durchdrehen von Hand in der 2. oder 3. Handbremsraste feststellen. Weiter sehen Sie im Bild den Kontaktschalter (5), der beim Anziehen des Handbremshebels die Warnleuchte vorn im Armaturenbrett aufleuchten läßt. Sollte der Schalter den Kontakt zu früh oder zu spät schließen, kann man seine Halteschraube (4) lockern und den Schalter verschieben. In der ersten Raste des Bremshebels soll die Warnlampe aufleuchten.

Staubkappe vom Entlüftungsventil abnehmen (Arbeitsreihenfolge hinten rechts, hinten links, vorn rechts und zuletzt vorn links). Ventil sauberreiben, durchsichtigen Schlauch auf den Ventilnippel schieben, Schraubenschlüssel SW 7 am Ventil ansetzen. Das freie Schlauchende in ein teilweise mit Bremsflüssigkeit gefülltes Glasgefäß stecken. Ventil $^1/_2$ bis $1\,^1/_2$ Umdrehungen öffnen. Ein Helfer muß jetzt mehrere Male das Bremspedal langsam niedertreten und ebenfalls langsam wieder zurückkommen lassen. Er pumpt so Bremsflüssigkeit und die Luft aus den Leitungen; Sie erkennen das im durchsichtigen Schlauch. Kommen keine Luftblasen mehr, muß der Helfer das Bremspedal in der tiefsten Stellung festhalten, während Sie das Ventil schließen (nicht anknallen!). Genauso geht man an den übrigen Radbremsen vor.

Fingerzeig: *Beim Entlüften muß immer wieder kontrolliert werden, ob die Flüssigkeit im Vorratsbehälter nicht zu weit abgesunken ist, sonst wird erneut Luft ins Bremssystem gepumpt. Zum Nachfüllen nur neue Bremsflüssigkeit nehmen!*

Bremsflüssigkeit wechseln

Wartungspunkt Nr. 65

Der Wechsel der Bremsflüssigkeit erfolgt gleich wie das Entlüften. Wer's nicht in der Werkstatt machen lassen will, pumpt so lange, bis neue Bremsflüssigkeit (erkennbar an der Färbung) an den Entlüftungsventilen austritt. Probleme gibt es beim Abgeben der alten Bremsflüssigkeit. Sie darf nicht zum Altöl gekippt werden, sondern gehört zum Sondermüll. Annahmestellen bei Stadt- oder Kreisverwaltung erfragen.

Der Bremskraftverstärker

Mit einem zulässigen Gesamtgewicht von rund 1,5 to wäre der BMW normalerweise nur mit extrem hoher Fußkraft abzubremsen; vor allem betrifft das den 323i mit vier Scheibenbremsen. Da jedoch nicht jeder Fahrer über athletische Fußballerbeine verfügt, unterstützt ein Bremskraftverstärker den Druck des Fahrerfußes. Diese Hilfseinrichtung sitzt links im Motorraum hinter dem Hauptbremszylinder. Das Bremspedal ist jedoch weiterhin starr mit den Bremskolben im Hauptzylinder verbunden, so daß man auch bei ausgefallenem Hilfsgerät noch bremsen kann. Der notwendige Pedaldruck muß allerdings vervielfacht werden!
Die Hilfskraft stammt vom Unterdruck aus dem Ansaugrohr; der Bremskraftverstärker ist über einen Schlauch mit dem Saugrohr verbunden. Beim Bremsen verschiebt der Druckunterschied zwischen dem äußeren Luftdruck und dem Unterdruck im Ansaugrohr eine große elastische Membrane und drückt zusätzlich auf die Kolben im Hauptbremszylinder. Wenn der Motor nicht läuft, liefert der Servo keine (zusätzliche) Bremskraft, deswegen muß man wesentlich stärker aufs Pedal treten.

Funktionsprüfung

Bei abgestelltem Motor wird das Bremspedal zehnmal durchgetreten und in seiner tiefsten Stellung gehalten. Wenn Sie nun den Motor anlassen, muß bei einwandfrei funktionierendem Verstärker das Bremspedal noch ein Stück nachgeben. Senkt sich das Pedal nicht, kann der Unterdruckschlauch vom Ansaugkrümmer zum Bremskraftverstärker, das Rückschlagventil am Ansaugkrümmer oder der Gummiring zwischen Hauptbremszylinder und dem Servogerät defekt sein. Zur Prüfung des Ventils am Bremsservo den Unterdruckschlauch abnehmen. Ansaugen darf nicht, Durchblasen muß möglich sein. Beim Einbau eines neuen Ventils muß der Pfeil auf dem Ventilgehäuse oder die schwarze Seite zum Ansaugkrümmer zeigen. Einen schadhaften Schlauch können Sie ohne Schwierigkeiten selbst ersetzen. Andere Schäden, wie schadhafte Membrane im Servogerät oder defekter Ring zwischen Hauptbremszylinder und Verstärker, müssen von der Werkstatt behoben werden.

Der Bremskraftregler

Von unterhalb des Wagens sehen Sie den Bremskraftregler am besten. Er sitzt auf der zum Motor hin gerichteten Rückseite des linken vorderen Radkastens. Seine Aufgabe ist es, den Druck in der Leitung zu den hinteren Bremsen zu drosseln.

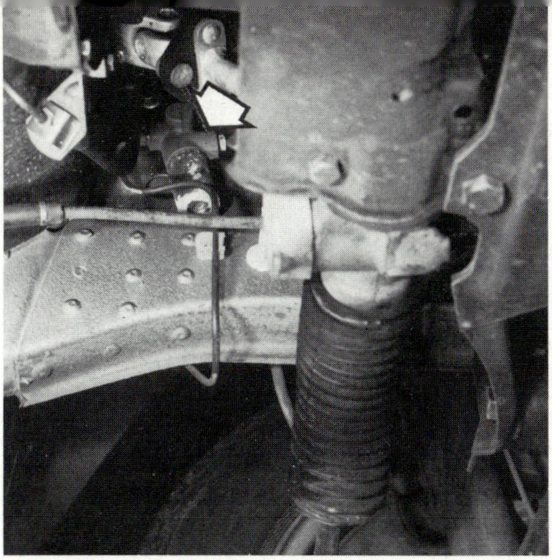

Der Bremskraftregler sorgt dafür, daß bei hinten unbesetztem Wagen die Hinterräder bei einer Bremsung nicht blockieren. Das ist eine wichtige Aufgabe, denn stehen die Räder hinten zuerst, verliert der Wagen während der Bremsung seinen stabilen Geradeauslauf, und das kann böse enden. Wenn Sie also bei Bremsproben feststellen, daß die Hinterräder zuerst blockieren, muß die Werkstatt eine Druckprüfung vornehmen. Seinen Platz hat der Bremskraftregler unten an der zum Motor hin gerichteten Seite des linken vorderen Radkastens.

Störungsbeistand
Bremsen

Die Störung	– ihre Ursache	– ihre Abhilfe
A Bremsen ziehen einseitig	1 Reifendruck ungleichmäßig	Korrigieren bei kalten Reifen
	2 Reifenprofil ungleichmäßig abgefahren	Reifen so untereinander auswechseln, daß auf jede Achse gleichmäßig abgenutzte Reifen kommen
	3 Beläge verschmiert oder ungleichmäßig abgenutzt	Beläge erneuern
	4 Schächte im Bremssattel verschmutzt	Reinigen
	5 Kolben im Bremssattel oder Radbremszylinder (nur 320) festgerostet	In Werkstatt gängig machen oder erneuern lassen
	6 Bremsbacken liegen in der Trommel nicht richtig an (nur 320)	Kontrollieren, evtl. neue Bremsbacken montieren
	7 Unrunde Bremstrommeln (nur 320)	Ausdrehen oder erneuern lassen
	8 Bremsscheiben aus unterschiedlicher Fabrikation	Beide Bremsscheiben austauschen lassen gegen solche gleicher Herkunft
B Bremsen quietschen oder rattern	1 Staub und Schmutz an den Scheibenbremsen (oder in den Bremstrommeln beim 320)	Beläge ausbauen, Staub und Schmutz mit Preßluft abblasen
	2 Resonanzgeräusche zwischen Bremsscheibe und Belägen	ATE-Antiphon-Geräuschdämpfplatten einbauen
	3 Falsche Beläge	Original-Beläge einbauen
	4 Spreizfeder erlahmt	Erneuern
	5 Bremssattel- und -scheibenbefestigung fluchten nicht	Richten lassen
	6 Bremsscheibe hat Schlag	Erneuern lassen
	7 Siehe A 7	
	8 Neue Beläge liegen nicht plan an	Außenkanten der Beläge mit einer Feile brechen
	9 Lose Belagnieten (nur 320)	Erneuern
C Bremsen rattern und blockieren	1 Siehe B 8	
	2 Überstehende Belagnieten (nur 320)	Erneuern
	3 Siehe A 7	
	4 Rückzugfeder der Bremsbacken zu schwach (nur 320)	Erneuern

Die Störung		– ihre Ursache	– ihre Abhilfe
D	Bremsen werden sehr heiß	1 Ausgleichsbohrung im Hauptbremszylinder verstopft	Säubern lassen
		2 Kein Spiel zwischen Bremspedal (Druckstange) und Hauptbremszylinderkolben	Einstellen lassen
		3 Gummiteile gequollen durch Verwendung falscher Bremsflüssigkeit	Bremsflüssigkeit wechseln und schadhafte Teile erneuern lassen
		4 Belüftungslöcher im Deckel des Vorratsbehälters verstopft	Reinigen
		5 Verrostete Bremssättel	Überholen lassen bzw. austauschen
		6 Spreizfeder gebrochen	Erneuern
		7 Handbremse löst nicht vollständig, evtl. Bremsseile beim Nachstellen verdreht	Schadhafte Teile erneuern lassen
E	Pedalweg zu groß	1 Trommelbremsbeläge abgenutzt (nur 320)	Nachstellen oder erneuern
		2 Radlagerspiel zu groß	Einstellen
		3 Siehe B 5	
		4 Siehe A 7	
F	Pedalweg zu groß, Pedal läßt sich weich und federnd durchtreten	1 Luft im Bremssystem, evtl. Flüssigkeit im Vorratsbehälter zu tief abgesunken. Falls weiterhin nach dem Entlüften:	Bremsen entlüften, evtl. Bremsflüssigkeit auffüllen
		a) Leck im Bremssystem	Kontrollieren, schadhafte Teile erneuern lassen
		b) Manschette im Hauptbremszylinder undicht	Erneuern lassen
		2 Überhitzte Bremsflüssigkeit – Dampfblasenbildung durch zu hohen Wassergehalt der Bremsflüssigkeit oder Überbeanspruchung der Bremsen	Bremsflüssigkeit wechseln lassen
		3 Automatische Belagnachstellung in den Bremssätteln nicht in Ordnung	Bremssättel überholen lassen
G	Schlechte Bremswirkung bei hohem Pedaldruck	1 Pedalweg normal: Beläge verölt oder verbrannt	Erneuern
		2 Pedalweg kurz: Bremskraftverstärker arbeitet nicht	Unterdruckschlauch kontrollieren, ggf. auswechseln; sonst Überprüfung in der Werkstatt
		3 Pedalweg lang: Ein Bremskreis ausgefallen durch Undichtigkeit oder Beschädigung	Kontrollieren, schadhafte Teile auswechseln lassen
H	Ungleichmäßiger Belagverschleiß	1 Siehe B 3	
		2 Siehe A 4	
		3 Siehe A 5	
		4 Gummiring für Kolbennachstellung gequollen	Bremssättel überholen lassen bzw. austauschen

Schuhwerk

In Zeiten, da jedermann ein paar kluge Worte zum Energieeinsparen weiß, ist mancher geneigt, auch längst bekannte Tatsachen aus der Mottenkiste hervorzuholen und sie als Neuigkeit zu verkaufen. Dazu gehört auch die »neue« Erkenntnis, daß schwächer aufgepumpte Reifen durch ihren größeren Rollwiderstand mehr Energie schlukken als Reifen mit höherem Luftdruck.
Doch die Sache mit dem zu geringen Luftdruck hat auch noch andere Nachteile: Zwar fährt es sich auf so einem »weichen« Reifen komfortabler, doch das ist eine gefährliche Annehmlichkeit. Der Reifen walkt nämlich dann wesentlich stärker und dabei erhitzt er sich ganz gehörig. Das kann dazu führen, daß sich die Lauffläche des Reifens vom strapazierten Unterbau ablöst; bei hohen Geschwindigkeiten ist das keineswegs angenehm. Aber auch in harmloseren Fällen ist der Sicherheitsverlust erheblich: Schlechte Straßenlage, Seitenwindempfindlichkeit, verringerte Tragfähigkeit und hoher Verschleiß an den Reifenflanken stellen sich ein.
Aus dieser Aufzählung sehen wir eines: Der verhältnismäßig kleine Aufwand des Luftdruckkontrollierens schafft eine ganze Menge gefährlicher Fehlerquellen aus dem Weg. Warum also nicht diese kleine Mühe auf sich nehmen? Wie es gemacht wird, steht auf Seite 144.

Welche Reifen sind montiert

Unsere Sechszylinder-Modelle rollen in Serienausstattung auf der Reifengröße **185/70 R 13 84 H** nach neuer Bezeichnung bzw. **185/70 HR 13** nach alter Bezeichnung. Nur diese Reifengrößen sind in den Fahrzeugpapieren vermerkt; andere als die dort aufgeführten dürfen nur mit Zustimmung des TÜV und entsprechender Änderung der Papiere montiert werden.

Die Reifengröße

Nach international gültigen Regeln wird die Reifengröße in Millimetern oder, wie in unserem Fall, gemischt in Millimetern und Zoll angegeben. Die erste Zahl in der Größenangabe nennt sich die Reifenbreite; entsprechend ist beispielsweise der Reifen 185 HR 13 in unbelastetem Zustand 185 mm breit.
Bei den sogenannten 70er-Reifen – genaue Bezeichnung 185/70 HR 13 – besagt die

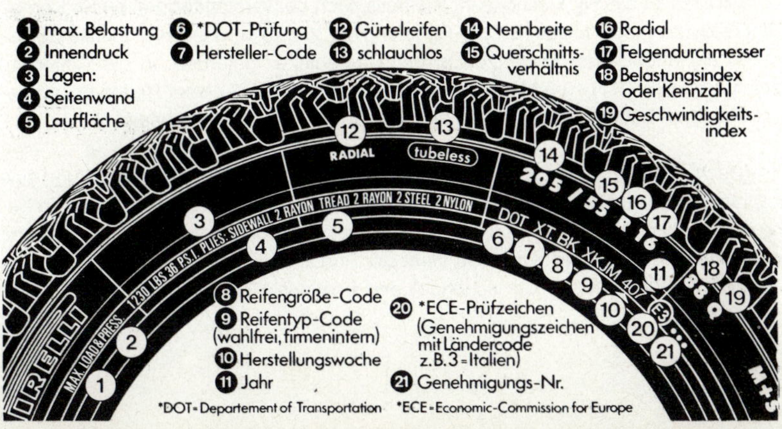

Was so alles an Zahlen und Buchstaben auf eine Reifenflanke paßt, ist hier in diesem Bild zusammengefaßt. Die genaue Erklärung der Reifenbeschriftung finden Sie aber außerdem noch im Text auf diesen Seiten.

Zahl 70, daß das Verhältnis von Reifenhöhe zu Reifenbreite 70:100 beträgt. Im Gegensatz dazu haben normale Gürtelreifen – wie sie aber auf unserem BMW nur als Winterreifen zugelassen sind – ein Höhen/Breiten-Verhältnis von 80:100. Die 70er-Reifen haben denen gegenüber eine größere »Aufstandsfläche«, sie stehen mit mehr Gummi auf der Straße, was die Straßenlage etwas verbessert. Entsprechend niedriger ist also das Höhen/Breiten-Verhältnis bei 60er- und 50er-Reifen.
Die letzte Zahl in der Größenangabe nennt den Innendurchmesser des Reifens und zugleich den Durchmesser der dazu passenden Felge. Demnach hat der Reifen 185/70 HR 13 einen Innendurchmesser von 13 Zoll oder 330,2 mm, und die dazugehörige Felge hat an der Auflage für den Reifenwulst ebenfalls 330,2 mm Durchmesser.

Die Reifenbauart

Die früher üblichen Diagonalreifen tragen zwischen den beiden Größenangaben einen Bindestrich (etwa 7.35/185 – 13), aber für unseren BMW ist das ohne Bedeutung, da Diagonalreifen für ihn nicht zugelassen sind. Die Gürtel- oder Radialreifen erkennen Sie am »R« (= Radial) zwischen den Größenbezeichnungen. Diese Reifenart besitzt einen Unterbau (die sogenannte Karkasse) aus Textilfäden, die quer zur Fahrtrichtung von Reifenwulst zu Reifenwulst verlaufen. Dadurch erhält man eine hohe Flexibilität der Reifenflanken, was für die Eigenfederung des Reifens von Bedeutung ist. Die Lauffläche muß dagegen steif und formbeständig sein. Um den Reifen wird daher ein starker Gürtel aus schräg verlaufenden Gewebefäden gelegt. Die Gewebefäden bestehen entweder aus Textil- oder Stahlcord, man unterscheidet daher Textil- und Stahlgürtelreifen. Stahlgürtelreifen sind bekannt für hohe Laufleistungen; die durch den Stahlcordgürtel versteifte Lauffläche walkt und arbeitet nur wenig, wodurch sich der Reifen nur wenig erwärmt, und die Abnutzung bleibt gering.

Die zulässige Geschwindigkeit

In den bislang gebräuchlichen Reifenbezeichnungen 175 SR 13, 185/70 HR 13 oder etwa 195/50 VR 13 kennzeichnen die Buchstaben S, H und V die zulässige Höchstgeschwindigkeit für den entsprechenden Reifen. Mit der Regelung Nr. 30 der E.C.E. (Economic Commission for Europe) wurde die Reifenbeschriftung geändert. Der Geschwindigkeitsbereich steht jetzt nach der neu eingeführten Kennzahl für die Reifentragkraft (siehe nächsten Absatz), z.B. 185/70 R 13 84 H. Außerdem wurden zusätzliche Kennbuchstaben festgelegt für weitere Geschwindigkeitsbereiche. Neben den bekannten Kennbuchstaben S – bis 180 km/h, H – bis 210 km/h und V – über 210 km/h kommen neu hinzu Q – bis 160 km/h (vorwiegend M + S-Reifen), R – bis 170 km/h, T – bis 190 km/h und U – bis 200 km/h.

Die Reifen-Tragfähigkeit

Die Tragfähigkeit eines Reifens hängt von den Reifenabmessungen und vom Luftdruck ab. Je nach Fahrzeuggewicht ist eine bestimmte Reifentragfähigkeit erforderlich. Diese war früher durch die sogenannte Ply-Rating-Zahl angegeben (z. B. 7.35/185 – 14 4 PR für Personenwagen und 6 PR oder 8 PR für Kombiwagen). Bei Gürtelreifen ist die Ply-Rating-Zahl allenfalls noch bei verstärkten Reifen für Kombifahrzeuge zu finden. Mit der E.C.E.-Regelung Nr. 30 wird grundsätzlich für alle Gürtelreifen die Angabe der höchstzulässigen Tragfähigkeit gefordert. In der Reifenbezeichnung 185/70 R 13 84 H besagt die Kennziffer 84, daß dieser Reifen bei vorgeschriebenem Luftdruck eine maximale Tragfähigkeit von 500 kg besitzt.

Die Reifen-Prüfnummer

Im Anschluß an die neue E.C.E.-Reifenbezeichnung finden Sie noch z. B. E3 und eine nachfolgende vierstellige Nummer. 16 europäische Länder sind gleichermaßen berechtigt, Fahrzeugreifen zu prüfen und nach positiver Beurteilung ein Prüfzeichen und eine Prüfnummer zu vergeben. So steht der Buchstabe »E« für »Europa« und eine Zahl von 1 bis 16 für das entsprechende Land, in dem die Reifenzulassung erteilt wurde.

Das Herstellungsdatum

Das Produktionsdatum eines Reifens interessiert vor allem dann, wenn eine Serie Reifen wegen eines Fabrikationsfehlers vom betreffenden Hersteller »zurückgerufen« wird, also gegen einwandfreie getauscht werden soll. An der Reifenflanke finden Sie irgendwo eine dreistellige Zahlenkombination. Sie kann z. B. 410 lauten – dies ist das verschlüsselte Herstellungsdatum und besagt, daß der Reifen in der 41. Produktionswoche des Jahres 1980 hergestellt wurde.

Breitreifen

Unter Breitreifen sind die 60er- und 50er-Reifen (siehe Seite 141) zu verstehen, die sich vielleicht mancher BMW-Fahrer gerne aufziehen lassen möchte. Welche Reifengröße da mit welchen Felgen gefahren werden kann, sagt Ihnen Ihr BMW-Händler oder der Reifenfachmann. Bevor Sie sich allerdings diesen teuren Reifen-Spaß gönnen, sollten Sie die folgenden Punkte wissen:

- Serie-50- und -60-Reifen haben infolge ihres höheren Gewichts einen etwas größeren Rollwiderstand und aufgrund ihrer Breite einen höheren Luftwiderstand. Diese negativen Eigenschaften werden jedoch durch die geringere Walkarbeit dieser Reifen ausgeglichen. Der Leistungsbedarf ist also bei dieser Bereifung nicht größer als bei Standardreifen; in manchen Fahrzuständen sogar niedriger.
- Breitreifen weisen einen erheblich höheren Negativprofil-Anteil auf als die konventionellen Reifen. Im Neuzustand ist daher diese Reifensorte kaum mehr aquaplaninggefährdet als normal breite Reifen. Mit abnehmender Profiltiefe verschlechtern sich ihre Eigenschaften jedoch schneller. Solche Reifen sollten Sie deshalb schon bei einer Profiltiefe von 3 mm ersetzen.

Die Felgen

Unsere BMW-Modelle besitzen serienmäßig Felgen der Größe 5 $^1/_2$ J x 13 H2. Diese Zahlen- und Buchstabenkombination besagt:

$5^1/_2$	– Felgenmaulweite in Zoll, an der Felgenhornbasis quer zur Laufrichtung gemessen;
J	– Felgenhorn in J-Form;
X	– Zeichen für Tiefbettfelge;
13	– Felgendurchmesser von Wulst zu Wulst, in Zoll gemessen;
H2	– Zeichen für Doppelhump-Felge. Zwei höckerartige Erhebungen innen im Felgenbett verhindern, daß die Reifenwülste bei seitlicher Beanspruchung (scharfe Kurvenfahrt mit niedrigem Luftdruck) vom Felgenhorn abgleiten können.

Diese Norm-Bezeichnungen geben nur die Hauptabmessungen der Felge an, nicht aber die Anzahl der Radbefestigungslöcher, deren Lochkreisdurchmesser oder die Einpreßtiefe (Abstand zwischen der Felgenmitte und der Anlagefläche der Felge an die Radnabe).

Leichtmetallfelgen

Von BMW werden ab Werk oder als Original-Zubehör Leichtmetallfelgen der Größe 5 $^1/_2$ J x 13 H2 (Einpreßtiefe 18 mm) angeboten. Diese Felge darf in Verbindung mit der Reifengröße 185/70 R 13 84 H (185/70 HR 13) ohne TÜV-Abnahme und ohne speziellen Eintrag montiert werden.

Die Original-BMW-Leichtmetallfelgen sind luftdicht. Sie können also schlauchlose Reifen darauf fahren. Bedingung ist allerdings, daß ein von BMW freigegebenes Metallschraubventil eingesetzt wird.

Auch heute noch werden im Zubehörhandel Felgen verkauft, die kaum Aussicht auf Billigung durch den TÜV-Ingenieur haben. Deshalb empfiehlt sich hier beim Kauf eine gewisse Vorsicht. Felgen anderer Hersteller müssen nämlich vom TÜV begutachtet und anschließend in die Fahrzeugpapiere eingetragen werden, sofern sie nicht eine allgemeine Betriebserlaubnis (ABE) besitzen. In diesem Fall ist die ABE mit den Wagenpapieren unterwegs mitzuführen.

Fingerzeige: *Für Leichtmetallfelgen werden andere Radschrauben verwendet wie für die Stahlfelgen. Schrauben für Leichtmetallräder haben oben im Sechskant eine zylindrische Ausfräsung, während die Stahlfelgen-Schrauben an der gleichen Stelle eine kugelförmige Einbuchtung besitzen.*
Wenn Sie nachträglich Leichtmetallfelgen erstehen, müssen unbedingt die anderen Schrauben dazugekauft werden. Andererseits dürfen Stahlräder nicht mit den Schrauben für Leichtmetallfelgen befestigt werden. Wer also bei montierten Leichtmetallfelgen noch ein Stahl-Reserverad hat, muß im Bordwerkzeug auch einen Satz passender Schrauben mitführen.
Leichtmetallfelgen können zwar nicht rosten, aber gegen Korrosion sind sie ebensowenig gefeit wie Stahlfelgen. Ist der Schutzlack der Felgen erst einmal beschädigt, so kann sich die winterliche Streusalzlauge sogar noch nachteiliger auswirken als bei Stahl. Stark angefressene Räder gelten dann auch beim TÜV als verkehrsunsicher. Wenn Sie also nicht ohnehin – was jedem nur anzuraten ist – die Winterreifen auf Stahlfelgen montiert haben, sollten Sie wenigstens darauf achten, daß Beschädigungen des Decklacks sofort ausgebessert werden.
Verschmutzte Leichtmetallfelgen wirken besonders ungepflegt. Leider läßt sich bei ihnen Dreck und vor allem Bremsenstaub oft nur schwer entfernen. Wichtige Utensilien beim Pflegen der teuren Felgen sind Wurzelbürste, Flaschenbürste und ein fester Schwamm. Wer es besonders gut meint, kann sich auch einen speziellen Felgenreiniger im Zubehörhandel kaufen. Achten Sie allerdings darauf, daß er keine Säuren enthält. Diese könnten den Felgen-Decklack angreifen.

Reifendruck prüfen

Wartungspunkt Nr. 8

Völlig luftdichte Reifen gibt es nicht – seien sie schlauchlos (wie beim BMW) oder mit Schlauch. Auch neuwertige Reifen verlieren durch die Porosität des Kautschuks allmählich Luft. Deshalb wird bei der Luftdruckkontrolle meistens ein zu geringer Druck festgestellt.
Unter die genannten Druckwerte sollte der Reifendruck bei unseren BMW-Modellen nicht absinken:

BMW 320 und 323i	Reifenluftdruck bei serienmäßiger Bereifung 185/70 R 13 84 H (185/70 HR 13)		
	vorn	hinten	Reserverad
Belastung bis 4 Personen	2,0 bar	2,0 bar	2,6 bar
höhere Belastung	2,1 bar	2,3 bar	

Um Verwirrung mit den Druck-Einheiten zu vermeiden: »bar«, »atü« und »kp/cm^2« bedeuten in unserem Fall dasselbe

Bei forcierter Fahrweise können Sie den Druck noch um etwa 0,2 bar anheben. Das Fahrverhalten wird dadurch zwar etwas unkomfortabler, doch andererseits bewirkt höherer Luftdruck durch geringere Walkarbeit der Reifen höhere Laufleistung.
Im Gegensatz zu anderen Fahrzeugherstellern und verschiedenen Reifenproduzenten empfiehlt BMW für Winterreifen keine höheren Luftdruckwerte als für Sommerreifen.

Luftdruck bei kalten Reifen messen

Bereits wenige Kilometer zügiger Fahrt lassen den Reifendruck um 0,2 bis 0,4 bar Überdruck ansteigen. Diese Druckerhöhung durch Erwärmung ist aber von den Reifenherstellern bereits berücksichtigt worden und darf deshalb nicht abgelassen werden. Am günstigsten ist ein eigener Luftdruckprüfer, womit der Reifendruck vor Antritt der Fahrt bei kalten Reifen gemessen werden kann. So sichern Sie stets gleichbleibende Meßgenauigkeit.
Wenn Sie bei der regelmäßigen Prüfung (alle zwei bis vier Wochen) Druckverlust an einem Reifen feststellen, müssen Sie sich ihn etwas genauer anschauen. Entweder

kann das Ventil undicht geworden sein oder in der Reifendecke des schlauchlosen Reifens sitzt eine Glasscherbe bzw. ein Nagel, wodurch ein kleines Loch entstanden ist. Jedenfalls muß der Ursache des Druckverlusts nachgespürt werden; es hilft nichts, einfach Luft nachzupumpen.

Reifenzustand prüfen
Wartungspunkt Nr. 7

7500 km können für diese Kontrolle schon eine zu lange Spanne sein. Am besten sehen Sie nach dem äußeren Zustand der Reifen, wenn der BMW in der Tankstelle zum Ölwechsel oder zur Unterwagenwäsche hochgebockt ist. Bei dieser Gelegenheit bohren Sie gleich mit einem kleinen Schraubenzieher Fremdkörper aus der Reifendecke und prüfen nach, ob sie bereits ernsthaften Schaden angerichtet haben. Am interessantesten ist natürlich die Reifenabnutzung. Sie können sehr zufrieden sein, wenn jeweils die Reifen einer Achse über den gesamten Reifenumfang und über die gesamte Profilbreite gleichmäßig abgenutzt sind. Zeigt sich jedoch einseitige Abnutzung oder hat das Profil wellige Vertiefungen in regelmäßigen Abständen, dann ist am Fahrwerk oder am Rad selbst etwas faul. In diesem Fall sollten Sie einen Reifenfachmann zu Rate ziehen.

Wie lange halten die Reifen?

Beim Reifenverschleiß spielen die persönliche Fahrweise, die Art der Straßen, die befahren werden, und nicht zuletzt der richtige Luftdruck eine wesentliche Rolle. Deshalb kann die Reifenlebensdauer für unsere BMW-Sechszylinder nur größenordnungsmäßig angegeben werden:
■ BMW 320: 18 000 bis 33 000 km; ■ BMW 323i: 15 000 bis 28 000 km.
Etwas längere Reifenlaufzeiten können Sie bei Fahrzeugen mit Getriebeautomatik erwarten, weil bei letzteren scharfes Anfahren wegfällt.
An der Vorderachse ist der Verschleiß der Reifenschultern stärker als in der Laufflächenmitte. Das zeigt sich besonders deutlich, wenn mit zu niedrigem Luftdruck oder in engen Kurven sehr sportlich gefahren wird. Durch die X-Stellung der Hinterräder zeigt sich hinten stärkerer Reifenschleiß an der Innenschulter, vor allem, wenn der BMW oft stark beladen ist. Bei häufigen Kavalierstarts verschleißt hauptsächlich die Laufflächenmitte, während die Reifenaußenschulter nur wenig belastet ist und noch wesentlich mehr Profil zeigt. Wollen Sie wegen stark abgefahrener Reifeninnenschultern die Hinterräder wechseln, so empfehlen wir Drehen des Reifens auf der Felge und gleichzeitigen Austausch des rechten gegen den linken Reifen. So bleibt die Drehrichtung der Reifen trotzdem gleich wie bisher.
Entgegen der weitverbreiteten Meinung, die Reifen mit dem besseren Profil gehörten auf die Vorderachse, empfehlen Reifen-Ingenieure genau das Gegenteil: Bei paarweisem Ersatz sollen die neuen Reifen auf die Hinterachse montiert werden. Diese Empfehlung geht davon aus, daß kritische Fahrsituationen zumeist bei nasser Fahrbahn auftreten. Verlieren hier die Vorderreifen z. B. durch Aquaplaning ihre Haftung, wird der Wagen zwar kurzfristig lenkunfähig, behält aber im allgemeinen seine Lage und Fahrtrichtung bei. Verlieren dagegen die Hinterreifen den Bodenkontakt, so führt das zum Ausbrechen des Fahrzeugs. Ein hinten ausbrechendes Auto ist für die meisten Fahrer weitaus schwieriger zu meistern als eine kurzfristige Lenkunfähigkeit.

Der Radwechsel

Unterwegs ist der Radwechsel nicht ganz problemlos. Die Radschrauben können festgerostet sein oder sie wurden beim letzten Radwechsel an der Tankstelle oder in der Werkstatt mit einem Schlagschrauber »angeknallt« (statt mit den vorgeschriebenen 81 – 90 Nm festgezogen). Dann hilft das Bordwerkzeug nicht mehr weiter, sondern nur ein kräftiger Radschraubenschlüssel, wie ihn unser Bild Seite 22 zeigt, oder ein Radkreuz mit aufgestecktem Rohrstück zur Verlängerung der Hebelkraft. Auf keinen Fall dürfen Sie auf dem platten Reifen weiterfahren, sonst wird das Gewebe so verwalkt, daß der Reifen nicht mehr repariert werden kann.

Zum Radwechsel Handbremse anziehen und 1. oder Rückwärtsgang einlegen (Automatik: Wählhebel auf »P«), Warndreieck aufstellen, Räder auf der anderen Wagenseite mit Steinen oder Holz blockieren. Besonders wichtig ist das zusätzliche Unterlegen beim 323i, da dessen Handbremse relativ schwach ausgelegt ist. Radschrauben jeweils knapp eine Umdrehung lockern. Jetzt erst wird der BMW mit dem Wagenheber angehoben (der Wagenheber befindet sich, wie das Reserverad, unter der Bodenplatte des Kofferraums). Radschrauben herausdrehen und auf einem Lappen oder in der Nabenkappe des Rads (mit der Blechlasche am Original-Radschraubenschlüssel oder mit einem Schraubenzieher abhebeln) ablegen, Rad abnehmen. Zentrierstift aus dem Bordwerkzeug in eine der Gewindebohrungen stecken, Ersatzrad aufstecken, mit zwei Radschrauben sichern, Stift wieder herausziehen und die restlichen Schrauben eindrehen und von Hand festziehen. Dabei das Rad hin- und herbewegen, damit es sich gut auf der Nabe zentriert. Wagen ablassen und die Schrauben mit dem Radschlüssel über Kreuz nachziehen. Nabenkappe wieder aufsetzen. Defektes Rad, Wagenheber, Werkzeug und Warndreieck wieder verstauen.

Fingerzeige: *Hüten Sie sich davor, beim 323i zum Schmieren der hinteren Radschrauben Öl in die Gewindelöcher der Achsnabe zu spritzen! Dort sitzen bei ihm die Beläge der Handbremse – und Ölen ist bekanntlich das Gegenteil von Bremsen. Wird das gleiche Rad wieder anmontiert, etwa nach einer Bremsbelagkontrolle, empfiehlt es sich bei am Fahrzeug gewuchteten Reifen, die Stellung der Felge zur Radnabe zu markieren. Sonst besteht die Gefahr, daß sich die Unwuchten von Rad und Radnabe addieren.*

Räder auswuchten

Unwuchtige Räder spürt man durch Vibrationen im Lenkrad oder Schütteln im Vorderwagen; beides tritt bei bestimmten Geschwindigkeiten besonders stark auf. Die Ursache liegt an ungleichmäßiger Gewichtsverteilung am Rad. Zum Auswuchten der Räder gibt es zwei Methoden. Entweder auf der Auswuchtmaschine, an der das Rad anmontiert wird oder mit einem elektronischen Auswuchtgerät, wobei das am BMW montierte Rad auf Unwucht kontrolliert wird. Um wirkliches Feinauswuchten zu erreichen, ist die zweite Methode besser, da auch eine mögliche Unwucht der Radnabe oder der Bremsscheibe ausgeglichen wird. Beim elektronischen Auswuchten werden die Räder durch einen Elektromotor mit Reibrad in die notwendige schnelle Drehung gebracht. Aber an den Hinterrädern ist dies nicht angebracht, da das Ausgleichsgetriebe eine derartige einseitige Beschleunigung nicht verträgt. Elektronisches Auswuchten der Hinterräder ist nach unseren Erfahrungen ohnehin nicht erforderlich.

Neue Reifen

Daß für unsere BMW-Modelle keine Diagonalreifen in Frage kommen, haben wir bereits erwähnt. Das BMW-Fahrwerk ist ausschließlich auf Gürtelreifen abgestimmt. Beim Reifenkauf können Sie einige Mark sparen, wenn im Kofferraum noch ein

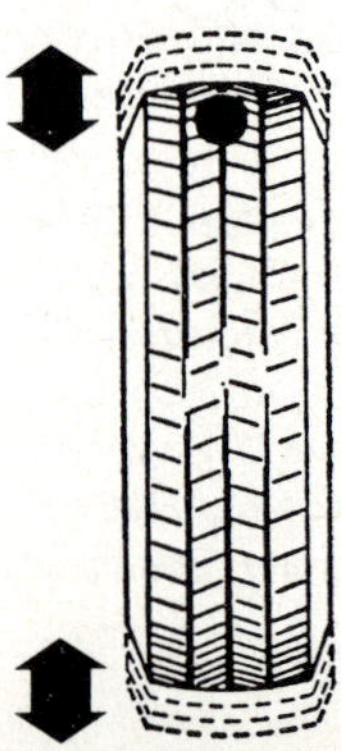

Unsere Skizze erläutert die Auswirkungen der Unwucht:

Die **statische** Unwucht erkennt man, wenn ein freihängendes, drehendes Rad immer mit der gleichen Stelle zu Boden sinkt und sich allmählich auspendelt. Folge: Das Rad hüpft während der Fahrt.

Die **dynamische** Unwucht ist durch Auspendeln des Rades nicht zu erkennen, denn sie liegt irgendwie schräg zur Radachse, so daß das schnellaufende Rad flattert und wackelt. Unausgewuchtete Räder führen zu schnellem Reifenverschleiß, unruhiger Lenkung und vorzeitiger Abnutzung der Radlager.

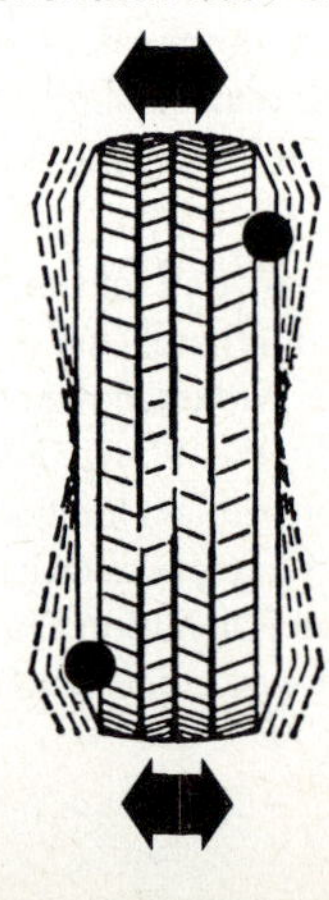

neuwertiger Ersatzreifen liegt. Dann kaufen Sie einen Reifen des gleichen Fabrikats und Typs und haben bereits eine Achse neu ausgestattet.

Fingerzeige: *Da BMW in Sachen Reifen besonders vorsichtig ist, empfiehlt das Werk, beim Aufziehen neuer Reifen und bei jeder Reifenreparatur ein neues Gummiventil einzusetzen. Doch auch die bei Verwendung luftdichter Leichtmetallfelgen eingesetzten Metall-Schraubventile sollten Sie nicht allzu alt werden lassen. Auch diese Ventile können undicht werden, wenn die Gummidichtung am Ventilfuß altert. Prüfen Sie auch hin und wieder den festen Sitz der Überwurfmutter.*
BMW empfiehlt dringend, nur Reifen desselben Herstellers am Wagen zu verwenden. Wollen Sie Ihren Wagen auf eine andere Reifenmarke umrüsten, sollten Sie daher die alten Reifen so lange von hinten nach vorn bzw. umgekehrt montieren, bis alle gleichmäßig abgefahren sind und der komplette Satz erneuert werden kann.

Winterbereifung

In Gegenden, wo mit Schnee und Eis zu rechnen ist, läßt sich die Anschaffung besonderer Winterreifen durch die nur gering belastete Hinterachse des BMW nur selten umgehen. Mit zwei M+S (= Matsch und Schnee-)Reifen auf der Antriebsachse fühlte man sich früher für den Winter gut gerüstet. Aber diese Kombination ist gefährlich, wenn Sie auf Matsch oder Eis bremsen müssen, können die sommerbereiften Vorderräder den Wagen nicht in der Spur halten und den richtigen Bodenkontakt herstellen.
In Sachen Reifengröße haben Sie bei Winterreifen die Wahl zwischen der Größe 165 SR 13 und den sonst üblichen 185/70er-Pneus. Die bei Sommerbereifung nicht zulässigen schmaleren 165er bieten sich vor allem dann an, wenn Winterreifen gleich mit Felgen gekauft werden. Dann ist der Preisunterschied zu den breiteren 70er-Winterreifen schon spürbar.
M+S-Reifen in 70er-Abmessungen waren lange Zeit verpönt, da man ihnen deutlich schlechteres Fahrverhalten im Schnee nachsagte. Doch gleichen sich die Vor- und Nachteile der beiden Reifenbreiten in etwa aus: Da die Aufstandsfläche beim Breitreifen nur gering größer ist (3 bis 4 cm^2), hat er bei Eis oder festgefahrenem Schnee theoretisch sogar leichte Vorteile, da er bei nahezu gleicher spezifischer Bodenbelastung etwas mehr Gummi auf die Straße bringt und damit einen leicht höheren Haftwert erreicht. Im lockeren Schnee spricht allerdings die Theorie eher für den schmalen Reifen, da dieser beim Abrollen den Schnee leichter »durchschneidet«.

Fingerzeig: *Bis auf wenige Ausnahmen bei speziell konstruierten Winterreifen beträgt die Höchstgeschwindigkeit von M+S-Radialreifen 160 km/h. Da jedoch unsere beiden Sechszylinder-Modelle schneller laufen können, muß bei ihnen am Armaturenbrett ein Aufkleber auf die zulässigen 160 km/h hinweisen, wenn Winterreifen montiert sind.*

Altreifenbeseitigung

Altreifen dürfen nicht einfach auf den Müll geworfen werden; auch die Müllabfuhr nimmt sie nicht mit. Denn je nach Methode werden abgefahrene Reifen entweder zerschnitten, weiterverwendet oder in speziellen Anlagen verbrannt. Aber wie wird man die Altreifen nun los? Da gibt es verschiedene Möglichkeiten. Je nach Gemeinde fungiert der städtische Bauhof oder der Müllplatz als Annahmestelle. In jedem Fall nimmt jedoch der Reifenhändler die alten Pneus ab. Eine geringe Gebühr für das Loswerden der Reifen müssen Sie jedoch überall entrichten.

Stromlager

Eine Batterie dient dazu, die elektrische Anlage im Fahrzeug bei stehender oder langsam drehender Lichtmaschine mit Energie zu versorgen. Als Starterbatterie gibt sie den Strom ab, der zum Anlassen des Motors erforderlich ist. Im Auto finden wir eine Bleibatterie, der Fachmann zählt sie zur Gruppe der »galvanischen Sekundärzellen«, die man auch als Akkumulatoren bezeichnet. Bei ihnen ist die Energieumwandlung umkehrbar. Das heißt: Beim Entladen wird aus chemischer Energie elektrische Energie gewonnen und beim Laden wird elektrische Energie wieder in chemische Energie umgesetzt. Das geschieht durch stoffliche Umwandlung der in verdünnter Schwefelsäure stehenden Bleiplattenblöcken.

Elektrik ohne Geheimnisse

Unser Handbuch will aus Ihnen keinen Elektriker-Meister machen, sondern soll die Zusammenhänge verständlich erklären. Deshalb sprechen wir oft vom Strom, der fließt, während Elektriker sagen »Spannung liegt an«.
Die Vorgänge um den elektrischen Strom lassen sich am einfachsten am Beispiel einer Wasserleitung erklären. Durch eine Wasserleitung strömt unter einem bestimmten Druck eine gewisse Menge Wasser.
Man kann den Wasserdruck vergleichen mit der Spannung, gemessen in Volt (Abkürzung: V), und die in einer bestimmten Zeit durchfließende Wassermenge mit dem Strom, gemessen in Ampere (A). Multipliziert man Spannung und Strom miteinander, so erhält man die elektrische Leistung mit der Maßeinheit Watt (W).
Jede Batteriezelle liefert etwa 2 Volt Spannung, also haben Sie in Ihrem BMW eine 12-Volt-Batterie. Beim Betrieb einer Glühbirne mit 4 Watt, wie sie zum Beispiel als Standlicht Verwendung findet, muß die Batterie also (4:12=0,333) 0,333 Ampere Strom liefern.

Die Batterie im einzelnen

Auf dem Batteriegehäuse finden Sie den Namen des Herstellers, eine Typnummer und die Angabe **12 V/44 Ah** oder **12 V/55 Ah**. Die vorangestellte Zahl 12 gibt die bereits erwähnte Spannung an. Hinter dem Schrägstrich ist die Stromstärke in ihrer »zeitlich lieferbaren Menge« angegeben. Ah bedeutet Ampere je Stunde. Das ist die Nenn-Batteriekapazität, die nach Norm-Bedingungen bei einer 20stündigen Entladung gemessen wird. In der Praxis rechnet man allerdings besser nur mit $^2/_3$ der angegebenen Kapazität und bei älteren Batterien gar nur mit der Hälfte.
Noch wichtiger als die Kapazität ist die Angabe der Leistungsfähigkeit der Batterie bei Kälte, wobei es der Anlasser besonders schwer hat, den Motor durchzudrehen. Den entsprechenden Meßwert finden Sie ebenfalls auf der Batterie: 210 A oder 255 A. Das ist der sogenannte Kälteprüfstrom, der bei –18° C gemessen wird.
Die fünfstellige Typnummer verwenden die deutschen Batteriehersteller einheitlich (!) zur Kennzeichnung der Batterien, eine gute Hilfe beim Neukauf. Bei unseren Typnummern 54 434 bzw. 55 530 steht die erste 5 für 12 Volt Bordspannung, die nachfolgenden Zahlen 44 oder 55 geben die Kapazität an, und die letzten beiden Ziffern kennzeichnen Konstruktionsmerkmale sowie die Ausführung.

Batterie-Leistung

Etwa 14 Watt verbraucht das Parklicht im BMW. Bei 12 Volt Spannung fließen dazu (nach der Formel: Leistung geteilt durch Spannung ist gleich Strom) 1,17 Ampere, die von der 44-Ah-Batterie theoretisch knapp 38 Stunden lang geliefert werden können. In der Praxis – bei $^1/_2$ bis $^2/_3$ der Nennkapazität – reicht es höchstens für 25 Stunden, bis das Licht aus und die Batterie leer ist. Mit eingeschaltetem Standlicht (42 W) versagt die Stromlieferung nach rund 8 Stunden und bei eingeschalteten Warnblinkern nach etwa 4 Stunden.

Die größten Leistungsanforderungen an die Batterie stellt der Anlasser. Daher auch der Name »Starterbatterie«. Der Anlasser leistet bei unseren Sechszylinder-Modellen 1,1 kW/1,5 PS. Durch Reibungsverluste frißt er im Augenblick des Einschaltens – im sogenannten Losbrechmoment – rund 3500 Watt. Zum Durchdrehen des warmen Motors braucht er nur rund $^1/_5$ dieser Leistung. Je tiefer die Temperatur sinkt und je zäher dadurch die Schmierstoffe werden, um so höher wird der Strombedarf des Anlassers. Zudem ist bei niedrigen Temperaturen die Leistungskraft der Batterie an sich schon geringer.

Wenn im Winter die Kontrolleuchten beim Betätigen des Anlassers nur noch glimmen oder der Anlasser den Motor lediglich müde durchdreht, sollten Sie auf weitere Versuche verzichten. Die Spannung liegt dann unter dem von der Zündanlage benötigten Mindestwert. Hier helfen nur Starthilfekabel (Seite 152) oder Anschleppen weiter.

Temperatureinfluß auf die Batterie

Batterien haben die Eigenart, desto unwilliger auf Kälte zu reagieren, je weniger Strom sie gespeichert haben. Völlig leere Akkus sind so empfindlich, daß sie bei Frost einfrieren und platzen können. Ist die Batterie dagegen mit Strom randvoll gepackt, verträgt sie die Kälte verhältnismäßig gut und hat auch nach eiskalten Nächten noch genügend Temperament im Leib, um den Anlasser so lange durchzudrehen, bis der Motor anspringt. Vor der kalten Jahreszeit empfiehlt sich daher die Kontrolle des Ladezustands, siehe nächste Seite.

Aber auch eine sehr gut geladene Batterie kann streiken, wenn sie zu kalt wird. Das betrifft eigentlich nur Laternenparker, denn in der Garage bleiben die Temperaturen ja gewöhnlich über dem Gefrierpunkt. Sind Nachtfröste unter –10 bis –15° C angesagt, sollten Sie die Batterie ausbauen und in der warmen Stube – aber nicht direkt auf der Heizung – übernachten lassen. Am nächsten Morgen ist sie schnell wieder eingebaut und besorgt den Motorstart in quicklebendiger Verfassung. Oft hilft das Warmstellen auch noch frühmorgens nach einer frostklirrenden Nacht, allerdings gleich nach dem ersten Startversuch und nicht, wenn der Akku schon leergeorgelt ist.

Batterie-Säurestand kontrollieren

Wartungspunkt Nr. 12

Der Säurestand der Batterie sollte nicht nur alle 7500 km geprüft werden, wie dies der Wartungsplan vorsieht. Die Batterieflüssigkeit besteht aus Schwefelsäure, die mit destilliertem Wasser verdünnt ist. Ein Teil dieses Wassers kann verdunsten, es wird zum Teil auch beim Ladevorgang in Sauerstoff und Wasserstoff zersetzt.

In eine stark entladene Batterie darf das destillierte Wasser – keinesfalls Batteriesäure – nur bis zu den oberen Plattenkanten aufgefüllt werden. Denn beim Wiederaufladen der Batterie durch die Lichtmaschine (oder den Heimlader) steigt der Säurestand ganz erheblich. Eine überfüllte Batterie »kocht über«, d. h. die Säure drückt sich zu den kleinen Entlüftungslöchern in den Zellenverschlußstopfen heraus. Abgesehen von der durch Oxidkristalle verschmutzten Batterieoberfläche und dem verrosteten Batteriestandblech wird auf diese Weise auch die Batteriesäure unkontrolliert verdünnt, was die Batterielebensdauer verkürzt. Erst wenn eine »trockengefallene« Batterie wieder aufgeladen wurde, darf destilliertes Wasser bis zur Füllstandsmarke aufgefüllt werden.

Bei den serienmäßigen durchsichtigen Batterien ist der richtige Säurestand durch zwei umlaufende Striche oder Prägekanten außen an der Batterie markiert. Andere

Batterien haben eine kleine Markierungskante unten an den Einfülltrichtern der Zellen oder einen meist weißen Markierungssteg oberhalb der Plattenkanten.

Fingerzeige: *In die Batterie darf nur destilliertes Wasser oder auch entsalztes (ionengetauschtes) Wasser gefüllt werden. Leitungswasser, Regenwasser und auch abgekochtes Wasser enthält leitfähige Salze und andere mineralische Stoffe, die der Batterie schaden.*
Wenn Sie destilliertes Wasser nicht umsonst an Ihrer Tankstelle bekommen, kaufen Sie es noch am billigsten in der Drogerie oder Apotheke. Abgepacktes destilliertes Wasser an der Tankstelle ist meist wesentlich teurer.
Mit Batteriesäure, selbst in verdünnter Form beim Abwaschen von Oxidkristallen, kann man sich Kleidungsstücke nachhaltig verderben. Die Wirkung wird meist erst nach Tagen oder beim nächsten Waschen sichtbar – im Stoff prangt ein Loch. Wenn also säurehaltige Flüssigkeit irgendwo auf Ihre Bekleidung spritzte, muß sofort kräftig mit einer Sodalösung oder »Neutralon« von Varta nachbehandelt werden. Vorsorglich sollten Sie beim Hantieren an oder mit der Batterie eine Kunststoffolie vorbinden, die bis zu den Schuhen hinunterreicht.

Ladezustand der Batterie prüfen

Wartungspunkt Nr. 42

Macht die Batterie trotz richtigem Säurestand einen müden Eindruck – die Scheinwerfer strahlen etwa bei plötzlichem Gasgeben wesentlich heller auf – und will sie sich gar nicht mehr erholen, muß die Säuredichte jeder einzelnen Batteriezelle zur Kontrolle des Ladezustands gemessen werden. Denn die Säuredichte zeigt an, ob die Zellen Strom abgeben können oder nicht; siehe Bild und Text unten.

Batterie aus- und einbauen

Zum Batterieausbau brauchen Sie einen Schraubenschlüssel SW 10 und bei manchen Modellen einen langen Steckschlüssel SW 10 oder einen größeren Querschlitzschraubenzieher. Zuerst wird das Minuskabel abgenommen, damit beim weiteren Hantieren kein Kurzschluß entstehen kann. Das Minuskabel erkennen Sie an seiner braun umhüllten Polklemme und einem »–« am oder auf dem zugehörigen Batteriepol. Erst dann das Pluskabel (die Polklemme hat eine rote Umhüllung, am Batteriepolkopf steht ein »+«) lösen und zur Seite biegen. Jetzt den Winkelgriff bzw. die Sechskantschraube mit Querschlitz an der Halteleiste am Batteriefuß losdrehen. Halter abnehmen und Akku herausheben.
Beim Wiedereinbau nach Festziehen der Halteleiste zuerst die Plusklemme anschließen, danach die Minusklemme. Ein Vertauschen der Kabelklemmen ist nicht möglich, wenn man nicht gerade Gewalt anwendet, denn der Plus-Polkopf ist dicker als der Minus-Polkopf. Die Klemmen müssen gut angezogen werden, denn Wackelkontakte können den empfindlichen Dioden der Lichtmaschine schaden.

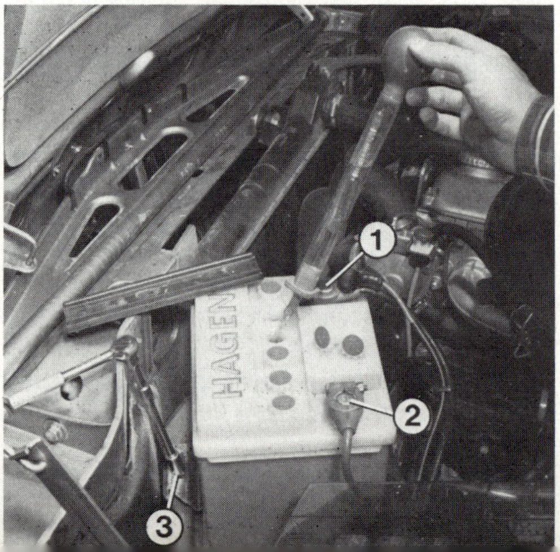

Der Ladezustand der Batterie wird mit einem Hebe-Säuremesser (Aräometer) geprüft. Das spezifische Gewicht der zur Prüfung angesaugten Batteriesäure kann man auf dem Schwimmer in der Prüfspindel ablesen. Es bedeuten: Batterie voll geladen 1,285 kg/l; Batterie halb geladen 1,21 kg/l; Batterie entladen 1,14 kg/l. Es ist noch kein Unglück, wenn alle sechs Zellen eine gleichmäßig niedere Säuredichte zeigen; bei einer noch nicht zu alten Batterie genügt Nachladen oft schon. Bedenklich wird es jedoch, wenn eine einzige Zelle entladen ist. Hier sollte die Elektrowerkstatt prüfen, ob die Batterie noch brauchbar ist.
Soll die Batterie ausgebaut werden, wird die Schraube (3), die das Halteplättchen unten an der Batterie festklemmt, losgedreht – manche Modelle haben einen Winkelgriff, der herausgedreht werden muß. Nach Lösen der Minus- (2) und der Plusklemme (1) können Sie dann die Batterie herausnehmen.

Batterie sauberhalten

Ist die Batterie verschmutzt, wird sie mit warmem Wasser und einer kräftigen Bürste gesäubert. Aber nicht zu stark auf den Zellenstopfen herumbürsten, sonst kann Wasser und Schmutz in die Entlüftungsbohrungen der Zellenstopfen und weiter in die Batterieflüssigkeit gelangen und Schaden anrichten. Kontrollieren Sie jedoch, ob die Bohrungen in den Batterieverschlüssen nicht verstopft sind, sonst ebenfalls reinigen.
Die hellen Kunststoffgehäuse der modernen Batterien lassen kaum Säuredämpfe austreten, deshalb setzen die Batterieklemmen nur noch selten Oxidkristalle an. Falls doch, werden sie mit einer weichen Drahtbürste gesäubert oder mit warmem Sodawasser abgewaschen. Zum Schutz vor Korrosion sollen die Batteriepolköpfe und die Kabelklemmen mit einem Säureschutzfett, wie etwa »Bosch Ft 40 v 1«, eingestrichen werden. Kein Fett erhalten die Polkopfseiten und die Innenseiten der Klemmen, sonst kann es Kontaktschwierigkeiten geben.

Batterie laden

Auch wenn die Batterie nichts zu leisten hat, will sie gelegentlich geladen werden. Sie hat nämlich die Untugend, sich im Lauf der Zeit selbst zu entladen. Im allgemeinen kann man damit rechnen, daß die unbenutzte Batterie nach 3 Monaten leer ist. Im entladenen Akku altern die Bleiplatten vorzeitig, die Batterie »sulfatiert«. Deshalb ist regelmäßiges Aufladen wichtig, wie es im normalen Fahrbetrieb ohnehin geschieht. Beim stillgelegten Auto sollten Sie den Akku jeden Monat nachladen.
Zum Aufladen einer schwach gewordenen Batterie ist ein eigenes Ladegerät durchaus nützlich. Mit einem guten Heimladegerät dauert es 15 und mehr Stunden, bis eine tief entladene Batterie wieder voll geladen ist – die stärkeren Werkstatt-Ladegeräte schaffen es schon nach 10 Stunden – aber bereits nach etwa einer Stunde hat der Heimlader der Batterie genügend Strom zum Starten zugeführt.
Der Ladestrom soll anfangs etwa 10 Prozent der Batteriekapazität betragen, also etwa 4,4 Ampere bei der 44-Ah-Batterie, und sich während der Ladung automatisch heruntersteuern. Die Batterie ist voll geladen, wenn innerhalb von zwei Stunden die Säuredichte nicht mehr ansteigt.
Die Verschlußstopfen der Batteriezellen brauchen Sie zum Laden mit einem kleinen Heimladegerät nicht abzunehmen. Beim Aufladevorgang bilden sich zwar Gasblasen aus Wasserstoff und Sauerstoff (das hochexplosive Knallgas), doch normalerweise kann das Gas durch die Entlüftungsbohrungen in den Batteriestopfen entweichen. Wird dagegen mit dem größtmöglichen Strom geladen, sollten Sie die Stopfen herausschrauben und lose in die Öffnungen stecken. Die Batterie »gast« bei starker Ladung ganz erheblich. Wenn Sie die Stopfen ganz abnehmen, sprüht durch die aufsteigenden und zerplatzenden Gasblasen ein feiner Säurenebel aus der Batterie, der sich in der Umgebung niederschlägt. Dann sollte die Umgebung der Batterie mit Plastikfolie oder Zeitungen abgedeckt werden.

Fingerzeig: *Wird die Batterie mit einem normalen Ladegerät aufgeladen, brauchen die Batteriekabel nicht abgenommen zu werden. Anders beim Schnelladen (siehe nächsten Abschnitt) der eingebauten Batterie. Hierbei müssen beide Batteriekabel abgenommen werden. Sonst können die empfindlichen Dioden des Drehstrom-Generators, das eventuell eingebaute Radio und das Steuergerät der Transistorzündung vom hohen Ladestrom des Schnelladers ruiniert werden.*

Ist Schnelladen schädlich?

Wem es zu lange dauert, bis das Ladegerät die Batterie wieder aufgeladen hat, kann seinen Akku bei der Tankstelle oder Werkstatt schnelladen lassen. Aber nur ganz gesunde Batterien überstehen diese Roßkur, die etwa eine Stunde dauert und bei der mit 40 und mehr Ampere geladen wird. Ältere Batterien können dagegen durch die Schnelladung vollends ihr Leben aushauchen – das kostet dann eine neue (aber vielleicht ohnehin bald fällige) Batterie.

Start mit leerer Batterie

Starthilfekabel

Wenn der BMW nicht zufälligerweise an einer abschüssigen Straße steht, wo Sie ihn zum Starten des Motors hinunterrollen lassen können, geht es am einfachsten und sichersten (und bei einem Automatik-Modell ohnehin nur) mit einem Satz Starthilfekabel. Sie müssen aber einen genügend starken Querschnitt und kräftige Anschlußklemmen haben, um die notwendige Stromstärke für die Zündanlage und den Anlasser durchzulassen. Der Kabelquerschnitt sollte möglichst 10 mm^2 (ohne Isolierung) betragen. Zu dünne Kabel werden während des Startvorgangs so heiß, daß die Isolierung schmilzt und Sie sich beim Abnehmen der Klemmen die Hände verbrennen können.

Bitten Sie einen hilfsbereiten Fahrer, mit seinem Wagen so dicht an Ihren BMW heranzufahren, daß die Batterien beider Fahrzeuge durch die Starthilfekabel miteinander verbunden werden können. Kontrollieren Sie noch, ob im BMW sämtliche Stromverbraucher abgeschaltet sind. Dann ein Kabel an beide Pluspole anklemmen, das andere Starthilfekabel am Minuspol der eigenen und danach an der geladenen Fremdbatterie anschließen. Beachten Sie, daß die Kabelklemmen am BMW isoliert sind, die Starthilfekabelzangen müssen deshalb die Batteriepole direkt berühren. Jetzt sollte Ihr Helfer seinen Motor starten und in mittleren Drehzahlen laufen lassen, damit die Lichtmaschine kräftig Strom liefert. Dann erhalten die Zündanlage und der Anlasser genügend Leistung, um den Motor zum Laufen zu bringen.

Anschieben und Anschleppen

Mit zwei Helfern (einer allein wird es nur an einer leicht abschüssigen Straße schaffen) läßt sich der BMW ohne große Schwierigkeiten anschieben: Zündung einschalten, 1. Gang einlegen (im 2. oder 3. Gang wird der Motor und damit die Lichtmaschine beim Anschieben zu langsam durchgedreht, so daß nicht genügend Strom erzeugt wird). Kupplung durchtreten, Wagen anschieben lassen, bis er in Schwung ist. Jetzt Kupplung schnell kommen lassen, der Wagen macht einen Hopser und wird bei einwandfreier Zündanlage anspringen. Sofort Kupplung treten und den Motor durch Gasgeben am Laufen halten.

Zum Anschleppen Zündung einschalten, 2. Gang einlegen und Kupplung durchtreten. Der Zugwagen muß langsam anfahren und bei einem Schleppseil dieses allmählich straffziehen. Bei etwa 15 km/h die Kupplung langsam kommen lassen, dabei die rechte Hand an die Handbremse legen. Ist der Motor angesprungen, Kupplung treten und Gas geben, Handbremse sanft ziehen (Sie haben nur zwei Beine und können nicht auch noch die Fußbremse treten), damit Sie dem Vordermann nicht ins Hinterteil fahren, und dem Schleppfahrer Hupsignal geben. Jetzt Gang heraus, Kupplung loslassen und mit der Handbremse zusammen mit dem Schleppwagen langsam abbremsen.

Die Batterie-Lebensdauer

Wenn der Akku im Auto alt werden soll, muß er absolut fest im BMW eingebaut sein (Rütteln verursacht Schäden an den Bleiplatten), der Säurestand darf nicht so weit absinken, daß die Platten oben im Trockenen stehen, und die Batterie sollte immer voll geladen sein, aber nicht überladen werden.

Beim Entladen und Laden verändern vor allem die Plus-Bleiplatten ihr Volumen. Dabei wird jedesmal das Blei in den Plattengittern weiter gelockert, so daß irgendwann einmal dieses Blei ausbröckelt und sich unten im Akkugehäuse als Schlamm ablagert. Je weniger der Ladezustand schwankt, desto geringer fallen die Bleiplatten-Veränderungen aus. Eine überladene Batterie erkennen Sie am Gasen der Akkuflüssigkeit und am warmen Gehäuse nach einer längeren Fahrt. Da hierdurch die Plusplatten verstärkt korrodieren, muß umgehend die Ladespannung nachgemessen werden (siehe Seite 154).

Als Mittelwert gilt ein Batterieleben von 3 bis 4 Jahren. Wenn Sie das eben gesagte beherzigen, kann die Leistungsbereitschaft aber noch verlängert werden.

Treibsatz

Ähnlich der Batterie, die eigentlich ein Akkumulator ist, hält sich beim Stromerzeuger im Auto der Name »Lichtmaschine« beharrlich. Dabei wird ja nicht nur die Beleuchtungsanlage gespeist, sondern beispielsweise auch Zündung, Scheibenwischer und Blinker. Die genauere Bezeichnung lautet daher »Generator« (= Stromerzeuger).

Der Drehstrom-Generator

Anstatt Ihnen hier in langen Worten die Funktion der Drehstrom-Lichtmaschine zu erklären, wollen wir nur einige wichtige Besonderheiten und vor allem den praktischen Umgang mit dieser Generatorart beschreiben.
In der Drehstrom-Lichtmaschine gibt es nichts zu schmieren; sie ist praktisch wartungsfrei, denn selbst ihre Schleifkohlen – bei den alten Gleichstrom-Lichtmaschinen ein häufiges Verschleißteil – halten im allgemeinen 80 000 km und mehr. Und der über einen Keilriemen vom Motor in Schwung versetzte Generator liefert bereits bei Leerlaufdrehzahl Strom. Allerdings erzeugt unser Generator Wechselstrom, den wir im Auto nicht gebrauchen können. Vor allem die Batterie will mit Gleichstrom geladen werden. Die Gleichrichtung des Wechselstroms besorgen in der Drehstrom-Lichtmaschine sogenannte Halbleiter-Dioden. Diese sind sehr empfindlich gegen zu hohe Spannung. Deshalb sollten Sie folgendes beachten:

- Bei laufendem Generator darf kein Kabel (auch nicht das Batterie-Massekabel) zwischen Akku und Lichtmaschine gelöst bzw. angeschlossen werden. Dadurch kann die Spannung schlagartig ansteigen (Spannungsspitzen) und eine Diode »verheizt« werden.
- Ohne richtig angeschlossene, intakte Batterie darf die Drehstrom-Lichtmaschine nicht laufen. Der Akku dient als Spannungsbegrenzer für den Generator, gewissermaßen als Puffer gegen Überspannungen.
- Sämtliche Kabelanschlüsse zwischen der Drehstrom-Lichtmaschine, der Batterie und dem Karosserieblech oder dem Triebwerksblock (Masse) müssen ganz fest sitzen. Schon ein Wackelkontakt kann zu gefährlichen Spannungsspitzen führen.
- Beim Schnelladen der Batterie (nicht beim Aufladen mit dem Heimlader) und beim elektrischen Schweißen an der Karosserie müssen beide Kabel vom Akku abgeklemmt werden, damit sämtliche elektronischen Bauteile im Bordnetz inklusive der Lichtmaschinen-Dioden keinen Schaden erleiden.

Lichtmaschinen-Leistung

Unsere BMW-Modelle besitzen Generatoren mit unterschiedlicher Leistung. Der 320 je nach Baujahr mit 55 Ampere oder 65 A, der 323i dagegen grundsätzlich mit 65 A. Bei einer maximalen Spannung von 14 Volt sind das 770 Watt bzw. 910 W. Zwei Drittel dieser Leistung werden bereits bei 2100 Lichtmaschinenumdrehungen erzeugt. Der Generator ist zur Motorkurbelwelle übersetzt, dreht also schneller als diese. Bei fast zweifacher Übersetzung liegen die $^2/_3$ Leistung daher bereits bei etwas erhöhter Leerlaufdrehzahl an. Selbst im Leerlauf reicht das für die verschiedenen Stromverbraucher, aber als energiebewußter Fahrer sollten Sie dennoch bei längeren Wartezeiten den Motor abstellen.

Eigenhilfe am Drehstrom-Generator?

Wartungsarbeiten am Drehstrom-Generator fallen nicht an, wenn man einmal vom wirklich selten notwendigen Schleifkohlenwechsel (siehe unten) absieht. Tiefergehende Schäden an der Lichtmaschine sind mit Heimwerkermitteln nicht zu beheben. Bei einem Defekt, wie ihn unser Störungsbeistand auf Seite 158 beschreibt, sollten Sie eine Fachwerkstatt mit ihren Testgeräten zu Rate ziehen. Speziell in Bosch-Werkstätten wird eine defekte Lichtmaschine mit nicht zu hoher Laufzeit repariert, was oft viel billiger ist als ein Austausch-Generator. Falls etwa die Dioden durch Spannungsspitzen zerstört wurden, genügt es, die Diodenplatte zu ersetzen. Informieren Sie sich daher genau über den Schadensumfang, bevor ausgetauscht wird.

Lichtmaschine aus- und einbauen

Vor dem Generatorausbau wird zuerst das Batterie-Massekabel abgenommen. Dann an der Lichtmaschinenrückseite die Gummikappe über dem Schraubanschluß des dicken roten B+-Kabels zurückdrücken und die Mutter darunter losdrehen, dünnes blaues D+-Kabel abziehen; Massekabel lösen. Am Generator die obere Schraube losdrehen, mit welcher der Spannbügel befestigt ist. Unten die Mutter am Schwenkbolzen lösen und abnehmen. Keilriemen abstreifen. Lichtmaschine festhalten, sonst schlägt sie nach unten durch, und den Bolzen herausziehen. Jetzt haben Sie Ihr Elektrizitätswerk in der Hand.
Sinngemäß umgekehrt bauen Sie die Lichtmaschine wieder ein, anschließend muß der Keilriemen gespannt werden, wie rechts beschrieben.

Der Spannungsregler

Die Lichtmaschine kann man mit einem Fahrraddynamo vergleichen: Je schneller sie sich dreht, um so höher steigt die Spannung und somit auch der gelieferte Strom. Ein derartiges Auf und Ab würden die Stromverbraucher im Auto nicht lange ertragen, deshalb muß ein besonderer Regler die Lichtmaschinenspannung begrenzen und ein Überladen der Batterie verhindern. Dieser Regler – ein elektronischer Feldregler – ist direkt an der Drehstrom-Lichtmaschine festgeschraubt (siehe Bild unten).

Spannungsregler prüfen

Wenn Sie Zweifel an der Spannungsregelung haben, können Sie mit einem Voltmeter prüfen, ob bei **2000/min** des Motors **13,5 – 14,6 V** anliegen. Messen Sie eine höhere Ladespannung, ist der Regler austauschreif, Reparieren hilft nicht. Zu niedrige Spannung könnte an abgenutzten Schleifkohlen liegen, siehe nächsten Abschnitt. Weitere Selbsthilfemaßnahmen gibt es nicht.

Schleifkohlen kontrollieren und erneuern

Über die Schleifkohlen des Drehstrom-Generators fließt, anders als bei der Gleichstrom-Lichtmaschine, nur ein geringer Strom, außerdem laufen die Kohlen auf glatten Schleifringen. Die Schleifkohlen sitzen mit einem Halter am Regler. Wenn sie kontrolliert werden sollen: Regler am eingebauten Generator abschrauben (2 Querschlitz-

Auf unserem Bild ist der Spannungsregler (1) herausgeschraubt, um die an seiner Rückseite sitzenden Schleifkohlen (2) zu kontrollieren. Kürzer als 5 mm dürfen die Kohlestifte nicht sein, sonst klappt die Stromerzeugung nicht mehr. Wie die Kohlen ausgewechselt werden, beschreibt der Text oben.
An der Lichtmaschinenrückseite sitzen weiter bei Fahrzeugen mit Radio ein Entstörkondensator (3), das Kabel (4) zur Ladekontrolle, das stromliefernde Kabel B+ (5) und ein Massekabel. Dieses B+-Kabel muß übrigens abgeklemmt werden, wenn wegen eines Lichtmaschinendefekts nur auf Batteriestrom gefahren werden soll (siehe Seite 157).

Aus dieser Perspektive kann man natürlich nur dann auf die Lichtmaschinen-Halteschrauben sehen, wenn der Kühler ausgebaut ist. Wir haben uns diese Mühe gemacht, weil Sie so die Lage der Schrauben am besten erkennen können. Zum Spannen des Keilriemens die Spannschraube (1) und die beiden Halteschrauben (2) und (3) lösen, Lichtmaschine nun an ihrer Oberkante packen und nach rechts ziehen oder einen Schraubenzieher als Hebel benutzen. Spannschraube festziehen, Riemenspannung kontrollieren und bei richtiger Spannung die beiden Halteschrauben anziehen.

schrauben). Den gelösten Spannungsregler nicht einfach abziehen, sondern gewissermaßen herausklappen, damit die Kohlebürsten nicht hängenbleiben. Messen Sie nun die Länge der Kohlen. Sind sie kürzer als 5 mm, klappt die Stromerzeugung nicht mehr richtig.
Zum Austausch benötigen Sie einen Lötkolben und neue Kohlen. Die verbrauchten auslöten, herausziehen und die neuen einlöten. Regler wieder festschrauben.

Keilriemenspannung prüfen
Wartungspunkt Nr. 13

Vom Keilriemen wird nicht nur die Lichtmaschine angetrieben, sondern auch die motorlebenswichtige Wasserpumpe. Daher ist die Kontrolle der Keilriemenspannung eine der wichtigsten Wartungsarbeiten. Der Riemen soll sich in der Mitte zwischen den Keilriemenscheiben von Generator und Wasserpumpe – auf der seit 9/79 auch der Ventilator sitzt – mit kräftigem Fingerdruck **10 – 15 mm** durchdrücken lassen. Gibt der Riemen weiter nach, muß nachgespannt werden, was Sie in der Abbildung oben beschrieben finden.
Beim Prüfen der Keilriemenspannung sollten Sie auch gleich kontrollieren, ob die Spannschraube der Lichtmaschine und die Mutter am Schwenkbolzen gut angezogen sind.

Keilriemenzustand kontrollieren

Keilriemen sind leider nicht so langlebig, wie vielfach angenommen wird, vor allem, wenn die Riemenspannung zu selten kontrolliert wurde. Zu geringe Spannung bewirkt neben mangelhafter Leistungsübertragung auf Lichtmaschine und Wasserpumpe hohen Riemenschlupf, dadurch steigende Riementemperatur und frühzeitigen Flankenverschleiß. Ist die Spannung so gering, daß bei scharfem Beschleunigen die Kurbel-

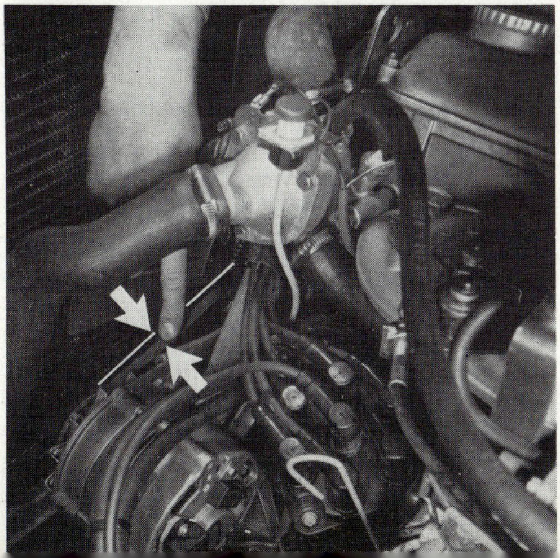

Bei richtiger Keilriemenspannung muß sich der Keilriemen zwischen den Riemenscheiben der Lichtmaschine und des Ventilators bzw. der Wasserpumpe um etwa 10 – 15 mm durchdrücken lassen. Stimmt die Keilriemenspannung nicht, muß die Lichtmaschine verstellt werden, wie im Bild oben gezeigt.

wellen-Riemenscheibe unter dem Keilriemen durchdreht, zeigen sich ungleichmäßige Schleifspuren auf den Riemenflanken. Wurde dagegen der Keilriemen häufig zu stramm gespannt, führt das zu unnötiger Flankenbelastung, und auch die Lager von Lichtmaschine und Wasserpumpe werden über die Maßen beansprucht. Der Riemen dehnt sich vorzeitig bis zur »Erschlaffung«, dann reicht der Nachspannweg nicht mehr aus. Durch zu stramme Spannung verrichtet der Riemen mehr Walkarbeit, wird ebenfalls zu heiß und kann im Unterbau anbrechen.
Der Wartungsplan sieht auch regelmäßig die Kontrolle des Keilriemenzustands vor. Einen angerissenen oder ausgefransten Riemen möglichst umgehend ersetzen.

Gerissener Keilriemen

Leuchtet plötzlich während der Fahrt die rote Ladekontrolleuchte auf und haben Sie vielleicht gehört, daß im Motorraum etwas kurz gegen das Blech schlug, ist sicher der Keilriemen gerissen – anhalten und nachsehen.
Ohne Keilriemen dürfen Sie auf keinen Fall weiterfahren! Durch die nun nicht mehr angetriebene Wasserpumpe ist der Kühlmittelumlauf unterbrochen und im Motorblock gerät die stillstehende Kühlflüssigkeit sofort ins Kochen, was einen schweren Motorschaden zur Folge haben kann. Auch Langsamfahrversuche sind sträflicher Leichtsinn. Deshalb sofort einen neuen Keilriemen montieren oder den Wagen abschleppen lassen.

Keilriemen erneuern

Ein Keilriemen darf auf keinen Fall mit einem Schraubenzieher o. ä. über die Riemenscheiben »gewürgt« werden, sonst ist der nächste Riemenschaden durch Bruchstellen im Keilriemenunterbau bereits »mit eingebaut«. Folgende Keilriemen finden im BMW Verwendung:
9,5 x 950 (Schmalkeilriemen) für die Lichtmaschine und **9,5 x 825** für die auf Wunsch eingebaute Servolenkung.
Zum Einbau des Generator-Keilriemens Schraube oben am Spannbügel und Mutter am Schwenkbolzen lockern. Lichtmaschine zum Motor schwenken, Riemen über die Keilriemenscheiben streifen und spannen.
Beim Keilriemen der Servolenkung beide Halteschrauben vorn an der Servopumpe lockern, Pumpe zum Motor drücken, Riemen auflegen und spannen, siehe Seite 125.

Behelfs-Keilriemen

Ein Nylon- bzw. Perlonstrumpf oder -strumpfhosenbein kann noch vor dem Abschleppen retten, wenn sich eine mitfahrende Dame zu solchem Opfer bereit erklärt. Den Strumpf (er darf ruhig Löcher oder Laufmaschen haben) mit aller Gewalt langziehen – keine Angst, er reißt nicht. Gedehnten Strumpf so stramm wie nur irgend möglich über die drei Keilriemenscheiben legen. Nochmals strammziehen, die Enden sorgfältig verknoten und die überstehenden Teile abschneiden – nicht zu kurz, sonst löst sich der Knoten. Wenn vorhanden, einen zweiten Strumpf zur Verstärkung gleich stramm um die Riemenscheiben schlingen. Motor starten und beobachten, ob sich Wasserpumpe und Lichtmaschine einwandfrei mitdrehen. Wenn der Strumpf-Keilriemen nicht einwandfrei durchzieht, versuchen Sie nachzuspannen wie bei einem richtigen Keilriemen.
Den Notbehelfs-Keilriemen können Sie auch nur um die Kurbelwellen- und Wasserpumpen-Keilriemenscheibe legen, da die Wasserpumpe für den strapazierten Strumpf leichter anzutreiben ist. Allerdings haben Sie in diesem Fall keine Nachspannmöglichkeit, der Strumpf muß also besonders stramm verknotet werden.

Die Ladekontrolle

Die Anzeigelampe im Amaturenbrett hat zwei Plus-Anschlüsse, und zwar einerseits von Klemme D+ des Generators (blaues Kabel) und andererseits von Klemme 15 vom Zündschloß kommend (grünes Kabel). Mit Einschalten der Zündung führt Klemme 15 Strom, die Lichtmaschine steht aber noch, so daß der spannungslose

D+-Kontakt als »Minus« wirkt. Die Kontrollampe leuchtet auf, denn zwischen dem von der Batterie versorgten Bordnetz und dem noch stehenden Generator herrscht eine Spannungsdifferenz. Wird der Motor gestartet und hat die Lichtmaschine ihre Ladedrehzahl erreicht, verbindet der Spannungsregler den Stromerzeuger mit der Bordelektrik. Nun kommt der Plusstrom von Klemme 15 und zusätzlich von Klemme D+, beiderseits liegt Spannung an, der Stromkreis ist unterbrochen, und die Anzeigelampe verlöscht.

Die Ladekontrolle hat übrigens noch eine andere Aufgabe: Sie muß durch Weiterleiten des Batteriestroms beim Einschalten der Zündung den Drehstrom-Generator »vorerregen«, damit dieser schon aus niedrigen Drehzahlen heraus Strom liefern kann. Die Vorerregung geschieht über die Glühlampe der Kontrollanzeige. Nur beim ersten Anlaufen der Drehstrom-Lichtmaschine ist die Vorerregung notwendig. Sie bewirkt, daß der Generator schon bei 1060/min statt bei 1700/min (Lichtmaschinen-Umdrehungen) mit der Stromlieferung einsetzt.

Fingerzeig: *Vielleicht haben Sie beobachtet, daß manchmal die Ladekontrolle brennen bleibt, wenn Sie den warmgefahrenen Motor ohne Gas starten und er in niedriger Leerlaufdrehzahl weiterläuft. Hierbei ist die Vorerregung der Drehstrom-Lichtmaschine zu schwach, sie liefert noch keinen Strom. Sobald Sie auf das Gaspedal tippen, verlöscht das rote Licht – alles ist wieder in Ordnung. Diese Erscheinung ist normal und deutet keinen Schaden an.*

Nicht immer wird geladen!

Ob die Batterie von der Lichtmaschine geladen wird, beweist das Verlöschen der Kontrollampe nicht, es besagt nur, daß zwischen Batterie und Lichtmaschine keine Spannungsdifferenz mehr besteht. Wenn im Motorleerlauf beispielsweise sämtliche Stromverbraucher eingeschaltet sind, leuchtet die Ladekontrolle nicht auf, obwohl mehr Strom der Batterie entnommen wird, als die Lichtmaschine liefert – aber es besteht keine Spannungsdifferenz zur Batterie.

Fahren ohne Lichtmaschine

Wenn die Lichtmaschine oder ihr Regler streikt, ist die Weiterfahrt noch nicht gefährdet, denn die Batterie kann hilfreich einspringen. Umgekehrt ist es dagegen nichts, denn der intakte Generator verlangt als Mitarbeiter eine funktionstüchtige Batterie, siehe Seite 153.

Bei Tag reicht der Batteriestrom noch eine ganze Weile, obwohl die Zündspule zum Aufbau brauchbarer Zündfunken eine Mindestspannung benötigt und der Akku meist nur zu $^2/_3$ geladen ist. Die herkömmliche Zündanlage beim 320 bis 8/78 braucht lediglich rund 25 Watt, die leistungsstärkere Transistorzündung etwa das Doppelte. Je nach Batterie-Kapazität reicht es dann zu mindestens 6 und höchstens 15 Stunden Fahrt. Bei einem bis 8/79 gebauten BMW verkürzt sich die mögliche Fahrzeit, wenn die Verkehrsverhältnisse nur Zuckeltempo zulassen und der elektrische Kühlerventilator laufend zugeschaltet wird. Bei zügiger Fahrt bläst dagegen reichlich Fahrtwind durch den Kühler. Im Winter kommt erschwerend hinzu, daß die Batterie schwächer auf der Brust ist. Außerdem brauchen Sie das Licht schon wesentlich früher. Stromsparen heißt also die Devise:

- Die Fahrt nicht unnötig unterbrechen. Der Anlasser braucht zum Wiederstarten des Motors besonders viel Strom. Wenn möglich, den Wagen anrollen lassen.
- Heizbare Heckscheibe, Gebläse und Radio sollten Sie nicht einschalten.
- Nachts ohne Fernlicht und Nebelscheinwerfer fahren.
- Mit dem Scheibenwischer möglichst sparsam umgehen.
- Das rote B+-Kabel hinten an der Lichtmaschine losschrauben und isolieren (notfalls mit Heftpflaster aus dem Verbandskasten), damit sich die Batterie nicht über den defekten Generator bzw. Spannungsregler in kürzester Zeit entlädt.

Störungsbeistand
Batterie und Generator

Da diese beiden Stromquellen eng zusammengehören, finden Sie hier die Störungstabelle auch für Lichtmaschine und Batterie zusammengefaßt.

Die Störung	– ihre Ursache	– ihre Abhilfe
A Rote Ladekontrolle brennt nicht beim Einschalten des Zündschlosses	1 Batterie leer	Mit Starthilfekabeln starten bzw. Wagen anschieben oder anschleppen
	2 Batteriekabel gebrochen, Kabelklemmen lose oder oxidiert	Batteriekabel und -klemmen kontrollieren
	3 Glühlampe defekt	Ersetzen
	4 Kabelweg zwischen Zündschloß, Kontrollampe und Lichtmaschine unterbrochen	Stromweg mit Prüflampe kontrollieren
	5 Massekabel zwischen Lichtmaschine und Motorblock gebrochen	Kabel kontrollieren
	6 Schleifkohlen abgenutzt	Schleifkohlen erneuern
	7 Spannungsregler defekt	Regler austauschen
	8 Lichtmaschine schadhaft	Lichtmaschine instandsetzen lassen
	9 Nach zu heftiger Motorwäsche: Eingedrungene Feuchtigkeit hat einen isolierenden Schmierfilm zwischen den Schleifringen und Kohlen gebildet	Lichtmaschine mit Preßluft ausblasen oder Schleifringe und Kohlen sauberreiben
B Ladekontrolle brennt oder glimmt bei laufendem Motor	1 Keilriemen lose	Riemen spannen
	2 Mangelnder Kontakt an Kabelanschlüssen oder unterbrochene Kabel	Kabelanschlüsse und Kabel prüfen
	3 Siehe A 6	
	4 Siehe A 7	
	5 Siehe A 8	
C Batterie gast stark	Siehe A 7	

Der Anlasser

An der linken Motorseite (in Fahrtrichtung gesehen) sitzt der Anlasser seitlich hinten. Damit dieser kleine Elektromotor mit 1,1 kW/1,5 PS das BMW-Triebwerk anwerfen kann, braucht er eine ausreichend geladene Batterie.

Anlasser ausbauen

Die eigenhändige Reparatur des Anlassers ist nach unseren Erfahrungen nicht zu empfehlen. Aber Sie können den Starter selbst ausbauen und überholen lassen. Luftfiltergehäuse beim 320 abnehmen (siehe Seite 89), Massekabel an der Batterie lösen und sämtliche Kabel am Magnetschalter abklemmen. Unter der Gummischutzkappe sitzt das angeschraubte rote Klemme-30-Kabel, aufgesteckt ist das schwarz/gelbe Kabel von Klemme 50 und bei den bis 8/78 gebauten 320ern eine schwarz/rote Leitung mit der Klemmenbezeichnung 16 für die Umgehung des Zündspulen-Vorwiderstands beim Starten (siehe Seite 173). Beide Halteschrauben des Anlassers losdrehen – eine von der Motor- und eine von der Getriebeseite her –, Anlasser abnehmen.

Magnetschalter ausbauen

Nachdem der Anlasser demontiert wurde, kann auch der Magnetschalter abgenommen werden. Haltelasche des gedrillten Kupferkabels vom Magnetschalter losschrauben. An der gegenüberliegenden Seite die 3 Querschlitzschrauben herausdrehen, Einrückhebel aushängen und den Schalter abnehmen.

Die Störung	– ihre Ursache	– ihre Abhilfe
A Beim Drehen des Zündschlüssels in Startstellung dreht der Anlasser zu langsam oder gar nicht	1 Kontrollampen brennen schwach oder verlöschen	
	a) Batterie entladen	Mit Starthilfekabeln starten
	b) Kabelanschlüsse lose oder oxidiert	Kabelanschlüsse kontrollieren
	c) Anlasser hat Masseschluß	Anlasser überholen lassen
	2 Kontrollampen brennen hell, Klicken aus Richtung Anlasser	Kurz auf den Magnetschalter klopfen. Dreht der Anlasser weiterhin nicht:
	a) Kohlebürsten bzw. deren Anschlüsse im Anlasser gelöst	Kohlebürsten überprüfen lassen
	b) Kontakte im Magnetschalter verschmort	Magnetschalter ersetzen
	c) Anlasserwicklung schadhaft	Anlasser überholen lassen
	3 Kontrollampen brennen hell, keinerlei Geräusche	
	a) Flachstecker der Klemme 50 am Magnetschalter lose	Steckanschluß überprüfen
	b) Klemme-50-Leitung vom Zündschloß zum Magnetschalter unterbrochen	Leitung mit Prüflampe kontrollieren
B Anlasser läuft, ohne den Motor durchzudrehen	1 Ritzel verschmutzt	Ritzel reinigen
	2 Einrückvorrichtung klemmt	Anlasser überholen lassen
	3 Verzahnung des Ritzels oder des Motorschwungrads beschädigt	Wagen bei eingelegtem Gang ein Stück vorschieben. Erneut starten. Beschädigte Teile ersetzen lassen
C Anlasser läuft weiter, obwohl Zündschlüssel losgelassen wurde	1 Magnetschalter hängt und schaltet nicht ab	Zündung sofort abschalten, notfalls Batterie abklemmen. Magnetschalter ersetzen
	2 Zünd-/Anlaßschalter defekt	Zünd-/Anlaßschalter ersetzen
D Ritzel spurt nach Anspringen des Motors nicht aus	1 Rückstellfeder des Einrückhebels lahm oder gebrochen	Zündung sofort abschalten. Reparieren lassen
	2 Verzahnung des Ritzels bzw. des Motorschwungrads verschmutzt oder beschädigt	Reinigen bzw. schadhafte Teile ersetzen lassen

Der Anlasser sitzt hinten an der linken Motorseite. Angebaut ist der Magnetschalter. Wir haben die Gummistulpe (1) zurückgeschlagen, damit Sie die Kabelanschlüsse erkennen können. Wenn Sie den Zündschlüssel in Startstellung drehen, erhält Klemme 50 (3) Spannung vom Zündschloß. Dadurch schiebt der Einrückhebel das Zahnritzel des Anlassers auf einem Steilgewinde der Ankerwelle in den Zahnkranz des Motorschwungrads. Beim Eingreifen des Ritzels schaltet der Magnetschalter den vollen Batteriestrom ein, den Klemme 30 (2) anliefert, so daß der Anlasser den BMW-Motor erst nach dem Einspuren des Ritzels durchdreht. Ist der Sechszylinder angesprungen, wird das Ritzel aus dem Schwungrad ausgespurt und in seine Ausgangsstellung zurückgedrückt. Klemme 16 (4) ist nur bei Fahrzeugen bis Baujahr 8/80 zu finden. Sie überbrückt während des Anlassens den Zündspulen-Vorwiderstand (siehe Seite 173).

Keine Verwicklungen

Für die Mehrzahl der Stromverbraucher im BMW werden zwei Kabel angeschlossen, doch nur eines läßt sich bis zur Batterie bzw. zum Generator zurückverfolgen, wie dies auch der Schaltplan ab Seite 164 zeigt. Die andere Leitung ist dagegen meist schon nach wenigen Zentimetern irgendwo am Karosserieblech festgeschraubt oder mit einer Steckerfahne eingesteckt. Hier hat man sich zunutze gemacht, daß die Metallteile der Karosserie und auch des Motors bzw. des Getriebes ebenfalls Strom leiten können. In der Autoelektrik bezeichnet man sie mit »Masse«. Sie sorgen für die Stromrückleitung zum Minuspol der Batterie (Merksatz: **M**inus an **M**asse).
Wenn ein Stromverbraucher direkt auf Metall sitzt, braucht er nur ein einziges Anschlußkabel, aber im heutigen kunststoffreichen Automobil müssen fast immer kleine Verbindungsleitungen den Kontakt zur Fahrzeugmasse herstellen.

Wegweiser durch Normung

Die BMW-Elektrik besteht auf den ersten Blick aus einem Gewirr von bunten Kabeln, die teilweise in schwarzen Kabelschläuchen verschwinden. Glücklicherweise sind aber viele Einzelheiten der Kraftfahrzeug-Elektrik genormt, und die Zahlen neben den Kabelanschlüssen haben in allen deutschen und manchen ausländischen Wagen dieselbe Bedeutung. So ist

■ Klemme 31 die sogenannte Masse-Klemme, mit der ein Stromverbraucher zur Fahrzeugmasse verbunden werden muß. Die entsprechenden Kabel sind braun.

■ Klemme 30 erhält dauernd Strom vom Pluspol der Batterie oder der Lichtmaschine – auch bei ausgeschalteter Zündung (deshalb Vorsicht beim Berühren dieser Kontakte, wenn das Minuskabel an der Batterie nicht abgenommen wurde). Diese stets stromführenden Leitungen haben meist eine rote Umhüllung, teilweise mit zusätzlichen Farbstreifen bei bestimmten Stromverbrauchern.

■ Klemme 15 erhält nur bei eingeschalteter Zündung Strom ab Zündschloß, wodurch hauptsächlich die Zündanlage und außerdem jene Stromverbraucher versorgt werden, die nur bei Betrieb des Wagens Strom erhalten – beispielsweise die Blinkanlage (sie hat übrigens die Normklemme 49 bzw. 54) oder der Scheibenwischer (mit der Normklemme 53). Die Kabel an den Normklemmen 15 sind meist grün oder schwarz mit farbigen Zusatzstreifen.

■ Die Klemmen 56 und 58 versorgen die Fahrzeugbeleuchtung mit Strom. Für die Hauptscheinwerfer ist die Grundfarbe der Kabelumhüllung weiß oder gelb, für das Standlicht grau, jeweils mit zusätzlichen Farbstreifen.

Die Leitungen

Die im BMW eingebauten Kabel sind nicht deshalb unterschiedlich stark, weil der Monteur am Fließband gerade kein anderes zur Hand hatte. Vielmehr wird der Querschnitt eines Kabels je nach Stromanspruch des betreffenden Verbrauchers gewählt: Ein Kontrollämpchen kommt mit 0,75 mm^2 Kabelstärke aus, der Anlasser braucht dagegen ein 16-mm^2-Kabel. Ein zu dünnes Kabel heizt sich auf, und die Spannung fällt ab. Dann kommen statt der erwünschten 12 Volt z. B. an den Scheinwerfer vielleicht nur 10 oder 9,5 Volt an – das Licht wird trübe.

Wenn Sie an Ihrem in die Jahre gekommenen BMW Spannungsabfall bemerken, sind es kaum die Leitungen selbst, denn sie werden nicht dünner. Die Ursache liegt vielmehr in verdreckten (und deshalb stromableitenden), verrosteten oder grünspanigen Übergängen; also in Kabelklemmen, Steckkontakten, in den Verschraubungen der Massekabel und nicht zuletzt an der Befestigungsschraube des Batterie-Massekabels am Karosserieblech. Dort wird der direkte Metallkontakt durch Schmutz, Rost oder Grünspan gehemmt und bewirkt Spannungsabfall.

Alters-erscheinungen in der Elektrik

Dem hilft man so ab: Nach gründlichem Säubern der Kabelklemmen, -stecker usw. mit einer feinen Drahtbürste auch die Umgebung der Klemme von Schmutz und Rost reinigen. Gereinigte Kontaktstellen mit Isolierspray einsprühen. Nachdem das Isolierspray angetrocknet ist, kann man die Kontaktstellen anschließend noch mit einem glasklaren Motorschutzlack (z. B. »Plastglanz« von Teroson) übersprühen, dann haben Sie auf lange Zeit Ruhe.

Ob Schalterkontakte, die in einem Schaltergehäuse nicht zugänglich sind, durch eine Oxidschicht den Stromfluß hindern, kann man leicht kontrollieren: Stromverbraucher am Schalter einschalten und Stromeingang und -ausgang des Schalters mit einem kurzen dicken Kabelstück überbrücken – zeigt der Verbraucher jetzt eine bessere Leistung (z. B. Gebläse dreht schneller), liegt es an korrodierten Schalterkontakten.

Fingerzeig: *Wenn eine Glühlampe oder etwa ein Anzeigeinstrument nicht so funktioniert, wie es soll, liegt dies nicht selten an einer mangelhaften Masseverbindung. Den fehlenden Kontakt zur Fahrzeugmasse holt sich mancher Verbraucher dann über verschlungene Wege und stiftet so Verwirrung. Vergessen Sie bei Montagearbeiten nie die braunen Massekabel, auch wenn sie Ihnen überflüssig erscheinen. Bei der $^1/_{10}$-Pfennig-Kalkulation heutiger Autos ist wirklich kein überflüssiger Zentimeter Kabel eingebaut worden.*

Die Sicherungen

Da jedes elektrische Gerät und jedes Kabel nur eine bestimmte Menge Strom verträgt, wurde auch im Auto darauf geachtet, daß der Stromdurchfluß sich in den eingeplanten Grenzen hält. Wenn nun an einen vorhandenen Stromkreis zusätzliche Verbraucher angeschlossen und alle gleichzeitig eingeschaltet werden oder durch einen Defekt ein Kurzschluß entsteht (was nichts anderes bedeutet als einen abnorm ansteigenden Stromdurchfluß), könnte Schreckliches passieren. Leitungen würden durchbrennen, die Lichtmaschine zu glühen und der Akku zu sieden beginnen –, wären nicht die elektrischen Sicherungen eingebaut. Die sind sehr kurz angebunden: Wenn der Strom ein gewisses, zuträgliches Maß übersteigt, unterbrechen sie ihn einfach. Damit der BMW bei einem Defekt nicht gleich völlig ohne Strom dasteht, sind die Sicherungen auf verschiedene Stromkreise verteilt, wie bereits angedeutet. Allerdings sind die Schaltun-

Wo die einzelnen Sicherungen 1 bis 18 zu finden sind, zeigen die in den Sicherungskastenboden eingeprägten Ziffern und unsere Hinweisziffern. Hier im Bild wird gerade geprüft, ob die in Fahrtrichtung hintere Klemme der herausgenommenen Sicherung 12 tatsächlich Strom anliefert.

gen zwischen Batterie, Generator, Anlasser und Zündschloß nicht von Sicherungen überwacht. Bei einer Störung dieser Teile nützt der Blick in den Sicherungskasten also nichts.

Wenn ein sonstiges elektrisches Aggregat ausgefallen ist, sollten Sie zuerst nach den Sicherungen sehen. Eine defekte Sicherung darf niemals mit Stanniol umhüllt wieder eingebaut oder etwa durch einen Nagel ersetzt werden. Eine derartige »Ersatzsicherung« kann einen Kabelbrand verursachen, für den auch die Teilkasko-Versicherung nicht aufkommt.

Fingerzeige: *Beim Einsetzen einer neuen Sicherung sollten Sie deren Metallstreifen nicht berühren. Gehört die Sicherung zu einem ständig unter Spannung stehenden Stromkreis und ist der Kurzschluß darin nicht behoben, heizt sich der Metallstreifen sofort auf, so daß Sie sich die Finger verbrennen können.*

Falls eine Sicherung mehrmals wegen Überlastung durchschmilzt, hilft kurzzeitig oft das Einsetzen einer stärkeren Sicherung (16 A für 8 A oder 25 A für 16 A). Davon wird noch kein Kabel schmoren, aber Sie können den Störenfried später in Ruhe einkreisen und den Schaden beheben. Anschließend wieder eine schwächere Sicherung einsetzen!

Wenn ein Stromverbraucher ausfällt, liegt es bisweilen auch daran, daß die Haltezungen der betreffenden Sicherung oxidiert sind, so daß der Strom nicht hindurchfließen kann. Sicherungen herausnehmen, Haltezungen zusammendrücken, Schmelzsicherung wieder einsetzen und mehrmals in den zusammengedrückten Zungen drehen, damit sich die Berührungsflächen gegeneinander blank reiben und wieder einwandfreier Kontakt herrscht.

Sicherungstabelle

Sicherung Nr. und Stärke	Klemme	erhält Strom	angeschlossene Stromverbraucher	Kabelfarbe
1 (8 A)		bei eingeschaltetem Standlicht über Nebelscheinwerferschalter und Nebelscheinwerferrelais Klemme 87	Nebelscheinwerfer rechts[1])	gelb/violett
2 (8 A)		wie Sicherung 1	Nebelscheinwerfer links[1])	gelb/braun
3 (16 A)	15	über Zündschloß Klemme 15	Leerlauf-Abschaltventile Startautomatik Thermoschalter 17° C Wassertemperatur (320) Stromversorgung K-Jetronic (323i)	grün/violett
4 (8 A)	56 b	bei eingeschalteter Zündung über Abblendlichtrelais Klemme 87	Abblendlicht rechts	gelb/blau
5 (8 A)	56 b	wie Sicherung 4	Abblendlicht links	gelb/schwarz
6 (8 A)	58 R	über Lichtschalter Klemme 58 R oder bei ausgeschalteter Zündung über linken Kombischalter Klemme PR	Schlußlicht rechts Standlicht rechts Motorraumleuchte[2])	grau/weiß
7 (8 A)	56 a	bei eingeschalteter Zündung über Fernlichtrelais Klemme 87	Fernlicht rechts	weiß/blau
8 (8 A)	56 a	wie Sicherung 7	Fernlicht links	weiß/schwarz

Sicherung Nr. und Stärke	Klemme	erhält Strom	angeschlossene Stromverbraucher	Kabelfarbe
9	58 L	über Lichtschalter Klemme 58 L oder bei ausgeschalteter Zündung über linken Kombischalter Klemme PL	Schlußlicht links Standlicht links	grau/gelb
10 (16 oder 25 A)	15	bei eingeschalteter Zündung über Entlastungsrelais Klemme 87	Heizbare Heckscheibe über Schalter für heizbare Heckscheibe Elektrisches Schiebedach[1])	schwarz grün/blau
11 (16 oder 25 A)	15	wie Sicherung 10	Luftgebläse Klimaanlage[1])	grün/braun
12 (8 A)	R	über Zündschloß-Klemme R und Eingangsseite Sicherung 15	Bremsleuchten über Bremslichtschalter Radio[1])	grün/rot violett/weiß
13[3]) (25 A)	15	über Kühlerventilatorrelais Klemme 87	Elektrischer Kühlerventilator 2. Stufe	rot/schwarz
14 (8 A)	15	über Zündschloß Klemme 15	Kontrollinstrumente und -leuchten Rückfahrscheinwerfer über Rückfahrlichtschalter	grün/weiß blau/weiß grün/weiß
15 (16 A)	R	über Zündschloß Klemme R	Blinker über Warnblinkschalter Elektrisch verstellbarer Außenspiegel[4]) Hupen über Hupenrelais Scheibenwischer Wascherpumpe Wisch-Wasch-Intervallrelais	violett/schwarz grün/gelb violett/schwarz
16 (16 A)	30	von Batterie +	Anzünder Elektrische Antenne[1])	rot/gelb
17 (8 A)	30	wie Sicherung 16	Handschuhfachleuchte Innenleuchte Kofferraumleuchte Warnblinker über Warnblinkschalter Zeituhr Handlampe[2])	rot/weiß
18[3]) (16 A)	15	bei eingeschalteter Zündung über Entlastungsrelais Klemme 87	Elektrischer Kühlerventilator 1. Stufe über Thermoschalter 91° C	schwarz grün/rot

[1]) Sonderausstattung
[2]) Sonderzubehör
[3]) seit 9/79 nicht mehr belegt
[4]) Sonderausstattung bis 8/79, serienmäßig seit 9/79

Schaltplan, Teil 1 (Erklärung dazu auf Seite 168)

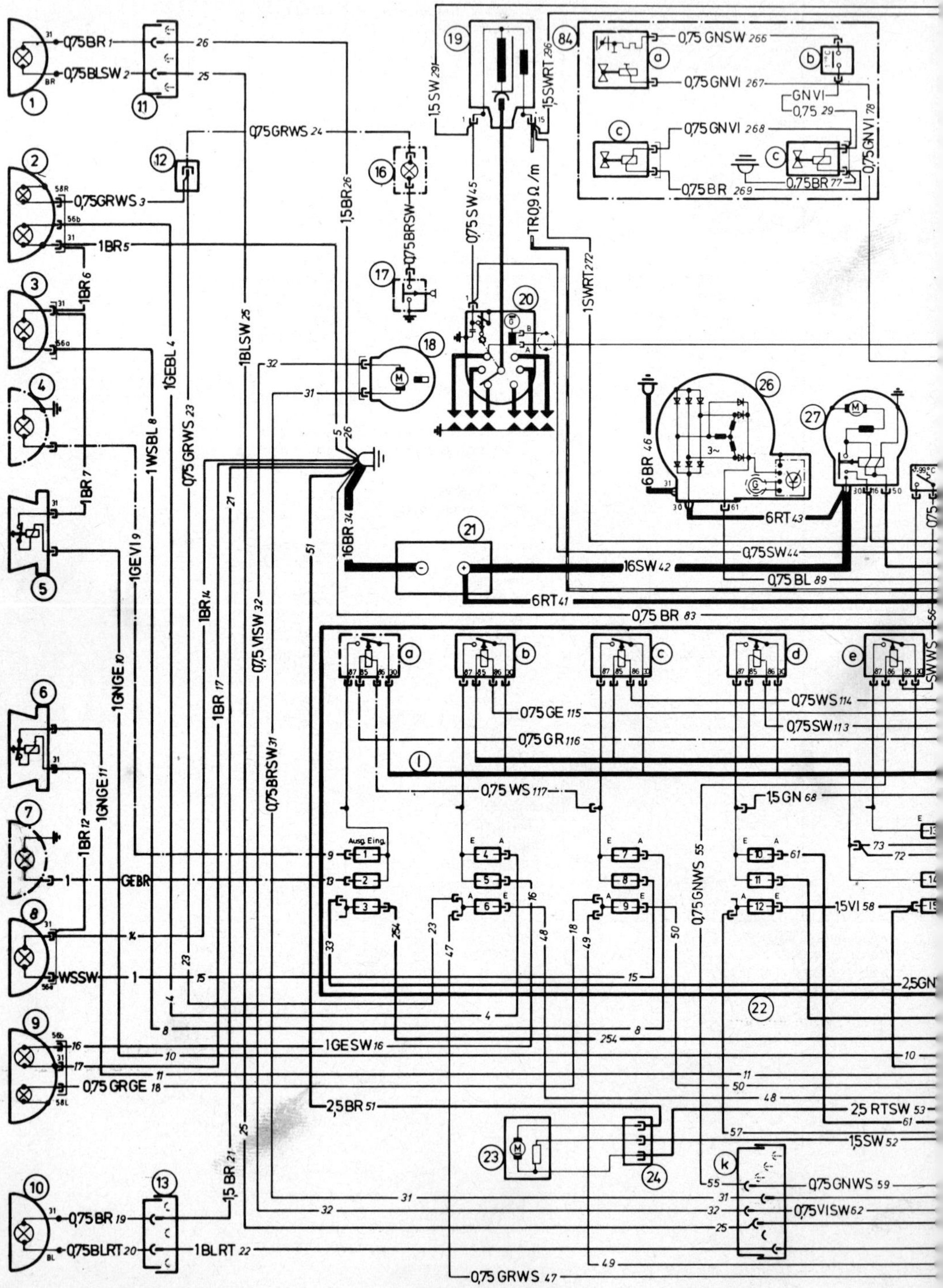

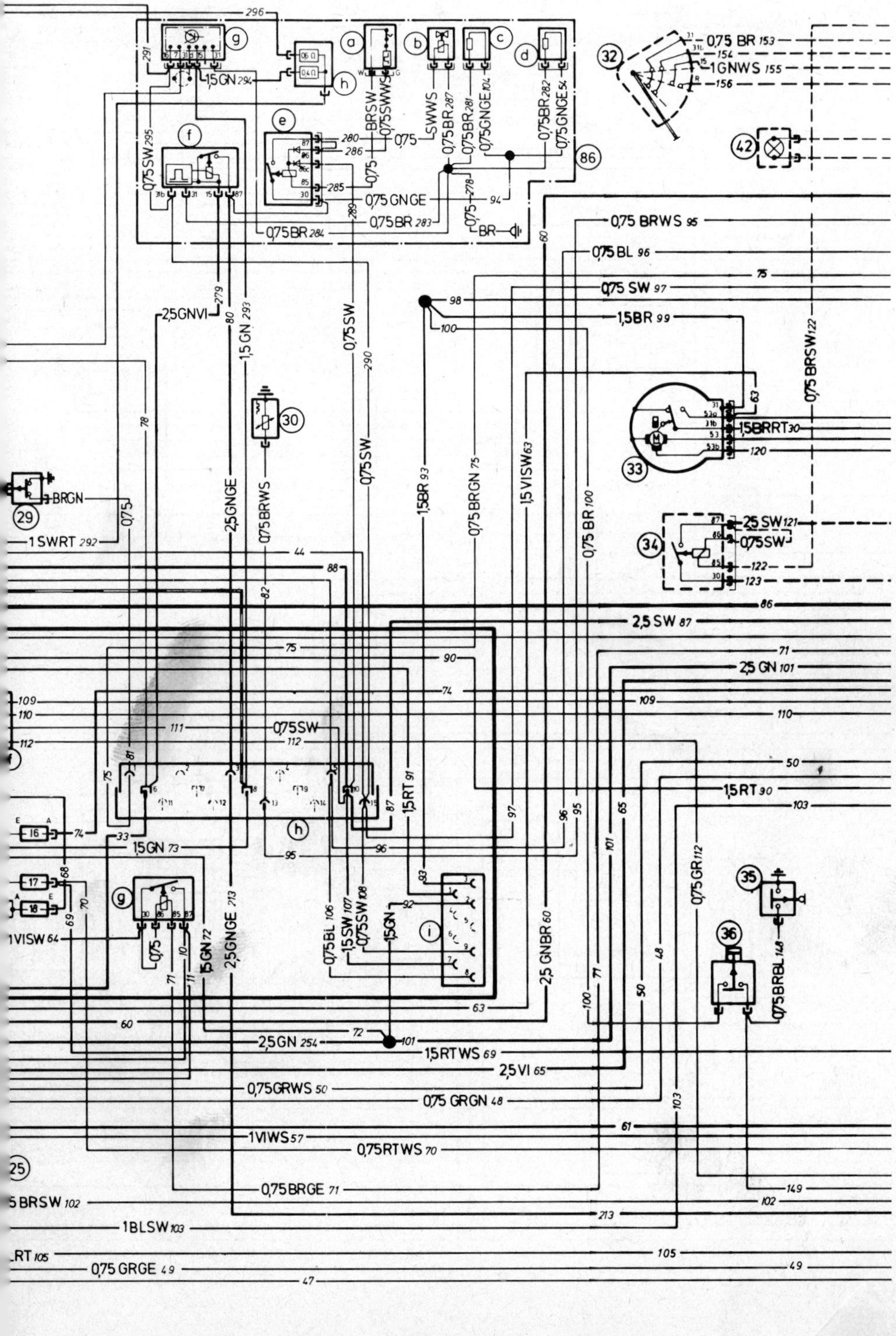

0,75 BR 153
154
1GNWS 155
156
0,75 BRWS 95
0,75 BL 96
0,75 SW 97
1,5 BR 99
1,5 BRRT 30
120
25 SW 121
0,75 SW
122
123
0,75 BRSW 122
2,5 SW 87
2,5 GN 101
1,5 RT 90
0,75 GNGE
0,75 BR 283
0,75 BR 284
1,5 GN 294
0,75 SW 295
2,5 GNVI
1,5 GN 293
0,75 SW
1,5 BR 93
0,75 BRGN 75
1,5 VISW 63
0,75 BR 100
2,5 GNGE
0,75 BRWS
BRGN
1 SWRT 292
0,75 SW
1,5 GN 73
1 VISW 64
1,5 GN 72
2,5 GNGE 213
0,75 BL 106
1,5 SW 107
0,75 SW 108
1,5 GN
1,5 RT 91
2,5 GNBR 60
0,75 GR 112
0,75 BRBL 148
2,5 GN 254
1,5 RTWS 69
2,5 VI 65
0,75 GRWS 50
0,75 GRGN 48
1 VIWS 57
0,75 RTWS 70
0,75 BRGE 71
5 BRSW 102
1 BLSW 103
RT 105
0,75 GRGE 49

Schaltplan, Teil 2 (Erklärung dazu auf Seite 168)

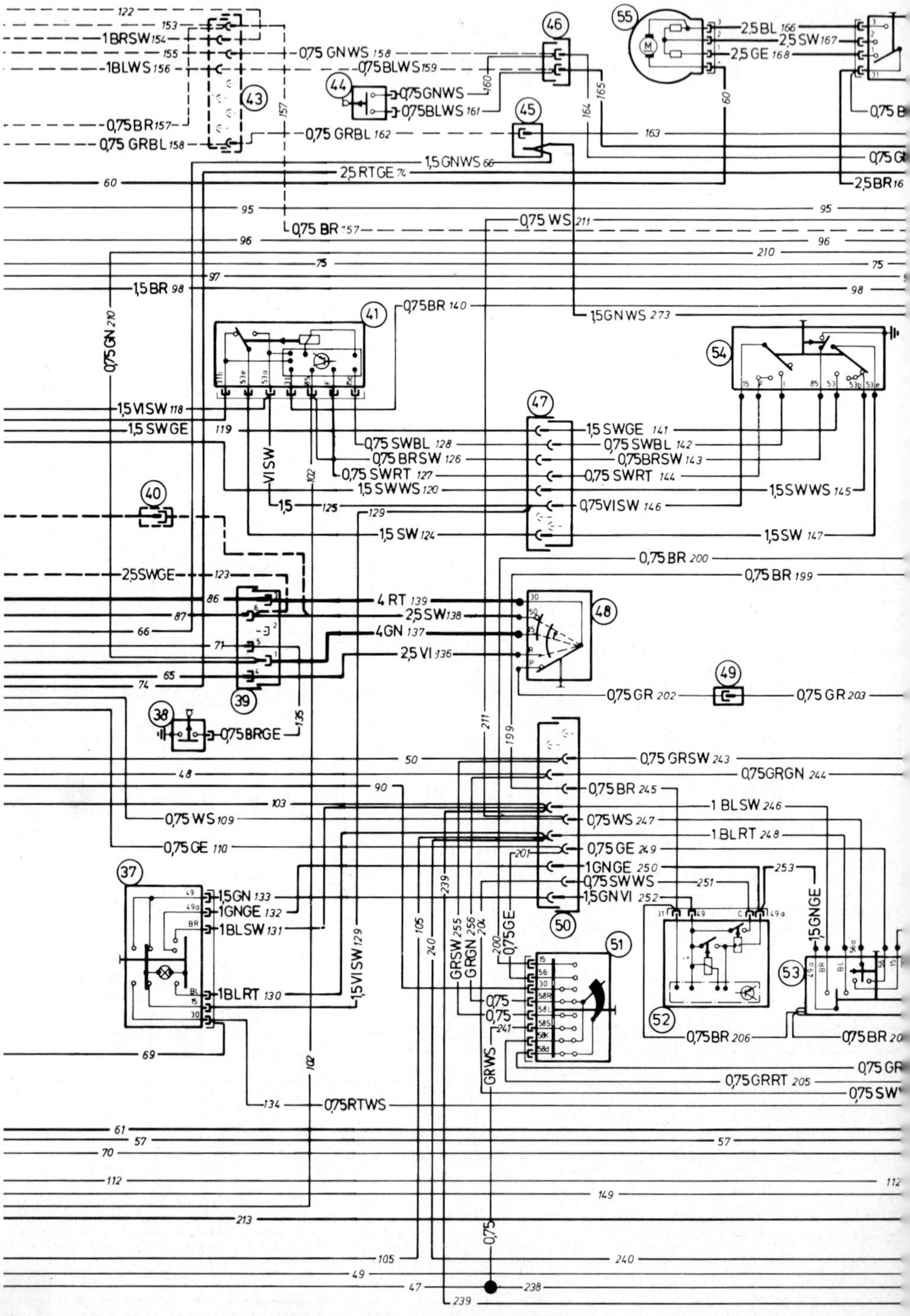

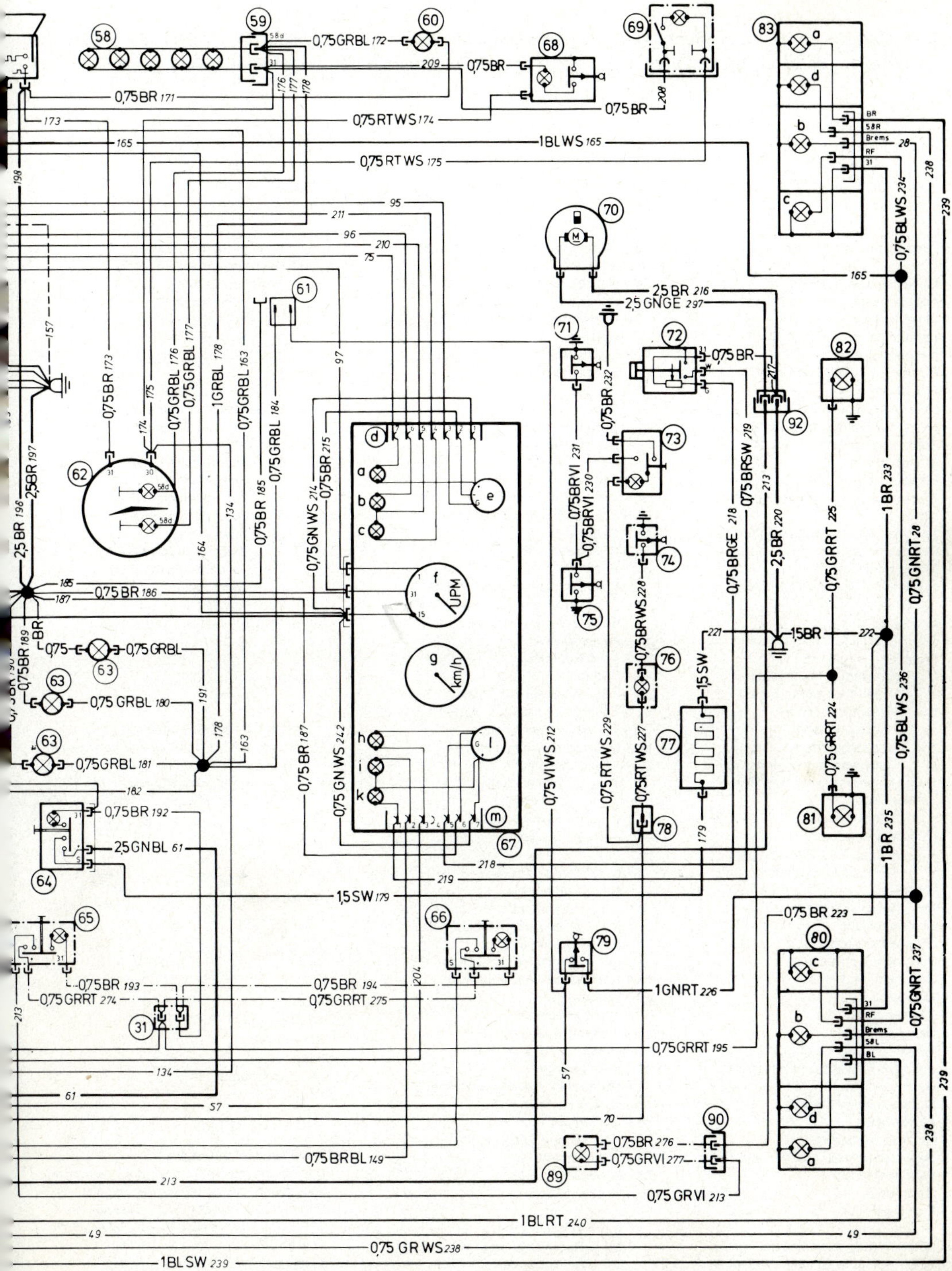
58
59
60
61
62
63
64
65
66
67
68
69
70
71
72
73
74
75
76
77
78
79
80
81
82
83
89
90
92
31
0,75 GRBL 172
0,75 BR
0,75 BR 171
0,75 BR
0,75 RTWS 174
1 BLWS 165
0,75 RT WS 175
0,75 BR 173
0,75 GRBL 176
0,75 GRBL 177
1 GRBL 178
0,75 GRBL 163
0,75 GRBL 184
0,75 BR 185
2,5 BR 197
2,5 BR 198
0,75 BR 186
0,75 GRBL
0,75 GRBL 180
0,75 GRBL 181
0,75 BR 192
2,5 GNBL 61
1,5 SW 179
0,75 BR 193
0,75 GRRT 274
0,75 BR 194
0,75 GRRT 275
0,75 GRRT 195
0,75 BRBL 149
0,75 GN WS 214
0,75 BR 215
0,75 BR 187
0,75 GN WS 242
0,75 VI WS 212
2,5 BR 216
2,5 GNGE 297
0,75 BR 232
0,75 BRVI 231
0,75 BRVI 230
0,75 BR
0,75 BRSW 219
0,75 BRGE 218
2,5 BR 220
0,75 BRWS 228
0,75 RT WS 229
0,75 RT WS 227
1,5 SW
1,5 BR
0,75 GRRT 225
0,75 GRRT 224
1 BR 233
1 BR 235
0,75 BLWS 234
0,75 BLWS 236
0,75 GNRT 28
0,75 GNRT 237
0,75 BR 223
1 GNRT 226
0,75 BR 276
0,75 GRVI 277
0,75 GRVI 213
1 BLRT 240
0,75 GR WS 238
1 BLSW 239
UPM
km/h
BR
58R
Brems
RF
31
58L
BL

Erläuterungen zum Schaltplan auf den Seiten 164/165 und 166/167

Stellvertretend für sämtliche Ausführungen und Modelljahre haben wir den Schaltplan des Modelljahrs 1978 ausgewählt. Bis auf geringe Abweichungen ist die elektrische Schaltung in den neueren Modellen gleich.

Nr. Bezeichnung der Teile

1 – Blinkleuchte vorn rechts
2 – Abblendscheinwerfer rechts mit Standlicht
3 – Fernlichtscheinwerfer rechts
4 – Nebelscheinwerfer rechts[1])
5 – Signalhorn rechts
6 – Signalhorn links
7 – Nebelscheinwerfer links[1])
8 – Fernlichtscheinwerfer links
9 – Abblendscheinwerfer links mit Standlicht
10 – Blinkleuchte vorn links
11 – Steckverbindung zur Blinkleuchte rechts
12 – Anschluß für Motorraumleuchte
13 – Steckverbindung zur Blinkleuchte links
16 – Motorraumleuchte[1])
17 – Schalter für Motorraumleuchte[1])
18 – Wascherpumpe
19 – Zündspule[2])
20 – Zündverteiler[2])
21 – Batterie
22 – Stromverteiler mit Sicherungen
- a – Nebelscheinwerferrelais[1])
- b – Abblendlicht-Relais
- c – Fernlicht-Relais
- d – Entlastungsrelais
- e – Kühlerventilator-Relais 2. Stufe
- f – Steckverbindung zum Stromverteiler
- g – Signalhornrelais
- h – Motorstecker
- i – Anschluß für Diagnosegerät
- k – Steckverbindung zum Kabelbaum
- l – Anschluß Klemme 30

23 – Kühlerventilator
24 – Steckverbindung
25 – Temperaturschalter
26 – Generator mit Regler
27 – Anlasser
28 – Temperaturschalter
29 – Öldruckschalter
30 – Geber für Temperaturanzeige
31 – Anschluß Nebelschlußlichtschalter[1])
32 – Getriebeschalter mit Ganganzeige[3])
33 – Scheibenwischermotor
34 – Anlaßrelais[3])
35 – Handbremskontakt
36 – Bremsflüssigkeitskontrollschalter
37 – Warnblinkschalter
38 – Signaltaste
39 – Steckverbindung zum Zündschloß
40 – Anschluß zum Zündschloß
41 – Wisch-Wasch-Intervall-Steuergerät
42 – Beleuchtung für Getriebeschalter[3])
43 – Steckverbindung zum Getriebeschalter[3])
44 – Rückfahrlichtschalter
45 – Anschluß Getriebeschalter
46 – Anschluß Rückfahrlicht- oder Getriebeschalter
47 – Steckverbindung zum Scheibenwischerschalter
48 – Zündschloß
49 – Anschluß Blinker-/Abblendschalter
50 – Steckverbindung zum Blinker-/Abblendschalter
51 – Lichtschalter
52 – Blinkrelais
53 – Blinker-/Abblendschalter
54 – Scheibenwischerschalter
55 – Gebläse
56 – Gebläseschalter
57 – Anzünder
58 – Beleuchtung für Schalterleiste
59 – Steckverbindung zur Beleuchtung für Schalterleiste
60 – Ascherleuchte
61 – Anschluß Radio
62 – Zeituhr
63 – Instrumentenbeleuchtung
64 – Schalter für heizbare Heckscheibe
65 – Nebelschlußlichtschalter[1])
66 – Nebelscheinwerferschalter[1])
67 – Kombi-Instrument
- a – Öldruckkontrolle
- b – Ladekontrolle
- c – Fernlichtkontrolle
- d – Steckverbindung rechts
- e – Temperaturanzeige
- f – Drehzahlmesser
- g – Tachometer
- h – Blinkerkontrolle
- i – Bremsflüssigkeitskontrolle
- k – Tankanzeige
- m – Steckverbindung links

68 – Handschuhfachleuchte
69 – Handlampe[1])
70 – Kraftstoffpumpe[4])
71 – Türkontakt rechts
72 – Geber für Tankanzeige
73 – Innenleuchte
74 – Schalter für Kofferraumleuchte[1])
75 – Türkontakt links
76 – Kofferraumleuchte[1])
77 – Heizbare Heckscheibe
78 – Steckverbindung
79 – Bremslichtschalter
80 – Heckleuchte links
- a – Blinkleuchte
- b – Bremsleuchte
- c – Rückfahrleuchte
- d – Schlußleuchte

81 – Kennzeichenleuchte links
82 – Kennzeichenleuchte rechts
83 – Heckleuchte rechts
- a – Blinkleuchte
- b – Bremsleuchte
- c – Rückfahrleuchte
- d – Schlußleuchte

84 – Nur 320
- a – Heizwendel der Startautomatik
- b – Wassertemperaturschalter
- c – Leerlauf-Abschaltventil

86 – Nur 323i
- a – Thermozeitschalter
- b – Startventil
- c – Warmlaufregler
- d – Zusatzluftschieber
- e – Diodenrelais
- f – Benzinpumpenrelais
- g – TSZ-Steuerung
- h – Widerstände

89 – Nebelschlußlicht[1])
90 – Anschluß Nebelschlußleuchte
92 – Steckverbindung

[1]) Nur bei Sonderausstattung
[2]) Anschluß 1 mit Unterbrecher und Leitung TR 0,9 Ω/m nicht bei TSZ; Anschluß A und B mit Induktionsgeber nur bei TSZ
[3]) Nur bei automatischem Getriebe
[4]) Nur 323i

Kabelfarben

BL – blau
BR – braun
GE – gelb
GN – grün
GR – grau
RT – rot
SW – schwarz
VI – violett
WS – weiß
TR – transparent

Kabelkennzeichnungen

Der Kabelquerschnitt ist vor der Kabelfarbe angegeben, die nachfolgende Zahl stellt die Nummer der Leitung dar. Beispiel: 0,75 GRVI 181 – das Kabel Nr. 181 ist grau mit violetten Kennstreifen und hat einen Querschnitt von 0,75 mm².

Zündende Funken

Was Denker, Raucher und Autofahrer gleichermaßen verstimmt, ist das Fehlen des zündenden Funkens. Ersterer vermißt ihn bisweilen im Kopf, der zweite im Feuerzeug und der dritte im Motor oder, genauer gesagt, an der Zündkerze.
Im folgenden Kapitel wollen wir die zündenden Funken aus der Sicht der Autofahrer betrachten. Wir wollen erklären, wie der Zündfunke zustande kommt, wie vorgebeugt werden kann, damit er nicht eines Tages unvermittelt ausbleibt und wie Sie sich helfen können, wenn es trotzdem einmal im Zylinder nicht zünden will.

Verschiedene Zündungssysteme

In den verschiedenen Modellen und Baujahren unserer Sechszylinder haben wir es mit unterschiedlichen Zündsystemen zu tun. Während der BMW 323i schon bei seinem Erscheinen mit einer kontaktlosen Transistorzündung (kurz TSZ) ausgeliefert wurde, war der BMW 320 noch bis 8/78 mit einer herkömmlichen Spulenzündung (Kurzbezeichnung SZ) ausgestattet. Erst danach saß auch bei ihm eine TSZ unter der Motorhaube.
Zum September 1980 wurde die Zündanlage abermals geändert. Zwar haben wir es immer noch mit einer Transistorzündung zu tun, jedoch ist diese mittlerweile etwas anders aufgebaut. Auch sonst hat sie noch ein paar Vorzüge (siehe nächste Seite).
Damit nun auf den folgenden Seiten keine Zweifel aufkommen, über welche Zündanlage gerade gesprochen wird, haben wir an denjenigen Abschnitten, die nur eine Zündungsart behandelt, den Zusatz »nur SZ« oder »nur TSZ« unter die Überschrift gesetzt. Dort wo keine Verwechslung möglich ist und bei Absätzen, die alle Zündanlagen behandeln, fehlt dieser Zusatz.

Funktion der herkömmlichen Spulenzündung

Elektrischer Strom kann nur in einem geschlossenen Kreislauf fließen, das wissen Sie ja. Bei der Zündanlage haben wir zwei Stromkreise, die gewissermaßen ineinander verschlungen sind: Primär-Stromkreis und Sekundär-Stromkreis.
Fangen wir mit dem Primär-Stromkreis an. Der 12-Volt-Strom vom Pluspol der Batterie und der Lichtmaschine fließt über das Zündschloß zur Zündspule, darin durch eine Wicklung aus dickem Draht – die Primär-Wicklung – weiter zum »Untergeschoß« des Verteilers, der den Primärstrom bei geschlossenem Unterbrecher wieder an Masse leitet. Damit wäre der Primär-Stromkreis geschlossen. In der dicken Drahtwicklung der Zündspule entsteht hierbei ein magnetisches Feld, das sich durch einen Eisenkern in der Mitte noch verstärkt. Wird nun vom Unterbrecher im »Untergeschoß« des Verteilers der Primär-Stromkreis unterbrochen, fällt das Magnetfeld um die Primär-Wicklung der Zündspule schlagartig zusammen. Dabei entsteht (durch Induktion) in der zweiten Drahtwicklung der Zündspule – der Sekundär-Wicklung, die aus vielen Lagen dünnen Drahts gewickelt ist – Hochspannung von rund 15 000 Volt. Diese Spannung leitet das Hauptzündkabel von der Zündspule in das »Obergeschoß« des Verteilers an den Verteilerfinger, der den Strom jeweils an eine Zündkerze weiterschickt. Dort springt der hochgespannte Sekundärstrom als Zündfunke zwischen den Zündkerzenelektroden über, womit auch dieser Stromkreis geschlossen ist.

Diese Hochspannung ist übrigens **nicht gefährlich**, weil dabei nur geringe Stromstärken auftreten.

Funktion der Transistorzündung

Dreimal pro Umdrehung der Kurbelwelle soll der Funken bei unseren Sechszylindern überspringen. Gehen wir davon aus, daß der Motor gerade gemütlich mit 4000/min dreht, so sind das immerhin 12000 Funken pro Minute; ein schönes Stück Arbeit. Die Zündspule hat da oft Mühe, in der Zwischenzeit die nötige Energie für den nächsten Funken zu speichern. Auch der Unterbrecher tut sich schwerer als bei einem Vierzylinder, der ja $^{1}/_{3}$ weniger Zündungen braucht. Aus diesen und anderen Gründen entschloß sich BMW, in den 323i und seit Baujahr 9/78 auch in den 320 eine kontaktlose (also unterbrecherlose) elektronische Zündung vom Typ Bosch TSZ-i einzubauen. Bei ihr kann kein Unterbrecher ins Flattern geraten und, was entscheidend ist, die Zündspule kann weit kräftiger ausgelegt werden. Sie bekommt ihre Zündimpulse nun nicht mehr vom Unterbrecher – der würde bei der hohen Stromaufnahme dieser Spezial-Zündspule schnell verglühen –, sondern über einen Impulsgeber, der von elektronischen Halbleiterbauelementen im Steuergerät aus einen kräftigen Strom zur Spule fließen läßt. So kann sie auch bei hohen Drehzahlen zuverlässig Zündfunken erzeugen.
Die Funktion selbst ist ganz ähnlich wie bei der Spulenzündung (siehe vorigen Abschnitt). Auch hier sorgt die Zündspule für die Hochspannung. Der Unterbrecher ist jedoch nicht mehr vorhanden. Seine Rolle hat ein sogenannter magnetischer Geber übernommen, der wie der Unterbrecher im Untergeschoß des Verteilers haust und aus zwei Hauptteilen – dem Rotor und dem Stator (siehe Bild Seite 181) – besteht. Jedesmal, wenn die Rotorarme am magnetischen Stator vorbeilaufen, entsteht in dessen Drahtwicklung eine elektrische Spannungsspitze. Sie wird zum Schaltgerät (siehe Bild Seite 175) weitergeleitet und dort verstärkt und umgeformt. Mit diesem so modifizierten Signal wird ein kräftiger Schalttransistor gesteuert, der dann – auf Befehl des magnetischen Gebers – den Zündspulenstrom an- und abschaltet. Dabei entstehen gefährlich hohe Spannungen (siehe Seite 174).

Die Transistorzündung seit 9/80

Seit Baujahr 9/80 wird eine etwas abgewandelte Transistorzündung eingebaut. Es handelt sich dabei um eine Weiterentwicklung der früheren TSZ-i. Das Schaltgerät ist bei dieser Zündung wesentlich kleiner und ein Zündspulen-Vorwiderstand ist nicht mehr vorhanden. Letzteres wurde möglich, weil diese Zündanlage den Strom zur Zündspule selbsttätig begrenzt. Das heißt, es fließt immer nur so viel Strom, wie von der Spule gerade benötigt wird.
Im Extremfall – Zündung eingeschaltet, Motor steht – kann es also bei dieser Zündung nicht mehr zur Zerstörung der Zündspule kommen. Die übrige Funktion und auch der Aufbau des Induktionsgebers im Verteiler entspricht der im vorigen Abschnitt besprochenen TSZ.

Das Zündschloß

Nach der Batterie und Lichtmaschine als Stromquellen für die Zündanlage kommt als nächste Station das Zündschloß. Es dient aber nicht nur dazu, die Zündung ein- und auszuschalten, sondern es blockiert bei abgestelltem Wagen zusätzlich die Lenkung. Man nennt es deshalb auch Lenk-Anlaß-Schloß.

Defekt im Lenkschloßteil

Wie schon gesagt, blockiert das Lenk-Anlaß-Schloß bei abgezogenem Schlüssel die Lenkung. Das geschieht indirekt über den Schließzylinder, in den der Zündschlüssel eingesteckt wird. Falls der Zündschlüssel im Schloß abgebrochen ist oder Schlüssel und Ersatzschlüssel sowie die vielleicht notierte Schlüsselnummer verlorengingen, muß der Schließzylinder (und bei gesperrter Lenkung das ganze Lenk-Anlaß-Schloß) ausgebaut werden. Diese Arbeit gehört allerdings in die Werkstatt.

An den elektrischen Teil (1) des Zündschlosses kommen Sie nach Abnahme der unteren Lenksäulenverkleidung heran. Soll der Elektrik-Teil des Schlosses ausgebaut werden, so müssen Sie die mit Siegellack gesicherte kleine Madenschraube (2) herausdrehen. Der Zündschalter läßt sich jetzt nach hinten herausziehen.

Defekt im Zündschloßteil

Haben Sie nach dem Störungsfahrplan in der vorderen Buchklappe herausgefunden, daß das Zündschloß defekt sein muß, so können Sie die Funktion der verschiedenen Klemmen selbst prüfen. Welche Klemmen wann Strom führen müssen, beschreibt der nächste Abschnitt.

Auch der eigenhändige Ausbau des Zündschloßteils ist möglich. Dazu die linke untere Armaturenbrettverkleidung abnehmen (siehe Seite 221). Außerdem müssen Sie das Unterteil der Lenksäulenverkleidung nach Lösen der drei Schlitzschrauben abbauen. Das unter der Lenksäule angebrachte Blinkrelais aushängen. Jetzt wird das hintere Teil des Lenkschlosses sichtbar. Das Zündschloßteil ist mit einer Madenschraube gesichert, die vor dem Herausziehen losgedreht werden muß. Soll ein neues Zündschloßteil eingebaut werden, stecken Sie am besten ein Kabel nach dem anderen auf die entsprechenden Kontakte um. Zündschlüssel im Schloß linksdrehen und abziehen. Zündschloßteil ebenfalls auf die ganz linke Raste drehen und einsetzen. Madenschraube anziehen und mit Farbklecks sichern.

Zündschloß prüfen

Untere linke Armaturenbrettverkleidung abnehmen (siehe Seite 221) und untere Lenksäulenverkleidung abschrauben (drei Schlitzschrauben). Zur Stromprüfung eignet sich am besten eine Autoelektrik-Prüflampe mit Nadelspitze. Während das Massekabel der Lampe irgendwo an eine blanke Schraube angeklemmt wird, können Sie mit der Nadel die Isolierungen der einzelnen Kabel zum Messen durchstechen. Nun zu den Funktionen der einzelnen Klemmen:

■ Klemme 30 erhält ständig Strom durch das dicke rote Kabel von der Batterie über den Knotenpunkt im Sicherungskasten.

■ Klemme 50 erhält nur in Startstellung das Zündschlüssels Strom von Klemme 30 und leitet ihn weiter durch ein schwarzes Kabel über den sogenannten Motorstecker am Sicherungskasten zur Klemme 50 am Anlasser.

■ Klemme 15 wird in den Schlüsselstellungen »Zündung an« und »Start« von Klemme 30 mit Strom versorgt. Sie liefert ihn in einem grün ummantelten Kabel an die Stromeingangsseite der Sicherung 3 für Stromverbraucher, die nur bei eingeschalteter Zündung betriebsbereit sein sollen, und ohne Durchgang einer Sicherung an die Fernlicht- und Ladekontrollampe sowie an die Relais im Stromverteilerkasten. Bei Wagen mit herkömmlicher Spulenzündung versorgt Klemme 15 – ebenfalls ohne Sicherungsdurchgang – die Zündspule über ein Widerstandskabel. In Wagen mit Transistorzündung läuft der Stromweg zur Zündspule über das TSZ-Steuergerät und bis 8/80 über die beiden Vorwiderstände.

■ Klemme R erhält bereits in der ersten Schlüssel-Raststellung Strom von Klemme 30 und leitet ihn durch ein violett ummanteltes Kabel an die Sicherungen 12 und 15 und die dort angeschlossenen Verbraucher (Hupenrelais, Bremslichter, Scheibenwischermotor, Scheibenwascherpumpe und evtl. Radio).

■ Klemme P steht nur bei ausgeschalteter Zündung unter Strom von Klemme 30 und leitet ihn über ein graues Kabel an den linken Kombihebel (Blinkerschalter), der bei ausgeschalteter Zündung als Parklichtschalter dient. Je nach (Blinkerhebel-) Stellung wird die rechte oder die linke Standlichtseite mit Strom versorgt (Parklichtstellung). Beim Einschalten der Zündung wird Klemme P sofort stromlos.

Zündung »kurzschließen«

In Polizeiberichten liest man bisweilen, ein Autodieb habe die Zündung eines Wagens »kurzgeschlossen«. Zu solch einer Fahrt ohne Zündschlüssel muß aber auch die Lenksperre überlistet werden, aber diese Beschreibung brauchen Sie als Besitzer des BMW natürlich nicht – Sie haben ja einen Schlüssel.

Falls das Zündschloß bei herumgedrehtem Schlüssel streikt, aber das dicke rote Kabel unter Spannung steht, können Sie sich folgendermaßen behelfen: Linke untere Armaturenbrettverkleidung abbauen (siehe Seite 221) und untere Lenksäulenverkleidung abschrauben (drei versenkt angebrachte Schlitzschrauben). Jetzt das Masseband der Batterie abklemmen, damit kein Kurzschluß entsteht. Kabel am Zündschloß unter der Lenksäulenverkleidung abziehen. Stecken Sie nun das dicke rote und das dünnere grüne Kabel mit ihren Anschlußsteckern ineinander und legen Sie die ganzen Kabel so, daß kein Kontakt zu umliegendem Blech entstehen kann. Batterie wieder anklemmen. Setzen Sie sich wieder in den Wagen, denn gleich geht's los. Ladekontrolleuchte und Öldruckkontrolle brennen schon, denn Sie haben ja durch das Zusammenstecken der beiden Kabel die Zündung eingeschaltet. Mit der noch freien schwarzen Leitung tippen Sie nun kurz (!) die beiden verbundenen Stecker an. Der Anlasser startet den Motor. Achten Sie darauf, daß während der Fahrt das schwarze Kabel die Steckverbindung nicht mehr berührt – das gäbe mehr als nur ein häßliches Geräusch.

Zum Abstellen des Motors wird die Steckverbindung einfach wieder gelöst.

Die Zündspule

Für die Zündspule sind keine Wartungsarbeiten vorgesehen, sie muß aber sauber und trocken sein. Sonst können Kurzschlüsse oder »Kriechströme« (durch Schmutz und Feuchtigkeit abfließende Teilströme) auftreten, und die volle Zündspannung wird nicht erreicht. Bei der neuesten TSZ trägt die Spule deshalb auch eine Kunststoffkappe an ihrer Oberseite.

Wie die Zündspule prinzipiell funktioniert, ist zu Anfang dieses Kapitels im Abschnitt »Funktion der herkömmlichen Spulenzündung« beschrieben. Ihren Primärstrom erhält sie an Klemme 15. Der Strom wird nach Durchgang durch die Primärwicklung der Spule von der Klemme 1 über das dort angeschlossene schwarze Kabel zum Unter-

Die Zündspule (2) unserer Sechszylinder-Modelle ist gut versteckt. Sie sitzt zum Motor hin unterhalb des Bremsflüssigkeitsbehälters. Da es sich auf unserem Bild um einen Wagen mit Transistor-Zündung handelt, ist auf die Oberseite der Spule eine zusätzliche Schutzkappe (1) aufgesteckt, die erst nach Abziehen des Hauptzündkabels (3) abgenommen werden kann. Der Deckel soll vor den gefährlich hohen Spannungen an dieser Zündanlage schützen (siehe Seite 174), die nicht nur am Hauptzündkabel von Klemme 4, sondern auch an der Klemme 1 auftreten können.

brecher (im »Untergeschoß« des Zündverteilers) bzw. bei der elektronischen Zündanlage zum Schaltgerät weitergeleitet. Die Zündspannung von etwa 15 000 Volt bzw. 25 000 Volt bei TSZ kommt aus der mittleren Klemme 4 der Zündspule und wird über das Hauptzündkabel zum Obergeschoß des Zündverteilers weitergeleitet.

Der Zündspulen-Vorwiderstand

Diesen Abschnitt brauchen Besitzer eines BMW, der nach September 1980 zugelassen wurde, nicht zu lesen. Denn wie schon gesagt: Diese Wagen besitzen eine TSZ, die durch automatische Stromregulierung keinen Vorwiderstand mehr braucht.
Die früher produzierten Wagen haben dagegen noch einen Vorwiderstand. Außerdem besitzen sie (trotz Aufschrift »12 Volt«) keine echte 12-Volt-Zündspule.
Sowohl bei der Batteriezündung wie auch bei der Transistorzündung ist eine Bosch-Zündspule des Typs »KW 12 V« eingebaut, die trotz der anderslautenden Bezeichnung nur für echte 8,5 – 9 Volt ausgelegt ist. Die Spulen haben zwar unterschiedliche Wicklungsdaten, doch sie besitzen eine Gemeinsamkeit: Das »W« in der Bezeichnung steht für »Widerstand«; d. h. die Zündspule darf nicht ohne Vorwiderstand betrieben werden. Bei den 320ern bildet diesen Vorwiderstand ein Widerstandskabel mit glasklarer Isolierung; das letzte Stück der Leitung vom Zündschloß zur Klemme 15 der Spule. Bei der Transistorzündung sind zwei Keramik-Widerstände (0,4 und 0,6 Ω) mit einem Aluminium-Plättchen an die Karosserie angeschraubt. Zwischen diesen beiden hintereinandergeschalteten Widerständen ist ein Anschluß herausgeführt, auf dessen Funktion wir gleich noch kommen werden.

Strom-Umweg beim Starten

Beim Starten sinkt die Betriebsspannung der Batterie durch den Stromdurst des Anlassers auf etwa 8,5 – 9,5 Volt ab. Die seit 9/80 eingebaute Zündanlage gleicht diesen Spannungsabfall selbsttätig aus.
Bei den älteren Zündungen muß dagegen der Vorwiderstand überbrückt werden, um die Zündspule beim Starten mit ausreichender Spannung zu versorgen. Das geschieht durch die Klemme 16 am Anlasser. Diese Klemme erhält nur während des Startens Strom. Von dort aus führt ein Kabel direkt zur Klemme 15 der Zündspule. So hat die Spule immer ihre richtige Betriebsspannung von 8 – 9,5 Volt – während des Anlassens, weil die Bordspannung sinkt und während des Normalbetriebs, weil der Vorwiderstand die Batteriespannung reduziert. Bei der alten Transistorzündung wird das von Klemme 16 kommende Kabel an den Mittelanschluß zwischen den beiden Widerständen geführt und so der 0,4-Ω-Vorwiderstand überbrückt. Der 0,6-Ω-Widerstand bleibt vorgeschaltet. Die ohnehin kräftigere Spule würde sonst zu viel Strom »wegfressen«.
Der Vorschaltwiderstand ermöglicht außerdem, daß die Primärwicklung der Zündspule mit weniger Windungen gebaut werden kann. Dadurch steigt beim Betrieb der

Die bis Baujahr 8/80 eingebaute Transistorzündanlage besaß zwei Vorwiderstände von 0,4 und 0,6 Ω. Sie sind – der besseren Wärmeabgabe wegen – auf einem Aluminiumplättchen befestigt und haben ihren Platz an der linken Motorraumwand unterhalb der Batterie. Welchen Zweck sie haben, steht im Text oben. Die Flachstecker an den Widerständen können Ursache für Zündungsprobleme sein. Prüfen Sie im Zweifelsfall, ob die Steckerchen in Ordnung sind!

Zündspule in den Unterbrecher-Intervallen bzw. den Schaltimpulsen der TSZ der Primärstrom schneller auf seine volle Höhe an, und dementsprechend kann die Zündspule auch bei hohen Drehzahlen (und entsprechend kurzen Unterbrecher-Intervallen bei der SZ) eine hohe Sekundärspannung für den Zündfunken abgeben. Der Zündfunken wird also besonders kräftig. Andererseits würde die für solch hohe Zündspannung notwendige Hochleistungs-Zündspule durch ihren eigenen geringeren Widerstand die Unterbrecherkontakte bzw. den Schalttransistor zu stark belasten und sich selbst zu sehr erhitzen.

Aus dieser Erklärung geht hervor, daß die bis 8/80 im BMW serienmäßig eingebaute Zündspule außer beim Starten niemals ohne Vorschaltwiderstand betrieben werden darf, sonst kann sie durch die Überspannung nach kurzer Zeit regelrecht explodieren.

Sicherheitsvorschriften bei der TSZ

Bevor wir an der Zündanlage selbst Hand anlegen, sollten wir uns mit den nötigen Sicherheitsvorschriften beim Umgang mit der TSZ vertraut machen. Ein Aufkleber im Motorraum warnt zusätzlich den allzu eifrigen Bastler. Auch Bosch macht in seinen Informationen ausdrücklich darauf aufmerksam, daß es sich bei diesen Zündanlagen mit beträchtlicher Hochspannung um »eine gefährliche Anlage im Sinne der VDE-Richtlinien« handelt.

Zwar hört man glücklicherweise nichts davon, daß Autobesitzer von ihrer TSZ ermordet wurden, aber unter ungünstigen Umständen und beim Berühren blanker Kontakte kann es doch lebensgefährlich werden, vor allem für Herzgefährdete. Gefährlich sind:

- Die Klemmen 1 und 4 an der Zündspule, denn auch die Klemme 1 kann bei dieser Anlage bis zu 100 Volt mit höherer Stromstärke führen.
- Das Haupt- und die Zündkerzenzündkabel, denn falls sie über die Zündkerzen keinen Masseanschluß haben, schlägt der Hochspannungsfunke durch die Kabel- und Steckerisolierung in die haltende Hand, vor allem bei Fußbodennässe oder Körperberührung mit der Karosserie.
- Die Steckeranschlüsse am Schaltgerät und die Zündkerzenstecker.

Darum sollten Sie

- bei laufendem oder startendem Motor nicht die Zündkerzenstecker und Zündkabel berühren oder gar abziehen, »um den Zündfunken zu prüfen«;
- bei eingeschalteter Zündung keine Leitungen der Zündanlage lösen und keine Zündkerzen ausbauen;
- bei notwendigen Prüfungen unter Zündstrom (Anlasser, elektrische Benzinpumpe usw.) nicht das Hauptzündkabel sowohl aus der Zündspule wie aus dem Zündverteiler ziehen (damit der Motor nicht anspringt, wie man das bei normaler Spulenzündung macht), sondern das Hauptzündkabel (Normklemme 4) nur aus dem Verteilerdeckel ziehen und dieses blanke Hauptzündkabel mit einem starken Hilfskabel gut mit Masse verbinden, am besten mit einem Starthilfekabel, dessen Krokodilklemmen guten Anschluß gewährleisten. (Ohne Masseanschluß darf der Anlasser den Motor nicht drehen!);
- Motorwäsche nur bei Motorstillstand und ausgeschalteter Zündung machen;
- an Klemme 1 der Zündspule keinen Entstörkondensator oder eine Prüflampe anschließen (was bei normaler Zündung möglich ist);
- die Zündspule nicht durch eine normale Zündspule ersetzen.

Der Werkstattmann hat dann noch weitere Vorsichtsmaßnahmen beim Schweißen, beim Anschluß von Meßgeräten und bei der Lackier-Ofentrocknung zu beachten.

Zündanlage mit Motortestgeräten prüfen

Bevor wir auf die zahlreichen Fehlermöglichkeiten in der Zündanlage eingehen und die bei Heimwerkerei zumeist recht zeitraubenden Fehlersuchen, Abhilfen und Einstellarbeiten beschreiben, ein Ratschlag für jene, die nicht eine plötzliche Störung fern der Werkstatt selbst beheben müssen: Jede gut ausgestattete Fachwerkstatt, ebenso

die Bosch-Dienste und etliche besonders ausgesuchte Tankstellen verfügen über Motortestgeräte. Ein Fachmann erkennt in wenigen Minuten an seinen Meßgeräten und am Bildschirm des Oszilloskops (elektronischer Bildschirm), ob Zündspule, Unterbrecherkontakte und Kondensator bzw. Impulsgeber und Steuergerät, Zündverteiler, Zündzeitpunkt, Zündkabel und Zündkerzen einwandfrei sind oder wo eventuell ein Fehler steckt.
Auch einem engagierten Heimwerker kann man diese Werkstattinanspruchnahme (guten Fachmann erfragen!) nur anraten, denn sie erspart bei verhältnismäßig geringen Kosten eine schnell in die Irre führende Fehlersuche. In besonderer Weise gilt das natürlich für die Transistor-Zündanlage, an der Sie bei Eigenbasteleien ohnehin erhöhte Vorsicht wegen der hohen Betriebsspannungen walten lassen sollten. Auch erkennt die Werkstatt gerade bei dieser Zündanlage viel schneller als Sie, wo der Wurm steckt.

Fehlersuche an der Transistor-Zündanlage

Mit scharfem Auge und einem genauen Voltmeter ausgestattet kann auch der Laie einer Störung an der Transistor-Zündanlage auf die Spur kommen. Gewarnt sei allerdings vor den hohen Zünd- und Impulsspannungen an dieser Zündung. (Im Text links nachlesen!) Hier die Prüfmöglichkeiten:

- Eine Zündkerze herausschrauben, das Zündkabel auf die herausgeschraubte Kerze stecken und diese auf dem Motorblock so ablegen, daß sie Massekontakt hat. Jetzt betätigt ein Helfer den Anlasser (Schalthebel in Leerlaufstellung). Während dieser Prüfung unter keinen Umständen Zündkerze oder Zündkabel berühren.
- Springen kräftige Funken über, ist die Zündung in Ordnung – sie kann allenfalls verstellt sein. Gibt es an der Zündkerze keinen Funken, können Sie es probehalber mit einer anderen Zündkerze versuchen.
- Springen keine Funken über, liegt der Fehler in jedem Fall an der Zündanlage. Bei abgestelltem Motor und ausgeschalteter Zündung können Sie nun folgende Prüfungen vornehmen: Alle elektrischen Steckverbindungen an der Zündanlage (Steuergerät, Vorwiderstand bei der alten TSZ, Zündspule, Verteiler, Zuleitung) auf festen Sitz und guten Kontakt prüfen.
- Des weiteren prüfen Sie den Zustand von Verteilerdeckel, Zündkabeln, Kerzensteckern und vom Verteilerfinger mit Drehzahlbegrenzer. Im Verteiler kann noch der Luftspalt zwischen den Zacken des Rotors und des Stators geprüft werden. Er soll 0,35 – 0,7 mm betragen.

Weitergehende Prüfungen an der alten TSZ bis 8/80

- Ließ sich bisher noch kein Fehler erkennen, ziehen Sie das rot/schwarze Kabel am unteren Anschluß der beiden Zündspulen-Vorwiderstände ab, schließen dort eine Prüflampe oder ein Voltmeter an und betätigen den Anlasser. Das Voltmeter zeigt

Das Zündgerät (3) der alten Transistorzündung. Nach Zurückschieben der Gummistulpe (1) wurde der Mehrfachstecker (2) abgezogen, um die Kontakte auf Korrosion zu prüfen. Dieses Zündgerät wurde im BMW 320 von 9/78 bis 8/80 eingebaut. Der 323i besaß eine solche Zündung von Produktionsbeginn bis 8/80.

etwa 12 – 14 Volt, die Prüflampe brennt hell. Tut sie das nicht, ist das rot/schwarze Kabel zum Anlasser Klemme 16 unterbrochen.

■ Zeigt dagegen das Voltmeter an oder leuchtet die Lampe, machen wir die nächste Prüfung, zu der allerdings ein genaues Voltmeter gebraucht wird: Mehrfachstecker am Zündungs-Steuergerät abziehen und Voltmeter an Klemme 7 und Klemme 31d des Steckers anschließen. Anlasser betätigen. Das Voltmeter muß mindestens 0,05 Volt anzeigen. Tut es das, ist der Impulsgeber in Ordnung. Liegt keine Spannung an, ist entweder der Impulsgeber im Zündverteiler defekt oder das Kabel hat Unterbrechung.

■ Ist ein Zündfunke vorhanden, aber will der Motor dennoch nicht laufen, prüfen wir folgendes: Schutzabdeckung über der Zündspule – wo vorhanden – abnehmen, Voltmeter an Klemme 1 anschließen und Zündung einschalten. Liegt die Spannung über 2 Volt gegen Masse, prüfen wir wie folgt weiter: Stecker am Steuergerät abziehen und die Spannung an Klemme 15 im Stecker messen. Führt diese Klemme keinen Strom, liegt eine Unterbrechung im oder in der Leitung zum Zündschloß vor. Weiter: Klemme 16 im Stecker muß ebenfalls unter Strom stehen. Tut sie das nicht, ist die Zuleitung zu Klemme 1 der Zündspule unterbrochen. Zuletzt kontrollieren wir noch die Masseverbindung des Steuergeräts an Klemme 31 des Steckers. Sind alle genannten Punkte in Ordnung, kann nur noch das Steuergerät defekt sein.

■ Zurück zu unserer Ausgangsprüfung: Lag die Spannung an Klemme 1 der Zündspule über 2 Volt, prüfen wir in eine andere Richtung: Wir messen die Spannung an Klemme 15 der Zündspule: Liegen dort weniger als 3 Volt an, ist die Zündspule oder der Vorwiderstand defekt. Sind mehr als 3 Volt da, müßte der Motor jetzt eigentlich anspringen.

■ Bei laufendem Motor prüfen wir jetzt den Zündzeitpunkt (siehe Seite 184) und den Schließwinkel (siehe rechts). Stimmt der Schließwinkel nicht, werden – am besten in der Werkstatt – Impulsgeber und Steuergerät genau durchgemessen. Einer von beiden ist dann nämlich defekt.

Weitergehende Prüfungen an der neuen TSZ ab 9/80

■ Brachte die bisherige Kontrolle der Zündanlage keinen Fehler zutage, ziehen Sie den Mehrfachstecker am Zündungs-Schaltgerät ab und schließen ein Voltmeter zwischen Klemme 15 und Klemme 31 am Stecker an. Zündung einschalten. Jetzt müssen mindestens 12 Volt angezeigt werden. Wenn nicht, ist in der Zuleitung etwas faul. Im Zweifelsfall auch die Masseleitung prüfen!

■ Am noch abgezogenen Schaltgerät-Stecker das Voltmeter jetzt zwischen Klemme 16 und Klemme 31 anschließen. Auch jetzt werden mindestens 12 Volt abgelesen. Ansonsten kann die Zuleitung vom Zündschloß zur Zündspule, die Zündspule selbst oder die Leitung von Klemme 1 der Spule zur Klemme 16 des Steckers, an dem wir messen, defekt sein.

Das neue Zündgerät (Pfeil), wie es seit 9/80 eingebaut ist, hat wesentlich geringere Einbaumaße. Durch neueste Technologie kann es – trotz seiner kleinen Einbaumaße – den jeweiligen Beanspruchungszustand genau erfassen und die Zündspannung entsprechend nachregulieren. Aus diesem Grund konnte man sich auch bei diesem Gerät die Vorwiderstände ersparen. Die Startanhebung erfolgt hier automatisch im Zündgerät. Selbst der andere Extremfall – eingeschaltete Zündung bei stehendem Wagen – wird dieser Zündung durch automatisches Nachregeln nicht zum Verhängnis.

■ Die Zündspule können wir nur einer Sichtprüfung unterziehen: Hauptzündkabel abziehen und Kunststoff-Schutzdeckel abnehmen. Auf der Oberseite der Spule befindet sich ein kleiner Stopfen. Ist er herausgefallen oder ist an dieser Stelle Isoliermasse ausgetreten, ist die Zündspule defekt. In diesem Fall hat auch das Schaltgerät etwas abbekommen (oder es war die Ursache); deshalb muß es unbedingt ebenfalls ausgewechselt werden.

■ Jetzt kann nur noch die Spannungsversorgung der Zündspule kontrolliert werden. Dazu Voltmeter an Klemme 15 der Zündspule und den Minuspol der Batterie anschließen. Motor – wenn möglich – im Leerlauf drehen lassen. Liegen mindestens 10 Volt an, ist alles in Ordnung. Ist weniger Spannung vorhanden, muß die Werkstatt die Zuleitung von der Batterie zur Zündspule auf Übergangswiderstände untersuchen.

■ Mehr als die genannten Punkte läßt sich mit unseren bescheidenen Mitteln nicht prüfen. Weitergehende Kontrollen bleiben dann sinnvollerweise der Werkstatt vorbehalten.

Einstellarbeiten an der TSZ

Wartungspunkte Nr. 47 und 48

Durch den Wegfall des Unterbrechers bei der Transistorzündanlage kommt es praktisch zu keiner Veränderung des Zündzeitpunkts. Auch der Schließwinkel in seiner ursprünglichen Form kann bei der TSZ nicht mehr eingestellt werden.

Der Zündzeitpunkt wird in gleicher Weise geprüft und eingestellt, wie auf Seite 184 für die Spulenzündung beschrieben. Zu beachten gilt es allerdings die Vorsichtsmaßregeln für die TSZ auf Seite 174.

Obwohl die TSZ keinen Unterbrecher und somit auch keinen Schließwinkel im herkömmlichen Sinne hat, wird bei ihr trotzdem mit dem Schließwinkeltester in der gleichen Art wie bei der SZ geprüft (siehe Seite 183). Der TSZ-»Schließwinkel« ist jedoch hier ein konstruktiv festgelegter Meßwert und kann nicht verändert werden. Außerdem verändert sich der »Schließwinkel« drehzahlabhängig. Das ist bei der TSZ völlig normal, während es bei der SZ ein Anzeichen für einen verschlissenen Verteiler wäre. Deshalb wird hier bei einer festgelegten Drehzahl gemessen:

■ Bei der alten TSZ bis Baujahr 8/80: Bei **4500/min 52–57**° (entspricht 87–95%);

■ bei der neuen TSZ ab Baujahr 9/80: Bei **900/min 21–25**° (entspricht 35–42%).

Werden die genannten Werte nicht erreicht, liegt ein Fehler am Schaltgerät vor. Allerdings ist diese Messung kaum mit einem Heimwerker-Autotester möglich. Mit diesen Geräten gibt's in der Regel Fehlmessungen.

Zündspule prüfen

(nur SZ)

Die hier beschriebene Zündspulen-Prüfung betrifft nur BMW 320 mit herkömmlicher Spulenzündung. Bei der TSZ-Anlage kann die Spule nicht mehr so einfach kontrolliert werden.

■ Zuerst prüfen, ob aus der Zündspule überhaupt hochgespannter Zündstrom durch

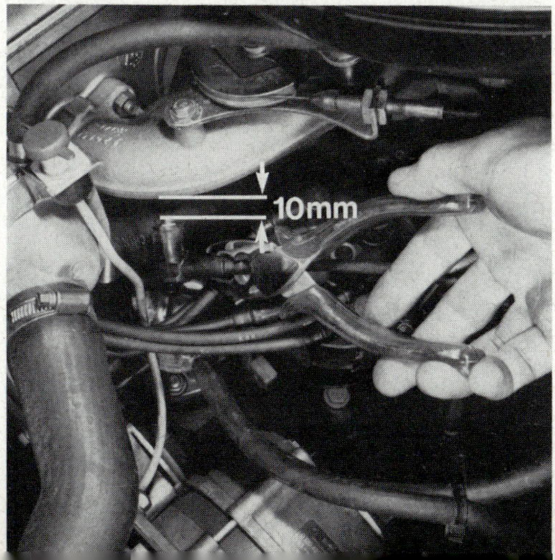

Das sollten Sie nur bei der normalen Spulenzündung (SZ) machen: Die im Text »Zündspule prüfen« beschriebene Hochspannungsprüfung. Das Hauptzündkabel wird aus der Mittelbuchse des Verteilers herausgezogen und mit einer isolierten Zange oder einer Wäscheklammer in etwa 10 mm Entfernung gegen ein blankes Teil des Motors gehalten, wie hier gegen den Ansaugkrümmer des BMW 320. Wegen der hohen Zündspannungen muß die Prüfung in dieser Form bei der TSZ unterbleiben. Lesen Sie dazu den Text auf Seite 174.

das dicke Hauptzündkabel »herauskommt«. Dazu Hauptzündkabel aus Mittelbuchse des Zündverteilers ziehen, Motor (ohne Gasgeben) von Helfer starten lassen und blankes Hauptzündkabel auf etwa 10 mm gegen Motorblockmetall halten. Springen kräftige Funken über, liegt es wahrscheinlich nicht an der Zündspule (sie kann es aber bei hohen Drehzahlen doch sein).

■ War diese Hochspannungsprüfung unbefriedigend, müssen Sie feststellen, ob an den Kontakten der Zündspule überhaupt Strom anliegt. Dazu eignet sich am besten eine aus einer alten Scheinwerferbirne selbstgebastelte Behelfsprüflampe (zwei ausreichend lange Kabel andrillen oder festlöten, daß ein Lichtfaden brennt). Der Eigenverbrauch der Scheinwerferbirne (mindestens 40 Watt) gibt durch unterschiedlich helles Leuchten den Hinweis, ob der Widerstand der Zündspule noch groß genug ist oder ob sich ein Kurzschluß eingeschlichen hat. Noch genauer ist ein parallel zur Behelfsprüflampe geschaltetes Voltmeter. Weniger geeignet ist eine gewöhnliche Elektrik-Prüflampe, denn deren geringer Eigenverbrauch zeigt nur, ob überhaupt Strom da ist, sagt aber nichts über die Widerstandswirkung.

Als Vorbereitung zur Prüfung an Klemme 1 der Zündspule das schwarze Kabel zum Unterbrecher lösen, damit der Stromweg über die Unterbrecherkontakte unterbrochen ist und durch die Behelfsprüflampe fließen muß.

■ Zündung einschalten; Öldruck- und Ladekontrolle müssen brennen.

■ Ein Ende des Prüflampenkabels und Plus-Klemme des Voltmeters an Klemme 15 der Zündspule drücken, das andere Ende und Minus-Klemme des Voltmeters an Masse: Die Lampe muß etwas trübe brennen, das Voltmeter zeigt etwa 8,5 Volt. Brennt sie nicht, liegt der Fehler an der Zuleitung vom Zündschloß her oder am Widerstandskabel (letztes Stück der Leitung mit durchsichtiger Isolation).

■ Bei derselben Prüfung an Klemme 1 der Zündspule muß die Behelfsprüflampe sehr trübe brennen, das Voltmeter zeigt etwa 5 Volt. Brennt nichts, ist die Primärwicklung der Zündspule unterbrochen. Brennt sie recht hell, herrscht Kurzschlußüberbrückung in der Zündspule. In beiden Fällen Spule ersetzen.

■ Sind die Leucht- und Meßergebnisse gut, gibt es aber trotzdem keinen ausreichenden Zündfunken, kann die Sekundär-(Hochspannungs-)Wicklung der Zündspule defekt sein. Oder es liegt am Kondensator.

Der Kondensator
(nur SZ)

Nicht nur die Zündspule kann die Ursache für einen schwachen Zündfunken sein, es kann auch am Kondensator liegen, der durch ein Kabel mit Klemme 1 der Zündspule verbunden ist. Eine genaue Prüfung des Kondensators auf »Durchschlag«, also Kurzschluß, Isolationsverlust und ausreichende Kapazität ist nur auf einem Werkstatt-Prüfstand möglich.

Ein total ausgefallener Kondensator läßt sich eventuell bei abgenommenem Verteiler-

Ein Blick in den geöffneten Verteiler eines BMW mit Spulenzündung: Es bedeuten: 1 – Zugstange von der Unterdruckdose; 2 – Schmierfilz in der Verteilerwelle; 3 – Massekabel; 4 – Halteklammer für Verteilerdeckel; 5 – Kondensator; 6 – Anschlüsse des Normkabels Nr. 1; 7 – Einstellwarzen, zwischen die der Schraubenzieher beim Einstellen des Unterbrechers gesteckt wird; 8 – Unterbrecher-Kontakte; 9 – Unterbrecher-Einstellschraube; 10 – Gleitstück des Unterbrechers. Hier wird etwas Fett aufgestrichen (siehe Seite 41); 11 – Unterdruckdose.

deckel an überspringenden starken Funken zwischen den Unterbrecherkontakten erkennen. Von einem Helfer den Motor starten lassen.
Auch bei stark verschmorten Unterbrecherkontakten, die noch nicht lange in Betrieb sind, besteht der Verdacht, daß der Kondensator defekt ist. Aber langes Prüfen des Kondensators rentiert sich zumeist nicht. Austauschen.
Der Kondensator ist aber wahrscheinlich in Ordnung und die Unterbrecherkontakte heben ordnungsgemäß ab, wenn sie folgende Prüfung bestehen: Prüflampe zwischen das von Klemme 1 an der Zündspule abgezogene schwarze Kabel und diese Klemme 1 schalten. Von Helfer (ohne Gaspedalberührung) Anlasser drehen lassen. Wenn die Prüflampe in gleichmäßigem Rhythmus an und aus blinzelt, sind Kondensator und Unterbrecherkontakte wahrscheinlich in Ordnung.

Der Unterbrecher
(nur SZ)

Der Unterbrecher sitzt ziemlich zugebaut im Verteiler. Um ihn zu sehen, müssen Sie den Verteilerdeckel abnehmen (dazu die zwei Halteknebel mit Schraubenzieher niederdrücken und linksdrehen), den Verteilerfinger abziehen und den darunterliegenden Staubschutzdeckel abheben.
Der Unterbrecher ist gegen Masse isoliert auf der Unterbrecherplatte montiert und löst bei seinem Abheben den Zündfunken aus. Der Funke muß im richtigen Augenblick überspringen – davon ist die volle Leistung des Motors abhängig. Die beste Leistung hat der Motor, wenn der Druck des brennenden Kraftstoff-Luft-Gemisches unmittelbar bei Beginn der Abwärtsbewegung des Kolbens am größten ist. Da nun aber das Kraftstoff-Luft-Gemisch stets eine gleichbleibende Zeit zum vollen Entflammen braucht (rund $^1/_{3000}$ Sekunde), muß mit steigender Drehzahl der Zündzeitpunkt immer früher gelegt werden. Wird er allerdings zu früh gelegt, schlägt das bereits entflammte Kraftstoff-Luft-Gemisch dem noch aufwärts strebenden Kolben entgegen. Gibt man zu wenig Frühzündung, wird die Energie des Kraftstoffes nicht vollständig ausgenutzt, der Motor kommt nicht auf volle Leistung.

Automatische Zündverstellung

Mit steigender Motordrehzahl muß der Zündfunke früher überspringen, denn – wir haben das im letzten Abschnitt schon angesprochen – das Kraftstoff-Luft-Gemisch braucht ja immer die gleiche Zeit zur Entzündung. Nur so erfolgt die Verbrennung wieder genau zur richtigen Zeit, nämlich dann, wenn der Kolben gerade wieder beginnt abwärts zu laufen.
Das Verbrennen des Kraftstoff-Luft-Gemisches hängt aber auch von dessen Zusammensetzung ab. Bei nur gering durchgetretenem Gaspedal (bei »Teillast«) ist das Gemisch in den Brennräumen weniger zündfähig; es verbrennt daher langsamer und muß auch aus diesem Grund früher gezündet werden.
Diese Zündverstellung in Richtung »früh« übernehmen in unseren BMW-Modellen zwei Einrichtungen im Verteiler: Der Fliehkraftversteller unten im Verteiler und die Frühzündungs-Unterdruckverstellung, die von der Unterdruck-Blechdose seitlich am Verteiler ausgeht.
Nun zur Spätverstellung: Um die verschärften Bestimmungen bezüglich der Entgiftung der Abgase einhalten zu können, besitzen alle 3er-Modelle eine Unterdruckverstellung in Richtung »spät«. So soll bewirkt werden, daß die Auspuffgase im Leerlauf und im Schiebebetrieb, also bei geschlossener Drosselklappe, weniger Schadstoffe enthalten.
In den folgenden Abschnitten finden Sie die einzelnen Zündverstelleinrichtungen nochmals näher erläutert.

Frühzündungs-Unterdruckverstellung

Zur Unterdruckverstellung in Richtung »Frühzündung« dient eine seitlich am Verteiler angebrachte Blechdose, deren eine Hälfte durch eine dünne Saugleitung mit dem Ansaugrohr verbunden ist. Unterhalb der Drosselklappe herrscht ein Unterdruck, der hauptsächlich von der Drosselklappenstellung abhängig ist. Bei geschlossener Drosselklappe ist der Unterdruck im Vergaser gleich Null, er steigt mit zunehmender Öffnung und steigender Drehzahl unter Teillast auf einen Höchstwert, um bei voll geöffneter Drosselklappe wieder auf etwa ⅕ des Höchstwertes abzufallen. Wenn nun bei nur teilweise durchgetretenem Gaspedal ein kräftiger Unterdruck entsteht, zieht dieser über die Saugleitung in der Unterdruckdose eine Membrane an, von der eine kleine Zugstange in den Verteiler hineinreicht und dort den Stator bzw. die drehbare Unterbrecherplatte anzieht. Hierbei wird der Stator bzw. die Unterbrecherplatte entgegen der Drehrichtung der Verteilerwelle gezogen und die Zündung erfolgt so entsprechend früher. Die Unterdruckverstellung bewirkt je nach Motortyp zwischen 10 und 14 Grad Frühzündung zusätzlich zur Fliehkraftverstellung (siehe unten).

Spätzündungs-Unterdruck-verstellung

Unsere 3er besitzen eine doppelt wirkende Unterdruckdose mit zwei angeschlossenen Schläuchen. Der Teil mit dem schwarzen Schlauch sorgt an dieser zweifach wirkenden Unterdruckdose für die bereits beschriebene Zündungs-Frühverstellung. Der andere Teil an dieser dicken Unterdruckdose bewirkt das Gegenteil: Er zieht bei geschlossener Drosselklappe (also bei Leerlauf und bei Schiebebetrieb des Motors) den Stator bzw. die Unterbrecherplatte in Richtung Spätzündung, um den Ausstoß von Giftgasen zu verringern.

Der helle Schlauch zum Zündverteiler ist jedoch nicht bei allen Sechszylindern direkt mit dem Ansaugrohr verbunden. In den ersten Bauserien (bis etwa 12/77) ist die Leitung durch ein Ventil unterbrochen, das über die Kühlwassertemperatur geöffnet bzw. geschlossen wird. Bis zu einer Kühlwassertemperatur von etwa +13° C ist das Ventil geschlossen. Erst ab etwa +20° C öffnet das Ventil voll und natürlich wird erst dann die Spätverstellung wirksam. Der kalte Motor erhält so mehr Frühzündung und dreht somit etwas schneller.

Wie dieses Ventil auf einfache Weise geprüft werden kann, steht im Text rechts.

Unterdruck-verstellung prüfen

Ob die Unterdruckverstellung funktioniert, läßt sich – allerdings ohne genaue Meßwerte – selbst prüfen. Beginnen wir mit der Frühzündungs-Verstellung: Schwarzen Schlauch von der Unterdruckdose abziehen und mit der Fingerspitze fest zuhalten. Von Helfer Motor starten und in erhöhter Drehzahl (etwa 3000/min) halten lassen. Wenn Drehzahl gleichmäßig ist, dünnen Schlauch schnell auf das Röhrchen der Unterdruckdose schieben. Da nun vom Saugrohr her Luft durch den Schlauch angesaugt wird, muß die Unterdruckverstellung in diesem Teillast-Bereich in Aktion treten, wodurch die Motordrehzahl ohne Gaspedalveränderung sofort merklich erhöht wird. Falls der Motor nicht etwas schneller dreht, ist wahrscheinlich die Unterdruckverstellung gestört.

Nun zur Spätverstellung: Betriebswarmen Motor im Leerlauf drehen lassen und dabei den weißen Schlauch an dem zum Verteiler hin zeigenden Teil der Unterdruckdose abziehen und mit dem Finger zuhalten. Der Motor muß jetzt schneller laufen. Tut er das nicht, ist höchstwahrscheinlich die Spätverstellung defekt.

Die Fliehkraft-verstellung

Der Fliehkraftregler wirkt »innerlich« auf die Verteilerwelle. Diese besteht nicht etwa aus einem Stück, sondern ist in Antriebs- und Verteilerwelle geteilt und beweglich ineinander gesteckt.

Die Trägerplatte des Fliehkraftverstellers sitzt im Verteilergehäuse unter dem Stator bzw. der Unterbrecherplatte fest auf der Verteiler-Antriebswelle. Je schneller sich diese dreht, um so intensiver drücken die Fliehgewichte auf ihrer Trägerplatte gegen einen Mitnehmer, der seinerseits die eigentliche Verteilerwelle zusätzlich in ihrer Drehrichtung bewegt. Dadurch wird mit ansteigender Drehzahl zunehmende Frühzündung erreicht. Bei abnehmender Drehzahl machen dies kleine Spiralfedern wieder

rückgängig. Insgesamt bewirkt die Fliehkraftverstellung bei Drehzahlen bis 3 500/min (323i: 2 400) bis zu 36° Frühzündung (323i: 33°). Entsprechend Motorbelastung und Drehzahlen wirken Fliehkraft- und Unterdruckverstellung teilweise gemeinsam.
Die Fliehgewichte und deren Rückholfedern sind genau aufeinander abgestimmt. Störungen lassen sich nur mit speziellen Prüfgeräten feststellen. Wenn der Motor trotz einwandfreier Zündanlage und richtig eingestelltem Zündzeitpunkt in höheren Drehzahlen nicht auf Leistung kommt, kann der Fliehkraftregler schuld sein. Das läßt man am besten in einer Fachwerkstatt kontrollieren.

Thermoventil prüfen

Das Thermoventil war nur in den ersten Sechszylinder-Bauserien im Thermostatgehäuse eingeschraubt. Seine Aufgabe ist es, die Zündungs-Spätverstellung je nach Kühlmitteltemperatur an- und abzuschalten (siehe Vorseite). Geprüft wird das Thermoventil folgendermaßen: Bei kaltem Motor (unter +13° C Kühlmitteltemperatur) den Unterdruckschlauch vom Thermoventil zum Vergaser am Ventil abziehen. Den zweiten weißen Schlauch zur Unterdruckdose am Verteiler an der Dose abziehen und mit dem Mund hineinblasen. Durchblasen durch das Ventil darf jetzt nicht möglich sein, sonst ist das Thermoventil defekt.
Gegenprobe: Motor warmlaufen lassen. Bei über +20° C Kühlmitteltemperatur muß Durchblasen möglich sein. Im Zweifelsfall können Sie den Test bei herausgebautem Ventil in einem entsprechend temperierten Wasserbad wiederholen.
Ein defektes Thermoventil muß ausgetauscht werden. Mit Reparieren ist da nichts zu machen. Geben Sie beim Kauf acht, daß Sie das richtige Thermoventil bekommen. BMW baut in andere Typen ähnlich aussehende Thermoventile mit anderen Öffnungstemperaturen ein.

Zündverteiler kontrollieren

Dem Wortsinn nach besteht der Verteiler eigentlich nur aus Verteilerdeckel und Verteilerfinger, aber üblicherweise zählt man auch den Impulsgeber bzw. den Unterbrecher, die Zündzeitpunktverstellung und den Kondensator der SZ dazu.
Wie der Zündverteiler geschmiert wird, finden Sie auf Seite 41 beschrieben. Doch mit der Schmierung allein ist es nicht getan. Ein ebenfalls wichtiger Pflegepunkt am Verteiler ist seine sorgfältige Reinigung. Die Verteilerkappe muß innen und außen sauber sein, damit keine Strombrücke über Schmutz, Abrieb oder Feuchtigkeit den Zündstrom ableitet.
Auch auf den Verschleiß der einzelnen Teile ist dabei zu achten. So muß die Kontaktkohle innen in der Mitte des Verteilerdeckels glatt und glänzend sein, sich leicht einfedern lassen und ohne zu klemmen wieder zurückfedern, denn sie hat den Hochspannungs-Zündstrom vom Hauptzündkabel zum Mittelkontakt des Verteilerfingers weiterzuleiten.

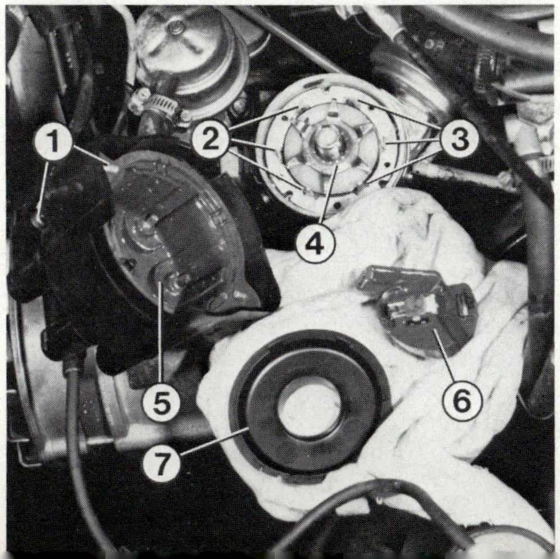

Nach Lösen der beiden Halteknebel (1) – mit dem Schraubenzieher hineindrücken und nach links drehen – können Sie den Verteilerdekkel (5) beim BMW mit kontaktloser Zündung abnehmen (323i: Zuvor Ansaugschnorchel des Luftfilters ausbauen). Als erstes sehen Sie nun den Verteilerfinger mit eingebautem Drehzahlbegrenzer (6). Dieser Drehzahlbegrenzer hat durchaus Lebensberechtigung (siehe Seite 49); er darf nicht einfach blockiert werden. Gleichzeitig mit dem Abziehen des Verteilerfingers wird der Staubschutzdeckel (7) abgenommen. Er hat an seinem Außenrand einen Zapfen, der beim Einbau in die Aussparung am Verteilergehäuse gesetzt werden muß. Das jetzt freigelegte Untergeschoß des Verteilers sieht völlig anders aus, als wir das von der Spulenzündung her gewohnt sind: Zu sehen ist hier nur der Rotor (4) und der Stator (2 und 3). Die Funktion beider Teile finden Sie auf Seite 170 beschrieben.

Der Verteilerfinger darf an seiner Zunge über der Abdeckung des Entstörwiderstands zwischen seinem Mittelkontakt und der Zunge nicht verschmort sein. Verteilerfinger von der Verteilerwelle abziehen und von innen betrachten. Dort sitzt ein Kunststoffnocken, der in die entsprechende Aussparung oben auf der Verteilerwelle genau einrasten muß. Dieser Innen-Nocken darf nicht »verwürgt« sein, denn nur ein unverschlissener Nocken kann dem Verteilerfinger seine genaue Stellung auf der Verteilerwelle sichern, sonst kann sich der Zündzeitpunkt unkontrolliert verstellen oder ein falscher Zylinder erhält den Zündfunken. Was zur Funktion des Verteilerfingers als Drehzahlbegrenzer zu sagen ist, finden Sie auf Seite 49 und im Bildtext auf Seite 181 beschrieben.
Entdecken Sie innen im Verteilerdeckel bleistiftartige Striche, so muß er ausgetauscht werden. Diese »Striche« sind die Brandspuren von Kriechströmen, die sich dort über Schmutz oder Feuchtigkeit einen Weg gebahnt und eingebrannt haben. Solche Kriechströme setzen die Spannung des Zündstroms natürlich stark herab. Steht jedoch keine neue Verteilerkappe zur Verfügung, können Sie als Behelf die »Bleistiftstriche« mit einem Schraubenzieher oder Messer tief auskratzen und mit Alleskleber oder Nagellack die Kratzspuren kriechstromsicher überstreichen.

Fingerzeige: *Startschwierigkeiten bei älteren Modellen mit Transistorzündung gehen oft zu Lasten von Kriechstromwegen am Hochspannungsisolator der Zündspule. Um diesen Fehler auszumerzen, bekam die Zündspule in neueren Wagen eine temperaturbeständigere Schutzkappe (Ersatzteil-Nr. 12 12 1 360 397) am Austritt des Haupt-Zündkabels. Diese Kappe kann im Bedarfsfall nachgerüstet werden.*
Seit Einführung der neuen Frontpartie im September 1979 kommt es zu ungünstigen Verwirbelungen von Spritzwasser im Motorraum. Zündungsprobleme gibt es vor allem durch das stets feuchtigkeitsbindende Streusalz, das sich dann winters auf den Zündleitungen und vor allem im Zündleitungsrohr absetzen kann. Außer regelmäßigen Motorwäschen gibt es kaum Abhilfe. In besonders hartnäckigen Fällen Zündkabel und Kerzenstecker wechseln, Verteilerkappe und Zündleitungsrohr peinlich genau reinigen.

Die Unterbrecherkontakte

(nur SZ)

Das ständige Öffnen und Schließen des Stromkreises bewirkt an den Kontakten des Unterbrechers (Hammer und Amboß) unvermeidbaren Verschleiß durch Abbrand, Verschmoren oder Metallwanderung. Am Hammer bilden sich durch den Gleichstrom kleine Krater und am Amboß Höcker, die sich in die Krater einfügen. Das schadet nicht, macht aber bei alten Kontakten das Messen mit der Fühlerblattlehre schwierig.

Unterbrecherkontakte prüfen

(nur SZ)
Wartungspunkt Nr. 45

Wollte man stur nach Wartungsplan verfahren, müßten die Unterbrecherkontakte alle 15000 km erneuert werden. Sie halten jedoch im allgemeinen – vor allem dann, wenn die Zündanlage in Ordnung ist – wesentlich länger durch, deshalb wird der sparsame Heimwerker die Kontaktflächen erst einmal prüfend mustern. Dazu beide Halteknebel am Verteilerdeckel mit Schraubenzieher linksdrehen, Verteilerdeckel abnehmen, Verteilerfinger abziehen und Staubschutzdeckel abnehmen. Jetzt sehen Sie die Unterbrecherkontakte. Ihr Aussehen bedeutet:

- Kontakte silberartig, wie hell poliert: Zündanlage in Ordnung.
- Kontakte sauber, aber starke Höcker- und Kraterbildung: Kontakte normal abgenutzt – ersetzen.
- Grauer Überzug auf den Kontaktflächen: Oxidation durch zu geringen Kontaktabstand, zu schwache Feder oder klemmenden Unterbrecherhebel.
- Kontaktflächen blau angelaufen: Zündspule oder Kondensator nicht einwandfrei.
- Materialablagerungen oder schwarze Verkrustungen auf den Kontakten: Öl, Fett oder Schmutz auf die Kontakte geraten.

Sind die Kontakte verkrustet oder verschmutzt, mit einem scharfkantigen Schraubenzieher oder Taschenmesser den Schmutz abschaben (keine Feile oder Schmirgelleinen dazu verwenden). Anschließend ein Läppchen um einen dünnen Holzstab wikkeln und mit Tetrachlorkohlenstoff (als Reinigungsmittel in der Drogerie erhältlich) tränken. Damit die Kontakte abwischen.

Unterbrecherkontakte austauschen
(nur SZ)

Verbrauchte Unterbrecherkontakte müssen durch neue ersetzt werden. Sind die alten Kontakte blau angelaufen oder verschmort, genügt der Austausch allein nicht, es muß auch nach dem Fehler gesucht werden (Kondensator oder Zündspule).
Zum Auswechseln der Kontakte den Kabelschuh des Verbindungskabels zum Unterbrecherhebel innen am Verteilergehäuse abziehen und Halteschraube auf der Unterbrecherplatte lösen, Kontakte herausnehmen. Beim Einsetzen des neuen Kontaktsatzes müssen Sie unbedingt darauf achten, daß der Zapfen unten an den Kontakten in die entsprechende Bohrung in der Verteilergrundplatte einrastet.
Vor dem Einbau der neuen Kontakte die Lagerwelle des Unterbrecherhammers mit einem Tropfen Öl und die Nockenbahn der Verteilerwelle sowie das Gleitstück des Unterbrecherhammers mit etwas Heißlagerfett (z.B. Bosch-Fett Ft 1v4) oder Mehrzweckfett sparsam einreiben.

Unterbrecher-Schließwinkel einstellen

(nur SZ)
Wartungspunkt Nr. 47

Bauen Sie Verteilerdeckel (Halteknebel mit Schraubenzieher losdrehen), Verteilerfinger und Staubschutzdeckel ab, und lassen Sie den Motor von einem Helfer mit dem Anlasser durchdrehen. Sie können jetzt genau beobachten, wie die Nocken der Verteilerwelle den Unterbrecherhammer jedesmal vom Amboß abheben. Wie lange die beiden Unterbrecherkontaktflächen bei jeder Sechstelumdrehung der Unterbrecherwelle, also jeweils zwischen den einzelnen Nocken, geöffnet und geschlossen sind, hängt vom Abstand der beiden Unterbrecherkontakte ab. Ist dieser Abstand beim vollen Abheben nur gering, bleiben die Unterbrecherkontakte bis zum nächsten Abheben verhältnismäßig lange geschlossen. Ist der Kontaktabstand dagegen groß, ist die »Schließzeit« bis zum nächsten Abheben nur gering. Den Winkel, um den sich die Unterbrecherwelle vom Beginn bis zum Ende der »Schließzeit« weiterdreht, nennt man den Schließwinkel.
Der Unterbrecher-Schließwinkel wird bei Leerlaufdrehzahl und bei rund 2000/min mit dem Schließwinkeltester gemessen. Da sich der Kontaktabstand und damit der Schließwinkel theoretisch über den gesamten Drehzahlbereich des Motors nicht ändern kann, deuten verschiedene Meßergebnisse bei diesen Drehzahlen auf eine verschlissene Verteilerwelle hin – Verteiler austauschen.
Beträgt der Schließwinkel in beiden Fällen **35 – 41°** (entsprechend 58 – 68 %), so ist alles in Ordnung. Muß dagegen der Schließwinkel korrigiert werden, die Halteschraube des Unterbrecherkontaktsatzes etwas lockern und einen Schraubenzieher zwischen die beiden Einstellwarzen und die Einstellkerbe (siehe Bild Seite 178) stecken, Motor von Helfer mit dem Anlasser durchdrehen lassen. Grundplatte der Unterbrecherkontakte so lange verdrehen, bis der Schließwinkel stimmt.
Sind neue Kontakte eingebaut worden, stellt man den Schließwinkel auf den unteren Toleranzwert ein, denn durch die Abnutzung am Unterbrecher-Gleitstück wird der Schließwinkel mit der Zeit etwas größer. Halteschraube wieder festziehen, Staubkappe, Verteilerfinger und -deckel aufsetzen. Motor starten und nochmals im Leerlauf und bei 2000/min messen.

Kontaktabstand behelfsmäßig einstellen
(nur SZ)

Ist die Werkstatt weit und ein Schließwinkeltester nicht zur Hand, geht es zur Not auch durch die Messung des Kontaktabstands bei voller Kontaktöffnung. Dazu muß das Gleitstück des Unterbrechers genau auf dem Gipfelpunkt eines Verteilerwellennokkens stehen. Dann muß der Kontaktabstand **0,35 – 0,40 mm** betragen. Gemessen wird mit der entsprechenden Fühlerblattlehre. Grundsätzlich ist diese Messung auch nur bei neuen Kontakten genau, da diese noch eben und glatt sind. Durch die Höcker und Krater nach längerer Betriebszeit der Kontakte wird die Messung immer ungenauer, dann hält man die Lehre besser nur am Rand zwischen die Kontakte.

Stimmt der Kontaktabstand nicht, wird der Wagen bei offenem Zündverteiler mit eingelegtem viertem Gang so lange vorwärts geruckt, bis eine Nocke den Unterbrecherhammer voll abgehoben hat. Das aus isolierendem Material bestehende Gleitstück am Unterbrecherhammer muß also genau auf der Spitze einer Nocke stehen. Klemmschraube am Unterbrecheramboß etwas lockern und den Kontaktabstand so einstellen, daß sich das zwischen die Unterbrecherkontakte eingesteckte Fühlerblatt 0,35 leicht und das 0,4-mm-Blatt mit Widerstand hin- und herschieben läßt. Klemmschraube wieder festziehen und den Kontaktabstand nochmals nachprüfen.

Wurde der Unterbrecherabstand verändert, stimmt der Zündzeitpunkt nicht mehr. Er muß also anschließend unbedingt nachgestellt werden.

Oberer Totpunkt und Vorzündung

Der Zündfunke kann das Kraftstoff-Luft-Gemisch um so wirkungsvoller entzünden, je stärker dieses auf engstem Raum zusammengepreßt, also verdichtet wurde. Diese höchste Verdichtung herrscht beim Viertaktmotor in jenem Augenblick, da der Kolben bei Beendigung des 2. Takts – des Kompressionshubs – von der Aufwärtsbewegung in die Abwärtsbewegung des 3. Takts – des Arbeitstakts – übergehen will. Der Kolben steht dann in seinem höchsterreichbaren Standpunkt für einen winzigen Sekundenbruchteil still, bis er sich wieder nach unten bewegt. Diesen Punkt nennt man den »Oberen Totpunkt« (Kurzzeichen: OT), dessen Gegenstück der »Untere Totpunkt« (UT) ist.

Wie bei der Erläuterung der automatischen Zündzeitpunktverstellung im Zündverteiler auf Seite 179 bereits dargestellt, reicht die »langsame« Verbrennung des Kraftstoff-Luft-Gemisches (etwa $^{1}/_{3000}$ s) aber zur Entzündung im »Oberen Totpunkt« nicht aus – der Kolben ist bei höherer Drehzahl schon vor der »Flammenfront« des Kraftstoff-Luft-Gemisches davongelaufen. Darum muß der Zündfunke schon vor Erreichen des OT den »Startschuß« geben.

Zündzeitpunkt einstellen

Wartungspunkt Nr. 48

Der Zündzeitpunkt soll laut Wartungsplan alle 15000 km überprüft werden, doch auch bei neu eingestellten oder ausgewechselten Unterbrecherkontakten sowie bei aus- und wieder eingebautem Verteiler wird die Einstellungskorrektur nötig. Vom richtigen Zündzeitpunkt hängt sowohl die volle Motorleistung wie auch der optimale Benzinverbrauch ab.

Da die Zündzeitpunkteinstellung ganz genau sein soll, schreibt BMW die Einstellung mit der Stroboskoplampe vor, wie sie jede BMW-Werkstatt und mancher Heimwerker besitzt. Zuvor muß bei der SZ der Schließwinkel bzw. der Unterbrecher-Kontaktabstand eingestellt werden. Nachträgliches Einstellen des Schließwinkels verschiebt den Zündzeitpunkt wieder.

Sowohl bei SZ wie auch bei TSZ liegt der Zündzeitpunkt bei unseren BMW-Sechszylindern bei **22° vor OT**. Gemessen wird bei mit **1500/min** drehendem Motor; die **Unterdruckschläuche** am Verteiler werden **abgezogen**. Gebraucht wird eine Stroboskoplampe und ein genauer Drehzahlmesser.

Als erstes wird das Auslösekabel der Blitzlampe an das Zündkabel von Zylinder 1 angeschlossen. Plus- und Minuskabel der Lampe werden mit der Batterie verbunden. Motor starten und mit 1500/min drehen lassen. Die Blitzlampe halten Sie jetzt so, daß sie die im Bild rechts unten sichtbare Gußnase vorn an der Zahnriemenabdeckung beleuchtet. Im Schein der flackernden Stroboskoplampe muß jetzt die Markierung »Z« auf dem sich drehenden Schwingungsdämpfer (hinteres Teil der Kurbelwellen-Keilriemenscheibe) unter dieser Gußnase »stehen«. Tut sie das nicht, ist der Zündzeit-

Hier ist der Motor so gedreht, daß der Kolben im ersten Zylinder in seinem oberen Totpunkt (OT) steht. Bei abgenommenem Verteilerdeckel und Staubschutzdeckel erkennen wir das daran, daß das Kontaktstück am wiederaufgesetzten Verteilerfinger (1) genau auf die Kerbe am Verteilerrand (2) zeigt. Wichtig kann das beispielsweise beim Einstellen der Ventile oder beim Auflegen des Zahnriemens sein.

punkt verstellt. In diesem Fall wird die Klemmschraube unten am Halteblech des Verteilers etwas gelockert. Ebenfalls in diesem Halteblech befindet sich eine Aussparung mit einer Verzahnung, in die ein Schraubenzieher gesteckt werden kann, mit dem Sie den Verteiler behutsam ein kleines Stück um seine eigene Achse drehen können, bis der Zündzeitpunkt stimmt. Klemmschraube wieder festziehen.

Behelfsmäßige Zündeinstellung bei stehendem Motor (nur SZ)

Eine Zündeinstellung bei stehendem Motor ist vom Werk nicht vorgesehen. Aber im Notfall hilft die »statische« Einstellung doch weiter.
Der Einstellwert bei stehendem Motor beträgt beim BMW 320 mit Spulenzündung 10° vor OT. Eine Markierung für diese Einstellung ist nirgends vorhanden. Sie können sich aber solch eine Marke selbst anbringen, indem Sie etwa in der Mitte zwischen der Markierung »OT« und der Markierung »Z» einen kleinen weißen Farbklecks auf dem Schwingungsdämpfer plazieren.
Eingestellt wird die Zündung folgendermaßen: Den BMW im 4. Gang langsam vorwärts schieben, bis die selbst angebrachte Einstellmarke mit der Gußnase fluchtet (oder Motor von Hand durchdrehen, wie auf Seite 50 beschrieben). Wagen wieder etwas zurückschieben, bis die Marke einige Zentimeter verschwindet. Zündung einschalten und Prüflampe an Klemme 1 der Zündspule anschließen, anderen Lampenpol gegen Masse drücken. Fahrzeug behutsam vorwärts schieben, bis die Einstellmarke unter der Gußnase vorbeiwandert. Genau in diesem Augenblick muß die Prüflampe aufleuchten, wenn die Zündung richtig eingestellt ist. Leuchtet die Prüflampe früher oder später auf, so wird der BMW so weit vorwärts geschoben (Rückwärtsrukkeln gibt Einstellfehler!), bis die Einstellmarke genau unter der Gußnase steht. Vertei-

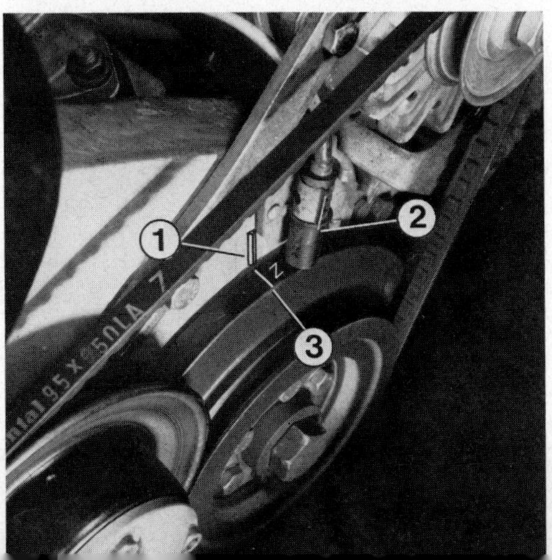

Die »22°-vor-OT«-Markierung (3) befindet sich bei unseren Sechszylindern auf dem Schwingungsdämpfer hinter der Kurbelwellen-Riemenscheibe. Sie trägt zur Unterscheidung von der »OT«-Markierung den Buchstaben »Z« wie »Zündzeitpunkt«. Diese Markierung muß – wenn sie mit dem Stroboskop bei der Prüfdrehzahl von 1500/min angeblitzt wird – genau unter der Gußnase (1) an der Zahnriemen-Abdeckung »stehen«.
Wie schon erwähnt, befindet sich auf dem Schwingungsdämpfer auch die »OT«-Marke. Steht sie unter der Gußnase, so befindet sich der Kolben in Zylinder 1 in seinem höchsten Punkt.
Die Werkstatt stellt die Zündung mit Hilfe des OT-Positionsgebers (2) ein. In die Steckdose dieses Gebers – sie sitzt oben am Thermostatgehäuse und trägt einen roten Schutzdeckel – wird dazu der Stecker des BMW-Digitaltesters eingesteckt.

lerklemmschraube etwas lockern und das Zündverteilergehäuse ein wenig im Uhrzeigersinn verdrehen, bis die Prüflampe verlöscht. Dann sind die Unterbrecherkontakte geschlossen und der Strom nimmt den widerstandsärmeren Weg über die Kontakte. Darauf den Verteiler wieder ganz langsam nach links drehen, bis die Prüflampe gerade aufzuleuchten beginnt. Nicht weiterdrehen, denn jetzt haben die Unterbrecherkontakte gerade abgehoben. In dieser Stellung muß der Verteiler wieder festgeschraubt werden.

Zündkerzen kontrollieren

Wartungspunkt Nr. 14

Statt des regelmäßigen Zündkerzenaustausches alle 15 000 km haben wir eine Kontrolle alle 7500 km vorgesehen. Nach Ansicht der Zündkerzenhersteller ist eine Lebensdauer von 15 000 bis 20 000 km bei durchschnittlichen Betriebsbedingungen realistisch. Wir meinen, daß die Kerzen bei regelmäßiger Kontrolle auch mehr Kilometer verkraften, wenn vor allem der Elektrodenabstand regelmäßig kontrolliert und gegebenenfalls nachgestellt wurde.

Beim Ausbau der Zündkerzen nicht an den Zündkabeln zerren, sondern die Zündkerzenstecker fassen und mit leichten Ruckelbewegungen von den Zündkerzenstiften ziehen. Die ausgebauten Zündkerzen sollten Sie in der Reihenfolge der Zylinder ablegen, da das »Zündkerzengesicht« Rückschlüsse auf den betreffenden Zylinder zuläßt (siehe nächsten Abschnitt).

Der Elektrodenabstand wird während der Betriebszeit durch Abbrand weiter. Den richtigen Elektrodenabstand finden Sie in der Zündkerzentabelle rechts. Falls notwendig, biegt man die Stirnelektrode etwas nach. Sind die Elektroden dagegen schon stark abgebrannt, sollten Sie die Kerzen ersetzen.

Auf einer gut funktionierenden Kerze darf sich nicht viel Schmutz abgesetzt haben. Mit einer Zündkerzenbürste können Sie das »Kerzengesicht« vorsichtig säubern.

Wärmewert und »Zündkerzengesicht«

Je nach Verdichtung und Leistungsausbeute entwickeln Benzinmotoren recht unterschiedliche Temperaturen in ihren Verbrennungsräumen. Darauf müssen die Zündkerzen abgestimmt sein. Diese Eigenschaft wird durch den sogenannten Wärmewert gekennzeichnet. Bekannt sind die älteren Wärmewertangaben von Beru und Bosch, wie 175 oder 225, während andere Kerzenhersteller schon früher den Wärmewert auf andere Art verschlüsselten. Doch auch Beru und Bosch sind zwischenzeitlich zu einer neuen Kennzeichnung übergegangen. Die Kennzahl 7 steht für Wärmewert 175 und 5 für 225. Eine hohe Wärmewert- oder niedrige Kennzahl besagt, daß diese Zündkerze viel Hitze ertragen, d. h. ableiten kann, ohne selbst zu heiß zu werden. Leitet die Kerze zu viel Wärme ab, erreicht sie nicht ihre »Selbstreinigungstemperatur«. Die liegt bei etwa 500°C und besagt, daß sich die heißen Zündkerzenelektroden selbst von Rußansatz freibrennen können.

Entsprechend der Zündfolge 1 - 5 - 3 - 6 - 2 - 4 sind bei rechts drehendem Verteilerfinger die Zündkabel im Verteilerdeckel angeordnet. Wo das Zündkabel 1 einzustecken ist, kann man bei geöffnetem Verteilergehäuse ebenfalls an einer kleinen Kerbmarke im Verteilergehäuserand erkennen (siehe Bild Seite 185 oben). Bei Motorstottern empfiehlt es sich, zuerst einmal für alle Fälle die Kabelstecker nacheinander mit dem Daumen fest in ihre Buchsen zu drücken, denn sie können sich durch Erwärmung der eingeschlossenen Luft etwas aus den Buchsen herausgehoben haben.
Wenn Zündkabel alt und brüchig geworden sind, wodurch natürlich Feuchtigkeit eindringen und den Zündstrom abwandern lassen kann, sollte man gar nicht lange nach dem Fehler suchen, sondern sie durch neue ersetzen, die man sich ohne weiteres selbst aus Meterware (Kupferlitzen-Zündkabel) passend schneiden kann.

Ob Sie für Ihre Fahrweise den günstigsten Wärmewert gewählt haben, können Sie aus dem Aussehen und der Färbung der Zündkerzenelektroden erkennen. Des weiteren gibt dieses »Zündkerzengesicht« auch Aufschluß über den Zustand des Motors sowie die richtige Vergaser- und Zündeinstellung:

- Mittelbraun bis mittelgrau: Gute Vergasereinstellung, Motor und Zündkerzen arbeiten richtig.
- Schwarz: Vergaser zu fett eingestellt oder Zündkerze durch überwiegenden Kurzstreckenbetrieb zu kalt. Evtl. »Mehrbereichswärmewert«-Zündkerzen probieren, wenn Vergasereinstellung stimmt. Falls nur bei einem Zylinder, mangelhafte Kompression.
- Silbrig: Zündkerze wird zu heiß durch zu viel Frühzündung oder scharfe Langstrekkenfahrten. Evtl. Zündkerzen mit breiterem Wärmewertbereich nehmen.
- Hellgrau: Vergaser zu mager eingestellt.
- Verölt: Zündkerze setzt aus. Evtl. Kolbenringe undicht; wenn bei allen Zündkerzen, Fehler in der Zündanlage.

Gewindelänge der Kerzen

Das Einschraubgewinde der Zündkerzen muß für die BMW-Motoren 19 mm lang sein. Das ist die größte handelsübliche Gewindelänge und deshalb dauert auch das Heraus- und Hineinschrauben einer Zündkerze so lange. Der Gewindedurchmesser beträgt 14 mm.

Welche Zündkerze nehmen?

Nicht zuletzt spielt auch die Form der Zündkerzen-Elektroden eine wichtige Rolle. BMW hat sich bei seinen Zündkerzenerprobungen für Kerzen mit »vorgezogener Stirnelektrode« entschieden. Die Mittelelektrode ragt aus dem Zündkerzenkörper heraus und wird außerdem noch von der Außenelektrode nach vorne überdeckt. Dadurch springt der Zündfunke nicht am Rand des Verbrennungsraums über, sondern ein Stück zur Mitte hin zwischen den Elektroden. So wird eine sichere Entzündung des Kraftstoff-Luft-Gemisches gewährleistet. Verbesserte Zündwilligkeit der Kerzen ist nicht mit anderen Elektrodenformen zu erwarten, sondern eher durch eine Erweiterung des Wärmewertbereichs.
So gibt es neben den Standard-Zündkerzen (Beru ohne besondere Bezeichnung, Bosch thermo-elastic) »Mehrbereichs«-Zündkerzen. Hierzu zählen die »Beru ultra« und die »Bosch thermo-elastic Super«. Eine noch höhere Qualitätsstufe stellt die »Beru RS dynaflex« mit Silber-Mittelelektrode dar.
BMW 320 und 323i bekommen dieselben Zündkerzen eingebaut. Die richtige Bezeichnung gibt die folgende Tabelle an:

Fabrikat	Beru	Bosch	Champion
alte Bezeichnung	145/14/3 A	W 145 T 30	N 10 Y
neue Bezeichnung	14 - 8 D	W 8 DC	N 10 Y
Elektrodenabstand	0,6–0,7 mm	0,6–0,7 mm	0,6–0,7 mm
Fabrikat/Typ	Beru ultra	Beru RS dynaflex	Bosch Platin
Bezeichnung	14 - 8 DU	RS 35	W 8 DP
Elektrodenabstand	0,6 mm	0,6 mm	0,6 mm

Im Scheinwerferlicht

»Auf gut beleuchteten Straßen wird man mit zwei Azethylen- oder Petroleum-Laternen am Kopf des Wagens auskommen, doch empfieht es sich bei besseren Wagen, noch zwei Kerzenleuchten seitlich vom Chauffeursitz anzubringen. Verkehrt der Kraftwagen aber auch auf völlig unbeleuchteten Dorf- und Landstraßen, so ist es gut, wenn man noch eine starke Azethylenlampe in der Mitte des Wagens ganz vorne anwendet.«
So weit ein Auszug aus dem Handbuch »Der moderne Motorbau«, Ausgabe 1914. Schon damals also war die Sache mit der Beleuchtung am Auto nicht ganz einfach.

Beleuchtungs-anlage kontrollieren

Wartungspunkt Nr. 18

Der Gesetzgeber schreibt vor, daß Sie sich vor Antritt jeder Fahrt vergewissern müssen, ob auch alle Lampen am Auto brennen. So häufig wird wohl kaum jemand die Beleuchtung prüfen, aber einmal in der Woche ist andererseits auch nicht zu viel verlangt. Bei Dunkelheit geht die Kontrolle am einfachsten vor sich. Einen ausgefallenen Abblendscheinwerfer bemerkt man an dem schmalen »Lichtfinger« vor dem Wagen. Wenn nur noch ein Fernscheinwerfer brennt, ist das nicht so leicht erkennbar, da ja das Abblendlicht gleichzeitig leuchtet. In einer Kolonne reflektiert die Stoßstange oder Lackierung des Vorderwagens oft das Licht der Abblendscheinwerfer und Blinker. Vor einer hellen Wand oder in der Garage können Sie ebenfalls im Sitzen prüfen, ob bei Abblendlicht zwei und bei Fernlicht vier Lichtpunkte zu sehen sind und ob es beim Blinken orangefarben aufleuchtet. Zur Kontrolle der hinteren Leuchten beobachten Sie deren Reflexionen in einem anderen Wagen oder wieder an der hellen Wand.
Wenn Zusatzscheinwerfer an Ihrem BMW montiert sind, müssen die natürlich auch brennen.

Fingerzeig: *Es kann passieren, daß z. B. bei eingeschaltetem Abblendlicht zusätzlich die Fernscheinwerfer schwach glimmen und beim Umschalten nur ein Fernlicht brennt. Das ist kein schwerwiegender Defekt, sondern ein Scheinwerfer-Mas-*

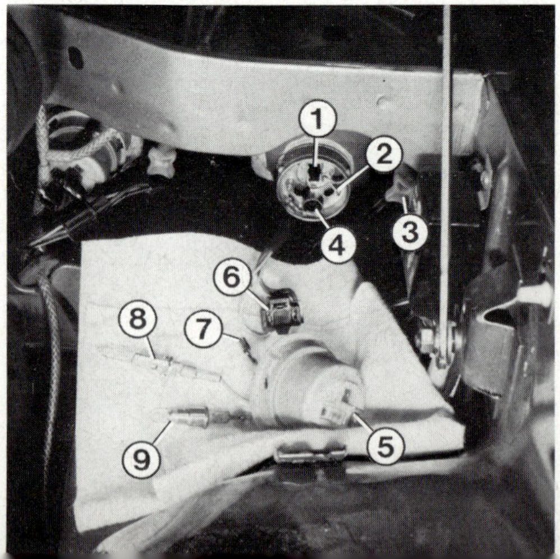

Nach Abnahme der Kunststoff-Abdeckung vorn im Motorraum kommen Sie nach einigen Zerlegungsschritten an die Glühbirnen der Scheinwerfer heran. Es bedeuten: 1 – Aussparung für H 1-Scheinwerferlampe; 2 – Haltespange für H 1-Lampe; 3 – Scheinwerfer-Einstellschraube; 4 – Loch für Standlichtbirne; 5 – Reflektor-Abdeckkappe; 6 – Dreifachstecker; 7 – Masse-Anschluß für den Reflektor; 8 – H 1-Lampe; 9 – Standlichtlampe.

seanschluß ist lose oder oxidiert. Massekabel überprüfen und für richtigen Kontakt sorgen, dann stimmt die Beleuchtung wieder.

Ersatzlampen

Als wichtigste Ersatzlampen brauchen Sie für Ihren BMW:

- Halogen-Einfadenlampe H 1, 55 Watt, Sockel P 14,5 s, DIN-Form YA (Hauptscheinwerfer);
- Röhrenlampe, 4 Watt, Sockel BA 9s, DIN-Form HL (Standlicht);
- Kugellampe, 21 Watt, Sockel BA 15s, DIN-Form RL (Blinker vorn und hinten, Bremslicht, Rückfahrscheinwerfer, bei Ausstattung ab Werk: Nebelschlußleuchte);
- Kugellampe, 10 Watt, Sockel BA 15s, DIN-Form G (Schlußlicht);
- Soffittenlampe, 5 Watt, 36 mm lang, DIN-Form L (Kennzeichenbeleuchtung).

Scheinwerferlampen auswechseln

Die Halogenlampen der Fernscheinwerfer – Klemme 56 a – erhalten rechts Strom durch ein weiß/blaues und links durch ein weiß/schwarzes Kabel. Für das Abblendlicht mit der Normklemme 56 b wird der Strom rechts in einem gelb/blauen und links in einem gelb/schwarzen Kabel zugeführt.
Zum Lampentausch Motorhaube öffnen, Scheinwerferabdeckung abziehen. Abdeckkappe am betreffenden Scheinwerfer nach links drehen und abnehmen. Kabel von der Steckerfahne der Halogenglühlampe abziehen, Federdrahtbügel aushaken und nach oben klappen, defekte Birne herausziehen. Achten Sie beim Einsetzen der neuen Lampe darauf, daß der Birnensockel genau in die Aussparung im Reflektor paßt – die abgeschrägte Stelle der Birnensockelplatte muß seitlich nach links unten zeigen. Glühlampen-Haltebügel wieder einhängen, Kabel aufstecken, Abdeckkappe aufsetzen und festdrehen, Scheinwerferabdeckung andrücken.

Standlichtlampe ersetzen

Die Standlichter haben die Normklemme 58, rechts ein grau/weißes und links ein grau/gelbes Kabel.
Sie sitzen in den außen liegenden Abblendscheinwerfern. Der Ausbau erfolgt in ähnlicher Weise wie beim Scheinwerferlampenwechsel. Nachdem Scheinwerferabdekkung und Abdeckkappe abgenommen wurden, läßt sich die Standlichtlampenfassung aus dem Reflektor herausziehen. Röhrenlampe etwas in die Fassung drücken und drehen, dann kann man sie abnehmen. Neue Birne einsetzen, Fassung in den Reflektor stecken und Abdeckungen wieder aufsetzen.

Scheinwerfer ausbauen

Wurde eine Scheinwerfer-Streuscheibe (ihr Name sagt, daß sie das gebündelte Licht des Reflektors fahrgerecht »streut«) durch Steinschlag oder einen Rammstoß beschädigt, kann man sie nicht allein ersetzen. Man muß leider einen kompletten Scheinwerfereinsatz (billiger im Autozubehörhandel!) kaufen, da Streuscheibe und

Der Scheinwerfereinsatz (5) wird in seinem Tragring (3) von einem verchromten Haltering (8) mit 3 Kreuzschlitzschrauben (7) gehalten. Die komplette Doppelscheinwerfereinheit ist mit insgesamt 3 großen Kreuzschlitzschrauben (die »4« zeigt auf eine dieser Schrauben) an der Wagenfront angeschraubt und kann nach Abziehen der Kabelstecker leicht demontiert werden. Weiter bedeuten: 1 – Wischerachse der Scheinwerfer-Reinigungsanlage; 2 – Dreifachstekker zum Anschließen des Scheinwerfers; 6 – Reflektor-Schutzdeckel.

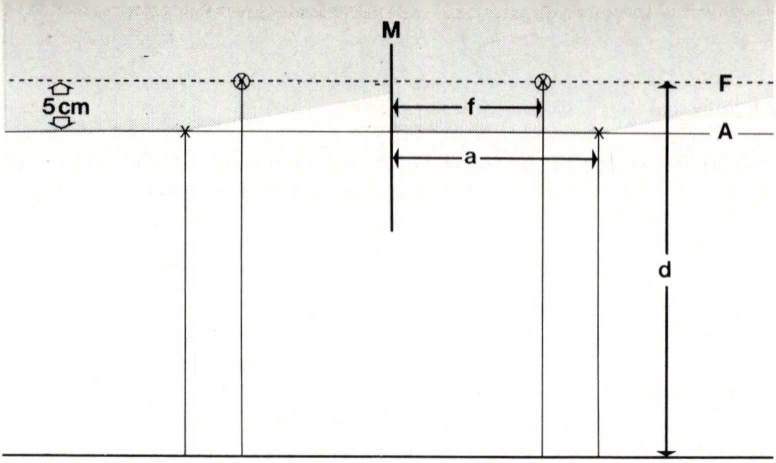

Hilfslinien zur behelfsmäßigen Scheinwerfereinstellung. Davor sind wenigstens 10 m ebener Fläche notwendig. Fahrzeug in genau 5 m Abstand aufstellen. Hilfslinie F markieren in Höhe d (= Höhe des Scheinwerfermittelpunkts vom Boden aus am eigenen Fahrzeug gemessen). Abblendlinie A 5 cm darunter markieren (5 cm = Abblendneigung auf 5 m Entfernung). Auf Linie A Kreuze markieren im Abstand B (= Abstand des Scheinwerfermittelpunkts von Fahrzeugmittelachse aus gemessen). Abgeblendete Scheinwerfer mit dem »Abknickpunkt« ihres asymmetrischen Lichts auf diese Kreuze justieren. Bei den Fernscheinwerfern Lichtstrahl auf Kreuzmarkierung auf Linie F justieren.

Reflektor miteinander verklebt sind. Ein Scheinwerfertausch wird auch notwendig, wenn Kondenswasser Rostansatz am Reflektor verursacht hat.
Zum Ausbau eines Scheinwerfers muß erst das entsprechende Grillteil losgeschraubt werden (siehe Bild Seite 214 unten). Dann können Sie die drei Kreuzschlitzschrauben des Scheinwerfer-Halterahmens lossschrauben, den Scheinwerfer herausnehmen und Abdeckung sowie Stecker abnehmen.
Abblend- und Fernlichteinsätze besitzen unterschiedliche Streuscheiben; die Abblendscheinwerfer haben das Loch zum Einstecken der Standlichtfassung und im Streuscheibenglas steht der Buchstabe »A«.

Scheinwerfereinstellung kontrollieren

Wartungspunkt Nr. 19

Von selbst wird sich ein Scheinwerfer kaum verstellen, aber wenn eine Glühlampe oder ein Scheinwerfereinsatz ausgewechselt wurden, muß die Einstellung des Scheinwerferstrahls kontrolliert werden. Damit man unterwegs mit einem neu bestückten Scheinwerfer den Gegenverkehr nicht unnötig blendet, hilft man sich folgendermaßen: Den Wagen rund 10 oder 20 Meter vor eine möglichst helle Wand stellen und den erneuerten Scheinwerfer in der Höhe dem unveränderten Scheinwerfer gleichstellen. Dazu brauchen Sie keinerlei Werkzeug, die Kunststoff-Rändelknöpfe an der Scheinwerfer-Rückseite lassen sich von Hand verdrehen (siehe Bild Seite 188). Licht einschalten und kontrollieren, ob höher oder tiefer gestellt werden muß. Rechtsdrehen (im Uhrzeigersinn) der Höheneinstellschraube hebt den Scheinwerferstrahl, drehen nach links senkt ihn ab.
Die Seiteneinstellung können Sie sich bis zur fachgerechten Justierung mit dem Einstellgerät sparen. Solch ein Gerät haben manchmal Tankstellen, auf jeden Fall aber eine Autoelektrik- oder die BMW-Werkstatt.

Nachdem die beiden Halteschrauben (2 und 4) des vorderen Blinkerglases (3) gelöst wurden, hat man das Abdeckglas in der Hand. Zum Austausch der Glühlampe (1) diese etwas hineindrücken, nach links drehen und herausziehen. Neue Birne einsetzen und nach hinten drücken, nach rechts drehen und einrasten lassen. Achten Sie beim Aufsetzen des Abdeckglases darauf, daß es nicht verkantet sitzt, sonst können Feuchtigkeit und Schmutz eindringen und für Kontaktprobleme zwischen Lampe und Fassung sorgen.

Lampenwechsel

Blinker vorn

Für die Blinker ist die Kabelfarbe der Stromzuführung links blau/rot und rechts blau/schwarz.
Eine ausgefallene Blinker-Glühlampe ist die Ursache, wenn die Blinker-Kontrolllampe in schnellem Rhythmus aufblitzt (weitere Blinkerstörungen finden Sie auf Seite 194 beschrieben). Bevor eine neue Glühbirne eingesetzt wird, sollten Sie kontrollieren, ob nicht Korrosion oder mangelnder Massekontakt den Stromweg hemmt – das kommt bisweilen vor. Als Ersatz für eine defekte Birne darf nichts anderes als eine 21-Watt-Lampe (mit gleichem Sockel gibt es auch welche mit 10 und 15 Watt) verwendet werden, sonst gerät das Blinkrelais aus dem Takt.
Den Austausch einer vorderen Blinkleuchte zeigt das Bild links unten.
Der Ausbau des kompletten Blinkergehäuses geht einfach vonstatten. Bei abgenommenem Blinkerglas die Halteschrauben oben und unten losdrehen. Motorhaube öffnen und die Doppelsteckverbindung zum Blinker trennen. Blinkergehäuse mit dem Kabelstrang abnehmen. Beim Einbau müssen Sie darauf achten, daß die Gummitülle im Radkasten richtig sitzt.

Heckleuchte

Wenn eine defekte Birne von Blinker, Brems-, Nebelschluß- (ab 9/79), Rückfahr- oder Schlußlicht ersetzt werden soll, so geht dies, wie im Bild unten beschrieben. Die Glühlampe der Nebelschlußleuchte bis 8/79 erreichen Sie nach Abschrauben des roten Leuchtenglases.
Nur für das Schlußlicht wird eine 10-Watt-Kugellampe gebraucht, alle anderen Leuchten haben 21-Watt-Lampen. Fällt nun unterwegs eine der verkehrswichtigen Blink- oder Bremsleuchten aus und haben Sie keinen Ersatz an Bord, so sollten Sie ersatzweise sofort eine Rückfahrscheinwerfer-Glühlampe einsetzen.
Die seit 9/79 serienmäßige Nebelschlußleuchte erscheint uns mit der 21-Watt-Glühbirne recht schwach bestückt; Sie können auch eine etwas lichtstärkere 25-Watt-Lampe einbauen, die allerdings mehr Wärme verbreitet.
In den BMW-Rückleuchten erhalten die Blinker ihre Stromzuführung in derselben Kabelfarbe wie die vorderen Blinkleuchten, für die Bremslichter sind es grün/rote Kabel, die Nebelschlußleuchte wird durch ein grau/violettes Kabel, das linke Schlußlicht durch ein grau/gelbes Kabel und das rechte Schlußlicht durch ein grau/weißes Kabel versorgt, die Rückfahrscheinwerfer haben blau/weiße Kabel.
Ein einzelnes zerbrochenes Heckleuchtenglas kann nicht ersetzt werden, Sie brauchen ein komplettes Abdeckglas. Zum Ausbau nur die Rändelmuttern im Kofferraum losdrehen und Glas abziehen.

Kennzeichenleuchten

Strom erhalten die beiden Kennzeichenleuchten direkt vom Lichtschalter (Klemme 58 K) bei eingeschalteter Beleuchtung durch ein grau/rotes Kabel. Wenn die Soffitten-

Die beiden mit Pfeilen bezeichneten Rändelschrauben müssen herausgedreht werden, wenn zum Lampenwechsel die Streuscheibe der Rücklichter abgenommen werden soll. Die kleinen Sechskantschrauben, die Sie hier im Bild rund um die Rücklichtabdeckung angeordnet sehen, müssen nur herausgedreht werden, wenn Sie an die Lampenfassungen der Rückleuchte heran wollen. Ursprünglich waren an der Abdeckung nur vier Schrauben zu finden. Da jedoch viele 3er-Fahrer über Wassereinbruch im Kofferraum klagten, wurden zur besseren Abdichtung bei späteren Baujahren Abdeckungen mit sechs Schrauben verwendet, wie hier im Bild zu sehen.

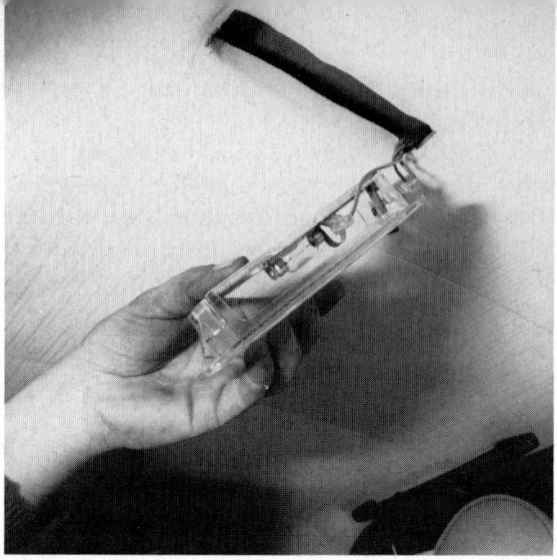

Die Innenleuchte ist in den Ausschnitt im Dach nur eingeklemmt. Das Gehäuse der Innenleuchte wird zum Lampenwechsel mit einem flachen Löffelstiel (besser als ein Schraubenzieher, mit dem man leicht die Deckenbespannung beschädigt) herausgehebelt. Vorsicht beim Herausziehen der Leuchte; da sie ständig unter Strom steht, kann es leicht Kurzschluß (und eine durchgebrannte Sicherung) geben – besser vorher das Batterie-Massekabel lösen. Will das neue Birnchen auch nicht brennen, kann es daran liegen, daß die Halteklammern oxidiert sind oder das stromführende Kabel unterbrochen ist.

lampe nicht brennt, kann es auch daran liegen, daß die Kontaktzungen zu schwach gespannt oder oxidiert sind. Zungen zusammendrücken und die anschließend eingesetzte Lampe drehen, damit sich die Kontaktflächen blankschleifen. Die Gummidichtung zwischen Lampenglas und Karosserie darf nicht eingerissen sein, sonst fällt die Kennzeichenleuchte bald wegen Korrosion aus. Zum Ausbau 2 Kreuzschlitzschrauben losdrehen.

Innenleuchte

Die 10-Watt-Soffittenlampe (41 mm lang, DIN-Form K) muß bei geöffneten Türen und entsprechender Schalterstellung brennen. Sie erhält ständig Strom von Sicherung 17 über ein rot/weißes Kabel. Eingeschaltet wird die Innenleuchte von den beiden Türkontaktschaltern (braun/violette Kabel) oder dem Schalter in der Leuchte – dann wird der Stromkreis über ein braunes Kabel zur Masse geschlossen. Wie Sie die Innenbeleuchtung ausbauen können, ist im Bild oben beschrieben.

Koffer- und Motorraumleuchte

Die Leuchte im Kofferraumdeckel erhält ständig Strom durch ein rot/weißes Kabel (wie die Innenleuchte), während die Motorraumleuchte nur bei eingeschaltetem Standlicht brennt, die Kabelzuführung ist grau/weiß. Falls die jeweilige Lampe dunkel bleibt und es liegt nicht am entsprechenden Kontaktschalter in der Koffer- bzw. Motorraumhaube, muß das Lampendeckglas losgeschraubt werden. Jetzt läßt sich die Soffittenlampe ersetzen (5 Watt, 36 mm lang, DIN-Form L). Kontrollieren Sie aber vorher, ob nicht lediglich die Lampenhaltezungen lose oder oxidiert sind.

Handschuhkastenleuchte

Die Leuchte für das Handschuhfach erhält ihre Stromzufuhr wie die Innenleuchte. Sie ist mit ihrer Fassung im oberen Schließblech des Handschuhkastens eingesteckt. Vor dem Auswechseln des 4-Watt-Röhrenlämpchens (Sockel BA 9s, DIN-Form HL) sollten Sie das Massekabel an der Batterie abklemmen oder die Sicherung 17 herausnehmen, damit es keinen Kurzschluß geben kann. Schalter aus dem Armaturenbrett ziehen. Lampe leicht in die Fassung drücken, drehen und abnehmen, neue Röhrenlampe einsetzen.

Sonstige Leuchten im Innenraum

Weitere Lichtquellen sitzen im BMW an der Heizungs- und Lüftungsregulierung. Den Ausbau bis Baujahr 8/79 beschreibt das Bild rechts unten. Auf Seite 200 unten ist im Bild gezeigt, wie die Heizhebelbeleuchtung seit Modelljahr 1980 aussieht. Als Ersatz brauchen Sie jeweils 1,2-Watt-Glassockellämpchen (Bezeichnung W2x4,6d, DIN-Form W). Derartige Birnchen besitzt auch die Instrumentenbeleuchtung (siehe Bild rechts oben). Des weiteren sitzen derartige Glassockellämpchen in den Schaltern und im Kombiinstrument; der Austausch ist ab Seite 199 beschrieben.

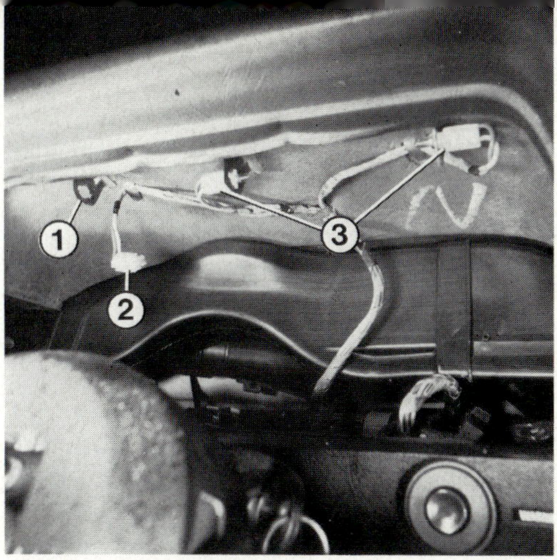

Für die orangefarbene Instrumentenbeleuchtung wurden nicht etwa rote Birnchen eingebaut, sondern oben im Kombiinstrumenten-Gehäuse sind als Lichtfenster orangefarbene Folien eingeklebt, durch die das Licht der Instrumentenbeleuchtung hindurchscheint. Zum Wechsel dieser Glassockellämpchen (2 und 3) muß das Kombiinstrument ausgebaut werden. Die Lampen sitzen mit ihren Fassungen in Halteblechen (1) oben in der Hutze für das Kombiinstrument. Fassung aus dem Halter und defekte Glühlampe aus der Fassung ziehen. Neue Glassockellampe einsetzen und Funktion prüfen.

Die Beleuchtung von Anzünder und Aschenbecher erreichen Sie bei einem Wagen ohne Radio mit gelenkigen Händen von unten her durch die Mittelkonsole. Besser zugänglich sind diese Lichtquellen bei ausgebauter Mittelablage (siehe Seite 222).

Nebelscheinwerfer einbauen

Wenn Sie nachträglich Nebelscheinwerfer an den BMW anbauen wollen, geht es mit dem Original-BMW-Einbausatz am einfachsten. Er enthält die entsprechend angepaßten Scheinwerferhalter, rechteckige Halogenscheinwerfer für hängenden Anbau, den fertigen Zusatzkabelstrang, das richtige Steckrelais und den speziellen Nebelscheinwerferschalter für das BMW-Armaturenbrett.
Massekabel an der Batterie abnehmen. Zusatzkabelstrang entlang dem vorhandenen Kabelbaum nach vorn durch das Frontblech zum linken Stoßstangenhalter verlegen; das längere Ende mit der gelb/violetten Leitung geht von dort weiter zum rechten Stoßstangenhalter. Scheinwerferhalter anschrauben. Reflektor vom Nebelscheinwerfergehäuse abbauen, Kabel mit Gummitülle einsetzen und Gehäuse am Halter anschrauben, Glühlampen einsetzen und Kabel anschließen, Nebelscheinwerfer zusammenbauen.
Relais für Nebelscheinwerfer im Sicherungskasten einstecken (siehe Bild Seite 161), Sicherungen 1 und 2 (8 Ampere) einsetzen, gelb/violettes Kabel an Sicherung 1, gelb/braune Leitung an Sicherung 2 anschließen.
Untere Armaturenbrettverkleidung abbauen (Seite 221), Blinddeckel für den Nebelscheinwerferschalter abnehmen. Die bereits verlegten Kabel für den Schalter zur Öffnung herausziehen und anschließen (siehe Schaltplan ab Seite 164), Schalter einbauen. Batterie wieder anklemmen und Funktion prüfen.

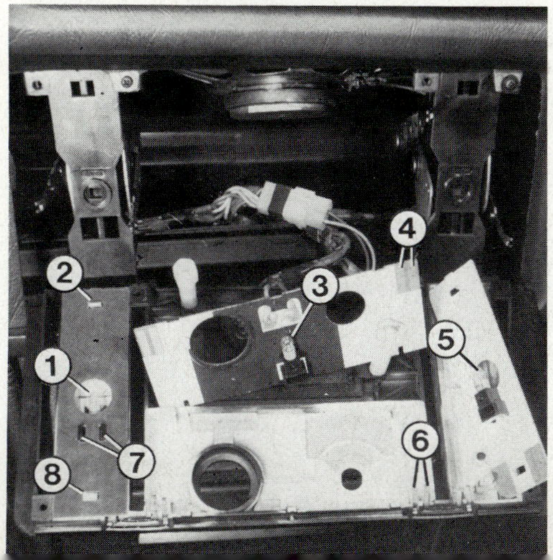

Die Hebel für Heizung und Lüftung sind im bis 8/79 eingebauten Armaturenbrett mit drei Glassockellämpchen beleuchtet. Um eines von ihnen auszuwechseln, wird die mittlere Armaturenbrett-Frontplatte ausgebaut, was auf Seite 221 beschrieben ist. An die beiden Lämpchen für die Symbole an den Schiebereglern (1 und 5) kommen Sie dann heran, wenn die Kunststoffhaltezungen (2 und 8) etwas zusammengedrückt werden. Nun können Sie die Leiterplatte, auf der die Lampenfassung ebenfalls mit zwei Haltezungen (7) eingeklemmt ist, herausnehmen und das Lämpchen auswechseln. Das Birnchen für die Skalen der Drehregler (3) können Sie nach Abnahme der mittleren Leiterplatte austauschen. Platte dazu aus den Haltenasen hebeln. Die Stromversorgung der Lämpchen läuft übrigens über Kontaktzungen (6) und Kontaktbahnen (4) an den Leiterplatten.

Flagge zeigen

Die Sprache der Autos ist einheitlich. Die Absicht zum Abbiegen oder Spurwechseln drücken die Blinker aus. Wenn der Lenker abbremsen oder anhalten will, zeigen das rote Lichter an. Soll jemand gewarnt werden, ertönt das Horn oder man läßt die Lichthupe kurz aufflammen. So gibt es im Starßenverkehr keine babylonische Sprachverwirrung – vorausgesetzt der Fahrer gebraucht die Signaleinrichtungen an seinem Wagen richtig.

Blink- und Warnblinkanlage

Wartungspunkt Nr. 20

Die Warnblinkanlage wird ständig mit Strom versorgt. Drücken Sie bei ausgeschalteter Zündung auf den roten Schalterknopf; alle vier Blinkerlampen, der transparente Schalterknopf und die grüne Blinkerkontrolle leuchten in gleichem Rhythmus auf. Zur Kontrolle der Richtungsblinker muß die Zündung eingeschaltet, aber die Warnblinkanlage ausgeschaltet sein, denn die Warnblinker überlagern die Richtungsblinker. Bei gedrücktem Blinkerhebel müssen eine Blinkerseite und die grüne Kontrolleuchte in regelmäßigen Abständen aufleuchten.

Störungen

■ Blitzt die Blinkerkontrolle nur in kurzen Intervallen, ist meist eine Blinkerlampe ausgefallen. Wie sie ausgetauscht wird, steht auf Seite 191.

■ Brennen bei eingeschalteten Blinkern oder Warnblinkern die Blinkleuchten dauernd, ist das Blinkrelais (siehe Bild unten bzw. rechts oben) der Störenfried.

■ Leuchten die Blinker in ganz langsamer oder ganz schneller Folge oder auch mal langsam, mal schnell, liegt es entweder an oxidierten Steckverbindungen oder den Massekabeln der Heckleuchten, andernfalls am Relais.

■ Leuchten die Warnblinker auf, während die Richtungsblinker bei eingeschalteter Zündung dunkel bleiben, ist die Sicherung 15 defekt. Im umgekehrten Fall – kein Warnblinken, dafür aber Richtungsblinken, kommt die Sicherung 17 in Betracht. Es kann in beiden Fällen aber auch der betreffende Schalter defekt oder der Stromweg zum Schalter unterbrochen sein – Schalterausbau siehe ab Seite 198.

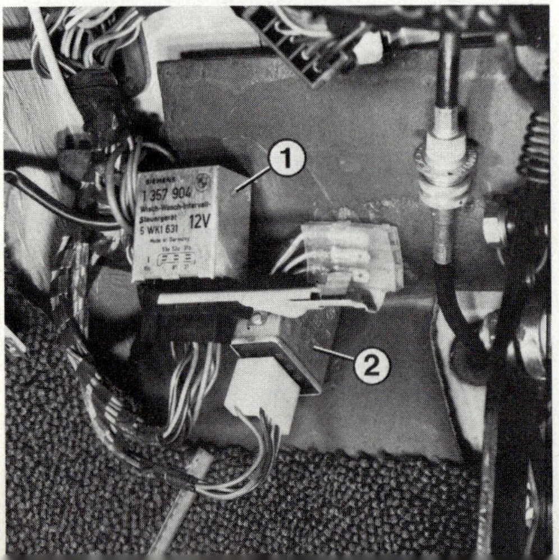

Unter der linken unteren Armaturenbrett-Verkleidung hatte das Blinkrelais (2) in den allerersten Bauserien seinen Platz. Davor prangt – gut zugänglich – das Wisch-Wasch-Intervall-Steuerrelais (1).

Bei allen neueren Sechszylindern ist das Blinkrelais neben der Lenksäule in einer Blechspange aufgehängt. Um es auszuwechseln, muß die untere Lenksäulenverkleidung abgenommen werden, was auf Seite 221 beschrieben steht.

■ Wenn weder Warn- noch Richtungsblinken funktioniert, ist das Blinkrelais schuld. Die ganze Blinkerei ist etwas kompliziert, weil vorschriftsmäßig die Warnblinkanlage mit und ohne Zündung funktionieren muß – der Warnblinkschalter bezieht den Strom durch ein rot/weißes Kabel über Sicherung 17 und einen zentralen Pluskontakt direkt von der Batterie. Die Richtungsblinker erhalten dagegen nur bei eingeschalteter Zündung Strom durch ein violett/schwarzes Kabel über Sicherung 15, den Scheibenwischermotor und das Wisch-/Wasch-Relais von Klemme R (= 15) des Zündschlosses.

Fingerzeig: *Mit einem ausgefallenen Blinkrelais ist die Weiterfahrt nicht ganz ungefährlich, denn im dichten Verkehr und vor allem bei Dunkelheit bleibt anderen Autofahrern Ihre Abbiegeabsicht trotz heftigen Winkens zum Autofenster hinaus wahrscheinlich unsichtbar. Sie können sich jedoch selbst helfen: Verkleidung unter der Lenksäule abschrauben (3 Querschlitzschrauben und eine Schraube der Armaturenbrettverkleidung – Nr. 4 im Bild Seite 221). Blinkrelais aushängen und Steckverbindung abziehen. Jetzt muß eine Kurzschlußbrücke zwischen der Klemme 49 und 49 a (am Relais eingeprägt) hergestellt werden. Dazu in den Mehrfachstecker in die Steckanschlüsse, die den Kontaktzungen 49 und 49 a gegenüberliegen, ein kurzes Drahtstück oder eine Büroklammer einstecken und den Mehrfachstecker wieder aufdrücken. Bei gedrücktem Blinkerschalter leuchtet eine Blinkerseite jetzt dauernd, Ein- und Ausschalten mit dem Blinkerhebel bewirkt einen Blinker-Rhythmus.*

Das Bremslicht

Wartungspunkt Nr. 21

Es macht keine Probleme, die Bremslichter zu kontrollieren und zur eigenen Sicherheit sollte man es auch täglich tun – die Garagenwand hinter dem BMW muß hell rot aufleuchten, wenn Sie auf das Bremspedal treten. Oder an der roten Ampel kontrollieren Sie im Rückspiegel, ob sich in den Scheinwerferreflektoren des Hintermanns beide Bremslichter spiegeln. Ist eine Glühbirne ausgefallen, sollte sie umgehend ersetzt werden (siehe Seite 191). Wenn beide Bremsleuchten nicht brennen, liegt es entweder an der Sicherung 12 oder am Bremslichtschalter (Bild nächste Seite oben). Liegt es nicht an der Sicherung, muß der Bremslichtschalter überprüft werden: Armaturenbrettverkleidung links unten abnehmen (siehe Bild Seite 221). Beide Kabel am Bremslichtschalter abziehen und die Klemmen mit einer Büroklammer überbrücken – die Bremslichter müssen nun brennen (sonst Kabel unterbrochen oder evtl. beide Glühbirnen durchgebrannt).

Der Bremslichtschalter (2) sitzt neben der Lenksäule auf einem Halteblech vor dem Bremspedal. Beim Tritt auf das Pedal kann der kleine Schaltstift heraustreten. Dadurch werden die Kontakte im Schalter geschlossen, die Bremslichter brennen. Leuchten die Lampen zu früh oder zu spät auf, kann der Bremslichtschalter vor- oder zurückgesetzt werden, nachdem die beiden Muttern (1) gelöst wurden.
Brennt keine der beiden Bremsleuchten, kann der Schalter geprüft werden, indem man die beiden Stecker (3) abzieht und deren Kontakte zusammenhält. Zündschlüssel in die erste Raststellung drehen: Leuchten jetzt die Lampen auf, ist der Schalter defekt. Andernfalls liegt's an Lampen, Sicherung oder der Zuleitung.

Der Bremslichtschalter reagiert beim BMW nicht auf den Druckanstieg im hydraulischen System, sondern es ist ein einfacher Kontaktschalter am Bremspedal. Beim Tritt auf das Pedal wandert der Kontaktstift im Schalter heraus und schließt den Stromkreis zu den Bremsleuchten. Der Bremslichtschalter kann genau eingestellt werden, wann er die Bremslichter aufleuchten lassen soll. Bei nicht getretenem Pedal soll der Kontaktstift 5 bis 6 mm herausstehen. Zum Einstellen des Schalters (und auch zum Ausbau) die Muttern vorn und hinten am Halteblech lockern und den Schalter entsprechend verschieben.

Die Hupen

Wartungspunkt Nr. 22

Ein kurzer Druck auf die Signaltaste in einer Lenkradspeiche und die beiden Hupen müssen tönen. Allerdings muß hierzu die Zündung eingeschaltet sein, denn die Hupanlage erhält Strom von Klemme R (= 15) des Zündschlosses über Sicherung 15. Im Hupenrelais (Nr. 1 im Bild Seite 201) teilt sich gewissermaßen der Strom: Er fließt einerseits in grün/gelben Kabeln als »Arbeitsstrom« (Erläuterung siehe Seite 201) zu den Hupen und über diese durch braune Kabel zur Masse und andererseits vom Hupenrelais in einem braun/gelben Kabel als »Schaltstrom« zu den Signaltasten im Lenkrad, die ihrerseits über kurze Kabelstücke ebenfalls mit Masse verbunden sind. Beim Druck auf eine Signaltaste wird der Schaltstromkreis geschlossen, wodurch im Relais

Die vier Huptasten (3) im Lenkrad sind nur eingesteckt. Mit einem kleinen Schraubenzieher lassen sie sich heraushebeln, und dann kann auch die darunter eingesetzte Kontaktfeder (1) herausgenommen werden. Beim Druck auf die Taste wird über die Kontaktfeder und die Kontaktplatte (2) die Verbindung zur Masse hergestellt und der »Schaltstromkreis« geschlossen. Hierdurch wird im Hupenrelais ebenfalls ein Kontakt geschlossen, der den »Arbeitsstromkreis« zu den Hörnern schließt, so daß die Hupen tönen können.

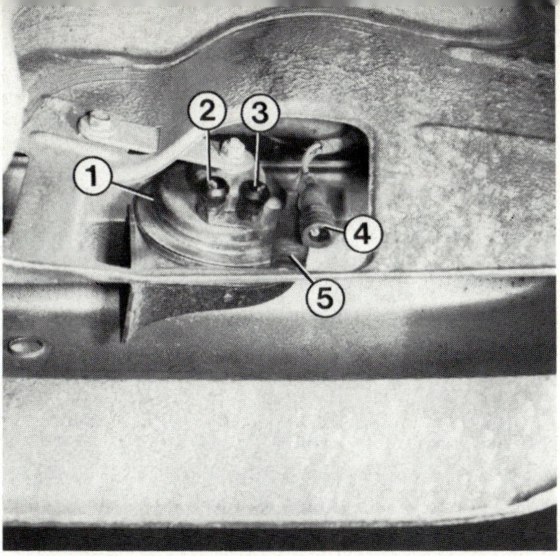

Bei Störungen an der Hupe (1) liegt der Fehler oft in der Stromzuführung. Wenn die Schutzkappen an den Steckkontakten (4 und 5) nicht richtig aufgesetzt sind, bildet sich an den Kontaktflächen der Stecker und der Kontaktzungen (2 und 3) an der Hupe möglicherweise Grünspan, der den Stromfluß hemmt. Jedes Horn hat übrigens eine – meist mit Vergußmasse zugeschmierte – Einstellschraube, an der sich eine krächzende Hupe wieder stimmen läßt. Manchmal belebt die Drehung dieser Schraube sogar eine schon totgeglaubte Hupe.

ein Kontakt angezogen wird, der seinerseits den Arbeitsstromkreis zu den Signalhörnern schließt – es hupt.

Störungen

Wenn bei eingeschalteter Zündung der Druck auf die Signaltasten nichts bringt:

■ Öffnen Sie die Motorhaube und kontrollieren Sie die Sicherung 15.

■ Ist die Sicherung in Ordnung, stellen Sie mit einer Prüflampe an einer der Hupen fest, ob das grün/gelbe Kabel Strom liefert, wenn ein Helfer nacheinander die vier Signaltasten drückt.

■ Brennt die Prüflampe, liegt es an den Hupen selbst oder ihrem Massekabelanschluß.

■ Wenn die Lampe nur bei manchen Signaltasten brennt, müssen die Tasten ausgebaut und überprüft werden (siehe Bild links unten).

■ Liegt überhaupt kein Strom an, muß das Hupenrelais (Nr. 1 im Bild Seite 201) nach der Prüfanleitung kontrolliert werden.

Fingerzeig: *Falls Ihnen die Hupen des BMW nicht laut genug erscheinen oder defekt sind, dann stehen zwei grundsätzlich verschiedene Hupentypen zur Auswahl: Sogenannte Aufschlaghörner und Fanfaren. Die Fanfaren erwecken dabei den Eindruck, als seien sie viel lauter als die Aufschlaghörner. Das ist jedoch eine akustische Täuschung, denn die tellerförmigen Aufschlaghörner (speziell die Starktonhörner) haben einen scheinwerferartig gerichteten Tonstrahl, der den in Schallrichtung befindlichen Verkehrslärm viel stärker durchdringt als die laut erscheinenden Fanfaren. Deren Eigenheit besteht darin, daß sie rundum gleichmäßig einen dadurch in Fahrtrichtung schwächeren Ton abstrahlen.*

Die Lichthupe

Wartungspunkt Nr. 23

Wenn Sie bei eingeschalteter Zündung den linken Kombihebel zum Lenkrad hin ziehen, leuchten beide Fernscheinwerfer und die blaue Fernlichtkontrolle auf, unabhängig von der Stellung des Lichtschalters. Bei Lichthupenstörungen ohne gleichzeitige Fernlichtstörungen liegt der Fehler im Lichthupenkontakt des Kombischalters, denn es besteht kein Unterschied im Stromweg für das Fernlicht und die Lichthupe. Den Schalterausbau finden Sie auf Seite 198 beschrieben.

Alles unter Kontrolle

In den frühen Jahren des Automobilismus enthielt das Armaturenbrett – es war im wahrsten Sinne des Wortes noch ein Brett – vielfach als einziges Instrument den Geschwindigkeitsmesser.
Im übrigen wurde nach Gefühl gefahren, so gut es eben ging. Dabei kam es häufig vor, daß es doch nicht gut ging, sondern peinliche Überraschungen eintraten: Kühler kochten, Kolben brannten fest, Lager liefen aus . . . Im Laufe der Zeit kamen zum Tachometer, wie man hierzulande den Geschwindigkeitsmesser zu nennen pflegt, noch eine ganze Reihe Wächter am Armaturenbrett. Sie teilen mit, wenn irgend etwas nicht stimmt.

Die Schalter

Verschiedene Stromverbraucher im BMW werden mit den unterschiedlichsten Schaltern in Betrieb gesetzt. Wir unterscheiden die Hebelschalter unter dem Lenkrad, die Drucktastenschalter bzw. die Zugschalter im Armaturenbrett sowie den Drehschalter für das Heizgebläse.

Die Hebelschalter

Für die Störungssuche und den Ausbau der Kombihebel muß erst das Lenkrad abgebaut werden (siehe Seite 126). Dann linke untere Armaturenbrettverkleidung (siehe Bild Seite 221) und Verkleidung unter der Lenksäule (3 Querschlitzschrauben) abnehmen. Mehrfachstecker unten am Armaturenbrett abziehen. Zum Ausbau des Blinker-/Abblendschalters zusätzlich das Blinkrelais aushängen und dessen Stecker abziehen sowie die Kabelverbindung für die Parklichtschaltung (graues Kabel) trennen. Kabelbänder von der Lenksäule lösen, Halteschrauben des betreffenden Schalters (siehe Bild unten) herausdrehen und den Schalter mit seinem Kabelstrang abnehmen. Beim Einbau dürfen Sie an der unteren Halteschraube des Blinker-/Abblendschalters nicht vergessen, das Massekabel mit zu befestigen. Außerdem muß zwischen dem Rückstellnocken am Lenkrad und dem Mitnehmerhebel des Blinkerschalters ein Abstand von etwa 3 mm bestehen, sonst funktioniert die Blinkerrückstellung nicht ord-

Hier sehen wir bei abgenommenem Lenkrad den Hupkontakt (3), den Scheibenwischerschalter (4) sowie den Blinker-/Abblendschalter (2). Die beiden Hebelschalter sind mit je zwei Kreuzschlitzschrauben befestigt. Unter eine von ihnen ist auch das Massekabel (1) geklemmt, das beim Zusammenbau nicht vergessen werden darf. Bevor die Schalter losgeschraubt werden, müssen Sie allerdings die untere Lenksäulenverkleidung abbauen.

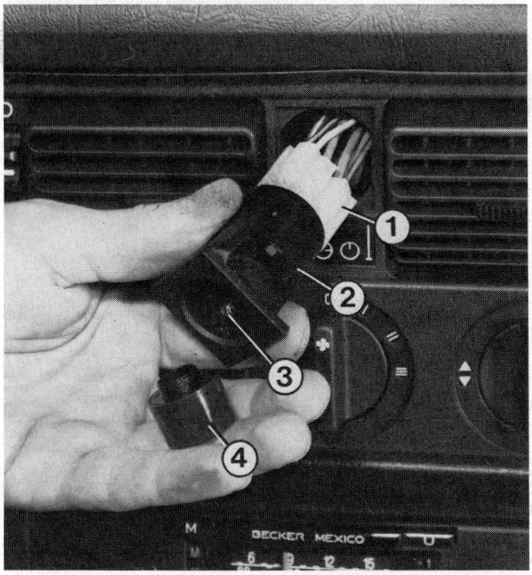

Hier der Warnblink-Druckschalter (2) am neuen Armaturenbrett ab 9/79. Auch dieser Schalter kann zum Ausbau komplett von hinten herausgedrückt werden; wer geschickt ist, schafft es auch, ihn von vorn herauszuhebeln. Der Mehrfachstecker (1) kann dann auch von außen abgezogen werden. Zum Auswechseln der Glassockellampe (3) den Schalterknopf (4) herausdrehen und Lämpchen mit einer Pinzette herausziehen.

nungsgemäß. Zum Messen müssen die Vorderräder genau geradeaus und der Blinkerschalter in »Ruhestellung« stehen.

Die Drucktastenschalter

Der Schalter für die Warnblinkanlage hat einen transparenten Schalterknopf. Bei den seit 9/79 gebauten Modellen glimmt die rote Schaltertaste bei eigenschaltetem Stand- und Hauptlicht. Dazu erhält das 1,2-Watt-Lämpchen Strom vom Lichtschalter über einen kleinen Widerstand. Die vom Widerstand reduzierte Spannung läßt das Birnchen nur schwach leuchten. Erst wenn der Warnblinkschalter gedrückt wird, kommt die volle Spannung an, und das Lämpchen brennt hell im Blinkertakt. Der Knopf des Nebel- und Nebelschlußleuchtenschalters bis Baujahr 8/79 sowie des Heizscheibenschalters ist teilweise durchsichtig. Die darin sitzenden Leuchten brennen nur, wenn der entsprechende Schalter gedrückt wurde (ob allerdings der jeweilige Verbraucher auch funktioniert, ist damit noch nicht bewiesen). Als Lichtquellen dienen ebenfalls 1,2-Watt-Birnchen.
Bleibt es im entsprechenden Schalter dunkel, dürfte das Glassockel-Lämpchen (Bezeichnung: 2x4,6 d, DIN-Form W) durchgebrannt sein. Zum Auswechseln den Schalterknopf losschrauben, defektes Birnchen aus dem Knopf herausziehen und ersetzen.
Wenn Sie einen Drucktastenschalter ausbauen wollen, können Sie das Schaltergehäuse ganz vorsichtig mit einem feinen Schraubenzieher heraushebeln. So geht es

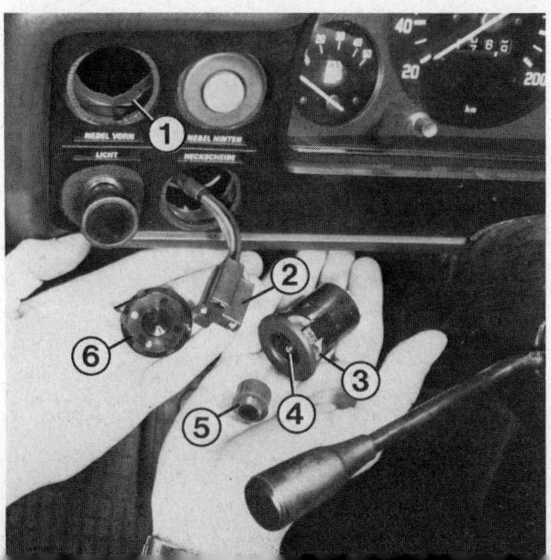

Die Drucktastenschalter (3 – hier am alten Armaturenbrett gezeigt) besitzen einen transparenten oder teiltransparenten Schalterknopf (5). Bei gedrücktem Schalter leuchtet im Innern ein 1,2-Watt-Glassockellämpchen auf. Wenn nicht, dürfte das Birnchen durchgebrannt sein. Zum Auswechseln den Schalterknopf losschrauben und das defekte Lämpchen mit einer Pinzette aus dem Schalter herausziehen.
Soll der Schalter komplett ausgebaut werden, muß erst die untere linke Armaturenbrett-Verkleidung abgeschraubt werden (siehe Seite 221). Dann läßt sich der Schalter von hinten aus dem Armaturenbrett herausdrücken; dazu Kabelstecker (2) abziehen.
Wo kein Schalter eingebaut ist, wurde die vorgesehene Bohrung (1) mit einem Blinddeckel (6) verschlossen. Er kann ebenfalls herausgedrückt und durch den passenden Originalschalter ersetzt werden.

Mit dem Lichtschalter wird auch die Instrumentenbeleuchtung in ihrer Helligkeit reguliert. Damit beim Ausbau des Schalterknopfes an dieser Regulierung nichts beschädigt wird, hält man die Schalterachse mit einem feinen Dorn oder Nagel fest und dreht nun den Knopf in Pfeilrichtung los. Dann in die Schlitze der dahinter sitzenden Rosette zwei ganz feine Schraubenzieher einsetzen und überkreuzen, so läßt sich die Rosette ganz gut herausschrauben, wenn man den eigentlich erforderlichen Spezialschlüssel nicht zur Hand hat. Untere Armaturenbrettabdeckung ausbauen, hinter das Armaturenbrett greifen und den Schalter herausziehen.

beim Warnblinkschalter ab 9/79. Bei den übrigen Schaltern können Sie auch die linke Armaturenbrettverkleidung abbauen (siehe Bild Seite 221). Dann läßt sich der Schalter von hinten aus dem Armaturenbrett zum Innenraum hin herausdrücken. Kabelstecker abziehen und Schalter abnehmen.

Die Zugschalter

Der Lichtschalter und der Nebelleuchten-/Nebelschlußleuchtenschalter ab 9/79 schalten die jeweiligen Verbraucher durch Herausziehen des Schalterknopfes ein. Soll einer dieser Schalter ausgebaut werden, muß erst der Schalterknopf losgedreht werden. Wie das beim Lichtschalter geht, zeigt das Bild oben. Zum weiteren Ausbau die Rosettenschraube mit zwei feinen Schraubenziehern, die überkreuzt gehalten werden, losdrehen. Linke Armaturenbrettverkleidung ausbauen (Bild Seite 221). Schraube und Blende abnehmen, Schalter von hinten aus dem Armaturenbrett ziehen, Mehrfachstecker abziehen. Die Klemmenbezeichnungen sind an den Steckerfahnen des Schalters eingeprägt.
Zur Störungssuche am ausgebauten Schalter bleibt der Mehrfachstecker aufgesteckt. Die je nach Schalterstellung stromführenden Kabel können Sie aus dem Schaltplan ab Seite 164 ersehen.

Der Drehschalter

Das Luftgebläse hat einen Drehschalter, der je nach Baujahr einen etwas unterschiedlichen Ausbau erfordert. Schalterknopf und bei älteren Modellen die dahinter sitzende Blende abziehen. Ab Baujahr 9/79 die Mittelkonsole ausbauen (siehe Seite 222). Rosettenschraube mit zwei gekreuzten feinen Schraubenziehern losdrehen. Bis 8/79

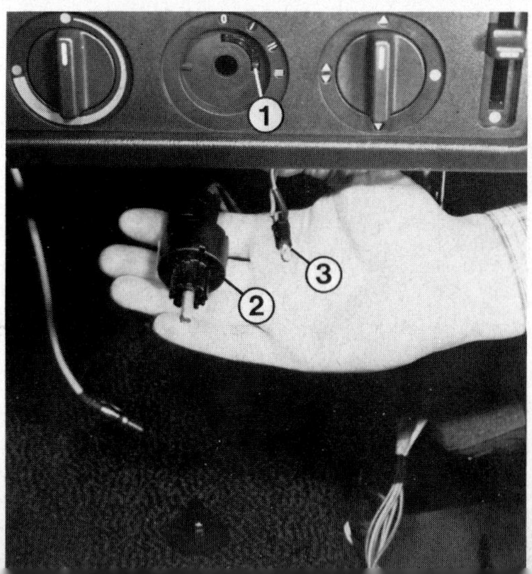

Der Gebläseschalter (2) am neuen Armaturenbrett ab 9/79: Zum Ausbau wurde der Schalterknopf abgezogen und die darunter liegende zentrale Befestigungsmutter gelöst. Die Beleuchtung der ganzen Heiz- und Lüftungs-Hebelatur besorgt hier übrigens ein einziges Lämpchen (3), das mit seiner Fassung neben dem Gebläseschalter eingesteckt ist. Damit trotzdem an alle Hebel und Skalen Licht herankommt, sitzt hinter der Armaturenbrett-Frontplatte ein System von Lichtleitern. Das ist ganz einfach durchsichtiger Kunststoff, der überall dort herausguckt, wo Licht gebraucht wird. Er leitet das Licht des kleinen Lämpchens also weiter. Am abgezogenen Gebläseschalter sehen wir ein solches Lichtfenster (1). Ist das Lämpchen defekt, müssen Sie sich gehörig verrenken, denn es sitzt samt Fassung oberhalb des Gebläseschalters. Bauen Sie zum Auswechseln lieber gleich die Mittelkonsole aus, wie das in unserem Bild gemacht wurde.

außerdem die Heizhebelblende abnehmen (siehe Seite 221 oben). Schalter wegnehmen und Mehrfachstecker abziehen.

Die Schaltrelais

Im Sicherungskasten im Motorraum können bis zu 6 Relais eingesteckt sein. Von vorn nach hinten: Nebelscheinwerfer-Relais, Abblendlicht-Relais, Fernscheinwerfer-Relais, Entlastungsrelais (schaltet die Heizscheibe und das Luftgebläse beim Starten ab), Kühlerventilator-Relais (nur bis 8/79), Hupenrelais. Bei einem Fahrzeug mit Scheinwerfer-Reinigungsanlage sitzt außen am Sicherungskasten ein weiteres Relais, beim 323i finden Sie zusätzlich das Dioden- und das Pumpenrelais (siehe Seite 85). Unter der Lenksäulenverkleidung sitzen weiterhin das Blinkrelais, mit dem wir uns auf Seite 194 befaßt haben, das Relais für die Wisch-Wasch-Intervallschaltung und bei einem Modell mit Getriebeautomatik das Anlasser-Sperr-Relais (es verhindert, daß der Motor in Wählhebelstellung »R«, »D«, »2« oder »1« gestartet werden kann).
Ein Schaltrelais wird üblicherweise für leistungsstarke Stromverbraucher verwendet. Leitet man nämlich den Strom auf langen Kabelwegen über den dazugehörigen Schalter, gibt es erstens nachteiligen Spannungsverlust und zweitens werden die Schalterkontakte durch den hohen Stromfluß stark beansprucht und korrodieren bald. Deshalb benutzt man den Schalter nur für den geringen »Schaltstrom«, womit nicht der Verbraucher direkt, sondern dessen Relais eingeschaltet wird.

Funktionsweise

Beim Einschalten des betreffenden Verbrauchers wird im Relais durch den an Klemme 86 ankommenden »Schaltstrom« der Schaltstromkreis zu Klemme 85 geschlossen. Dadurch zieht eine Magnetspule einen kräftigen Kontakt gegen Federdruck an und schließt so den Stromkreis für den »Arbeitsstrom«. Dieser Arbeitsstrom wird zur Vermeidung von Spannungsabfall auf kurzem Weg direkt von der Batterie an Klemme 30 des Relais herangeführt und von dort weiter – bei geschlossenen Schalterkontakten – über Klemme 87 an den Stromverbraucher weitergeleitet.

Störungssuche

■ Klemme 30 muß immer Strom führen. Zur Kontrolle Relais ein Stück aus dem Sicherungskasten herausziehen und mit einer Prüflampe Klemme 30 antippen.
■ Relais abziehen, Klemme 86 mit Batterie-Plus und Klemme 85 mit Masse verbinden, hierbei muß die Magnetspule den Relaiskontakt deutlich hörbar anziehen, sonst ist das Relais defekt.
■ Behelf unterwegs bei defektem Relais: Mit Büroklammer oder kurzem Drahtstück Klemme 30 und 87 überbrücken. So hat der Verbraucher Dauerstrom, man kann ihn nun nicht mehr mit dem Schalter ausschalten, sondern muß die Kurzschlußbrücke abnehmen.

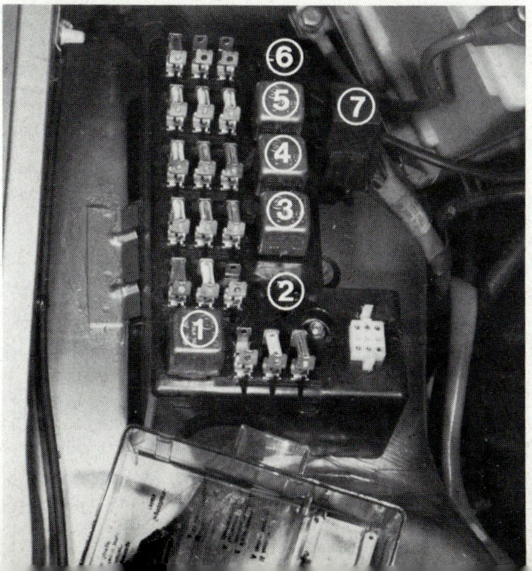

Damit Sie bei einer eventuellen Störungssuche auf Anhieb das richtige Relais finden, hier die Aufstellung: 1 – Hupenrelais; 2 – an dieser Stelle sitzt bei Fahrzeugen bis Baujahr 8/79 das Relais für den elektrischen Kühlerventilator; 3 – Entlastungsrelais; 4 – Fernlichtrelais; 5 – Abblendlichtrelais. Die beiden weiteren Relais sind nur bei entsprechend ausgestatteten Fahrzeugen vorhanden: 6 – Nebelscheinwerferrelais; 7 – Relais für Scheinwerfer-Waschanlage.

Kontrollinstrumente und -leuchten prüfen

Wartungspunkt Nr. 25

Setzen Sie sich hinter das Lenkrad. Läuft die Zeigeruhr (bis 8/79)? Zündung einschalten – dann müssen aufleuchten: Handbrems- und Bremsflüssigkeitsstand-Kontrolle, Ladekontrolle und Öldruckwarnleuchte sowie seit 9/79 die Digitaluhr. Mit etwas Verzögerung wandert die Tankanzeigenadel über die Skala. Linken Hebelschalter betätigen – leuchtet die grüne Blinkerkontrolle bzw. die blaue Fernlichtkontrolle? Licht einschalten: Brennt bei einem BMW ab 8/79 bei gezogenem Schalterknopf die Kontrolllampe im Armaturenbrett für die Nebelschlußleuchte(n)? Prüfen Sie weiter die Funktion der Kontrolleuchten in den Schalterknöpfen von heizbarer Heckscheibe, bis 8/79 Nebellampen und Nebelschlußleuchte, Warnblinkanlage. Licht abschalten. Motor starten – leuchtet beim Anlassen die Bremsbelag-Verschleißkontrolle (ab 9/78)? Arbeitet der Drehzahlmesser? Bei einer Probefahrt prüfen Sie nun noch die Funktion von Tachometer und Temperaturanzeige.
Einzig die Warnlampe für die Benzinreserve können Sie nicht so leicht überprüfen. Nur bei entsprechend abgesunkenem Tankinhalt leuchtet die (intakte) Lampe im Armaturenbrett bzw. links in der Tankuhr.
Nachstehend finden Sie zuerst die Funktion und anschließend den Ausbau der Warnleuchten bzw. der Instrumente beschrieben. Der Ausbau der Glühlampen in den Drucktastenschaltern ist auf Seite 199 erklärt.

Blinkerkontrolle

Die Kontrolleuchte für die Richtungs- und Warnblinker ist einerseits mit Klemme C am Blinkrelais und andererseits mit Masse verbunden (über die Minusklemme der Tankanzeige). Sie leuchtet im gleichen Takt auf wie die Blinkleuchten. Bei Störungen siehe Seite 194.

Bremsbelag-Verschleißkontrolle

Seit September 1978 besitzen die BMW 3er zusätzlich eine Verschleißanzeige für die Scheibenbremsbeläge. Am linken Vorderrad und beim 323i am rechten Hinterrad (siehe Abbildungen Seite 131 und 134) sind in den Bremsbelägen Kontaktplättchen eingegossen. Wenn nun die Bremsbeläge auf 2 mm Reststärke abgeschliffen sind, wird über die Bremsscheibe der Kontakt zum Warnlicht geschaltet, es brennt jetzt bei jedem Bremsen und bei fortgeschrittenem Verschleiß dauernd.
Damit die Glühlampe nicht unbemerkt ausfällt, leuchtet sie bei jedem Anlassen kurz auf. Bleibt es dunkel, kann es neben einem defekten Birnchen auch an folgendem liegen: Die Kabelsteckverbindung vom Bremsbelag zur Bordelektrik ist durch Spritzwasser korrosionsgefährdet, sie kann außerdem abbrechen.

Fingerzeig: *Wenn die Kontrolleuchte bei jedem Bremsen aufleuchtet, ist es höchste Zeit für den Bremsbelagwechsel. Nur passiert das gewöhnlich unterwegs an einem Wochenende. Sie brauchen trotzdem die Fahrt nicht umgehend zu unterbrechen. Die Restbelagstärke reicht für eine Heimfahrt von 500 km oder auch etwas mehr, wenn Sie möglichst nur noch zurückhaltend bremsen.*

Fernlichtkontrolle

Die blaue Fernlichtkontrolle erhält Spannung, sobald auf Fernlicht umgeschaltet oder lichtgehupt wird. Ob aber auch beide Fernscheinwerfer brennen, zeigt sie nicht an, das müssen Sie selbst kontrollieren.

Handbrems- und Bremsflüssigkeitsstand-Kontrolle

Zur Kontrolle für die angezogene Handbremse sitzt hinten am Handbremshebel ein Kontaktschalter (siehe Bild Seite 137 unten), der den Stromkreis beim Anziehen des Hebels schließt. Bereits in der ersten Handbremsraste muß die Warnlampe aufleuchten, sonst die Halteschraube des Schalters lösen und den Schalter so verschieben, daß die Kontrolle bereits in der ersten Handbremsraste brennt.
Die Bremskontrolle zeigt außerdem noch Flüssigkeitsverlust im Vorratsbehälter an. Oben am Verschlußdeckel des Behälters ist ein Schwimmer befestigt (siehe Bild Seite

Der Öldruckschalter (2) sitzt an der rechten Motorseite unterhalb des Ölfilters (1). Er signalisiert über die Öldruck-Warnleuchte am Armaturenbrett, ob in den Motorlagern ausreichend Öldruck vorhanden ist oder nicht. Und das geht folgendermaßen:
Der Öldruck-Warnleuchte am Armaturenbrett wird bei eingeschalteter Zündung stets Strom zugeführt. Zum Aufleuchten braucht sie jedoch auch eine Masseverbindung und die besorgt der Öldruckschalter – aber nur dann, wenn kein Öldruck vorhanden ist. Die Lampe leuchtet. Wird Druck aufgebaut, unterbricht der Schalter die Verbindung – die Lampe verlöscht.

128). Sinkt der Flüssigkeitsstand in der in Fahrtrichtung hinteren Kammer ab, senkt sich der Schwimmer, betätigt einen Kontakt und schaltet so die Warnleuchte ein. Die Funktion können Sie bei abgeschraubtem Verschlußdeckel prüfen.

Ladekontrolle

Bei laufendem Motor darf die Ladekontrolle weder schwach noch hell leuchten. Das deutet auf einen Fehler, siehe den Störungsbeistand auf Seite 158. Brennt das rote Licht nicht beim Einschalten der Zündung, ist vermutlich das Birnchen durchgebrannt und muß ersetzt werden, damit die Vorerregung der Lichtmaschine aus tiefen Drehzahlen heraus wieder funktioniert.

Nebelschlußleuchtenkontrolle

Diese Kontrolleuchte im Kombiinstrument (seit 9/79) brennt bei gezogenem Nebelleuchtenschalter zusammen mit der serienmäßigen Nebelschlußleuchte (auf Kundenwunsch können es auch deren zwei sein). Die Kontrolle zeigt aber nicht an, ob die roten Leuchten tatsächlich brennen.

Öldruckkontrolle

Bei eingeschalteter Zündung liegt an der Öldruckkontrolle Spannung an. Solange kein Öldruck aufgebaut wird, ist ihr Stromkreis durch den Öldruckschalter zur Masse geschlossen – sie brennt. Bei steigendem Öldruck im Motor öffnet der Öldruckschalterkontakt, der Stromkreis wird unterbrochen und die Kontrolle verlöscht.
Kaltes Motoröl ist ziemlich zähflüssig. Das ergibt hohen Öldruck, der die Kontrolle schon beim oder gleich nach dem Anlassen des Motors verlöschen läßt. Im heißgefahrenen Motor im Hochsommer ist das Öl dünnflüssiger, und bei dem entsprechend niedrigeren Öldruck verlöscht die Kontrolle erst bei höheren Drehzahlen.

Störungen

Leuchtet die Öldrucklampe plötzlich während der Fahrt auf, ist dies grundsätzlich ein Alarmzeichen.

■ Brennt sie nur kurz bei starkem Beschleunigen oder scharfer Kurvenfahrt, dürfte der Ölstand unter die Minimalmarke abgesunken sein – Ölstand prüfen und, wenn nötig, Öl nachfüllen.

■ **Leuchtet die Lampe dauernd, müssen Sie sofort anhalten!**

Zuerst die Kontrolle, ob das braun/grüne Kabel vom Öldruckschalter zur Warnlampe Kurzschluß zur Masse hat: Zündung einschalten, Kabel am Schalter (Bild oben) abziehen – die Lampe muß bei stehendem Motor verlöschen, das beobachtet am besten ein Helfer. Brennt sie dagegen weiter, hat das Kabel irgendwo Massekontakt. Das ist harmlos für den Motor, Sie können weiterfahren.
Normalerweise zeigt aber das Aufleuchten der Kontrolle, daß der notwendige Öldruck im Motor nicht aufgebaut wird und manche Teile ohne Schmierung laufen. Vielleicht

war die Ölablaßschraube nicht richtig angezogen und hat sich während der Fahrt gelockert; dann läuft das Öl auf den letzten Kilometern Straße herum, anstatt Ihren Motor zu schmieren. Ungewöhnlich wäre eine defekte Schmierstelle oder ein Schaden an der Ölpumpe. Stellt sich der Fehler unterwegs nicht als ungefährlich heraus, muß der Wagen zur nächsten Werkstatt geschleppt werden, sonst wird der Motor bei der Weiterfahrt wahrscheinlich »geschlachtet«.

■ Bleibt die Öldruckkontrolle beim Zündschlüsseldreh dunkel? Zündung einschalten, braun/grünes Kabel am Öldruckschalter abziehen und an blankes Metall halten: Brennt nun das Warnlicht, liegt es am Öldruckschalter. Leuchtet nichts, ist das Kabel unterbrochen, das Birnchen oder Sicherung 14 defekt. Im letzteren Fall funktionieren auch die übrigen Warnleuchten und Anzeigeinstrumente nicht.

Ein neuer Öldruckschalter muß mit einem neuen Dichtring versehen mit 50 Nm eingeschraubt werden.

Tankwarnleuchte

Wenn bei ziemlich weit abgesunkenem Kraftstoffstand im Tank der Schwimmer im Tauchrohr des Tankgebers (siehe Bilder Seite 82 oben und unten) den entsprechenden Kontakt schließt, erhält diese Warnleuchte Spannung.

Kontrollampen auswechseln

Nach Ausbau des Kombiinstruments kann ein defektes Kontrolleuchtenbirnchen ersetzt werden. Für die Ladekontrolle und die Tankwarnleuchte ab 9/79 wird ein 3-Watt-Lämpchen verwendet, die übrigen Kontrollampen haben 1,2-Watt-Birnchen. Die genaue Bezeichnung lautet: Glassockel W2,1x9,5d, 3 Watt, DIN-Form VA bzw. W2x4,6d, 1,2 Watt, DIN-Form W. Diese Glassockellampen sitzen in Kunststoffhülsen im Armaturenbrett. Die Stromzuführung erfolgt über die Leiterfolie, auf der die Leitungen eingeätzt sind (anstelle eines wirren Kabelsalats). Lampenhülse nach einer Vierteldrehung abziehen, Lämpchen aus der Fassung ziehen und neues einsetzen.

Digitaluhr

In diesem Zeitmesser verlöschen die Zahlen beim Zurückdrehen des Zündschlüssels. Die Uhr läuft aber weiter, durch Druck auf den Knopf »Time« kann auch ohne Zündung die Zeit abgerufen werden. Wenn allerdings im Bordnetz keine Spannung mehr anliegt (Batterie total entladen oder ausgebaut), muß die Uhrzeit neu eingestellt werden. Damit Sie das nicht vergessen, springt die Zeitanzeige auf eine beliebige Zahl beim Anklemmen einer geladenen Batterie.

Streikt die Digitaluhr, sollten Sie die Sicherung 17 und das stromzuführende Kabel überprüfen. Liegt der Fehler dort nicht, kann möglicherweise eine VDO-Werkstatt oder Moto Meter (siehe Seite 16) weiterhelfen.

Drehzahlmesser

Wie oft die Kurbelwelle im Motor in der Minute rotiert, zeigt der Drehzahlmesser an. Er erhält von der Zündanlage die Zündimpulse übermittelt (bei unseren Sechszylindern 3 Impulse bei jeder Umdrehung der Kurbelwelle). Summiert und aufbereitet wird das auf das Zeigerwerk im Instrument übertragen. Der BMW-Drehzahlmesser funktioniert recht genau, die Anzeigetoleranz liegt nur um 200/min.

Tachometer

Dieser Geschwindigkeitsmesser zeigt die Fahrgeschwindigkeit gewissermaßen auf elektrischem Weg an, nämlich durch Erzeugung von Wirbelströmen, die eine Aluminiumtrommel rund um die Zeigerachse gegen den Widerstand einer Spiralfeder zu verdrehen suchen.

Der Tachometer kann nicht die genaue Entfernung oder Geschwindigkeit messen, sondern er mißt die Umdrehungen des Tachowellenantriebs am Getriebegehäuse und setzt sie dann in Kilometerangaben um. Nach wieviel Tachowellenumdrehungen ein Kilometer auf der Straße zurückgelegt wurde, hängt von der Reifengröße und Achsübersetzung ab. Die entsprechende Tachometerantriebs-Anpassung wird mit

der »Weg-Drehzahl« gekennzeichnet: Beim 320 808 bzw. 0,808 und beim 323i 762 bzw. 0,762.
Eine zitternde Tachonadel weist gewöhnlich darauf hin, daß die Tachowelle einen Knick hat und bald brechen wird (Ausbau siehe Seite 207). Bei einem Fahrzeug mit hoher Laufleistung kann auch der Tachoantrieb im Getriebe verschlissen sein.

Höchstgeschwindigkeit und Tacho-»Eichung«

Wer die Spitzengeschwindigkeit seines BMW ausgefahren hat, wird wohl einen höheren Wert nennen, als etwa im Prospekt oder der Betriebsanleitung steht. Bei einem BMW gehört das schon fast zum guten Ton. Die Fahrzeuge der weiß/blauen Marke überschreiten die angegebenen Leistungen häufiger, als das bei anderen Fabrikaten üblich ist. Dabei darf aber nicht übersehen werden, daß auch der Tachometer im oberen Anzeigebereich ca. 3 Prozent dazuschwindelt. Der Gesetzgeber erlaubt sogar bis zu 7%! Zu wenig darf der Tachometer dagegen nicht anzeigen.
Wie genau der Tachometer Ihres Wagens funktioniert, können Sie selbst kontrollieren – z.B. für die häufigsten Geschwindigkeitsbegrenzungen 50, 80, 100 und 130 km/h. Sie brauchen dazu eine ausnahmsweise nur mäßig befahrene, ebene Autobahnstrekke, Beifahrer mit Stoppuhr oder Armbanduhr mit Sekundenanzeige. Meßpunkte sind die am Autobahnrand alle 500 m aufgestellten kleinen Kilometer-Tafeln. »Anlauf« nehmen, bis die Tachonadel ruhig und stetig auf die zu messende Geschwindigkeit zeigt. Beim Passieren der nächsten km-Tafel, die z.B. haargenau über einen Fenstersteg angepeilt wird, drückt der Beifahrer die Stoppuhr. Nach einem Kilometer Fahrt (die Tachonadel darf sich während der Messung nicht bewegen) bei gleicher Anpeilung der km-Tafel wieder die Stoppuhr drücken. Ergebnis notieren. Messung mindestens zweimal, besser dreimal wiederholen, da kleine Ungenauigkeiten bei der km-Tafel-Aufstellung oder Tachonadelschwankungen möglich sind. Durchschnittswert aus den Messungen ermitteln.
Die echte Geschwindigkeit in Kilometer pro Stunde (= 3600 Sekunden) ergibt sich, wenn Sie 3600 durch die gestoppte Zeit (in Sekunden) teilen. Beispiel: Tachonadel zeigte auf 130; 1 Kilometer wurde in 284 Sekunden zurückgelegt. 3600:28,4 = 126,76. Ergebnis: Bei Tachoanzeige 130 wurden knapp echte 127 km/h gefahren. Auf dieselbe Weise können Sie auch die tatsächliche Höchstgeschwindigkeit Ihres Wagens ermitteln. Doch je nach Luftfeuchtigkeit, Einfahrzustand und Reifen (Rollwiderstand) kann die Höchstgeschwindigkeit je nach Modell um 2 bis 6 km/h tolerieren.

Tankanzeige

Das Anzeigegerät erhält bei eingeschalteter Zündung Strom an seine Klemme +. Die Verbindung zur Masse stellt der Tankgeber (siehe Seite 81) her. In ihm ist ein veränderlicher Widerstand eingebaut, der je nach Stellung des Schwimmers den Stromdurchfluß mehr oder weniger »bremst« und so einen entsprechenden Zeigerausschlag im Instrument bewirkt.

Störungssuche

■ Tauchrohrgeber freilegen, wie auf Seite 81 beschrieben, Mehrfachstecker abziehen. Im Stecker die Kabelklemme des braun/gelben Kabels durch ein Hilfskabel direkt mit Masse verbinden. Zündung ganz kurz einschalten – schlägt der Zeiger auf »voll« aus, ist der Tankgeber defekt.
■ Am ausgebauten Kombiinstrument (siehe Bild Seite 207) die mittlere Klemme an der Anzeige mit Batterie-Plus verbinden. Der obere und untere Anschluß wird mit dem Minuspol der Batterie verbunden. Rührt sich nun die Tankanzeigenadel nicht, ist das Instrument defekt. Schlägt die Anzeige auf »voll« aus, liegt der Fehler in der Kabelzuleitung.

Temperaturanzeige

Die Temperaturanzeige des Kühlsystems funktioniert ähnlich wie die Tankanzeige. Plusstrom erhält sie bei eingeschalteter Zündung, »Minus« liefert der Temperaturfüh-

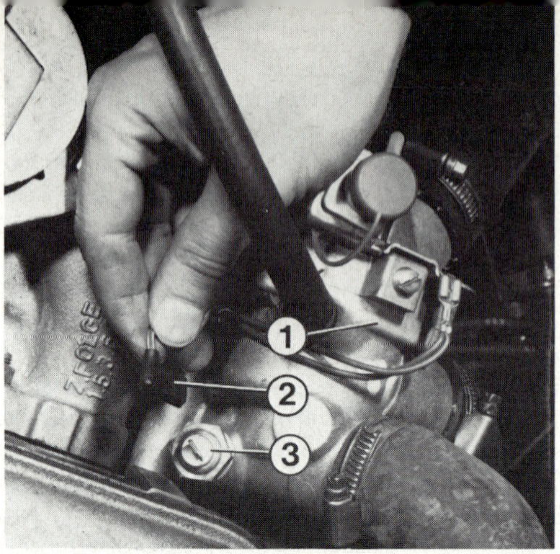

Die Kühlmitteltemparatur wird elektrisch gemessen. Der Thermofühler (3) verändert entsprechend der Flüssigkeitstemperatur seinen elektrischen Widerstand, so daß der vom Kabel (2) zugeleitete Strom unterschiedlicher Spannung dem Instrument im Armaturenbrett indirekt die Wassertemperatur übermittelt. Der Thermofühler sitzt an der heißesten Stelle des Kühlungskreislaufes, wo die Kühlflüssigkeit aus dem Zylinderkopf austritt und zum Kühler fließt. Dieser Platz ist an der linken Motorseite vor dem Thermostatgehäuse (1).

ler (Bild oben), der je nach Wassertemperatur als mehr oder weniger starker Widerstand wirkt und so den Zeigerausschlag steuert.

Störungssuche

■ Kabel am Temperaturfühler abziehen und fest mit Masse verbinden. Zündung kurz einschalten – wandert die Anzeigenadel ins rote Feld, ist der Temperaturfühler defekt.

■ Nach Ausbau des Kombiinstruments an dessen Rückseite die mittlere Klemme des Fernthermometers (Bild rechts oben) an den Pluspol einer 12-Volt-Batterie legen. An die obere und untere Klemme werden Verbindungen zu Batterie-Minus gelegt. Bleibt nun die Anzeigenadel auf der linken Seite liegen, ist das Anzeigeinstrument defekt. Bei vollem Zeigerausschlag muß der Fehler in der Kabelzuleitung gesucht werden.

Zeigeruhr

Die quarzgesteuerte Zeigeruhr (bis 8/79) geht ausgesprochen exakt. Abweichungen liegen unter 10 Sekunden pro Tag. Allerdings verträgt diese Uhrenart Verdrehen gegen den Uhrzeigersinn nicht gut. Wenn Sie also nachstellen müssen – etwa nach dem Wiederanklemmen der Batterie –, dann nur im Uhrzeigersinn drehen.
Läuft die Uhr überhaupt nicht, beschränkt sich die Fehlersuche auf die zuständige Sicherung 17 oder das stromzuführende Kabel. Eine Reparatur kann nur – je nach Hersteller – eine VDO-Werkstatt oder Moto Meter (siehe Seite 16) durchführen.

Kombiinstrument ausbauen

Als Vorarbeiten Lenkrad abschrauben (siehe Seite 126) und untere Armaturenbrettverkleidung abnehmen (siehe Bild Seite 221). Weiter geht es, wie im Bild unten beschrieben.
Damit nichts zerkratzt wird, oben auf die Lenksäulenverkleidung einen weichen Lap-

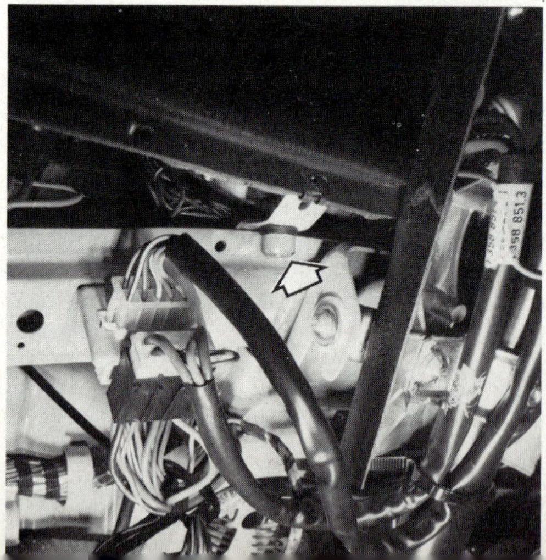

Bevor Sie die Instrumentenkombination aus ihrem Ausschnitt im Armaturenbrett herausziehen können, muß die im Bild gezeigte Rändelmutter (Pfeil) losgedreht werden. Diese Mutter erreichen Sie nach Abnahme der linken Armaturenbrettverkleidung. Kombiinstrument dann vorsichtig herausziehen, Tachowelle und Stecker abnehmen.

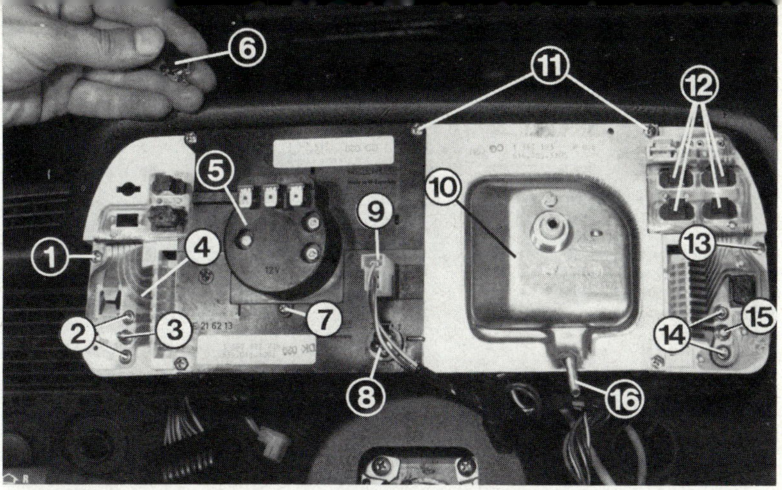

Die Rückseite des Kombiinstruments zeigt folgende Teile: 1 – Halteschraube, 2 – Minusanschlüsse, 3 – Plusanschluß der Tankanzeige; 4 – Leiterfolie; 5 – Drehzahlmesser; 6 – Lampenfassung mit Glassockellampe; 7 – Halteschraube, 8 – Anschluß für die Betätigungseinheit, 9 – Kabelstecker der Digitaluhr; 10 – Tachometer; 11 – zwei der insgesamt 6 Halteschrauben von Drehzahlmesser und Tachometer; 12 – vier Kontrolleuchten mit Fassung; 13 – Halteschraube, 14 – Minusanschlüsse, 15 – Plusanschluß der Temperaturanzeige; 16 – Befestigungsbolzen des Kombiinstruments.

pen legen. Kombiinstrument herausziehen. Mehrfachstecker rechts und links zusammendrücken und abziehen, Kabel von Drehzahlmesser, Tachometer und Bremskontrollampe abnehmen, ab 9/79 den Mehrfachstecker von der Digitaluhr abziehen.

Kombiinstrument zerlegen

Tachometer und Drehzahlmesser sind an der Rückseite des Kombiinstruments mit insgesamt 6 Kreuzschlitz- bzw. Sechskantschrauben befestigt. Diese Instrumente können unabhängig voneinander demontiert werden. Am Tachometer erst den Knopf für die Tageskilometerzähler-Rückstellung abziehen. An die Tank- bzw. Temperaturanzeige kommen Sie nur nach Ausbau des benachbarten großen Instruments heran. Für beide Anzeigen gilt beim Ausbau: Zuerst die Lampenfassungen oben abnehmen, Halteschraube (siehe Bild oben) losdrehen, Instrument mit seiner Trägerplatte abnehmen.
Die Digitaluhr (seit 9/79) läßt sich nach Ausbau des Drehzahlmessers demontieren. Steckverbindungen abziehen. An der Rückseite des Drehzahlmessers die Halteschraube (Bild oben) für die Uhr lösen, und die Digitaluhr abnehmen.
Die sogenannte Betätigungseinheit für die Digitaluhr läßt sich zum Innenraum hin aus dem Armaturenbrett drücken, wenn Sie am ausgebauten Kombiinstrument den runden Mehrfachstecker abgezogen haben.

Zeigeruhr ausbauen

Heizhebelblende abnehmen (siehe Bild Seite 221 oben). Batterie-Minuskabel abklemmen. Kabel und Fassungen abziehen, beide Rändel-Haltemuttern an der Blendenrückseite losdrehen. Damit es beim Wiedereinbau keinen Kurzschluß gibt, entweder beim Ausbau die Kabel und ihre zugehörigen Steckzungen markieren oder die Kabel mit Hilfe des Schaltplans ab Seite 164 anschließen.

Tachowelle auswechseln

Fahrzeug aufbocken. Halteschraube der Tachowelle am Getriebe (Bild nächste Seite oben) lösen. Im Verlauf der Tachowelle die Kabelschellen und Haltebänder lösen. Weiter im Wageninnern das Kombiinstrument so weit ausbauen, daß Sie die Rändelmutter der Welle am Tachometer losdrehen können – evtl. mit einer Kombizange. Die neue Welle – bei Schaltgetriebe 1680 mm lang mit silber/grauer Farbkennzeichnung, bei Getriebeautomatik 1800 mm lang und silber/braun gezeichnet – beim Einbau nicht stark biegen oder gar knicken. Durch die Gummitüllen darf sie nicht mit Gewalt gedrückt werden. Kein Schmiermittel am Gewindeanschluß des Tachometers auftragen, es könnte das Anzeigesystem verkleben.

Anzünder

Der elektrische Anzünder erhält Dauerstrom über Sicherung 16. Wenn er trotz intakter Sicherung streikt, ist meist der Heizwendeleinsatz locker oder durchgebrannt.

Die Tachowelle steckt links unten (in Fahrtrichtung gesehen) im Schaltgetriebehals. Zum Ausbau der Welle muß die Sicherungsschraube (Pfeil) losgedreht werden. Der Tachometer »übersetzt« die Drehzahlen der Getriebeausgangswelle in Geschwindigkeitsangaben. Diese Angaben werden durch Reifen mit anderem Abrollumfang oder durch Wechsel der Hinterachsübersetzung also verfälscht.

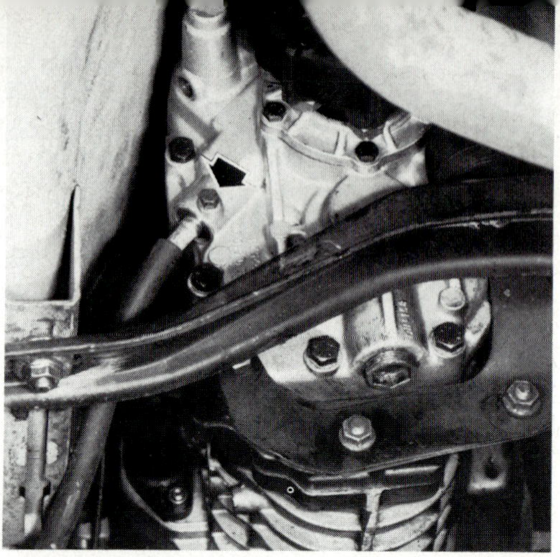

Heizbare Heckscheibe

Die Klemme 86 des Entlastungsrelais (siehe Bild Seite 201) steht bei eingeschalteter Zündung unter Spannung. Der Stromweg zur Heizscheibe wird durch den Drucktastenschalter im Armaturenbrett direkt geschlossen. Der Arbeitsstrom kommt von Klemme 87 des Relais über Sicherung 10 durch ein grün/blaues Kabel zum Schalter, zur Scheibe führt eine schwarze Leitung.

Störungssuche

Falls die heizbare Heckscheibe kalt bleibt:

- Sicherung 10 in Ordnung? Sitzen die Kabelstecker an der Heizscheibe fest?
- Heizscheibenschalter ausbauen (Seite 199). Mit Prüflampe feststellen, ob das grün/blaue Kabel bei eingeschalteter Zündung unter Spannung steht.
- Kommt kein Strom am Schalter an, Entlastungsrelais prüfen (Seite 201).
- Liegt Spannung an, muß bei eingeschalteter Heizscheibe das weiterführende schwarze Kabel ebenfalls unter Strom stehen. Andernfalls ist der Heizscheibenschalter defekt.
- Die Heizfäden können aber auch beschädigt und dadurch unterbrochen sein (Beweis: Scheibe heizt nur teilweise). Hier hilft der Leitsilberlack der Firma Doduco, Postfach 480, 7530 Pforzheim, der auch im Zubehörhandel erhältlich ist.

Scheibenwischer und -wascher prüfen

Wartungspunkt Nr. 24

Die vielfältigen Schaltungen der Wisch-Wasch-Anlage im BMW steuert ein Verzögerungs- und Intervallrelais, das unter der linken unteren Armaturenbrettverkleidung versteckt sitzt (siehe Bild Seite 194).

Bei eingeschalteter Zündung erhält das Relais ständig Strom von der Sicherung 15. Wenn Sie den Wischerschalter zum Lenkrad hin ziehen, erhält das Relais zusammen

Der Scheibenwaschwasser-Behälter bei einem Wagen mit Scheinwerfer-Reinigungsanlage. Zum Ausbau die SW-10-Blechschraube (6) an der Hinterkante des Behälters herausdrehen und dann Behälter kräftig nach oben ziehen, um ihn von der Klebeunterlage (5) am Radhaus abzuziehen. An der Unterkante ist er zusätzlich noch mit einer speziellen Ausformung (7) an der Behälter-Unterkante in eine Blechlasche (4) an der Karosserie gesteckt. Die Anschlußkabel (3) der beiden Wasserpumpen (1 und 2) können beim Einbau leicht verwechselt werden. Deshalb empfiehlt sich vor der ersten Fahrt eine Kontrolle, ob beim Betätigen der Scheibenwaschanlage nicht die Scheinwerfer das Wasser abbekommen. Keine Angst: Schaden kann dabei nicht entstehen.
Bei neueren Wagen ohne Scheinwerfer-Reinigungsanlage ist die Wasserpumpe übrigens direkt mit ihrem Ansaugschnorchel in den Wasserbehälter gesteckt, wodurch ein zusätzlicher Ansaugschlauch eingespart wurde. Diese Pumpe kann – wie übrigens auch die beiden hier abgebildeten – durch gefühlvolles Ziehen ausgebaut werden.

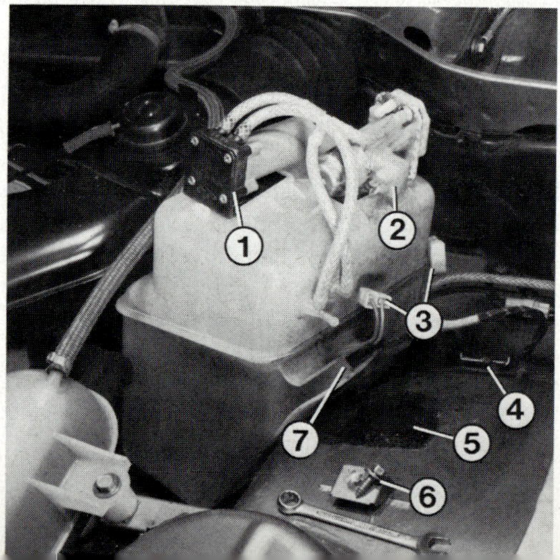

mit der Wascherpumpe einen Stromimpuls, der »mit Verzögerung« im Relais den Strom an den Wischermotor weiterleitet. Das Relais gibt dabei nur kurz Strom ab für einige Wischerbewegungen. Wird der Wischerschalter in die erste Raste hochgezogen, erhält das Relais vom Wischerschalter Dauerstrom, der vom Relais in einzelne Impulse zerhackt wird, die den Wischermotor in bestimmten Zeitabständen zu einer einzelnen Wischbewegung veranlassen.
In der folgenden Schalterstellung müssen die Wischer normal und in der höchsten Stellung schnell über die Windschutzscheibe wedeln.

Scheibenwaschwasser auffüllen

Man wäscht sich mit Wasser. Aber wenn man Seife nimmt, wird man sauberer. Bei der Scheibenwaschanlage ist es genauso. Abgasrückstände, Öldunst und Silikon aus Lackpflegemitteln setzen sich hartnäckig auf das Glas. Als Waschwasserzusatz empfehlen sich etwa »Caramba Scheibenklar« im Sommer und »Sonax Antifrost« (besonders preisgünstig in der 1-Liter-Plastikflasche) für den Winter. Damit sich Zusatzmittel und Wasser gut durchmischen, erst Reinigungsmittel und dann das Wasser in den Behälter gießen. Bei tiefem Frost nützt der Gefrierschutz bisweilen doch nicht viel. Dann mischen wir dem Waschwasser noch etwa $^1/_3$ Brennspiritus hinzu. Das schützt sicher vor Eisklumpen im Wasserbehälter, riecht allerdings ziemlich aufdringlich.
Wenn die Waschanlage nicht mehr funktioniert, sollten Sie zuerst versuchen, die Spritzdüsen mit einer dünnen Nadel zu reinigen. Hilft das nichts, müssen die Wasserschläuche und Scheibenwascherpumpe überprüft werden. Um Verstopfungen der Düsen vorzubeugen, empfiehlt es sich, in die Waschanlage ein handelsübliches Benzinfilter (z. B. Mann WK 31/2) einzubauen.

Fingerzeig: *Wenn das Sichtfeld auf der Windschutzscheibe trotz Reinigungszusatz im Waschwasser schlierig bleibt, hilft das altbekannte Messingputzmittel Sidol (nicht Sidol Spezial!) weiter. Es wird mit einem Lappen aufgetragen und muß antrocknen, ehe der weiße Staub mit einem sauberen Lappen abgerieben wird. Damit werden Öl-, Lackkonservierer- und sonstige Rückstände zuverlässig entfernt.*

Spritzstrahl einstellen

Das Scheibenwaschwasser wird von zwei Einzeldüsen auf die Frontscheibe gespritzt. Diese Wasserstrahlen sollen 235-300 mm von der unteren Windschutzscheibenkante entfernt auf das Glas treffen. Mit einer Nadel läßt sich die Strahlrichtung korrigieren.

Scheibenwischer wechseln

Die Gummis der Scheibenwischer halten höchstens ein halbes Jahr. Zum Wechsel bei hochgeklapptem Wischerarm die Klemmfeder anheben und das Wischerblatt seitlich vom Arm abziehen.
Als Ersatz genügt es, wenn Sie sich lediglich Wischergummis besorgen. Hiervon gibt es bis 3/79 unterschiedliche von drei verschiedenen Herstellern (Bosch, SWF, Trico), seit 3/79 ist das Gummi einheitlich. Wischergummis sind in der Werkstatt und im Zubehörhandel selten vorrätig, sie müssen meist erst bestellt werden.
Zum Zerlegen eines Wischerblatts an einem Ende die Halteklammer aufbiegen. Metallstreifen an einer und dann an der anderen Seite herausziehen, altes Gummi aus- und neues einhängen. Metallstreifen beidseits wieder einschieben, Halteklammer zusammendrücken.
Besonders Sparsame montieren lediglich auf der Fahrerseite einen neuen Scheibenwischer, der Beifahrer erhält den bisherigen linken Wischer. Beim nächsten Mal bauen Sie wieder links einen neuen Scheibenwischer an und rechts den früheren linken; der alte Beifahrerwischer kommt nun auf den Müll.

Scheibenwischermotor

Die Kabelklemmen am Wischermotor haben folgende Bedeutung: Über Klemme 53 (schwarz/gelbes Kabel) kommt bei eingeschalteter Zündung Spannung für die erste

Wischergeschwindigkeit, Klemme 53 a (violett/schwarzes Kabel) führt den Strom für die zweite Geschwindigkeitsstufe und über Klemme 31 b (braun/rotes Kabel) wird der Wischermotor beim Ausschalten abgebremst, damit die Wischerblätter nicht über ihre Parkstellung hinauslaufen. Klemme 31 (braunes Kabel) stellt die Verbindung zur Masse her.
Wenn beim Ausschalten der Scheibenwischer die Wischerarme noch nicht in Parkstellung stehen, wird dem Scheibenwischermotor unabhängig vom Wischerschalter über Klemme 53 a so lange Plusstrom zugeführt, bis die Wischer in Ruhestellung gelaufen sind.
Das kann sich im Winter bei starkem Schneetreiben oder Eisregen aber zum Nachteil auswirken, wenn die Wischerblätter durch den dicken Schnee ihre Endstellung beim Ausschalten nicht erreichen. Klemme 53 a führt dann weiterhin Strom, und da der Wischermotor sich nicht drehen kann, brennt er durch (die Sicherung brennt in solchen Fällen meist erst zu spät durch). Deshalb bei steckengebliebenen Wischerblättern anhalten, aussteigen und die Wischerarme von der Scheibe abheben, damit sie in ihre Endstellung laufen können. Bleiben die Wischerblätter dagegen beim Ausschalten der Zündung stehen, droht keine Gefahr, dann erhält Klemme 53 a keinen Strom mehr.

Wischermotor ausbauen

Zuerst Minuskabel der Batterie abnehmen. Den weiteren Ausbau sehen Sie im Bild unten. Bevor am eingebauten neuen Wischermotor die Motorkurbel aufgesetzt wird, schließen Sie kurz die Batterie an und lassen den Motor einige Male durchlaufen, damit er beim Abschalten in der richtigen Endstellung steht. Kurbel aufsetzen und festschrauben. Gummipuffer so weit eindrehen, bis sich der Wischermotor auf ihm abstützt.

Radio einbauen

Wenn Sie ein Radio einbauen wollen, brauchen Sie den auf den BMW 3er abgestimmten Einbausatz mit der entsprechenden Radioblende. Je nach Baujahr Ihres Wagens ist dieser für den Einbau bestimmter Lautsprecher vorgerüstet, das finden Sie im nächsten Abschnitt beschrieben.
Mittelkonsole ausbauen (Seite 222). Aschenbecherhalterung und Abdeckblende an der Konsole demontieren, Radioblende einsetzen. Lampenhalter der Aschenbecherbeleuchtung in die neue Blende einsetzen und um 180° ($^1/_2$ Umdrehung) drehen, Lampenfassung mit der Glühlampe einsetzen. Für den Überblendregler ist bis 8/79 der Platz rechts neben dem Aschenbecher vorgesehen, die entsprechende Bohrung ist vorgestanzt und muß nur durchbrochen werden. In den neueren Modellen mit dem Anzünder rechts vom Ascher sitzt der Überblendregler auf der rechten Seite der Armaturenbrettverkleidung unter der Lenksäule. Aschenbecherhalter an der neuen Blende befestigen.

Zum Ausbau des Scheibenwischermotors (5) die Antriebsstange (4) von der Motorkurbel abhebeln. Halteschraube (2) der Kurbel losdrehen. Vor Abnahme der Motorkurbel muß deren Stellung markiert werden, damit sie beim Einbau wieder in die richtige Richtung zeigt. Am besten zeichnen Sie die Kurbelstellung auf dem Halteblech des Wischermotors an. Gummipuffer (6) etwas lockern. Halteschrauben (1, 3, 7) des Wischermotors lösen. Scheibenwischermotor herausheben und den Mehrfachstecker (9) von den Steckkontakten (8) abziehen.

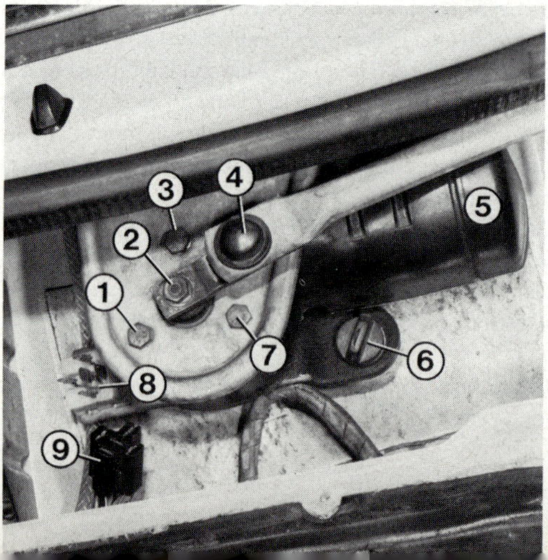

Distanzscheiben auf die Achsen der Radioknöpfe stecken. Radio in die Blende einsetzen, Haltemuttern festdrehen. Umschalter, Distanzstück und Radioknöpfe aufstekken. Hinten an der Mittelkonsole Stützhalter und Haltewinkel für das Radio anschrauben. Antenne einbauen (siehe unten), Lautsprecher montieren (siehe nächsten Abschnitt). Kabel der Stromversorgung (sind bereits ab Werk verlegt), der Antenne und der Lautsprecher anschließen, ebenso das Kabel für die Aschenbecherbeleuchtung. Entstörmittel nach Anweisung einbauen.
Minuskabel an der Batterie anklemmen, Radio zur Probe einschalten. Mit der Antennentrimmschraube Radio auf die Antenne anpassen. Das geschieht auf Mittelwelle mit einem schwachen Sender im Bereich von 1100 kHz. Trimmschraube vorsichtig so lange drehen, bis der Sender am klarsten und lautesten empfangen wird. Mittelkonsole wieder einbauen.

Lautsprecher einbauen

Für ein Mono-Radio ist bis Baujahr 8/78 oben in Armaturenbrettmitte der Einbau eines Lautsprechers vorgesehen. Seit 9/78 werden dagegen rechts und links im Fußraum je ein Lautsprecher eingebaut. Für Stereo-Lautsprecher sind bis 8/78 in der Ablage vor dem Heckfenster zwei Ausschnitte vorgesehen, seit 9/78 werden in Verbindung mit einem Stereoradio zwei weitere Lautsprecher verwendet, nämlich die schon angesprochenen im vorderen Fußraum. Bei Frontlautsprechern als Vorarbeit die unteren Armaturenbrettverkleidungen ausbauen (Seite 221).

■ Frontlautsprecher Mono bis 8/78: In Armaturenbrettmitte oben vorsichtig das Lautsprechergitter heraushebeln. Abdeckung mit einem Messer abschneiden. Kabel am Lautsprecher aufstecken und zur Mittelkonsole hin verlegen. Lautsprecher einsetzen, festschrauben und das Gitter wieder aufdrücken.

■ Frontlautsprecher ab 9/78: Die Ausschnitte für die Lautsprecher sitzen vor den Türen. Im Türausschnitt vorn den Kantenschutz abziehen. Teppichboden an der Seite entsprechend dem Lautsprecherausschnitt herausschneiden. 4 sogenannte Blechmuttern (Gegenbleche für Blechschrauben) im Ausschnitt einsetzen. Lautsprecherkabel durch den Durchbruch oberhalb des Ausschnitts führen. Lautsprecher zum Einbau zusammensetzen: Blende, Lautsprecher, Schrauben und zuletzt die Distanzscheiben. Kabel anschließen, Lautsprecher festschrauben.

■ Hecklautsprecher: Rücksitz und -lehne ausbauen (Seite 220). Hutablage nach vorn herausziehen. Ausschnitte für die Lautsprecher herausschneiden. Blechmuttern einstecken, Ablage wieder einsetzen und Lautsprecher mit Blenden anschrauben. Kabel anschließen. Die Lautsprecherkabel werden am linken Kabelstrang entlang nach vorn verlegt. Am linken vorderen Sicherheitsgurt unten die Abdeckung abhebeln und Halteschraube herausdrehen, Teile in ihrer Reihenfolge ablegen. Teppichabdeckleiste am linken Türausschnitt abheben, Bodenteppich abziehen. Lautsprecherkabel nach vorn verlegen. Teppichboden, Abdeckleiste und Sicherheitsgurt wieder einbauen.

Antenne einbauen

Für den BMW paßt nur eine spezielle Versenkantenne vorn links. Abdeckung hinten im linken vorderen Radkasten losschrauben. Dahinter den vorgestanzten Ausschnitt herausdrücken, Antennen-Abdecktülle einsetzen. Motorhaube öffnen. Am linken Türholm sehen Sie unterhalb der Windschutzscheibe zwei vorgekörnte Punkte. Diese auf 3,2 mm ∅ aufbohren. Antenne von oben einschieben, Halteschrauben am Türholm leicht anziehen, Antenne ausrichten, dann erst die Schrauben festziehen. Kotflügelhalteschraube am Türholm (in Höhe der Seitenschutzleiste) lösen und mit unterem Antennenhalter wieder festschrauben, dabei die Antenne nochmals ausrichten. Vorgeprägten Ausschnitt zum Fahrzeuginnern herausschlagen. Antennenkabel nach innen durchstecken, Gummitülle über das Kabel schieben und die Tülle von innen nach außen in die Bohrung drücken. Antennenkabel zum Radio hin verlegen.

Raumkunst

In den Kindertagen der Motorisierung war der Autler trotz zünftiger Lederbekleidung auf dem Kutschbock seines Gefährts brütender Sonnenhitze, Regen, Sturm oder Schnee ausgesetzt. Über einen Mangel an frischer Luft und – vielfach damit verbunden – Staub konnte er nicht klagen.
Da haben wir es heutzutage besser mit Wetterschutz und Frischluftzufuhr: Je nach Geschmack und Etat gibt es den 3er-BMW völlig geschlossen, mit einer kleinen Dachluke oder beim Top-Cabriolet von Baur/Stuttgart mit einem herausnehmbaren Dachoberteil und einem hinteren Faltverdeck.

Demontierbare Teile

Mit einiger Geschicklichkeit kann man die Stoßstangen und Kotflügel vorn alleine ausbauen. Wollen Sie aber Motorhaube, Kofferraumhaube oder Türen demontieren, brauchen Sie unbedingt einen Helfer, der diese großen und schweren Teile hält, während Sie schrauben, sonst wird schnell irgendwo der Lack zerkratzt.
Übrigens: Eine neue Motorhaube, Kofferraumhaube, Tür oder einen neuen Kotflügel können Sie bereits vor der Montage lackieren lassen, dann sparen Sie sich das umständliche Abdecken der umliegenden Karosserieteile.

Motorhaube

Die geschlossene Motorhaube liegt richtig auf, wenn rundum der Abstand zu den Vorderkotflügeln, zur Windschutzscheibe und zu den Querstegen der Frontgrills in etwa gleich ist. Dann muß auch die Seitenkante der Haube unten in Höhe der entsprechenden Türsicken stehen. Liegt die Haube zu locker auf, so daß sie vibriert oder flattert, müssen die Anschlagpuffer rechts und links vorn an der Haubeninnenseite herausgedreht werden.
Zum Einstellen der Motorhaube Frontgrills rechts und links abnehmen (s. Bild Seite 214). Von unten her an der geschlossenen Motorhaube je 4 Befestigungsschrauben der beiden Scharniere lockern. Jetzt läßt sich die Haube sowohl in Quer- als auch in Längsrichtung verschieben. Dabei wird der Abstand zwischen der Motorhaube und

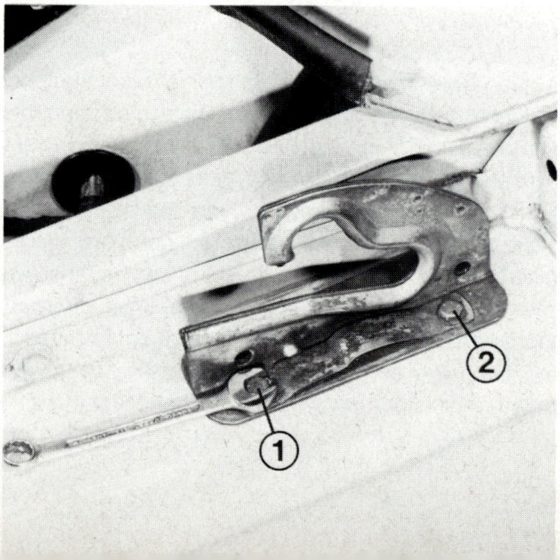

Die Rasten auf dem rechten und linken Vorderkotflügel dienen ebenfalls der Motorhaubeneinstellung. Sie können nach Lockern der Halteschrauben (1, 2 und jeweils gegenüberliegende) seitlich verschoben werden.

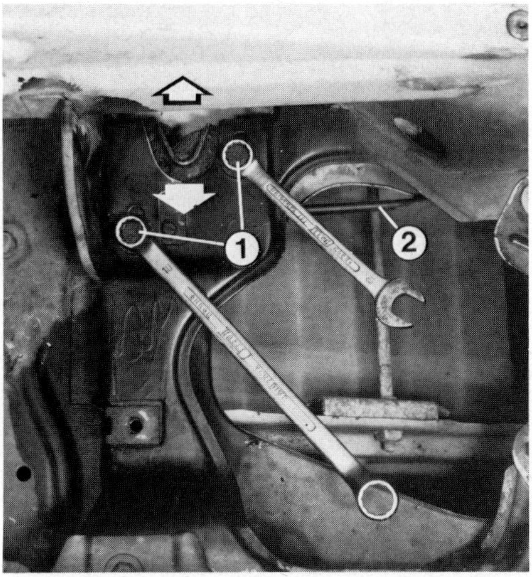

Das Haubenschloß erreichen Sie nach Abnahme des linken Grillgitters. Die Schrauben (1) können gelockert und das Schloß in der Höhe verschoben werden, wenn der Spalt zwischen Motorhaube und Karosseriefrontblech nicht stimmt. An das Haubenschloß führt der Seilzug (2) vom Entriegelungshebel im Innenraum. Zum Schloßausbau die beiden Schrauben ganz herausdrehen.

der rechten bzw. linken Tür auf gleiches Maß gebracht. Schrauben wieder festziehen. Haube öffnen, Schrauben der Rasten rechts und links auf den Vorderkotflügeln lokkern. Rasten so verschieben, daß Haubenblech und oberes Türblech in gleicher Höhe stehen. Im Idealfall steht die Haube 1 mm über die Tür hinaus. Die Höheneinstellung zur Tür hin erfolgt durch Verschieben der Führungsrolle an der Motorhaubeninnenseite. Der Abstand der Haube zu den Kotflügeln wird bei abgenommenem linken Frontgrill durch Verschieben des Klappenschlosses (neben dem linken Fernscheinwerfer) eingestellt.
Zum Motorhaubenausbau das Kabel zur Motorraumleuchte, wenn vorhanden, aus der Steckverbindung ziehen. Sitz der Haubenscharniere mit einem Acrylstift anzeichnen. Jeweils 3 Halteschrauben herausdrehen, letzte Schraube nur lockern. Stützarm rechts und links losschrauben, anschließend die letzten beiden Halteschrauben an den Scharnieren lösen, und die Motorhaube abnehmen.

Haubenseilzug gerissen

Wenn der Haubenentriegelungszug gerissen ist und Sie dringend im Motorraum etwa den Ölstand kontrollieren müssen, helfen Sie sich folgendermaßen: Linkes Grillgitter (in Fahrtrichtung) losschrauben. Arretierschraube (Nr. 2 im Bild auf der nächsten Seite oben) herausdrehen. Die Schloßfalle läßt sich nun zur Seite drücken und die Haube springt aus der Verriegelung.

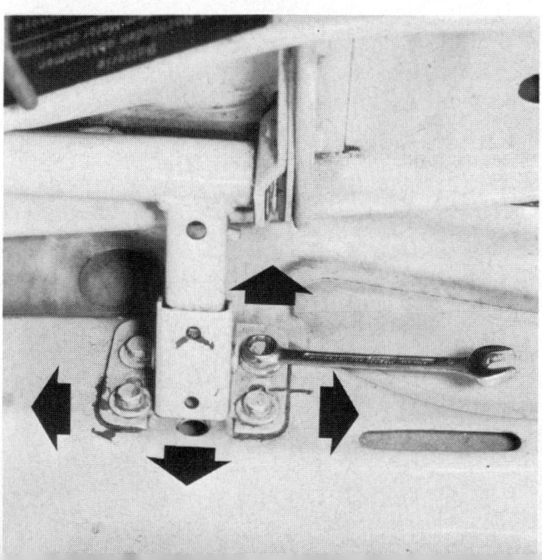

Die vorderen Haubenscharniere sind mit Langlöchern versehen, so daß nach Lösen der insgesamt vier SW-10-Schrauben pro Scharnier die Motorhaube erst einmal vor und zurückgeschoben werden kann. Die sogenannten Kastenmuttern in der Motorhaube erlauben weiterhin ein zusätzliches seitliches Verschieben der Haube. Soll die Motorhaube demontiert werden, lockern Sie die jeweils vier Schrauben an den Haubenscharnieren. Jetzt zu zweit die Haube halten und rechts und links die Haltestützen (SW 13) ausbauen. Scharnierschrauben vollends losdrehen und Haube zu zweit nach vorn wegtragen. Wird dieselbe Haube wieder montiert, sollten Sie ihre Stellung zum Scharnier mit Acrylstift vor der Demontage markieren (wie im Bild gezeigt). Das erspart langwierige Einstellarbeit.

Wenn ein neuer Haubenzug (4) angeklemmt wird, muß das Haubenschloß ausgebaut werden. Öffnerhebel im Innenraum links neben dem Fahrer ganz nach vorn (in Fahrtrichtung) drücken. Der Sperrhebel (2) muß in der hier gezeigten Stellung stehen; er wird hier von der Arretierschraube (1) fixiert, bei manchen Modellen muß man statt der Schraube einen Nagel o. ä. durch das Loch an dieser Stelle stecken, damit der Sperrhebel in dieser Stellung gehalten wird. Jetzt können Sie mit der Befestigungsschraube (3) den Drahtzug anklemmen.

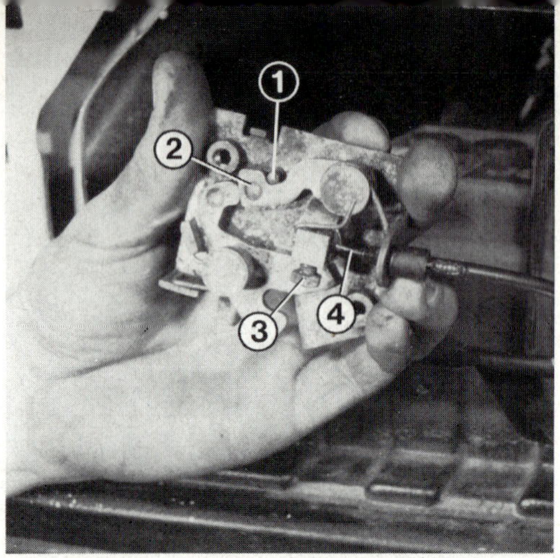

Haubenseilzug einbauen

Linke untere Armaturenbrettverkleidung abnehmen (siehe Bild Seite 221). Nippel des Haubenseilzugs am Zuggriff links im Fußraum aushängen. Blechklammer in Fahrtrichtung vorn am Lagerbock des Griffes abhebeln. Der Haubenzug mit seiner Hülle kann jetzt in den Motorraum gezogen und dort aus seinen Halteklammern genommen werden. Linkes Frontgrill ausbauen. Schloßteil demontieren, wie im Bild oben gezeigt, Halteschraube des Drahtzugs (Nr. 4 im Bild) lösen.

Kompletten neuen Zug im Motorraum befestigen. Zugende mit Nippel durch die Gummitülle zum Innenraum durchschieben und dort befestigen. Wie der Drahtzug vorn am Haubenschloß angeklemmt wird, beschreibt der Bildtext oben.

Kofferraumhaube

Der Ausbau der hinteren Klappe bereitet keine Probleme: Soll die bisherige Haube anschließend wieder eingebaut werden, zeichnet man die Lage der Scharniere etwa mit einem Acryl-Filzstift an und löst dann rechts und links je 2 Schrauben an den Scharnieren. Kabelverbindung zur Gepäckraumleuchte trennen.

Für den sauberen Sitz der Kofferraumhaube gilt sinngemäß dasselbe wie für die Motorhaube. Dabei läßt sich das Haubenschloß im Heckblech sowie die Klappe in den Scharnieren verstellen.

Klappe bei gelockerten Scharnierschrauben verschieben. Dabei muß zwischen Seitenteil (»Kotflügel«) und Haube der Spalt rechts und links etwa gleich breit sein. Die hintere Kante der Seitenteile muß mit der entsprechenden Haubenrundung übereinstimmen. Dann die beiden Schrauben des Klappenschlosses innen im Kofferraum lockern. Schloß so weit nach oben bzw. unten verschieben, daß die Haube seitlich in gleicher Höhe liegt wie die Oberkanten der hinteren Seitenteile. Die Gummipuffer hin-

Abnehmen der seitlichen Grillteile: Blinkerglas (9) ausbauen, Blinkerfassung abschrauben und herausziehen (zwei Schrauben: Position 1 und 10). Bei Scheinwerfer-Reinigungsanlage Kunststoffkappe über der Wischerachse hochklappen und Wischerarm-Haltemutter (8) herausdrehen; Wischerarm abziehen. Kreuzschlitzschrauben (5 und 7) herausdrehen. Blechklammern (2, 3, 4) mit Schraubenzieher abhebeln. Zwei dieser Blechklammern (6) haben wir der besseren Anschaulichkeit halber ausgebaut auf der Stoßstange abgelegt. An Stelle der Klammern saßen bei älteren Modellen Blechschrauben an diesen Stellen.

ten in der Kofferraumhaube werden so eingestellt, daß die Haube in geschlossenem Zustand fest aufliegt.
Wenn in den Kofferraum Staub oder Regenfeuchtigkeit eindringt, obgleich die Kofferraumhaube rundum flächenglatt in ihrem Ausschnitt sitzt, müssen Sie einmal die Gummiumrandung dieses Ausschnitts genau unter die Lupe nehmen: Der Gummi kann mit den Jahren spröde geworden sein und dichtet nicht mehr elastisch. Oder die Gummiumrandung ist eingerissen, weil im Winter die zugefrorene Haube mit Gewalt aufgezerrt werden mußte (vorbeugend hilft hier regelmäßiges Einreiben mit Glyzerin oder einem Spezialpflegemittel, wie z. B. 1z-Gummipfleger oder »Türgummi-Winterschutz« von Pingo).
Die schadhafte Gummiumrandung mit allen Kleberesten entfernen und eine neue Umrandung mit Profilgummi-Kleber (z. B. Terokal-Kleber 2444 oder Bostik 512) einbauen. Darauf achten, daß die Gummiumrandung rundum gleichmäßig hoch sitzt.

Fingerzeig: *Wassereinbruch im Kofferraum bei älteren Modellen hat seine Ursache vielfach in den nicht einwandfrei abdichtenden Heckleuchten.*

Stoßstangen

Zum Ausbau der vorderen Stoßstange im rechten und linken Radkasten je eine Halteschraube der Stoßstangenecken losdrehen. An den Stoßstangenhaltern rechts und links an der Wagenfront je 2 Muttern losdrehen und die Stoßstange mit einem Helfer nach vorn abziehen – Vorsicht, sonst zerkratzen die Stoßstangenecken die Vorderkotflügel.
Ausbau der hinteren Stoßstange: Im Kofferraum seitlich rechts und links hinter dem Radkasten (in Fahrtrichtung gesehen) je eine Schraube herausdrehen. An der Stoßstangeninnenseite von unten her die beiden Muttern der Stoßstangenhalter losdrehen. Stoßstange mit Helfer nach hinten abziehen – Lack nicht zerkratzen –, Kabel der Kennzeichenleuchten abziehen.
Zum Abnehmen der Gummileiste in den Stoßstangenecken innen je eine Mutter losdrehen, sämtliche Halteclips an der Stoßstangeninnenseite nach außen drücken, Leiste abnehmen.
Die Stoßstangenecken sind jetzt noch mit je 2 oder 3 Schrauben am Mittelteil befestigt. Kontrollieren Sie vor dem Zusammenbau die Halteclips und besorgen Sie nötigenfalls neue. Achten Sie darauf, daß diese richtig in die Löcher einrasten. Die Gummiringe zwischen den Stoßstangenecken und der Karosserie dürfen nicht vergessen werden, schadhafte unbedingt erneuern.

Kotflügel vorn

Bevor der Kotflügel selbst abgebaut werden kann, muß die vordere Stoßstange und das entsprechende Grillteil und der Blinker demontiert werden. Außerdem die obere

Das Charakteristikum aller BMW-Modelle, die Niere im Kühlergrill, ist bei der 3er-Reihe nur an zwei Punkten befestigt (Pfeile). Bei älteren Wagen sitzen dort zwei Kreuzschlitzschrauben, bei neueren zwei Befestigungsklammern, die mit dem Schraubenzieher abgedrückt werden müssen (siehe auch Bild links). An der Unterkante ist die BMW-Niere nur eingesteckt.

Haubenraste und evtl. die Seitenschutzleiste abnehmen. Dann im Radkasten zur Tür hin die Abdeckung zwischen Kotflügel und Radkasten abschrauben. 3 darunterliegende Kotflügelschrauben herausdrehen, ebenso die Halteschraube unten am Kotflügel zur Tür hin. An der Oberkante des Kotflügels sind insgesamt 5 Schrauben zu lösen sowie unten die Schraube am seitlich herumgezogenen Bugblech. Kotflügel abziehen. Alles alte Abdichtmaterial sorgfältig entfernen und vor dem Ansetzen des neuen Kotflügels mit Karosseriedichtband neu abdichten. Beim Einbau müssen Kotflügel und Frontblech zueinander ausgerichtet werden. Ebenso gilt es, auf gleichmäßigen Spalt zwischen Kotflügel und Tür zu achten.

Bugblech

Das komplette Frontblech ist fest mit der Karosserie verschweißt, aber das von der Stoßstange weitgehend verdeckte Bugblech ist an die Karosseriefront angeschraubt. Stoßstange samt Haltern abschrauben. Kühlergrill komplett (3 Teile) abschrauben. Rechts und links je 2 Halteschrauben zum Kotflügel lösen. Unten und oben am Bugblech sind jeweils 4 Blechschrauben herauszudrehen. Bugblech abziehen.

Türen

Wenn Sie eine Tür ausbauen, muß zuerst deren Innenverkleidung abgenommen werden (siehe übernächsten Abschnitt). Halteniet des Türfeststellers von unten anbohren und mit einem feinen Dorn oder evtl. mit einem stärkeren Nagel nach oben heraustreiben. Durch die entsprechenden Montageausschnitte oben und unten vorn im Türkasten kommen Sie an die Scharnierschrauben heran, die am besten mit einem Steckschlüssel (SW 13) gelöst werden. Tür von den Scharnieren abziehen.
Zum Einpassen der Tür dürfen die Scharnierschrauben nur leicht angezogen sein, dann läßt sich die Tür entsprechend verschieben. Für flächenglatten Sitz zum benachbarten Kotflügel lassen sich zwischen Scharnier und Tür spezielle Distanzstücke unter die Schrauben legen bzw. können herausgenommen werden. An der Türenseite mit dem Türschloß erfolgt die Einstellung, wie im Bildtext rechts oben beschrieben.

Unfallschäden

Zeigt sich etwa nach dem Ausbau einer beschädigten Tür, daß auch die Scharniersäule in Mitleidenschaft gezogen wurde, helfen Do-it-yourself-Arbeiten nicht mehr weiter.
Eine gestauchte Türsäule muß fachgerecht ersetzt werden. Sie können allenfalls durch weitestgehende Demontage der angrenzenden Verkleidungsteile usw. dem Karosserieflaschner die Arbeit erleichtern und anschließend den BMW wieder selbst zusammenbauen. Auf diese Weise läßt sich einiges Geld sparen. Auch eine verschobene Vorderfront wird nicht gerichtet, sondern komplett ersetzt. Ob sich ein hinterer Kotflügel billiger ausbeulen oder neu einschweißen läßt, muß man möglichst durch Kostenvoranschläge mehrerer Werkstätten in Erfahrung bringen.

Natürlich braucht man zum Abbau der Türinnengriffe nicht so viele Schraubenzieher, wie hier auf dem Bild zu sehen sind. Wir haben nur jeweils einen Schraubenzieher auf die Halteschrauben angesetzt, damit Sie diese leichter finden können.
Außer der Armlehne muß noch der Türöffner (schwarzer Pfeil) und die Fensterkurbel abgeschraubt werden. Beide besitzen eine Kunststoffabdeckung, die erst vorsichtig abgehebelt werden muß, um an die Achsenschrauben zu gelangen. Schalter für elektrische Spiegelverstellung an der mit dem weißen Pfeil gekennzeichneten Stelle heraushebeln und Kabelstecker abziehen.

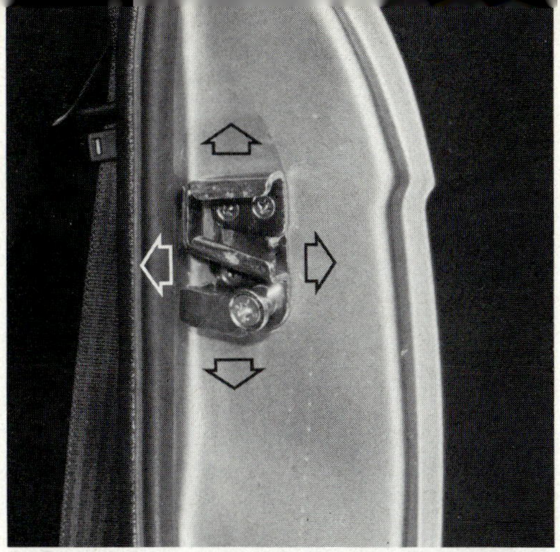

Wenn die Tür klappert oder ihre Außenseite nicht völlig flächenglatt mit den anschließenden Karosserieteilen liegt, läßt sich dies für die hintere Türkante durch Versetzen der Schließplatte beheben. Dazu ist ein kräftiger Schraubenzieher zum Lockern der vier (neuere Wagen: drei) Halteschrauben der Schließplatte notwendig. Die Schließplatte kann sowohl seitlich als auch nach oben und unten versetzt werden, was am besten bei gelockerten Halteschrauben durch leichte Hammerschläge mit zwischengelegtem Holzstück geschieht.

Arbeiten an den Türen

Türverkleidung ausbauen

Welche Vorarbeiten zum Ausbau der Türverkleidung notwendig sind, zeigt das Bild links unten. Nachdem alle Anbauteile abgenommen wurden, ziehen Sie vorsichtig die Verkleidung unten an einer Ecke ein Stück heraus, damit sich die Halteclips aus dem Türblech lösen. Mit der Hand hinter die Verkleidung fassen und mit den restlichen Clips nach oben abheben.

Unter der Verkleidung ist auf den Türkasten eine Kunststoffolie geklebt. Sie muß zu Arbeiten an der Tür innen vorsichtig abgezogen und vor dem Wiedereinbau der Türverkleidung wieder sorgfältig angeklebt werden. Wird das versäumt, weicht Tropfwasser, das durch den Fensterspalt in den Türkasten eindringt, die Verkleidungsrückseite auf. Ist die bisherige Folie zerrissen, kann man aus Meterware ein neues passendes Stück zuschneiden und mit jedem beliebigen Klebstoff einkleben.

Beim Wiedereinbau der Verkleidung muß die kegelförmige Spiralfeder der Fensterkurbel mit dem kleineren Durchmesser zur Tür zeigen. Bevor Sie die Kunststoffclips der Türverkleidung mit leichten Handballenschlägen in die entsprechenden Löcher eintreiben, sollten Sie kontrollieren, ob die Clips richtig angesetzt sind, sonst werden sie zerquetscht und unbrauchbar.

Türschloß

Das Türschloß besteht aus dem Türgriff außen, dem Schließzylinder in der Tür und dem eigentlichen Schloß am Türkasten mit dem Verriegelungsknopf auf der Türbrüstung sowie dem Öffnerhebel innen.

Türgriff ausbauen

Türgriff außen anheben und die beiden darunter sichtbaren Kreuzschlitzschrauben lösen. Das Öffnerteil, an dem der Türaußengriff festgeschraubt ist, läßt sich von der In-

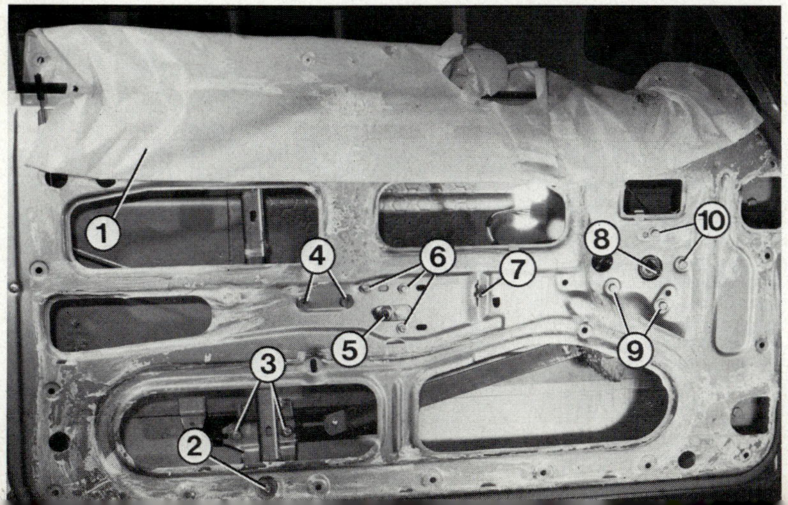

Bei abgenommener Türverkleidung sehen Sie: 1 – Schutzfolie an der Innenseite der Türverkleidung; 2 – Halteschraube für Fensterheberschiene; 3 – Fenster-Halteschrauben; 4 – Kunststoffdübel für Armlehnen-Befestigung; 5 – Türöffnerachse; 6 – Türöffner-Befestigungsschrauben; 7 – Gewindeklammer für Armlehnen-Befestigung; 8 – Fensterkurbelachse; 9 und 10 – Halteschrauben für Fensterkurbel-Mechanik.

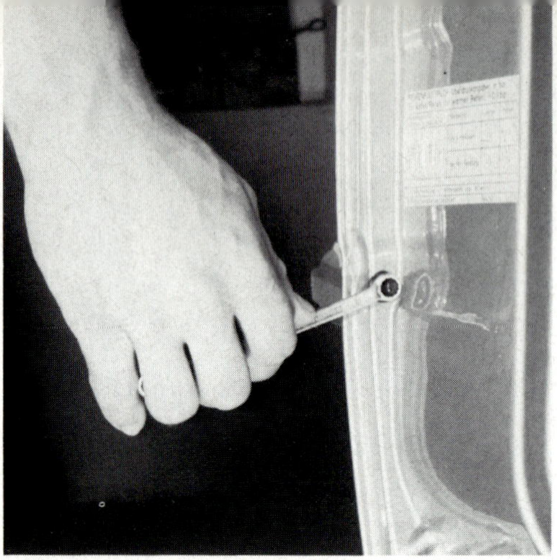

Die seitlichen Gummischutzleisten werden beim BMW teilweise von Plastikclips und teilweise von Plastikhutmuttern gehalten. So sind die Leisten auf den Türen hinten und vorne angeschraubt, sonst jedoch nur festgeclipst. Nach Lösen der Hutmuttern kann die Leiste aus den Clips gezogen werden.

nenseite der Tür abschrauben – vorher die Türverkleidung abnehmen. Die entsprechenden Haltemuttern sind durch zwei runde Ausschnitte im Türinnenblech in Türgriffhöhe erreichbar.

Schließzylinder ausbauen

Türverkleidung abnehmen, Kunststoffolie teilweise abziehen. Halteschraube der hinteren Fensterführungsschiene im Türkasten losdrehen. Flexible Fensterführung aus ihrer Schiene ein Stück nach vorn herausziehen. Jetzt läßt sich die Blechschiene nach unten herausnehmen, und die Schließzylinder-Rückseite ist zugänglich. Die kurze Verbindungsstange vom Schließzylinder zum Türschloß an diesem aushängen. Haltespange des Schließzylinders im Türkasten nach vorn abziehen, Schließzylinder außen abnehmen.

Türschloß ausbauen

Fensterführungsschiene ausbauen und Verbindungsstange vom Schließzylinder zum Türschloß aushängen, wie im vorangegangenen Abschnitt beschrieben. Halteschrauben (Nr. 6 im Bild unten auf der Vorseite) des Türöffners (Nr. 5 im Bild) herausdrehen. Die Verbindungsstange zum Türöffner aus ihrer Kunststoff-Führungsklammer aushängen. Weiter geht es, wie im Bild unten beschrieben.

Türschlösser kontrollieren

Wartungspunkt Nr. 52

Beim Öffnen und Schließen der Türen können sich im Lauf der Zeit die Befestigungsschrauben und Muttern der Schlösser oder die Schließkeile lockern. Das merkt man dann am schlechten Schließen der Türen und an Klappergeräuschen oder Zugluft. Der BMW-Wartungsplan sieht deshalb vorbeugend alle 15 000 km eine Kontrolle der Türschlösser und der Schließkeile vor.

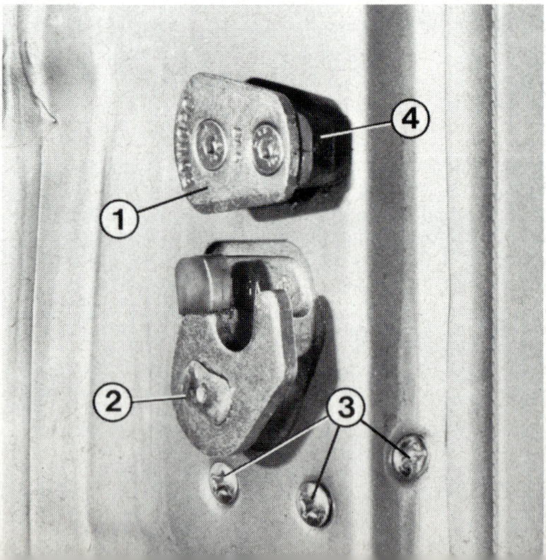

Zum weiteren Ausbau des Türschlosses werden die Halteschrauben der sogenannten Verklammerungsplatte (1) losgedreht und diese mit dem Führungspuffer (4) abgenommen. Dann die Drehfalle (2) in »Geschlossen«-Stellung drehen, wie hier im Bild bereits geschehen. Halteschrauben (3) des Türschlosses losdrehen und Schloß aus dem Türkasten herausnehmen. Beim Zusammenbau die große Buchse im Führungspuffer nicht vergessen.

Türfenster ausbauen

Fensterscheibe herunterkurbeln, Türverkleidung abbauen, Kunststoffolie teilweise abnehmen. Halteschrauben des Türfensters (Nr. 3 im Bild Seite 217) herausdrehen. Der Fensterheberarm läuft auf einer Rolle in der Blechschiene unten am Fenster. Zum weiteren Ausbau muß die Scheibe so weit gekippt werden, daß die Rolle des Heberarms aus der runden Aussparung der Schiene gezogen werden kann. Fenster nach oben herausnehmen.

Vor dem Einbau kontrollieren Sie, ob die Kunststoff-Gleitstücke des Halters in der Fensterheberschiene verschlissen sind, dann austauschen. Neue Gleitstücke so einbauen, daß die längere Seite außen am Halter anliegt. Gleitstücke mit etwas Mehrzweckfett bestreichen. Türfenster von oben in den Schacht einführen. Rolle in die Blechschiene einsetzen, dabei muß eine Kunststoffscheibe vor und eine hinter der Schiene laufen; etwas Mehrzweckfett auftragen. Halteschrauben des Fensters eindrehen, aber noch nicht endgültig festziehen. Scheibe durch Vor- und Zurückdrücken so einstellen, daß sie beim Hochkurbeln nicht klemmt und kein Spiel in ihren Führungen hat; dann Schrauben festziehen.

Fensterschachtabdeckung außen abnehmen

Türfenster-Zierrahmen unten abkleben, damit er beim Abnehmen der Abdeckleiste nicht zerkratzt wird. An der Türhinterkante mit einem Hartholzkeil die Leiste durch leichte Schläge aus ihren Klammern lösen und abnehmen. Zum Einbau die Leiste lediglich fest aufdrücken.

Rückspiegel ausbauen

Beim Spiegel am Türblech das Gummiläppchen an der Hinterseite des Spiegelfußes wegbiegen und die darunter sitzende Querschlitzschraube losdrehen. Jetzt kann der Spiegel von seinem mit dem Türblech verschraubten Halter abgenommen werden. Bei elektrisch verstellbarem Spiegel noch den Stecker am Halter trennen.

Den Ausbau des Spiegels im vorderen Fensterdreieck zeigt das Bild unten links.

Fenster austauschen

Der Aus- und Einbau einer neuen Windschutz-, Heck- oder festen Seitenscheibe ist nach unseren Erfahrungen nicht unproblematisch. Auf Wunsch ist der BMW mit einer Verbundglas-Windschutzscheibe (Hersteller »Sigla« oder Kennzeichnung auf der Scheibe »Laminated«) ausgerüstet, die bei Verspannung schnell reißt. Weniger gefährdet ist dagegen die Einschichtenglas-Scheibe (»Sekurit«).

Vor dem Ausbau der Windschutzscheibe klappt man die Scheibenwischerarme ab. Dann setzen Sie sich in den Innenraum und drücken mit den Füßen gegen die Scheibe – dabei kraftvoll drücken, aber nicht ruckartig gegen das Glas treten. Man beginnt an einer der oberen Ecken, während außen ein Helfer bereitsteht, um die Scheibe aufzufangen, wenn sie sich mit ihrer Dichtung aus dem Fensterausschnitt löst.

Die Scheibendichtung kann wieder verwendet werden, wenn sie nicht rissig oder aus-

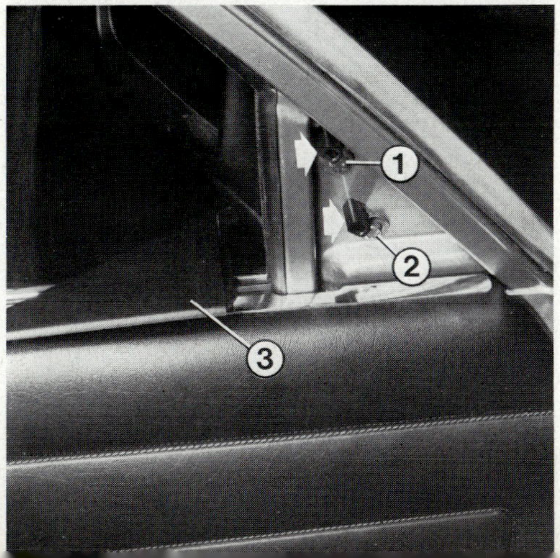

Der Spiegel neuerer Bauart läßt sich an zwei SW-10-Schrauben (1 und 2) abschrauben. An die kommen Sie heran, wenn Sie die schwarze Kunststoff-Abdekkung (3), die im Fensterdreieck sitzt, abhebeln und aus den Haltestegen (Pfeile) ziehen.

In einer speziellen Aussparung in der Türverkleidung (4) ist der Schalter der elektrischen Spiegelverstellung (6) untergebracht. Zum Ausbau wird er an seiner Vorderkante mit einem breiten Schraubenzieher – oder noch besser – mit einem Löffelstiel herausgehebelt. Mehrfachstecker (5) abziehen.

gefranst ist. Man zieht sie rundum ab, wobei Sie darauf achten sollten, daß die Zierblende möglichst nicht herausrutscht.
Beim Wiedereinbau wird erst die Gummidichtung über die Scheibe gezogen. Zum Einsetzen des Zierrahmens bedient man sich folgenden Tricks: Ein etwa 2 bis 3 mm starkes Autoelektrikkabel wird erst in den Schlitz für den Zierrahmen gelegt. Am besten nehmen Sie dazu ein 10 bis 15 mm langes Röhrchen, durch das das Kabel geführt wird. Mit diesem wird der Schlitz im Gummi fortlaufend geöffnet und gleichzeitig das Kabel eingelegt.
An der Stelle, wo die Kabelenden nach der Scheibenumrundung wieder zusammentreffen, beginnen Sie mit dem Einsetzen der jeweiligen Zierrahmenhälfte: Kabel herausziehen und ihm folgend den Rahmen in den sich öffnenden Schlitz drücken. Die Abdeckstücke werden über die Trennfugen geschoben.
Jetzt wird das Kabel in den äußeren Schlitz der Dichtung eingelegt, was am einfachsten mit dem oben erwähnten Röhrchen gelingt. Die Kabelenden müssen sich oben in Scheibenmitte überschneiden.
Den Fensterrahmen sollten Sie vor dem Einsetzen der Scheibe mit Silikondichtmasse bestreichen.
Von außen die Scheibe an den Rahmen ansetzen und einpassen. Dann wird von innen durch Herausziehen des Kabels die Gummilippe der Dichtung über die Rahmenkante gestülpt. Ein Helfer schlägt dabei jeweils dort, wo gerade gezogen wird, mit der flachen Hand von außen gegen die Scheibe, damit die Gummidichtung vollends in den Fensterausschnitt rutscht.

Arbeiten im Innenraum

Sitze ausbauen

Die Vordersitze lassen sich nicht aus den Schienen ziehen, sondern müssen mit diesen zusammen losgeschraubt werden (siehe Bild unten).
Zum Ausbau der Rücksitzbank an deren Konsole die beiden Kunststoff-Abdeckkappen abnehmen und die darunter sitzenden Schrauben losdrehen. Sitzpolster hochheben und herausnehmen. Nun sind die beiden Halteschrauben der Rückenlehne zugänglich – sie sitzen an der Lehnenunterseite. Bei gelösten Schrauben die Lehne nach oben drücken und abnehmen.

Fingerzeig: *Fahrer mit großer Statur benötigen bisweilen die verlängerten Sitzschienen (Teile-Nummern 52 10 1 900 993 bis 52 10 1 900 996) mit Befestigungsteilen.*

Hintere Seitenverkleidungen ausbauen

Rücksitzbank und -lehne abnehmen. Die Seitenverkleidung an ihrer Vorderseite ein Stück herausziehen, daß sich ihr Halteclip aus dem Blech löst. Verkleidung nach oben drücken. Sicherheitsgurt-Führung nach vorn aus der Verkleidung ziehen.

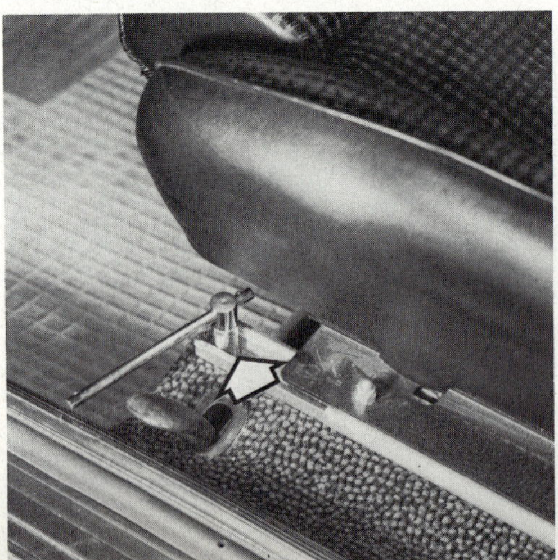

Die Sitze (hier die ältere Version mit außenliegendem Sitzverstellhebel) können nur komplett mit Sitzschiene herausgenommen werden. Dazu die Schrauben (Pfeil), von denen jeweils eine am Sitzschienen-Ende sitzt, herausdrehen. Wichtig bei der älteren Version: Die Anschläge sind mit den hinteren beiden Befestigungsschrauben angeschraubt. Sie müssen beim Einbau in Fahrtrichtung weisen.

Nicht alle der in den Schlitzen der Schieberegler für Heizung und Lüftung am alten Armaturenbrett sichtbaren Kreuzschlitzschrauben müssen herausgedreht werden, um die Frontplatte abzunehmen. Es reicht, wenn die Schräubchen 1 bis 4 gelöst werden, nachdem zuvor die Griffe der Schieberegler abgezogen wurden. Jetzt die Blende aus der Hakenverbindung links mit der richtigen Mischung aus Gefühl und Gewalt lösen.

Armaturenbrettverkleidungen abnehmen

Den Ausbau der linken unteren Verkleidung sehen Sie im Bild unten. Im Anschluß kann nach Lösen von 3 weiteren Schrauben die Lenksäulenverkleidung abgenommen werden. Im Beifahrerfußraum sitzt lediglich links neben dem Handschuhkasten eine kleine Verkleidung. Handschuhkasten öffnen, rechts und links das Gelenk aushängen, der Kasten schwenkt nach unten. Die Verkleidung wird oben von einer und unten von zwei Schrauben gehalten.
Den Ausbau der Blende in Armaturenbrettmitte (bis 8/79) zeigt das Bild oben.

Mittelkonsole

Wie Sie zum Ausbau der Konsole auf dem Kardantunnel vorgehen müssen, beschreibt das Bild auf der nächsten Seite.

Handschuhkasten

Zum Ausbau bei geschlossenem Deckel von der Unterseite her 3 Sechskantschrauben herausdrehen. Deckel öffnen, rechts und links die Plastiknieten in den Gelenken zusammendrücken und herausziehen. Handschuhkasten abnehmen.

Sicherheitsgurte kontrollieren

Wartungspunkt Nr. 55

Ist das Gurtband wellig, zeigen sich ausgefranste Kanten, aufgeriebenes Gewebe oder angerissene Nähte, dann sollten Sie den betreffenden Gurt unbedingt auswechseln. Und wenn bei einem »lahmen« Automatikgurt das Gurtband öfter zwischen Tür und Rahmen eingeklemmt wurde, verliert der Gurt mit der Zeit an Festigkeit. Auch in diesem Fall ist Ersatz anzuraten. Schmutzige Gurte werden mit einer milden Seife und lauwarmem Wasser gesäubert, keinesfalls chemische Reinigungsmittel verwenden.
Die Sperrfunktion eines Automatikgurts wird statisch und dynamisch geprüft:

- Gurtband schnell herausziehen – es muß vom Gurtautomaten gesperrt werden.

Wer das »Sesam öffne dich« für die linke Verkleidung unter dem Armaturenbrett nicht kennt, kann viele Arbeiten an der Bordelektrik nicht ausführen. Doch statt eines Zauberspruchs brauchen Sie nur einen Kreuzschlitzschraubenzieher, mit dem die Schrauben 1 bis 5 losgedreht werden.

■ Auf der Probefahrt kurz kräftig bremsen. Der Gurtautomat muß den Bandauszug schon nach kurzer Vorwärtsbewegung des Oberkörpers stoppen.

Fingerzeig: *Wenn Ihnen das Gurtband zu nahe am Hals liegt, können Sie den oberen Umlenkbeschlag um 50 mm nach unten verlegen. Dort sitzt (von der Verkleidung verdeckt) ebenfalls ein entsprechendes Gewinde für die Beschlaghalteschraube.*

Kampf dem Rost

Bei einer selbsttragenden Karosserie, wie sie auch unser BMW hat, kann sich in geschlossenen, unzugänglichen Blechprofilen Schwitzwasser bilden, welches das Blech von innen nach außen durchrosten läßt. Vorbeugend erhielten alle Modelle der 3er-Baureihe daher ab Werk eine Hohlraumkonservierung. Zusätzlich ist der Wagenboden mit einer Schutzschicht versehen.

Aber damit war der BMW nicht zeitlebens vor Rost geschützt. Das Werk schrieb vor, daß die Hohlraumkonservierung 14 und 36 Monate nach der Erstzulassung nachgearbeitet werden mußte. Der Unterbodenschutz sollte ebenfalls kontrolliert werden. Dann kam man auch in den Genuß einer Anti-Rost-Garantie.

Den Nutzen hat aus heutiger Sicht der Zweit- oder Drittkäufer, der sich noch lange am rostfreien BMW freuen wird. Als Gebrauchtwagenkäufer sollten Sie unbedingt auf den Nachweis der Hohlraum-Behandlung achten.

Unterbodenschutz kontrollieren und ausbessern

Nach einer gründlichen Unterbodenwäsche werden alle schadhaften Stellen mit Spachtel, Schaber und Drahtbürste bis aufs blanke Blech freigelegt. Alle Rostansätze so weit wie möglich blankschleifen und den letzten Porenrost mit einem Roststopper »einbalsamieren«. Bewährt hat sich dazu »Terotex Rostprimer« von Teroson, der zugleich die Haftfestigkeit des nachfolgenden Unterbodenschutzmaterials verbessert. Zum eigentlichen Ausbessern benötigen Sie streichbares Material (es läßt sich dickschichtiger auftragen) für die größeren Flächen und überall dort, wo Sie mit dem Pinsel hinkommen. Für schwer zugängliche Fugen und Ecken brauchen Sie außerdem eine Sprühdose mit Unterbodenschutz, am besten Tectyl von Valvoline, denn die Tectyl-Sprühdose hat einen schräg nach oben strahlenden Sprühkopf, was für diese Arbeit sehr praktisch ist.

Beim Sprühen von Unterbodenschutz müssen die Bremsen mit Papierbogen gegen den schmierigen Nebel abgedeckt werden.

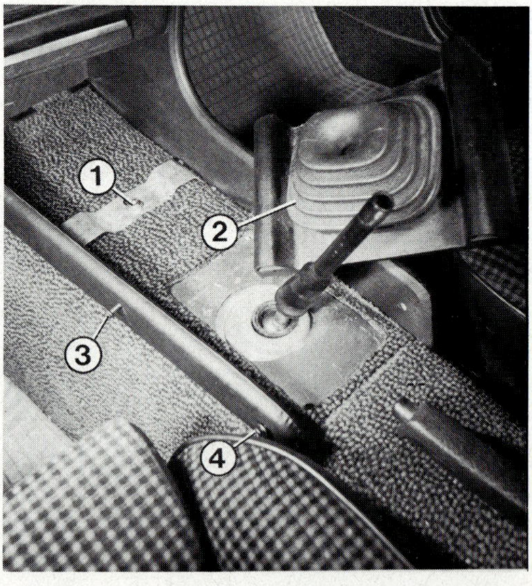

Ausbau der Mittelkonsole beim 3er-BMW: Schalthebelknopf abschrauben, Schalthebelabdeckung (2) herausnehmen; dazu die Kreuzschlitzschrauben (3 und 4) sowie die jeweils gegenüberliegenden herausdrehen. Jetzt kann auch die Bodenpappe des Ablagefachs herausgenommen werden, um an die zentrale Halteschraube (1) der Konsole heranzukommen. Handschuhkasten öffnen und die von dort aus zugängliche Schraube herausdrehen. 2. oder 4. Gang einlegen und Konsole nach hinten herausziehen. Kabel zu Radio, Ascherbeleuchtung und (seit 8/79) Anzünder rechtzeitig ausstecken.

Eisige Stimmung

Alle Jahre wieder steht ein neuer Winter vor der Tür, auch vor der Garagentür. Als zuweilen strenger, zuweilen milder, aber stets launischer Beherrscher der kalten Jahreszeit hält er mancherlei Spezialitäten bereit – das Auto geht Frost, Schnee und Eis entgegen.

Wagen-unterseite regelmäßig waschen lassen

Die Rückstände, die die winterliche Salzlawine an der Karosserie hinterlassen hat, müssen so schnell wie möglich abgewaschen werden. Das ist eine Arbeit für die Tankstelle, wo mit hohem Wasserdruck und Kaltreiniger oder – noch besser – mit dem Dampfstrahlgerät auch die schwer zugänglichen Stellen ausgespritzt werden müssen. Solch eine Unterwagenwäsche empfiehlt sich nicht erst im lauen Frühjahr, sondern auch zwischendurch im Winter. Salzrückstände sind bei Temperaturen über dem Gefrierpunkt – also auch zu Hause in der Garage – besonders aggressiv.

Bereifung im Winter

Wer nur selten bei winterlichem Wetter seinen Wagen braucht, wird mit Sommergürtelreifen auskommen. Falls man aber öfters frühmorgens auf ungestreuten Straßen fahren muß oder in einer schnee- und eisreichen Gegend wohnt, kommt man kaum ohne winterliche Bereifung aus. Was zur Wahl der richtigen Winterreifen zu sagen ist, können Sie auf Seite 147 nachlesen.

Im Winter bewährt es sich unbedingt, den Kofferraum mit etwa 50 kg Ballast zu beladen – günstig ist ein Kunststoff-Sack voll trockenem Sand, den man im Notfall auch zum Streuen nehmen kann.

Bremsen im Winter

Das winterliche, salzhaltige Tauwasser ist für das Bremsverhalten besonders gefährlich. Vor allem bei den Scheibenbremsen – und davon hat der 323i ja 4 Stück – kann es zu einem deutlichen Abfall der Bremswirkung kommen. Auf längeren Fahrten kann sich nämlich auf Bremsscheibe und den Belägen eine Schicht bilden, die den sogenannten Reibungsbeiwert und damit die Bremswirkung erheblich verschlechtert. Daher sollten Sie bei Fahrten auf salzgestreuten Straßen von Zeit zu Zeit die Bremswirkung durch vorsichtige Probebremsungen kontrollieren. Hat die Bremskraft nachgelassen, empfiehlt sich häufiges Bremsen. Gegebenenfalls sollten Sie sogar gleichzeitig Gas geben und (sanft!) mit dem linken Fuß bremsen, damit die Salzschicht abgeschliffen wird und die Bremse ihre ursprüngliche Wirkung wieder erhält.

Gleitschutz-ketten

Wenn auch die griffigsten Winterreifen schon versagen, helfen gegen Schnee und Eis, bei Hochgebirgsfahrten und starken Schneefällen noch Ketten.

Die Kette darf nicht zu stramm angezogen werden, sonst wird sie zu sehr belastet und kann reißen oder das Reifenprofil (vor allem bei Winterreifen) beschädigen. Zwischen Kette und Reifenlauffläche sollte etwa die flache Hand geschoben werden können, dann kann die Kette »wandern«, was sie auch soll.

Schneeketten dürfen bei unserem 3er-BMW nur dann aufgezogen werden, wenn nicht breitere als $5^1/_2$″-Felgen montiert sind.

Zwangseskorte

Auch beim geübtesten Selbsthelfer kann es vorkommen, daß er trotz umfassender Sachkenntnis seinen Wagen nicht mehr mobil bekommt.

Das eigene Seil

Perlonseile dehnen sich beim Abschleppen und verhüten so am besten, daß beim Anrucken an den beiden Fahrzeugen etwas verbogen wird. Dafür sind Perlonseile hitze- und scheuerempfindlich; wenn sie an den heißen Auspuff kommen oder an einer Karosserie- oder Stoßstangenkante schaben, sind sie schnell hin. Ein Perlonseil braucht deshalb unbedingt verschiebbare Manschetten zum Schutz vor Auspuffwärme und Kanten. Hanfseile sind besonders preiswert, aber dick und unelastisch. Stahlseile sind bei der Handhabung ziemlich störrisch und wenig nachgiebig. Wollen Sie ein derartiges Seil kaufen, dann nur mit »Ruckdämpfer« (ein Gummistück oder eine Stahlfeder bildet aus der Seilmitte eine dehnfähige Schlinge).

Die Schleppstange

Zum Abschleppen ist eine Schleppstange die sicherste Lösung. Denn wenn der Motor nicht läuft, arbeitet auch die Servounterstützung der Bremse nicht, Sie müssen also wesentlich stärker auf das Bremspedal treten, um die übliche Bremsverzögerung zu erreichen. Falls Sie beim Abschleppen mit Seil zu schwach oder einen Sekundenbruchteil zu spät auf das Bremspedal treten, kann der Abstand zum Schleppwagen schon gefährlich kurz sein. Mit der Schleppstange ist es unproblematisch, da muß allenfalls der Vorausfahrende Ihren Wagen zusätzlich mitbremsen.
Allerdings hält das Werk offenbar nicht viel von einer derartigen Schleppverbindung, denn die hintere Schleppöse ist beim BMW 3er nicht auf die Belastung einer Stange ausgelegt. Sie klappt im Schiebebetrieb um; nach zwei- bis dreimaligem Umklappen bricht sie u. U. weg. Deshalb wird in der Betriebsanleitung auch die Verwendung von dehnfähigen Schleppseilen empfohlen.
Wir halten trotzdem mehr von der Schleppstange. Nur können Sie dann eben niemanden damit ans BMW-Heck binden, es sei denn, Ihr 3er ist mit einer Anhängerkupplung ausgerüstet. Die beste Schleppstange ist nach unseren Erprobungen die »Nr. Sicher« (Vertrieb: Hans Herrmann, Carl-Orff-Straße 6, 7032 Sindelfingen 6), die sich ganz exakt einstellen läßt, so daß es beim Gasgeben oder -wegnehmen keinerlei Rucke in den Schleppösen gibt. Außerdem kann diese Schleppstange auch in eine Anhängerkupplung eingehängt werden.

Im Schlepptau

Vereinbaren Sie vor der Schleppfahrt einige Zeichen der Verständigung untereinander und vergessen Sie nicht, während der Fahrt die Warnblinkanlage einzuschalten. Das ist laut StVO Vorschrift. Wer ein Übriges tun will, kann zusätzlich ein Warndreieck ins Heckfenster des geschleppten Wagens stellen.
Damit die Bremsleuchten des geschleppten BMW brennen, drehen Sie den Zündschlüssel in die erste Raste. In dieser Stellung ist die Zündung noch nicht eingeschaltet, so daß (wichtig bei Fahrzeugen bis 8/80) die Zündspule nicht überlastet werden kann. Aber das Lenkschloß ist in dieser Schlüsselstellung schon entriegelt.

Datenbank

Unter den Begriff »Technische Daten« fällt so ziemlich alles, was sich am Auto in Zahlen ausdrücken läßt. Die Mehrzahl dieser Daten sind in der »Allgemeinen Betriebserlaubnis« (ABE) festgehalten, die behördlicherseits nach einer sogenannten Typprüfung ausgestellt wird. Bei dieser Prüfung wird vor Produktionsbeginn kontrolliert, ob das entsprechende Modell den hiesigen Zulassungsbestimmungen entspricht. Wird das Fahrzeug von diesen Daten abweichend verändert, so erlischt automatisch die Betriebserlaubnis und, was genauso wichtig ist, der Versicherungsschutz; an dieser Stelle sei nochmals warnend darauf hingewiesen. Veränderungen sind nur mit dem Einverständnis der TÜV-Stelle zulässig.

Motor

		320	323i
Bauart		Vornliegender wassergekühlter Sechszylinder-Viertakt-Reihenmotor	
Bohrung	mm	80	80
Hub	mm	66	76,8
Hubraum effektiv	cm^3	1990	2316
Hubraum nach deutscher Steuerformel	cm^3	1977	2291
Verdichtung		9,2 : 1	9,5 : 1
Höchstleistung kW/DIN-PS		90/122,4	105/142,8
bei Drehzahl	1/min	6000	5800
Literleistung	kw/PS je l	45,23/61,51	45,83/61,65
Höchstes Drehmoment	Nm/mkp	160/16,3	190/19,4
bei Drehzahl	1/min	4000	4500
Mittlere Kolbengeschwindigkeit	m/s	13,2	14,8
bei Drehzahl	1/min	6000	5800
Ventilsteuerung		Durch obenliegende Nockenwelle über Kipphebel auf hängende Ventile	
Ventilspiel bei max. 35° C Wassertemperatur	mm	0,25	0,25
Ventilspiel bei Betriebstemperatur	mm	0,3	0,3
Steuerzeiten			
Einlaß öffnet		22° vor OT	22° vor OT
Einlaß schließt		58° nach UT	58° nach UT
Auslaß öffnet		62° vor UT	62° vor UT
Auslaß schließt		7° nach OT	7° nach OT
Werte beziehen sich auf 0,3 mm Spiel zwischen Nockengrundkreis und Kipphebelfläche			
Kompressionsdruck	bar	10,0–11,0	10,0–11,0
Verschleißgrenze	bar	unter 10,0	unter 10,0
Ventilsitzbreite			
Einlaß	mm	1,5	1,5
Auslaß	mm	1,65	1,65
Ventilsitzwinkel		45°	45°
Ventilführung, Innendurchmesser			
Einlaß und Auslaß	mm	$7^{+0{,}015}_{0}$	$7^{+0{,}015}_{0}$
Ventilführung, Außendurchmesser			
Einlaß und Auslaß	mm	$13{,}0^{+0{,}044}_{+0{,}033}$	$13{,}0^{+0{,}044}_{+0{,}033}$
Übermaßgrößen	mm	13,1/13,2/13,3	13,1/13,2/13,3

		320	323i
Ventilschaftdurchmesser			
Einlaß	mm	$6{,}975^{\;0}_{-0{,}015}$	$6{,}975^{\;0}_{-0{,}015}$
Auslaß	mm	$6{,}960^{\;0}_{-0{,}015}$	$6{,}960^{\;0}_{-0{,}015}$
Ventilführungsspiel			
Einlaß	mm	0,025–0,055	0,025–0,055
Auslaß	mm	0,040–0,070	0,040–0,070
max. Verschleißspiel	mm	0,1	0,1
Kolben-Kennzeichnung		2,0/9,2	2,3/9,5
Kolben-Durchmesser			
Original	mm	79,98 ± 0,009	79,98 ± 0,009
Zwischenmaß	mm	80,06 ± 0,009	80,06 ± 0,009
1. Übermaß	mm	80,23 ± 0,009	80,23 ± 0,009
2. Übermaß	mm	80,48 ± 0,009	80,48 ± 0,009
Zylinder-Durchmesser			
Original	mm	80,015 ± 0,005	80,015 ± 0,005
Zwischenmaß	mm	80,095 ± 0,005	80,095 ± 0,005
1. Ausschleifmaß	mm	80,265 ± 0,005	80,265 ± 0,005
2. Ausschleifmaß	mm	80,515 ± 0,005	80,515 ± 0,005
Schmiersystem		Druckumlaufschmierung durch Zahnradpumpe, Ölwechselfilter im Hauptstrom, Druckregelventil im gefilterten Ölkreis	
Öldruck im Leerlauf	bar	0,5–1,0	0,5–1,0
Öldruck bei Höchstdrehzahl	bar	5,0–6,0	5,0–6,0
Öffnungsdruck des Überdruckventils im Ölpumpendeckel	bar	8,0–9,0	8,0–9,0
Öffnungsdruck des Ölfilter-Überdruckventils	bar	2,2 ± 0,3	2,2 ± 0,3
Öldruckschalter gibt Kontakt unter	bar	0,2–0,5	0,2–0,5
Kühlsystem		Wasserumlaufkühlung mit Flügelradpumpe, Thermostat, Blechkühler und bis 8/79 elektrischem bzw. seit 9/79 flüssigkeitsgekuppeltem Kühlerventilator	
Thermostat öffnet bei	°C	80 ± 1,5	80 ± 1,5
Verschlußdeckel des Ausgleichsbehälters			
Überdruckventil öffnet bei	bar	$1{,}0^{+0{,}15}_{-0{,}10}$	$1{,}0^{+0{,}15}_{-0{,}10}$
Unterdruckventil öffnet bis	bar	0,09	0,09

Kraftstoffanlage

Vergaser (320)	Solex-Doppelregistervergaser Typ 4 A 1 mit Startautomatik und TN-Starter		
Lufttrichter	20	Einspritzmenge	0,5±0,1/Hub/Seite
Hauptdüse	X 97,5	TN-Starter Spaltmaß bei 20 °C Kühlmitteltemperatur	2,0–2,2 mm
Düsennadel (2. Stufe)	B 5	Leerlaufabschaltventil Nr./Düsengröße	PE 20 773/2,5±0,05
Leerlaufdüse	42,5	Leerlaufdrehzahl	800–900/min
Leerlaufluftdüse	110	CO-Wert im Leerlauf	0,5–1,5 Vol.%
Zusatzluftdüse	100	Kraftstoffpumpe	
Zusatzkraftstoffdüse	57,5	Fördermenge	55 l/h
Luftkorrekturdüse	90	Förderdruck	0,21–0,3 bar
Kraftstoff-Niveaustand in der Mitte gemessen	7 ± 0,5 mm	bei Motordrehzahl	4000/min
Starterklappenspalt	1,2/4,0 ± 0,1		

Benzineinspritzung (323i)	System Bosch K-Jetronic
Öffnungsdruck der Einspritzventile	3,3 bar
Betriebsdruck Kaltstartventil	ca. 4,5
Temperatur-Zeitschalter, Schaltpunkt	+ 35° C
Leerlaufdrehzahl	850/min
Leerlauf-CO-Gehalt	1,0–2,0 Vol. %
Kraftstoffpumpe	elektr. Rollenzellenpumpe

Kraftübertragung

	320	323i
Kupplung	Hydraulisch betätigte Einscheiben-Trockenkupplung mit Tellerfeder und Drehschwingungsdämpfer. Automatische Nachstellung.	
Mitnehmerscheibe		
Kennzeichnung	Farbpunkt weiß	Farbpunkt silber
Außendurchmesser	228 ± 1	228 ± 1
Innendurchmesser	150 + 1	150 + 1

		320	323i
Belagstärke			
motorseitig	mm	3,9	3,9
Verschleißmaß	mm	3,2	3,2
getriebeseitig	mm	3,9	3,9
Verschleißmaß	mm	3,2	3,2

Schaltgetriebe	Vierganggetriebe Alle Modelle Übersetzungen	Sportgetriebe Alle Modelle Übersetzungen bis 8/79	Übersetzungen ab 9/79	Spargetriebe Alle Modelle Übersetzungen
1. Gang	3,764	3,717	3,764	3,682
2. Gang	2,043	2,403	2,325	2,002
3. Gang	1,320	1,776	1,612	1,330
4. Gang	1,000	1,263	1,229	1,000
5. Gang	4,096	1,000	1,000	0,813
Rückwärtsgang		4,234	4,096	3,705

Automatisches Getriebe	ZF-Dreigang-Automatikgetriebe 3 HP-22	
Getriebenummer	320: 1043 000 058	323i: 1 043 000 059
Kennbuchstabe im Typenschild	320: »C«	323i: »D«
Alle Modelle	Übersetzungen	
1. Gang	2,478	
2. Gang	1,478	
3. Gang	1,000	
Rückwärtsgang	−2,090	
Wandlerübersetzung (Anfahrübersetzung)	320: 2,36	323i: 2,06

	320	323i
Hinterachsgetriebe	Hypoidverzahntes Ausgleichsgetriebe mit oder ohne Differentialsperre	
Kennzeichnung bei Differentialsperre	Eingeschlagenes »S«	
Verzahnungsart	Klingelnberg oder Gleason	
Getriebekennzeichnung mit Farbpunkt	grün oder gelb	weiß oder braun
Übersetzung	3,636	3,454
Zähnezahl	40/11	38/11
Sperrdifferential	Lamellen-Selbstsperrdifferential mit 25 % Sperrwert	

Hinweis:

Bereits in zurückliegenden Jahren wurden die technischen Maßeinheiten vereinheitlicht. Teilweise finden Sie in diesem Handbuch neben den neuen Maßeinheiten auch die früher verwendeten. Neben der bislang gebräuchlichen Bezeichnung Meterkilogram (mkg) oder Meterkilopond (mkp) für das Drehmoment steht die neue Maßeinheit Newtonmeter (Nm), und der Druck für Flüssigkeiten und Gase wird nicht mehr in atü angegeben, sondern stattdessen in bar Überdruck (oft auch ohne das nachfolgende Wort »Überdruck«) oder in bar Unterdruck. Bei den Drehzahlen ändert sich praktisch nur die Schreibweise: statt U/min heißt es jetzt 1/min.

Falls Sie eine frühere Angabe in die neue Maßeinheit umrechnen wollen:

1 PS = 0,736 kW

1 kp bzw. kg = 9,81 N (hier wird meist auf 10 aufgerundet)

1 atü = 1 bar Überdruck

1 atu = 1 bar Unterdruck

Fahrwerk

Vorderachse	Einzelradaufhängung mit Querlenkern, Zugstreben und Federbeinen, Drehstabstabilisator
Hinterachse	Einzelradaufhängung mit Schräglenkern an Federbeinen, Drehstabstabilisator
Lenkung	ZF-Zahnstangenlenkung
Lenkradumdrehungen von Anschlag zu Anschlag	4,02
Wendekreisdurchmesser	links: 10,2 m, rechts: 10,4 m
Spurkreisdurchmesser	links: 9,4 m, rechts: 9,6 m
Vorderachseinstellung	
Vorspur in Normallage[1])	2,0 ± 0,6 mm bzw. 0°19′±5′
Sturz in Normallage[1])	0° ± 30′
Spurdifferenzwinkel bei 20° Einschlag des Innenrads	0°45′ ± 30′
Nachlaufdifferenz beider Räder untereinander maximal	0° 30′
Hinterachseinstellung	
Vorspur in Normallage[1])	0° 20′ ± 8′
Sturz in Normallage[1])	−2° 22′ ± 30′
Felgen	$5^1/_2$ Jx 13 H 2 Einpreßtiefe 18 mm
Reifen	185/70 R 13 84 H (185/70 HR 13)
Reifendruck	(siehe Seite 144)

[1]) Normallage: Vollgetankt, je 68 kg auf den Vordersitzen, 68 kg auf dem Rücksitz und 68 kg im Kofferraum

Bremsanlage

		320	323i
Fußbremse vorn		Ate-Festsattel-Scheibenbremsen mit automatischer Nachstellung	Innenbelüftete Ate-Festsattel-Scheibenbremsen mit automatischer Nachstellung
Fußbremse hinten		Simplex-Innenbacken-Trommelbremsen	Ate-Faustsattel-Scheibenbremsen mit automatischer Nachstellung
Feststellbremse		Auf die hinteren Trommelbremsen wirkend	Duo-Servo-Trommelbremsen mit Bowdenzug auf die Hinterachse wirkend
Bremsscheibendurchmesser	mm	225 ± 0,2	225 ± 0,2
Bremsscheibenstärke neu – mindestens	mm	$12{,}7_{-0{,}27}$/ 11,1	$22_{-0{,}20}$/ 20,4
Bremsbeläge vorn		Energit 382 FF mit Nut	Textar T 260 FF mit Nut
Farbkennzeichnung		blau-blau-weiß	gelb-grün-gelb
Belag-Mindeststärke (ohne Trägerplatte)	mm	2	2
Bremstrommel-Durchmesser neu/höchstens	mm	250/251	–
Trommelbremsbeläge		Energit 336	–
Belagstärke neu/mindestens	mm	$5_{-0{,}3}$/3	–
Bremsscheibendurchmesser hinten	mm	–	$258_{-0{,}2}$
Bremsscheibenstärke hinten neu/mindestens	mm	–	$10_{-0{,}2}$/ 8,4
Scheibenbremsbeläge hinten	mm	–	Textar T 260 FF ohne Regennut
Farbkennzeichnung			gelb-grün-gelb
Mindestbelagstärke	mm	–	2
Feststellbremse Bremstrommeldurchmesser	mm	–	$160^{+0{,}16}_{0}$
Trommelbremsbelag		–	Energit 388 HH
Belagbreite	mm	–	25 ± 0,2
Bremskraftregler, Typ		Ate BRMS/18	–
Kennzeichnung		»25«	–
Bremskraftverstärker, Typ		Ate T 52/225	Ate T 52/225

Elektrische Anlage

Bordspannung	12 Volt
Batterie	12 V/44 Ah; 323i: 12 V/55 Ah
Lichtmaschine	14 V 65 A 910 W
Spannungsregler (an der Lichtmaschine angebaut)	Bosch EE 14 V 3
Ladebeginn der Lichtmaschine bei Lichtmaschinenumdrehungen	1060/min
Nennleistung	910 Watt
Keilriemen	Schmalkeilriemen 9,5x950 LA
Anlasser	Bosch GF 12 V 1,1 kW
Glühlampen	siehe Seite 189
Zündverstellung	siehe Seite 179
Unterbrecher-Schließwinkel (nur bei SZ)	58–68 % bzw. 35–41°
Schließwinkel TSZ	siehe Seite 177
Zündeinstellung statisch (nur bei SZ)	10° vor OT
dynamisch	22° vor OT bei 1500/min
Unterbrecher-Kontaktabstand (nur bei SZ)	≧0,35 mm
Zündfolge	1 - 5 - 3 - 6 - 2 - 4
Zündkerzen	siehe Seite 187
Elektrodenabstand	siehe Seite 187

Fahrwerte

		320	323i
Höchstgeschwindigkeit			
bei Schaltgetriebe	km/h	181	190
bei Automatikgetriebe	km/h	176	185
Fahrgeschwindigkeit bei Nenndrehzahl (Vierganggetriebe)			
im 1. Gang	km/h	48	49
im 2. Gang	km/h	88	90
im 3. Gang	km/h	136	139
im 4. Gang	km/h	180	184
Beschleunigung von 0–100 km/h			
bei Schaltgetriebe	s	10,7	9,5
bei Automatikgetriebe	s	13,6	11,8

		320	323i
Kraftstoffverbrauch (Vierganggetriebe)			
nach alter DIN-Norm l/100 km		9,5	9,2
nach neuer DIN-Norm			
bei 90 km/h	l/100 km	7,5	7,7
bei 120 km/h	l/100 km	10,1	10,5
bei Stadtzyklus	l/100 km	13,0	14,3

Maße und Gewichte (in mm bzw. kg)

Länge	4355
Breite	1610
Höhe unbeladen	1380
Radstand	2563
Spurweite vorn	1386
Spurweite hinten	1399
Bodenfreiheit (belastet)	145
Zulässiges Gesamtgewicht	320: 1550; 323i: 1570
Leergewicht (Schaltgetriebe)	320: 1115; 323i: 1135
Leergewicht (Automatikgetriebe)	320: 1130; 323i: 1150
Nutzlast (Schaltgeriebe)	435
Nutzlast (Automatikgetriebe)	420

Anhängelasten
Laut der Liste des TÜV von 6/80:
320 Schaltgetriebe: Ungebremst 550 kg, gebremst 1200 kg
320 Automatikgetriebe: Ungebremst 500 kg, gebremst 1000 kg; Erhöhung auf 1200 kg möglich
323i Schalt- und Automatikgetriebe: Ungebremst 500 kg, gebremst 1200 kg
Mit den gebremsten Anhängern dürfen nur Steigungen von maximal 12 % befahren werden.

Dachlast	75

Füllmengen (in l)

Kraftstofftank	58
Kurbelgehäuse mit/ohne Ölfilterwechsel	4/4,25
Schaltgetriebe Viergang/Fünfgang	1,0/1,5
Automatisches Getriebe	2,0 (bei Neubefüllung 2,4)
Hinterachsgetriebe	0,95 (bei Neubefüllung 1,1)
Kühlsystem und Heizung	12

Werdegang

Der BMW 3er hat im Lauf seiner Produktionszeit eine ganze Reihe von Änderungen erfahren. Darüber gibt das folgende Kapitel Auskunft. Besonders interessant ist die Aufstellung dann für Sie, wenn Sie einen gebrauchten BMW kaufen wollen. Dann können Sie vergleichen, ob Ihr »Auserwählter« schon diese oder jene Verbesserung erfahren hat.
Die Datumsangaben beziehen sich auf den Produktionsmonat. Es kann aber vorkommen, daß ein zu einem späteren Zeitpunkt erstmals zugelassener Wagen die erwähnte Änderung noch nicht aufweist. In diesem Fall handelt es sich um einen sogenannten Lagerwagen, der schon einige Monate beim Händler stand.

1975

Juli: Vorstellung der BMW 3er-Reihe, bestehend aus den Vierzylinder-Modellvarianten 316 (sprich drei-sechzehn), 318, 320 und 320i. Diese Zweitürer-Baureihe tritt die Nachfolge der BMW 1602–2002 tii an. Die von Grund auf neu geformte Karosserie weist computerberechnete »Knautschzonen«, einen integrierten Überrollbügel, verstärkte Seitensäulen und Türschwellen sowie einen vor der Hinterachse aufprallgeschützt eingebauten Tank auf.

Innenverkleidung und Sitze aus schwer entflammbarem Material, Automatik-Sicherheitsgurte vorn, quarzgesteuerte Zeituhr, orangefarbene Instrumentenbeleuchtung.
Sämtliche Vergaser-Motoren kommen mit Normalbenzin aus, sie leisten 66 kW (1,6-Liter), 72 kW (1,8-Liter) bzw. 80 kW (2-Liter). Der superbedürftige 2-Liter-Einspritzer ist 92 kW stark. Auf Wunsch gibt es für die Vergasermodelle eine Getriebeautomatik.
Größerer Federweg der Räder, komfortbetontere Dämpfungsabstimmung, Zahnstangen-Lenkung. Größerer Bremskraftverstärker, beim 320i innenbelüftete Scheibenbremsen vorn.
318 mit zwei großen H4-Scheinwerfern, der 316 besitzt konventionelle Zweifadenglühlampen, während 320 und 320i zur optischen Aufwertung vier – allerdings kleinere – H1-Scheinwerfer erhalten.

1976

Januar: Windschutzscheibe wahlweise aus Einschichten-Sicherheitsglas oder ohne Aufpreis aus Verbundglas. Schwarze Kunststoffblende zwischen den Rückenleuchten zur optischen Auflockerung des etwas plump wirkenden Wagenhecks. Stahlkurbeldach jetzt als Schiebe-/Hebedach lieferbar. Anhängerkupplung mit abnehmbarem Kugelkopf für den 3er vom Werk freigegeben.
März: Der 316 erhält einen Lenkungsdämpfer, 318 und 320 werden mit einem Stabilisator an der Hinterachse geliefert.
Mai: Die Nachbehandlung des serienmäßigen Rostschutzes muß nur noch zweimal – 14 bzw. 36 Monate nach der Erstzulassung des Wagens – erfolgen, die Garantiesumme wird auf DM 3500,– erhöht.
September: Rostschutzmaßnahmen verbessert, vor allem an Kanten und Falzen.
Oktober: Bei der Wilhelm Karmann GmbH in Osnabrück entsteht ein Vollcabriolet auf Basis der BMW-3er-Reihe. Das Fahrzeug findet jedoch keine Zustimmung seitens BMW und wird auch nicht öffentlich vorgestellt.

November: Die BMW-Vertretung Faigel in Saulgau/Württ. baut auf der Basis der 3er-Limousine eine Kombiheckversion mit Heckklappe ähnlich dem »touring« der früheren Modellreihe.

1977

September: Vorstellung der Sechszylindermodelle 320 mit 90 kW und 323i mit 105 kW; sie ersetzen die Modelle 320 und 320i mit Vierzylindermotor. Verbesserte Fahrwerksabstimmung zur Anpassung an die leistungsstärkeren Motoren, Bereifung 185/70 HR 13 auf $5^1/_2$''-Felgen. Automatisches Getriebe für den 320 und Servolenkung für beide Sechszylindermodelle lieferbar. Drehzahlmesser serienmäßig, 323i mit Transistorzündung.

Tankvolumen von 52 auf 58 Liter vergrößert, Tankklappe mit Halterung für den Tankdeckel. Tachowelle einteilig. Heckablage für den Einbau von zwei Lautsprechern vorgerüstet.
Dezember: Die Karosseriefirma Baur in Stuttgart präsentiert ihr »Hardtop«-Cabriolet mit Überrollbügel.

1978

Februar: Produktionsbeginn des BMW 3er-Cabrios bei Baur.
September: Außenspiegel ins vordere Fensterdreieck verlegt und bei den Sechszylindermodellen serienmäßig elektrisch verstellbar. Einbaumöglichkeit für Frontlautsprecher rechts und links im Fußraum anstelle eines Lautsprechers in Armaturenbrettmitte oben. Schriftzug auf dem Kofferraumdeckel ohne schwarze Unterlegplatte. Verschleiß-Kontrollleuchte für die Scheibenbremsbeläge. Fanfaren anstelle von Signalhörnern. Verschleißfestere, flankenoffene Keilriemen.
320 mit langlebigerem »Reflexions«-Nachschalldämpfer. Außerdem erhält er die elektronische Zündanlage »Bosch TSZ-i«.

November: Der 500 000ste BMW der 3er-Baureihe läuft vom Fließband.

1979

März: Strömungsgünstigere Scheibenwischer. Am Fließband verbesserte Kontrolle der Kabelstecker.
April: Sicherheitsgurte an den hinteren Sitzen serienmäßig.
Juli: Scheinwerferreflektoren mit stärkerer Chromaufdampfung und besserer Abdichtung zur Vermeidung frühzeitiger Korrosion.
September: Frontpartie mit geändertem Spoiler und anderen Lufteinlaßschlitzen unterhalb der Stoßstange. Durch die geänderte Wagenfront konnte auch der elektrisch angetriebene Kühlerventilator für die Sechszylindermodelle entfallen. Sie besitzen jetzt einen direkt vom

Motor über einen Keilriemen angetriebenen Ventilator mit lastabhängiger Kupplung.
Heckleuchte mit integrierter Nebelschlußleuchte. Kofferraumbeleuchtung serienmäßig. Digitaluhr im Drehzahlmesser.
Heizungs- und Lüftungsbetätigung mit Dreh- statt Schiebereglern, verbesserte Defrostung der Seitenscheiben, zusätzliche Luftdüsen in Armaturenbrettmitte. Symbole anstelle Beschriftung am Armaturenbrett. Heizventil im Motorraum leichter zugänglich. Dachhaltegriff für Beifahrer.
Neu konstruierte Zylinderköpfe bieten besseren Schutz gegen Rißbildung.
Auf Wunsch Fünfganggetriebe mit Spar-Charakteristik lieferbar, 323i auch mit Getriebeautomatik erhältlich.

1980

Januar: Zündanlage besser gegen Streusalz geschützt.
April: Am 323i Leerlauf-Bypass-Schraube mit zusätzlicher Nut und Sprengring verhindert selbsttätiges Verstellen der Leerlaufdrehzahl.
Juli: 257 000 Sechszylinder-3er produziert.
September: Weiterentwickelte Transistorzündanlage.
Neue Türverkleidungen, aufwendigere Bezugsstoffe und Teppiche im Innenraum.

1981

Mai: Zum ersten Mal in der Geschichte des Hauses BMW überschreitet ein Modell die Stückzahl von 1 Million – der 3er. Unter dieser Gesamtzahl befinden sich etwa 3000 Cabriolets der Firma Baur.
September: Wie der 320 erhält nun auch der 323i die langlebigeren Reflexions-Nachschalldämpfer.
Dezember: Für die Freunde sportlichen Fahrens bietet BMW ein durch Bilstein-Gasdruckdämpfer gestrafftes Fahrwerk an.

1982

Januar: Die Sechszylindermodelle der 3er-Reihe werden jetzt serienmäßig mit Fünfganggetriebe ausgeliefert. Der fünfte Gang ist dabei – was früher schon als Sonderausstattung lieferbar war – als Schongang ausgelegt.
April: Zur Gewichtsersparnis entfällt die PVC-Beschichtung der Radkästen und Seitenwände im Kofferraum.
November: Vorstellung des völlig überarbeiteten BMW 3ers als 316, 318i, 320i und 323i. Für diese Modelle gelten die Bände 126 und 128 dieser Handbuchreihe. Der BMW 315 wird bis 1984 weitergebaut.